医用仪器原理构造和维修系列 04

医用数字化 X 射线设备原理构造和维修

主　编　邓朝晖　刘亚军　方　铁　王瑞玉

副主编　梁庆平　潘孝平　汤献国　秦志强　刘鸿翔

编　委　吴子怡　刘文舫　陈思明　周　艳　戴美萍　彭建彬　程小燕　梁耀林　张绍伟　张　鹏　陈文霞　郑　宇　王学林　王燕平　焦永春　林森财　桂朝伟　刘志明　李俊勇　黄浩臣　杜紫雷　王　丹　刘宇静　侯钦森　张素琼　史瑞琴　吴　波　包济民　刘　慧

中国医药科技出版社

内 容 提 要

本书重点介绍计算机 X 射线摄影和数字化 X 射线摄影的原理，数字化 X 射线机的安装与调试及故障与维修。全书图文并茂，内容以实用为原则，系统完整，技术先进，论述深入浅出，理论与实践并重，突出实践，特别是书中的维修理论与方法、故障分析与排除等方面的内容具有较强的实用性和指导性。

本书是医疗设备维修人员难得的参考书，也可作为高等院校临床医学工程专业或放射设备培训班的教材。

图书在版编目（CIP）数据

医用数字化 X 射线设备原理构造和维修 / 邓朝晖等主编. —北京：中国医药科技出版社，2010. 8
（医用仪器原理构造和维修系列）
ISBN 978 - 7 - 5067 - 4710 - 3

Ⅰ. ①医…　Ⅱ. ①邓…　Ⅲ. ①X 射线诊断机 - 维修
Ⅳ. ①TH774. 07

中国版本图书馆 CIP 数据核字（2010）第 126242 号

美术编辑　张　璐
版式设计　郭小平

出版　中国医药科技出版社
地址　北京市海淀区文慧园北路甲 22 号
邮编　100082
电话　发行：010 - 62227427　邮购：010 - 62236938
网址　www. cmstp. com
规格　A4
印张　14
插页　15
字数　428 千字
版次　2010 年 8 月第 1 版
印次　2010 年 8 月第 1 次印刷
印刷　北京季蜂印刷有限公司
经销　全国各地新华书店
书号　ISBN 978 - 7 - 5067 - 4710 - 3
定价　58. 00 元

前　言

医用数字化X射线设备经历了十几年的发展，目前已得到广泛应用，因此对维修工程师提出了更高的要求，不仅要求熟悉常规影像设备，而且要求精通计算机及网络知识；但有关医用数字化X射线设备的书非常欠缺，本书从实际需要出发，考虑到数字化X射线机维修工程人员和使用人员的需求，参阅国内外有关资料并结合作者多年的维修经验编写而成。

本书分五章，第一章主要介绍X射线的基本性质、数字化X射线技术的基本原理、数字成像探测器、图像存档和传输系统（PACS）、X射线防护标准和原则；第二章主要介绍计算机X射线摄影（CR）的原理；第三章主要介绍数字化X射线摄影（DR）的发展、分类和工作原理；第四章主要介绍数字化X射线机的安装与调试；第五章主要讨论维修方法及维修实例。

本书的编写在内容处理上，力求做到把握主题，选材适当；以实用为原则，力求系统完整，技术先进；论述深入浅出，通俗易懂，理论与实践并重，突出实践，加强了维修理论与方法、故障分析与排除等方面的内容，具有较强的实用性和指导性。

本书可供医疗设备维修人员使用，也可作为高等院校临床医学工程专业或放射设备培训班专业教材。

本书由邓朝晖、方铁、梁庆平、潘孝平、汤献国、刘鸿翔、吴子怡、刘文舫、陈思明、周艳、戴美萍、彭建彬、程小燕、梁耀林、张绍伟（广州军区联勤部药品仪器检验所），刘亚军、林森财（解放军总参总医院），王瑞玉（原解放军北京军医学院工程系），秦志强（成都军区联勤部药品仪器检验所），张鹏、陈文霞（解放军第307医院），郑宇（北京军区联勤部药品仪器检验所），王学林（辽宁省朝阳中心医院），王燕平、焦永春（北京首都医科大学附属安贞医院），桂朝伟（北京首都医科大学附属大兴区人民医院），刘志明（黑龙江尚志市人民医院），李俊勇、黄浩臣、杜紫雷（河南省濮阳市中医院），王丹（解放军第305医院），刘宇静（北京军区总医院），张素琼（四川省三台县人民医院），侯钦森、吴波（山东省滕州市人民医院），史瑞琴（海军总医院），包济民、刘慧（内蒙古自治区巴彦淖尔市医院）等编写。

本书编写过程中，采用了岛津、PHILIPS、IAE、VARIAN 、SIEMENS、GE、IMD等公司提供的许多有价值的资料，还有许多专家和同事提出了诸多有意义的建议和意见，在此表示诚挚的感谢。

由于编者的水平所限，书中错误在所难免，恳请读者及关心我们的朋友批评指正。

编　者

2010年7月

目　录

第一章 绪 论

第一节 X 射线

一、X 射线的发现

1895 年德国物理学家伦琴（1845 ~ 1923 年）在进行阴极射线的实验时，发现了一种肉眼观察不到的，但具有很强的透过能力，能使放在射线管附近涂有氰亚铂酸钡的屏上发出微光和使胶片感光的射线，最后他确信这是一种尚未为人类所发现的新型射线。伦琴的这一重大发现，由于无法解释它的原理，不明白它的性质，故借用数学中代表未知数“X”作为代号，称为 X 射线，这是 X 射线的发现和名称的由来，一直延用到今。为纪念伦琴这一伟大的发现，故命名为伦琴射线，为此伦琴于 1901 年度荣获首届诺贝尔物理学奖。

X 射线的发现对自然科学和人类历史的发展具有极为重要的意义。它为自然科学和医学诊断开辟了崭新的道路，从而奠定了放射诊断学的基础，X 射线最早应用于医学临床的骨折和体内异物的诊断，以后逐步用于人体各部位的检查。与此同时，X 射线设备相继出现，1896 年，德国西门子（SIEMENS）公司研制出了世界上第一支 X 射线球管，20 世纪 20 年代，出现了常规 X 射线机，此后 X 射线设备的不断发展，特别是体层装置、影像增强器、快速换片机、监示器及计算机数字化摄影的发展，到 20 世纪 60 年代中、末期，形成了比较完整的学科体系，称为放射诊断学或影像学。影像诊断设备的发展目前已成为现代医学的重要组成部分，数字化技术、图像存储和远程放射学系统，特别是 PACS（picture archivingand communication systems，图像归档与通讯系统）、HIS（hospital information system，医院信息系统）、RIS（radiology information system，放射信息系统）的普遍应用，使现代医学影像设备在现代医学的诊断中占有重要的地位，数字化 X 射线成像技术也是现代影像诊断学的重要组成部分。

二、X 射线的性质

数字化 X 射线机是采用先进的数字化技术接收、处理、显示图像的设备，其产生的射线具有 X 射线的全部特性。X 射线是一种波长极短、能量很大的电磁波。它的波长比可见光的波长更短，约在 0.001 ~ 100nm，医学上应用的 X 射线波长约在 0.001 ~ 0.1nm 之间。它的光子能量比可见光的光子能量大几万至几十万倍。因此，X 射线除具有可见光的特性外，还具有其自身的特性。

（一）物理效应

1. 穿透作用 穿透作用是指 X 射线通过物质时不被吸收的能力。X 射线能穿透一般可见光所不能透过的物质。可见光因其波长较长，光子具有的能量很小，当照射到物体上时，一部分被反射，大部分为物质所吸收，不能透过物体；而 X 射线因其波长很短，能量大，对物质具有很强的穿透能力。

X 射线穿透物质的能力与 X 射线光子的能量有关，X 射线的波长越短，光子的能量越大，穿透力越强。X 射线的穿透力也与相对密度有关，相对密度大的物质，对 X 射线的吸收多，透过少；相对密度小者，吸收少，透过多。利用差别吸收这种性质可以把相对密度不同的骨骼、肌肉、脂肪等软组织区分开来，这正是 X 射线透视和摄影的物理基础。

2. 电离作用 物质受 X 射线照射后，使核外电子脱离原子轨道，这种作用称为电离作用。

在光电效应和散射过程中，出现光电子和反冲电子电离其原子的过程称为一次电离；这些光电子或反冲电子在行进中又和其他原子碰撞，使被击原子溢出电子的过程称为第二次电离。在气体中的电离电荷很容易收集起来，利用电离电荷的多少可测定X射线的照射量，离子量和X射线量成正比，因此X射线测量仪器和X射线自动控制正是根据这个原理制造的。

由于电离作用，使气体能够导电，某些物质可以发生化学反应，在人体内可以诱发各种生物效应，电离作用是X射线损伤和治疗的基础。

3. 荧光作用 X射线波长很短，是不可见的，但它照到某些化合物如磷、铂氰化钡、硫化锌镉等，由于电离或激发使原子处于激发状态，原子回到基态过程中，价电子的能级跃迁而辐射出可见光或紫外线，这就是荧光。X射线使某些物质发生荧光的作用叫荧光作用。荧光强弱与X射线量成正比，这种作用是X射线透视的基础。利用X射线的荧光作用制成了现在的增光屏、影像增强器、数字化平板等。

（二）化学效应

1. 感光作用 当X射线照到胶片上的溴化银时，使银粒子沉淀而使胶片产生感光作用，胶片感光的强弱与X射线量成正比。当X射线通过人体时，因人体各组织的相对密度不同，对X射线量的吸收不同，使得胶片上所获取的感光度不同，从而获得X射线的影像，这是应用X射线摄影的基础。

2. 着色作用 某些物质如铂氰化钡、铅玻璃、水晶等经X射线长期照射后，其结晶体脱水而改变颜色，称为着色作用。

（三）生物效应

当X射线照到生物人体时，生物细胞受到抑制、破坏甚至死亡，致使人体发生不同程序的生理、病理和生化等方面的改变，称为X射线的生物效应。不同的生物细胞对X射线有不同的敏感度，因此可用于治疗人体的某些疾病，这是X射线治疗设备的基础，如直线加速器等设备。另一方面，它对正常的人体也有伤害，因此要注意对人体的防护。

三、X射线的产生

（一）X射线产生的条件

X射线是在研究稀薄气体放电和阴极射线的实验中发现的。实验证明，电子被加速后，当它被轰击到物体上时，就能产生出X射线。其后，在研制X射线设备时，发现了产生X射线的规律，即高速带电粒子在轰击受阻减速时，就能产生X射线。由此可见X射线必须具备三个基本条件：根据需要随时提供足够数量电子的电子源；在强电场作用下，电子作高速、定向运动的高速电子流；能经受高速电子轰击而产生X射线障碍物即靶。

（二）X射线产生的方式

X射线产生的方式有两种，连续辐射和特性辐射。

1. 连续辐射 高速电子突然减速后，其动能转变成能量释放出来，此能量即为X射线，此能量会随减速之程度而有所不同，如图1－1所示。

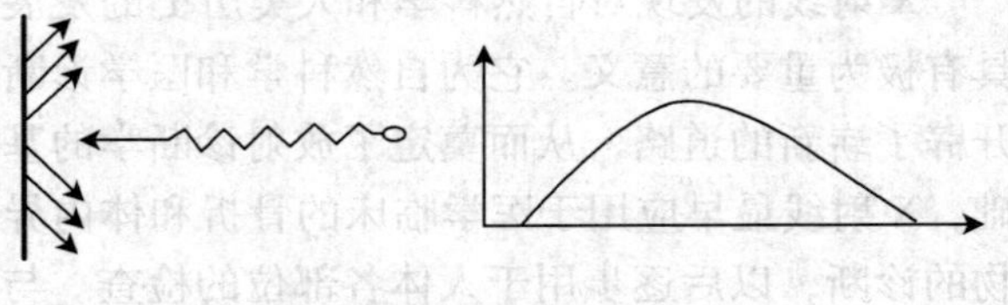

图1－1 连续辐射

2. 特性辐射 高速电子撞击原子和外围轨道上电子，使之游离且释放的能量，即为X射线，如图1－2所示。

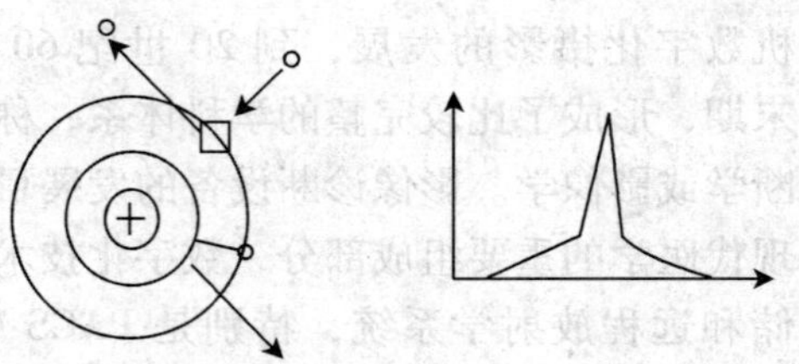

图1－2 特性辐射

诊断用X射线，其产生方式所占比例：30%特性辐射，70%连续辐射。

（三）X 射线与物质的相互作用

X 射线在穿透物质时，可产生物理的、化学的和生物的各种效应，这些效应在诊断和治疗上均有其重要性。X 射线的吸收是一种复杂的过程，X 射线是能量很大的电磁波，具有波粒二重性。当 X 射线在穿透物质时可与原子中的电子、原子核、带电粒子的电场以及原子核的电子场发生相互作用。

X 射线与物质的相互作用有五种形式：不变散射、康普顿效应、光电效应、电子对效应和光蜕变。

1. 不变散射 低能量 X 射线光子（10keV 以下）能够与物质发生不变散射，也称汤姆普森散射。低能量光子在轰击到结合较紧密的轨道电子时，没有足够的能量将电子击脱，只是使原子处于激发状态，原子要力求保持最低能态的性质，使受激原子立即以光子形式放出多余能量，所放出的波长和能量与入射光子一样，但二次光子的方向与入射光子的方向不同。

对诊断学来说，不变散射并不重要，但会对胶片的质量有所影响。

2. 康普顿效应 从量子论的观点看，可以假设任一特殊的 X 射线量子不被辐射中所有电子散射，而是把它的全部能量耗于某个特殊的电子，这电子转过来又将射线向某一特殊的方向散射，这个方向与入射束成某个角度。辐射量子路径的弯折引起动量发生变化，结果散射电子以等于 X 射线动量变化的动量反冲。散射射线的能量等于入射射线的能量减去散射电子反冲的动能。

由于散射射线应是完整的量子，其频率也将和能量同比例地减小，因此，根据量子理论，可以期待散射射线的波长比入射射线大，而散射辐射的强度在原始 X 射线的前进方向要比反方向大，解释射线方向和强度的分布，根据能量守恒和动量守恒，考虑到相对论效应，得散射波长为：

$$\Delta\lambda = \lambda - \lambda_0 = \frac{2h}{mc}\sin^2\left(\frac{\theta}{2}\right)$$

式中，$\Delta\lambda$ 为入射波长 λ 与散射波长 λ_0 之差；$\lambda = \frac{h}{mc}$ 为电子康普顿波长；h 为普朗克常数；c 为光速；m 为电子的静止质量；θ 为散射角。

当能量为 $e = hv$ 的光子与原子的外层轨道电子相互作用时，光子交给轨道电子部分的能量后，其频率会发生改变并与入射方向成 θ 角散射（康普顿散射光子）；获得足够能量的轨道电子沿与光子入射方向成 φ 角的方向射出（康普顿反冲电子），这个作用是康普顿和我国物理学家吴有训首先发现的，称为康普顿-吴有训效应，简称康普顿效应或康普顿散射。

康普顿效应中是入射光子与结合能较小的外层轨道电子相互作用的结果，在实际上，通常忽略轨道电子的结合能，把康普顿效应认为是入射光子与自由电子的碰撞。康普顿效应中，散射光子仍保留了大部分的能量，传递给反冲电子的能量很少，因此能量大，偏转角小，滤过板不能完全将它滤除，不可避免地会降低胶片质量。

在康普顿效应中会产生散射线，也是辐射防护中必须引起注意的问题。

3. 光电效应 光照射到某些物质上，引起物质的电性质发生变化，这类光导致电性变化的现象被人们统称为光电效应。光电效应分为光电子发射、光电导效应和光生伏特效应；前一种现象发生在物体表面，又称外光电效应；后两种现象发生在物体内部，称为内光电效应。

光电效应有两个方面作用，一方面，它能产生高质量的影像，原因之一是不产生散射线，减少影像的灰度；二是可增强天然组织间的对比度，从胶片质量上，光电效应是很有好处的；另一方面，光电效应对被检者是有害的，原因是被检者从光电效应中接受的 X 射线剂量比其他任何作用都多，因此，为减少或避免辐射对人体的伤害，利用光电效应的发生概率与光子能量的三次方成反比的特性，在实际工作中，采用高仟伏摄影技术，以减少光电效应的发生，从而保护受检者。

4. 电子对效应 当辐射光子能量足够高时，在它从原子核边经过时，在核库仑场作用下，辐射光子可能转化成一个正电子和一个负电子，这种过程称作电子对效应。

它包括三个方面的内容：旋轨作用、相对论

性收缩（直接作用）、相对论性膨胀（间接作用）。

在光电效应中，原子吸收光子的全部能量，其中一部分消耗于光电子脱离原子束缚所需的电离能，另一部分就作为光电子的动能。所以，释放出来的光电子的能量就是入射光子能量和该束缚电子所处的电子壳层的结合能之差。虽然有一部分能量被原子的反冲核所吸收，但这部分反冲能量与射线能量、光电子的能量相比可以忽略。

值得注意的是，由于必须满足动量守恒定律，自由电子（非束缚电子）则不能吸收光子能量而成为光电子。光电效应的发生除入射光子和光电子外，还需有一个第三者参加，这第三者就是发射光电子之后剩余下来的整个原子。它带走一些反冲能量，但这能量十分小。由于它的参加，动量和能量守恒才能满足；而且电子在原子中被束缚得越紧（即越靠近原子核的电子），越容易使原子核参与上述过程。

康普顿散射与光电效应不同，光电效应中光子本身消失，能量完全转移给电子；康普顿散射中光子只是损失掉一部分能量，光电效应发生在束缚得最紧的内层电子上，康普顿散射则总是发生在束缚得最松的外层电子上，发生康普顿效应时，散射光子可以向各个方向散射。

对于不同方向的散射光子，其对应的反冲电子能量也不同，因而即使入射光子的能量是单一的，反冲电子的能量却是随散射角连续变化的。理论计算和实验都表明，入射光子的康普顿反冲电子能谱，电子对效应是光子从原子核旁经过时，在原子核的库仑场作用下，光子转化为一个正电子和一个负电子的过程，根据能量守恒定律，只有当入射光子能量大于 1.02MeV 时，才能发生电子对效应。

由于产生电子对效应的能量已超出诊断 X 射线能量的范围，因此电子对效应在诊断辐射学上并不重要。

5. 光蜕变 高能量的 X 射线光子，其能量在 10MeV 以上时，能够避开与电子云和核力场的相互作用，直接被核吸收，此时核处于受激发态并立即放出核子或其他核裂片，称为光蜕变。

第二节 数字化 X 射线技术

一、概述

X 射线发现至今一百多年来，X 射线成像技术和设备发展迅速。特别是近些年来，医学影像设备出现新的发展方向：一是技术的发展完善了设备的硬件与软件功能；二是高档设备用于临床研究与功能的开发技术指标被中低档设备所采用，从而显著改善了中低档设备的性能指标，拓宽了中低档设备的适用范围，随着图像处理及相关数字化技术的发展，数字成像技术得到了前所未有的发展。

1974 年，日本富士胶片公司开始研究计算机 X 射线摄影（Fuji computed radiography，FCR）的原理，并进行基础性研究工作。1981 年 6 月在比利时首都布鲁塞尔召开的国际放射学大会（International Congress of Radiology，ICR）年会上，富士公司首先推出了 FCR 系统，由于成像板（imaging plate，IP）研制成功并推向市场，使数字化 X 射线成为现实。

数字化 X 射线摄影（digital radiography，DR）系统的研制，在 20 世纪 90 年代后期取得了突破性进展，出现了多种类型的平面 X 射线摄影探测器（flat plank detector，FPD）。平板探测器技术的出现是医学 X 射线摄影技术的一场革命。DR 较之 CR 具有更高的空间分辨率、更高的动态范围和量子检测效率（detective quantum efficient，DQE）、更低的 X 射线照射量、更高质量的图像，在曝光后几秒内即可显示图像，改善了工作流程，提高了工作效率。根据 DR 成像技术的不同，可分为直接数字化 X 射线成像（非晶硒）、间接数字化 X 射线成像（非晶硅）、电荷耦合元件（charge-coupled device，CCD）X 射线成像、多丝正比电离室（multi-wire proportional chamber，MWPC）成像等。

在影像医学领域中，X 射线摄影是临床放射学检查中应用最早和最普遍的成像方式，数字化影像信息则可以直接在图像存档与传输系统（PACS）以及远程医学系统中传输。此外，传统的胶片－增感屏组合的 X 射线摄影方式固有的敏感性和分辨力也远远没有数字化图像的质量高，因此数字化图像的发展具有划时代意义。数字化 X 射线摄影目前具有实际应用价值的方式主要由三种类型：直接成像方式、间接成像方式、过渡方式。

（1）直接成像方式　直接成像方式（directness digital radiography，DDR）利用了光敏器件（非晶硒等）的光电导性，由光敏元件组成的接收装置代替胶片接收 X 射线影像信息，并直接转换为电信号，进而转换为数字信号的成像方式，形成全数字化影像，通常我们称为 DR，此类装置的空间分辨力和时间分辨力还在完善中，是目前最先进的成像方式。

（2）间接成像方式　间接成像方式又包括两种方式：计算机 X 射线摄影（computed radiography，CR）和电荷耦合元件（CCD）X 射线成像。

计算机 X 射线摄影（CR）系统使用成像板（IP）作为接收 X 射线信息的载体，然后由激光束扫描，读出成像板记录的信息。由于整个过程分为两个部分接收、读出，因此称为间接成像方式，成像板 IP 既可以代替胶片且与现有的 X 射线机匹配使用。

电荷耦合元件（CCD）X 射线成像方式问世多年，系使用影像增强、视频链采集信息，后经视频处理技术使视频信号数字化图像的成像方式，如图 1－3 所示。

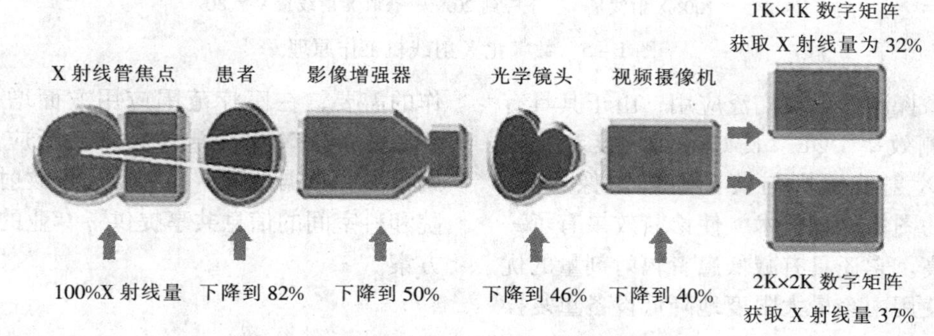

图 1－3　电荷耦合（CCD）X 射线成像示意

（3）过渡方式　采用专门的读出装置或设备，扫描已摄取的常规 X 射线胶片，使胶片上记录的模拟信息数字化为数字式胶片影像，此种方式是回顾性施行的将原来的常规 X 射线胶片信息数字化的过渡方式。

20 世纪 80 年代初，CR 把传统的 X 射线摄影数字化，CCD 成像则是图像处理数字化与常规 X 射线摄影相结合的产物，无论 CR 与 CCD 成像，其原理和成像过程仍属间接数字影像技术，不是最终发展方向。DDR 是 20 世纪 90 年代直接数字成像技术，它是采用平板探测器技术，将 X 射线信息直接数字化，不存在任何中间的过程，数字化图像不仅可以方便地将图像显示在监示器上，而且可以进行各种各样的图像处理。

图像存档与传输系统（PACS）是近年来随着数字成像技术、计算机技术和网络技术的进步而迅速发展起来的数字化医院的实现方法，旨在全面解决医学图像的获取、显示、存储、传递和管理等问题，它是计算机通讯技术和计算机信息处理技术相结合的产物，也是目前放射信息学的一个重要组成部分，其最终的设想是完全由数字图像来代替胶片。

PACS 的应用是医学史上的又一重要里程碑，随着可视技术的不断发展，现代医学已越来越离不开医学图像的信息，医学图像在临床诊断、教学、科研等方面发挥着重要作用。

二、数字化 X 射线技术的原理

了解数字化 X 射线技术的意义在于理解目前最常规 X 射线设备的工作原理，其原理是：X 射线信号来自球管，通过患者被胶片接收，再通过胶片处理设备，获得我们所熟知的医生能诊断的胶片。在此过程中的每一阶段，X 射线信号在一定程度上具有较大的损失，结果是在成像的过程中仅有不足30%的较有代表性的原始图像信息被采用，如图1-4所示。

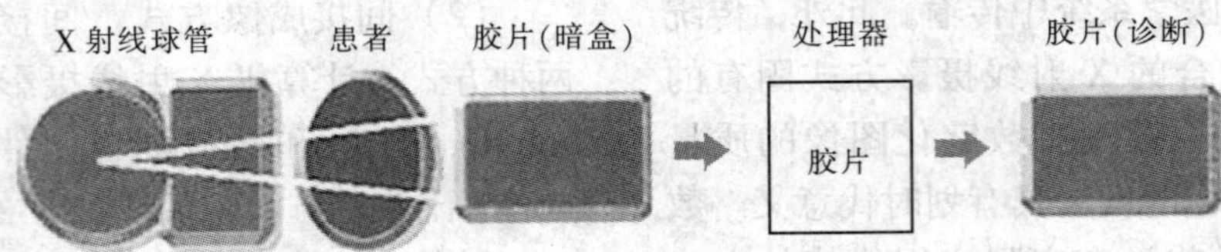

图1-4 传统X射线机工作原理

采用数字成像探测器则能够保持80%以上的原始图像信号，并且使图像信号自动进一步加强。这些优势对所有的成像都是适用的，它可使每一次检测的诊断效果大大提高，如图1-5所示。

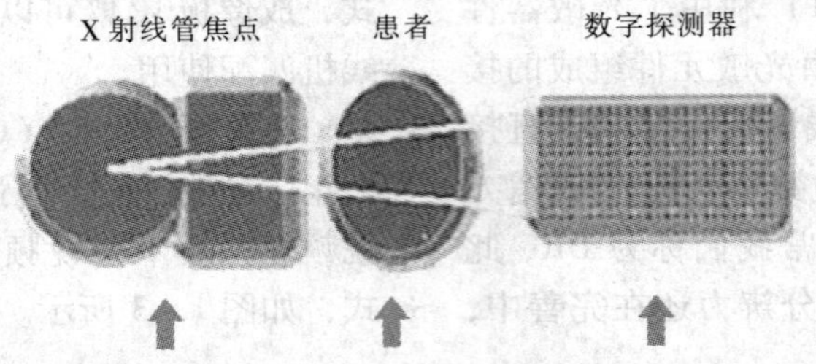

图1-5 数字化X射线机工作原理

数字成像探测器已被广泛应用，由于其具有高的量子检测效率DQE、良好的对比度和分辨率，提高了X射线摄影与荧光造影图像质量，通过智能化的图像处理技术，使诊断效果有了一个很大的提高。它还具有减低患者辐射剂量的优势，设备的使用中会最大限度地降低设备重复操作的需要，在医疗范围应用方面增强了诊断效果。数字化X射线成像技术广泛应用计算机辅助检测和数据处理，并实现远程放射诊疗，为医院和科室间的信息共享提供了专业的平台和解决方案。

第三节 数字成像探测器

在放射学领域内，各种类型真空摄像器件，如影像增强器、摄像管等其核心部件是靶面，通过靶面上的光敏材料把来自目标的光学图像转变成靶面上的光学图像，通过电子束按顺序对靶面各像素进行扫描，将靶面上的光学图像转换成仅随时间变化的，即一维的电信号（视频信号）传送出去。这类成像器件从20世纪60年代被广泛应用，随着半导体集成电路技术的发展，特别是MOS集成电路工艺的成熟，各种固体成像器件得到迅速发展，70年代后期已有一系列的成熟产品，固体成像器件本身就可完成图像转换、信息存储和按顺序输出（称自扫描）视频信号的全过程，固体成像器件主要有电荷耦合器件CCD、CMOS图像传感器和平板式数字探测器。

一、电荷耦合器件

电荷耦合器件（CCD）是1969年由美国贝尔实验室（Bell Labs）的维拉·博伊尔（Willard S. Boyle）和乔治·史密斯（George E. Smith）发明的。当时贝尔实验室正在发展影像电话和半导体气泡式内存，将这两种新技术结合起来后，博伊尔和史密斯研发出该装置。其特性就是它能沿着一片半导体的表面传递电荷，便尝试用来作为记忆装置，当时只能从暂存器用“注入”电荷的方式输入记忆，但随即发现光电效应能使此种元件表面产生电荷，而组成数字影像。

20世纪70年代，贝尔实验室的研究员已能用简单的线性装置捕捉影像，电荷耦合器件CCD就此诞生，此后快捷半导体公司、美国无线电公司和德州仪器等公司进行了进一步研究，其中快捷半导体的产品率先上市，于 1974 年发表 500 单元的线性装置和 100 × 100 像素的 CCD。CCD 的加工工艺有两种，一种是 TTL 工艺，另一种是 CMOS 工艺。市场上的 CCD 和 CMOS 其实都是 CCD，只不过是加工工艺不同，前者是毫安级的耗电量，后者是微安级的耗电量，TTL 工艺下的 CCD 成像质量要优于 CMOS 工艺下的 CCD。

2009 年诺贝尔物理学授予中国香港科学家高锟（Charles K. Kao）和维拉·博伊尔（Willard S. Boyle）及乔治·史密斯（George E. Smith）。科学家 Charles K. Kao 因为在光学通信领域中光的传输的开创性成就而获奖，博伊尔和史密斯因发明了成像半导体电路——电荷藕合器件图像传感器 CCD 获此殊荣，两位科学家在 2006 年还获得电机电子工程师学会（Institute of Electrical and Electronics，IEEE）颁发的 Charles Stark Draper 奖章，以表彰他们对 CCD 发展的贡献。

30 多年来，随着新型半导体材料的不断涌现和器件微细化技术的日趋完备，CCD 技术得到了迅速的发展，目前 CCD 技术已广泛应用于信号处理、数字存储及影像传感等领域，已成为现代光电子学和测试技术中最活跃、最富有成果的领域之一。

（一）基本原理

电荷耦合器件（CCD）有两种基本类型：一种是电荷包存储在半导体与绝缘体之间的界面，并沿界面传输，这类器件称为表面沟道电荷耦合器件，简称 SCCD；另一种是电荷包存储在离半导体表面一定深度的体内，并在半导体内沿一定方向传输，这类称为体内沟道或埋沟道电荷耦合器件，简称 BCCD。

CCD 的突出特点是以电荷作为信号，而不同于其他大多数器件是以电流或者电压为信号。CCD 的基本功能是信号电荷的产生、存储、传输和检测，以下分别进行介绍。

1. 光电荷的产生　CCD 的首要功能是完成光电转换，即产生与入射的光谱辐射量度成线性关系的光电荷，当光入射到 CCD 的光敏面时，便产生了光电荷，CCD 在某一时刻所获得光电荷与前期所产生的光电荷进行累加，称为电荷积分。入射光越强，通过电荷积分所得到的光电荷量越大，获得同等光电荷所需的积分时间越短。

电荷的产生方法主要分为光注入和电注入两类，在 CCD 中，一般采用光注入方式：当光照射到 CCD 硅片时，在栅极附近的半导体体内产生电子－空穴对，其多数载流子被栅极电压排开，少数载流子则被收集在势阱中形成信号电荷，光注入方式又可分为正面照射式与背面照射式，图 1－6 所示为正面照射式光注入方式。

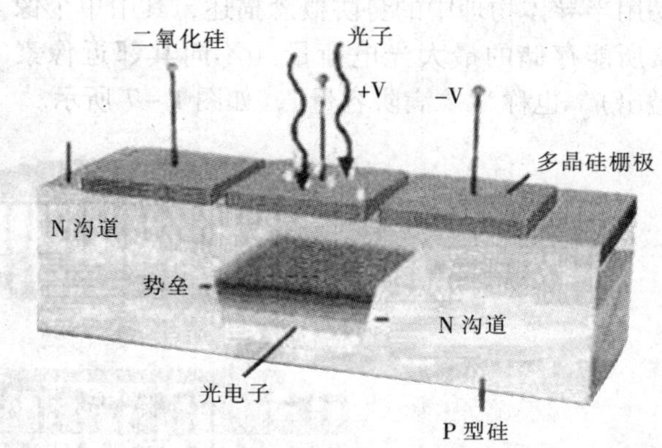

图 1－6　正面照射式光注入示意

光电荷可用下式表示：

$$Q_{IP} = \eta q \Delta n_{eo} A T_C$$

式中，η 为材料的量子效率；q 为电子电荷量；Δn_{eo}为入射光的光子流速率；A 为光敏单元的受光面积；T_C 为光注入时间。

由上式可以看出，当 CCD 确定以后，η、q 及 A 均为常数，注入到势阱中的信号电荷 Q_{IP}与入射光的光子流速率 Δn_{eo}及注入时间 T_c 成正比。注入时间 T_c 由 CCD 驱动器的转移脉冲的周期 TSH 决定。当所设计的驱动器能够保证其注入时间稳定不变时，注入到 CCD 势阱中的信号电荷只与入射辐射的光子流速率成正比。在单色入射辐射时，光注入的电荷量与入射的光谱辐射量度呈线性关系，这种线性关系是应用 CCD 检测光谱辐射强度的理论基础。

2. 电荷存储　构成 CCD 的基本单元是金属－氧化物－半导体结构（metal－oxide－semiconductor，MOS）。在栅极施加正偏压之前，P 型半导体中空穴（多数载流子）的分布是均匀的，当在栅极施加小于 P 型半导体的阈值电压的正偏压后，空穴被排斥，产生耗尽区，偏压继续增加，耗尽区将进一步向半导体体内延伸，当栅极的正偏压大于P型半导体的阈值电压时，半导体与绝缘体界面上的电势变高，以致于将半导体内的电子（少数载流子）吸引到表面，形成一层极薄的但电荷浓度很高的反转层，反转层电荷的存在表明了MOS结构存储电荷的功能。

表面势与反转层电荷浓度具有良好的反比例线性关系。由于CCD的像素进行光电转换可比喻为往井或桶内注水，因此，这种线性关系很容易用半导体物理中的势阱概念描述，其中单个像素所能存储的最大光电荷量（不向其邻近像素溢出），也称为“满阱容量”，如图1－7所示。

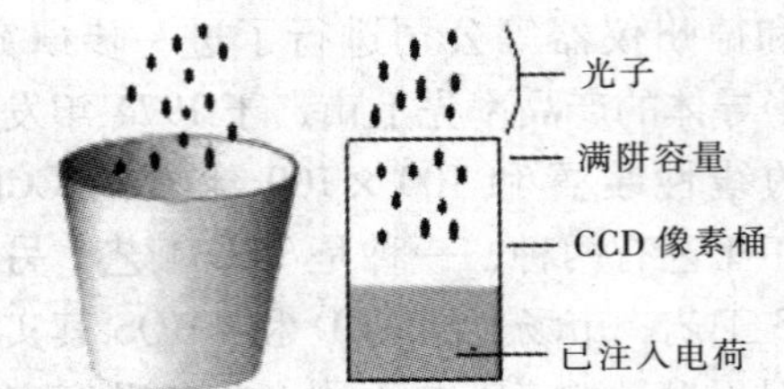

图1－7 电荷存储示意

3. 电荷转移 当完成对光敏元阵列的扫描后，CCD将光电荷从光敏区域转移至屏蔽存储区域，然后光电荷被按顺序转移至读出寄存器，如图1－8所示。

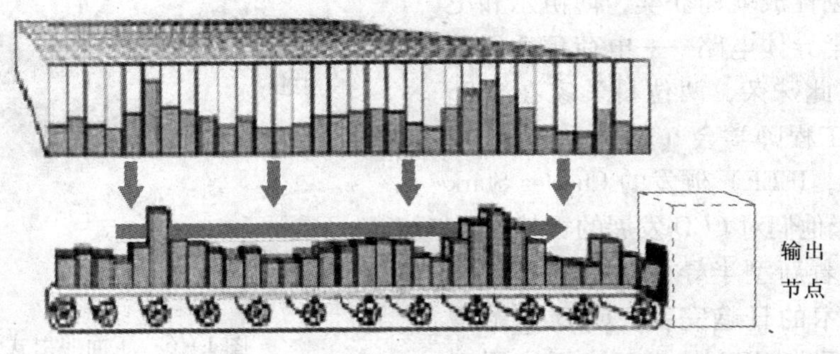

图1－8 电荷转移示意

通过一定的时序在电极上施加高低电平，可使光电荷在相邻的势阱间进行转移。通常把CCD的电极分为几组，每一组称为一相，并施加同样的时钟脉冲，按相数划分为二相CCD、三相CCD及四相CCD。下面以三相CCD为例，介绍光电荷的转移过程。

三相CCD中的4个彼此靠得很近的电极，在初始时刻，光电荷存储在偏压为10V的第一个电极下面的势阱里，其他电极上均加有大于阈值的较低电压（2V），如图1－9a所示，经过T时刻后，各电极上的电压变为如图1－9b所示，第一个电极仍保持为10V，第二个电极上的电压由2V变到10V，因这两个电极靠得很近（间隔只有几微米），它们各自的对应势

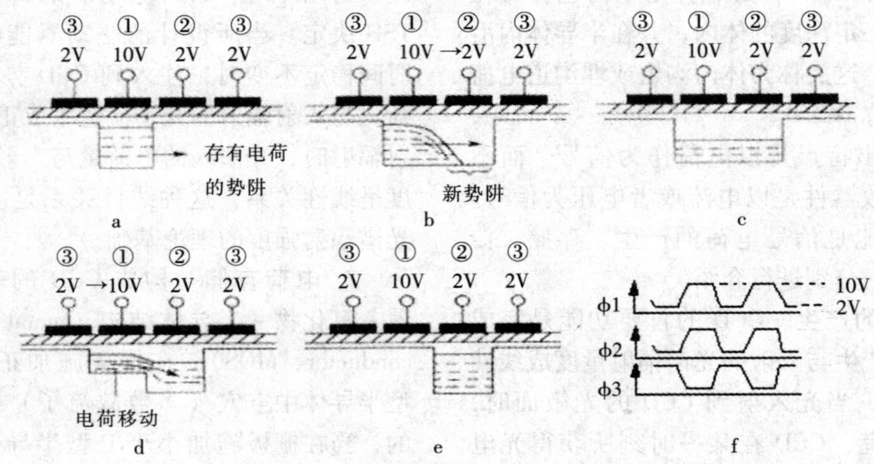

图1－9 三相CCD中光电荷的转移示意

阱将合并在一起，原来在第一个电极下的电荷迅速向第二电极转移，因而变为两个电极下势阱所共有，如图 1－9c 所示；继续改变电极电压，第一个电极电压由 10V 变为 2V，第二个电极电压仍为 10V，则共有的电荷转移到第二个电极下面的势阱中，如图 1－9d、图 1－9e。通过以上方法，光电荷及深势阱向右移动了一个位置，三相 CCD 的电荷转移必须在三相驱动脉冲的作用下才能完成，以一定的方向逐单元地转移。图 1－9f 为三相驱动脉冲的波形图。

从结构上划分，三相 CCD 具有三相单层铝电极结构、三相电阻结构及交叠硅栅结构等形式，单层电极结构储存一“位”，信息只需要三个紧密排列的电极，存储单元面积相对较小。同时，由于电极间隙处氧化物裸露，使其下方的表面势不稳定，影响了电荷的转移效率，电阻结构利用选择掺杂工艺形成的一种高阻多晶硅与低阻多晶硅相间的结构，存储单元面积相对较大，交叠硅栅结构的电极间隙极窄，且转移沟道封闭，是目前广泛采用的三相电极结构，以下介绍二相 CCD、四相 CCD 及体沟道 CCD 的具体结构。

二相 CCD：对于单层金属化电极结构，为了保证电荷走向转移，驱动脉冲至少需要三相；当信号电荷自第二个电极向第三个电极转移时，在第一个电极下面形成势垒，以阻止电荷倒流；如果希望采用二相脉冲驱动，就必须在电极结构中设计并制造出某种不对称性，即由电极结构本身来保证电荷转移的定向性，产生这种不对称性最常用的方法是利用绝缘层厚度不同的台阶以及离子注入产生的势垒。

二相 CCD 的典型电极结构如图 1－10 所示。低电阻多晶硅栅及铝栅形成的不对称的电极结构，在铝栅下形成势垒；当电荷处于势垒较深的右半部内，这种结构可有效地阻止电荷倒流，保证电荷转移的定向性。

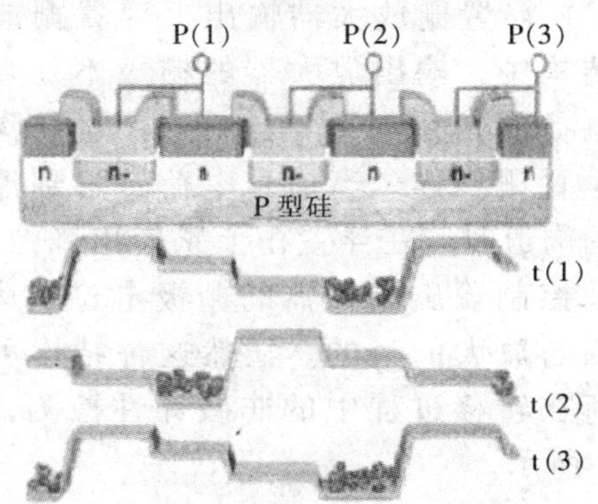

图 1－10　二相 CCD 的典型电极结构示意

四相 CCD：与二相 CCD、三相 CCD 相比，四相 CCD 的操作方式更适应较高的时钟频率，如 100MHz，波形接近正弦波的驱动脉冲；四相 CCD 的两电荷包间有双重势垒相隔，有助于提高转移效率。另外，由于表面势垒呈台阶状，电荷在转移过程中不会产生二相、三相 CCD 在转移过程中所出现的“过冲”现象；四相 CCD 的缺点是其驱动电路相对较为复杂，如图 1－11 所示。

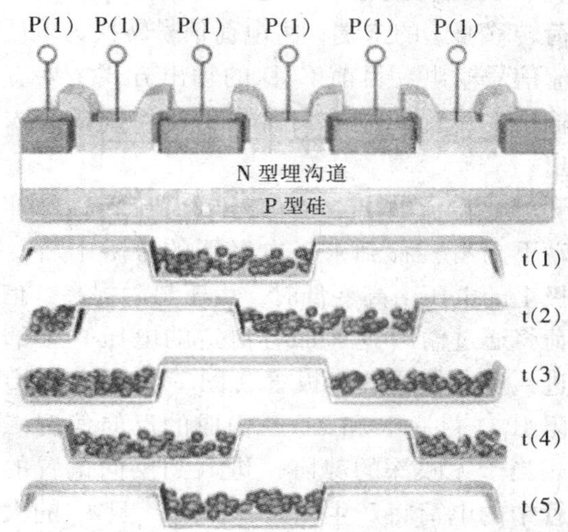

图 1－11　四相 CCD 的典型电极结构示意

体沟道 CCD：按光电荷的转移途径划分，CCD 的转移电极结构可分为表面沟道（即 SCCD）和体沟道（即 BCCD，也称为埋沟道 CCD）两种方式。表面沟道 CCD 的电荷转移途径距离半导体－绝缘体分界面较近，当势阱充满电荷时，将有部分电荷很快地被界面处吸收；而当势阱空下来后，这部分电荷又缓慢地被释放出来，为了消除这种现象，以提高 CCD 的工作速度，设法在距半导体－绝缘体分界面有一定距离的地方形成势阱，这就是体沟道 CCD 的基本设计思想。

虽然发生在体沟道 CCD 内部的微观过程与表面沟道 CCD 有着根本性的不同，但是利用势阱概念对二相、三相表面沟道 CCD 的工作过程完全适用于二相、三相体沟道 CCD。体沟道

CCD的电荷转移速度相对较快，这不仅可使器件的时钟频率得到提高，而且降低了电荷的转移噪声。另外，体沟道CCD具有相对较大的动态范围，如图1-12所示。

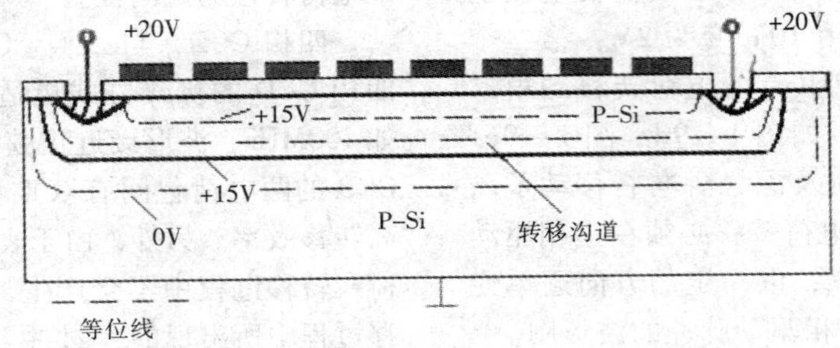

图1-12　体沟道CCD的典型电极结构示意

4. 光电荷的输出　光电荷的输出是指在光电荷转移通道的末端，将电荷信号转换为电压或电流信号输出，目前CCD的输出方式主要有电流输出、浮置扩散放大器输出和浮置栅放大器输出。

(1) 电流输出　当信号电荷在转移脉冲的驱动下向右转移到末极电极下的势阱中后，V2电极上的电压由高变低时，由于势阱提高，信号电荷将通过输出栅（加有恒定的电压）下的势阱进入反向偏置的二极管（图1-13）。由UD、电阻R_L、衬底P和N_+区构成的反向偏置二极管相当于无限深的势阱，进入到反向偏置的二极管中的电荷将产生输出电流I_D，且I_D的大小与注入到三极管中的信号电荷量成正比，而与电阻R成反比。所以，输出电流I_D与注入到二极管中的电荷量成线性关系，且由于ID的存在，使$Q_S = I_D dt$发生变化，I_D增大，A点电位降低。可用A点的电位来检测二极管的输出电流I_D，用隔直电容将A点的电位变化取出，再通过放大器输出，图1-13中的场效应管为复位管，它的主要作用是将一个读出周期内输出三极管没有来得及输出的信号电荷通过复位场效应管输出。为在复位场效应管复位栅为正脉冲时复位场效应管导通，它的动态电阻远远小于偏置电阻R_L，使二极管中的剩余电荷被迅速抽走，使A点的电位恢复到起始的高电平。

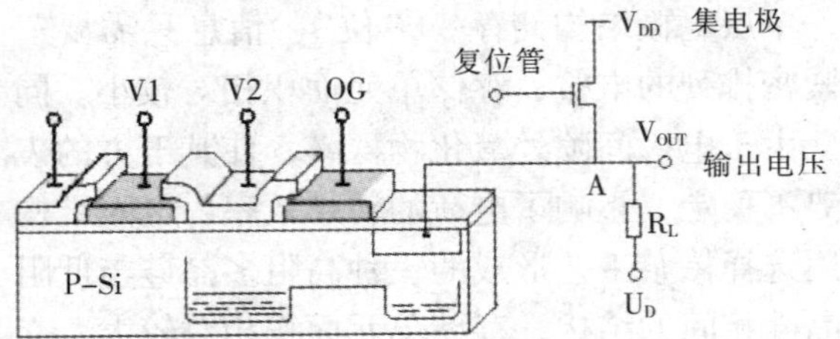

图1-13　光电荷输出结构示意

(2) 浮置扩散放大器输出　浮置扩散放大器输出结构中，前置放大器与CCD做在同一个硅片上，图1-14中场效应管为复位管，右方的4个场效应管构成放大管。复位管下的势阱未形成之前，在复位管的栅极复位脉冲Φ_R使复位管导通，把浮置扩散区剩余电荷抽走，复位到UDD。而当电荷到来时，复位管截止，由浮置扩散区收集的信号电荷来控制放大管栅极电位变化。设电位变化量为ΔU，则有：

$$\Delta U = \frac{Q_S}{C_{FD}}$$

式中的C_{FD}是与浮置扩散放大器有关的总电容。经放大器放大K_V倍后，输出的信号，如图1-14所示。

(3) 浮置栅放大器输出　浮置栅放大器输出结构中，输出放大器的栅极不是直接与信号电荷的转移沟道相连接，而是与沟道上面的浮置栅相连。当信号电荷转移到浮置栅下面的沟道时，在浮置栅上感应出镜像电荷，以此来控制输出放大器的栅极电位，达到信号检测与放大的目的。显然这种结构可以实现电荷在转移过程中的非破坏性检测，如图1-15所示。

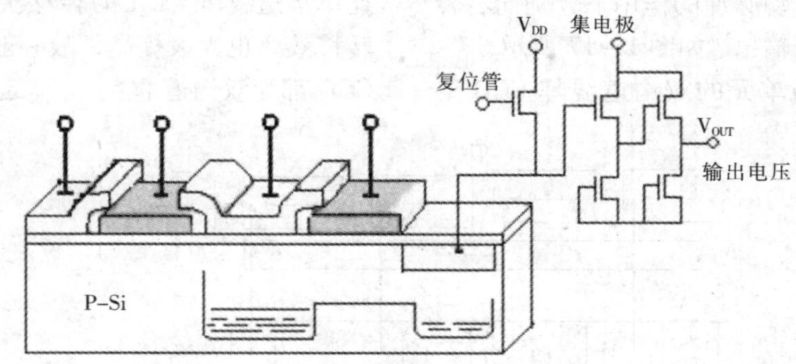

图 1－14　浮置扩散放大器输出结构示意

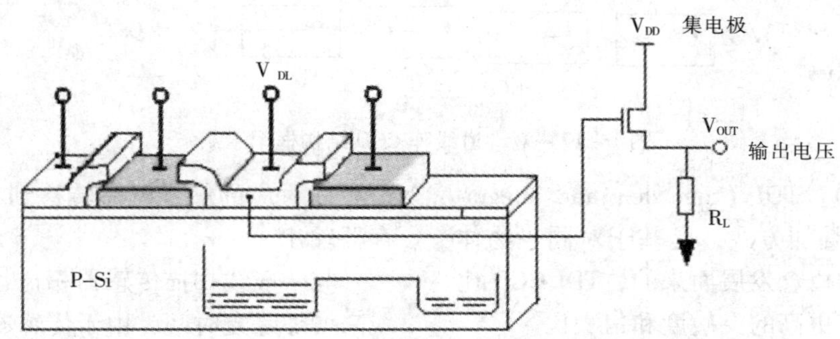

图 1－15　浮置栅放大器输出结构示意

（二）CCD 的分类

CCD 器件的主要功能是把二维光学图像信号转变成一维视频信号输出，一般分为线阵 CCD 和面阵 CCD 两大类。

1. 线阵 CCD　直接将一维光信息转变为视频信号输出，线型 CCD 一般具有单沟道线阵 CCD、双沟道线型 CCD 两种基本形式。

（1）单沟道线阵 CCD　单沟道线型 CCD 的结构中，光敏阵列与转移区—移位寄存器是分开的，移位寄存器被遮挡；在光积分周期里，这种器件的光栅电极电压为高电平，光敏区在光的作用下产生光电荷存于光敏 MOS 电容势阱中。转移栅（transfer gasate）用于控制光电荷在光敏阵列至移位寄存器间的转移，当转移脉冲到来时，线阵光敏阵列势阱中的信号电荷并行转移到 CCD 移位寄存器中，最后在时钟脉冲的作用下一位一位地移出器件，形成视频脉冲信号，如图 1－16 所示。

这种结构的 CCD 的转移次数多、效率低、调制传递函数 MTF 较差，只适用于像敏单元较少的成像器件。

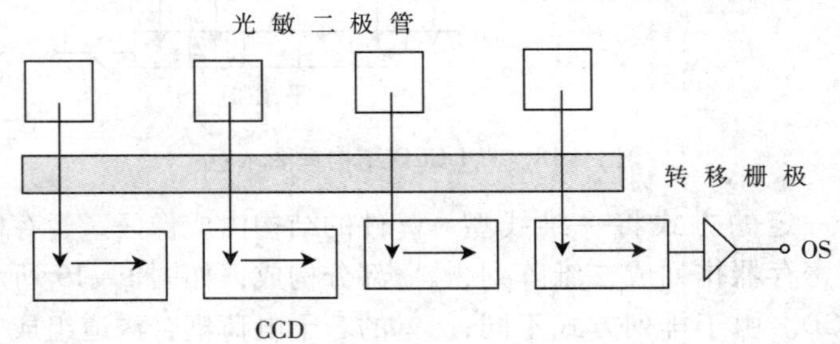

图 1－16　单沟道线型 CCD 的结构框

（2）双沟道线阵 CCD　双沟道线阵 CCD 的结构具有两列 CCD 移位寄存器，分列在像敏元阵列的两边，当转移栅为高电位时，光积分阵列的信号电荷包同时按箭头方向转移到对应的移位寄存器内，然后在驱动脉冲的作用下分别向右转移，最后以视频信号输出，如图 1－17 所示。

显然，同样像敏单元的双沟道线阵 CCD 要比单沟道线阵 CCD 的转移次数少一半，它的总转移效率也大大提高，故一般高于 256 位的线阵 CCD 都为双沟道的。

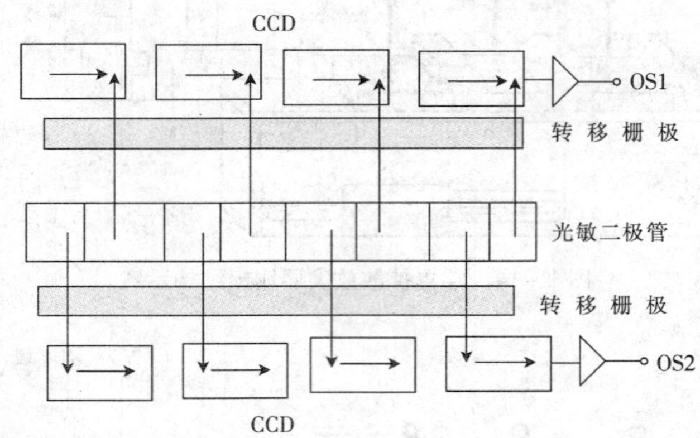

图 1－17 双沟道线阵 CCD 结构框图示意

（3）TDI CCD TDI（time delayand integration）是一种扫描叠加方式，是基于对同一物体的多次曝光累加的概念发展而来的，TDI CCD 比常规扫描方式具有更高的灵敏度和信噪比。

TDI CCD 基于对同一目标进行多次曝光原理，因为需要在不同的位置进行多次曝光，因此 TDI CCD 要求目标与相机必须实现完全的同步。如图 1－18 所示，一个小球在 TDI CCD 的不同曝光级间垂直下落。当小球下降到 TDI CCD 的某一级时，TDI CCD 均进行了一次曝光，所得到的信号电荷逐级进行累加，并作为与小球对应的信号电荷转移到 CCD 水平读出寄存器输出。

与一般线扫描传感器相比，TDI 借助了积分线来增加曝光时间，由于传感器内的信号储存与曝光次数成正比，TDI 技术可使在积分时间内收集到的光子数增加，所以 TDI CCD 比一般线扫描 CCD 传感器具有更高的灵敏度。在 TDI CCD 中，信号与累加次数 N 成正比，而噪声则只与累加次数 N 的平方根成正比，所以其信噪比（SNR）可提高至原来平方根的 N 倍，如图 1－18 所示。

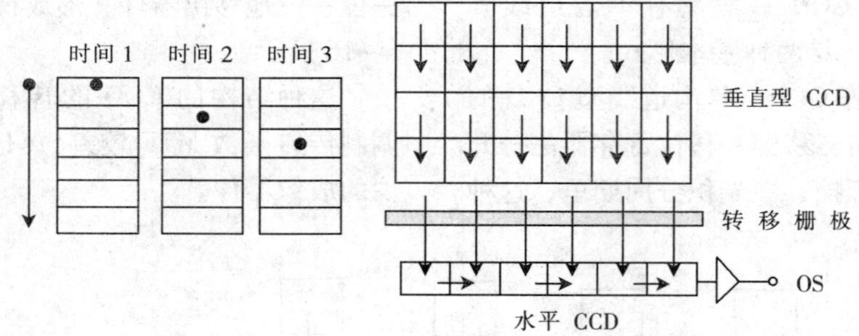

图 1－18 TDI CCD 结构框图示意

2. 面阵 CCD 按一定的方式将一维线型 CCD 的光敏单元及移位寄存器排列成二维阵列，即可以构成二维面阵 CCD。由于排列方式不同，面阵 CCD 常有帧转移、隔行转移、线转移等方式。

（1）帧转移面阵 CCD 面阵帧转移摄像器件的结构由成像区、暂存区和水平读出寄存器三部分构成，如图 1－19 所示。成像区由并行排列的若干电荷耦合沟道组成，各沟道之间用沟阻隔开，水平电极横贯各沟道；暂存区的结构和单元数都和成像区相同，暂存区与水平读出寄存器均被遮蔽。

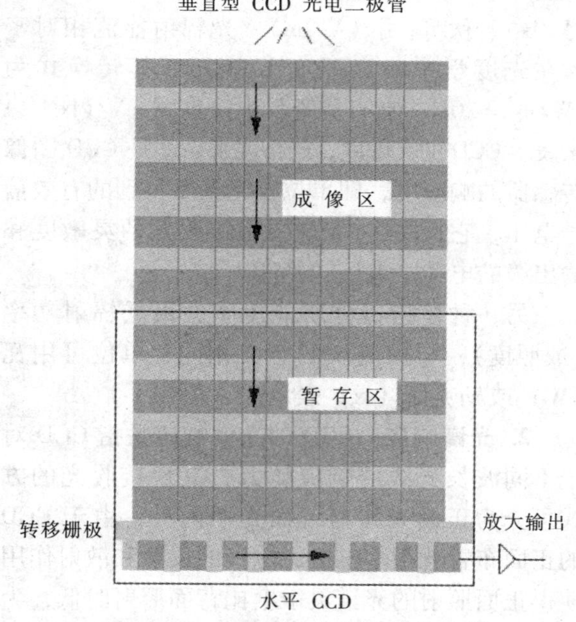

图 1－19　帧转移面阵 CCD 结构示意

图像首先经物镜成像到光敏区，当光敏区的某一相电极加有适当的偏压时，光生电荷将被收集到这些电极下方的势阱里，这样就将被摄光学图像转移为光积分电极下的电荷包图像。当光积分周期结束时，通过加到成像区和存储区电极上的驱动脉冲，将代表整个一帧图像的电荷全部转移到存储区中各自对应的存储单元内，称为帧转移。完成帧转移后，在读出时钟脉冲和存储时钟脉冲的作用下，存储区内的电荷以平移的方式向下移动，逐行进入读出寄存器，然后在读出寄存器中沿水平方向移动，最后经输出电路输出；当第一场读出的同时，第二场信息通过光积分又收集到势阱中；一旦第一场信息被全部读出，第二场信息随之传送给寄存器，使之连续地读出。

帧转移面阵 CCD 的特点是结构简单，光敏单元的尺寸较小，模传递函数（mode transfer function，MTF）较高，但光敏面积占总面积的比例小。

（2）全帧 CCD　利用 CCD 进行光电转换，同时将光电荷转移至水平移位寄存器内的 CCD，称为全帧 CCD，其结构如图 1－20 所示。因为光敏区占据了全帧 CCD 的绝大部分，因此当进行光电荷的转移时，需要通过快门屏蔽入射光。

（3）行间转移型面阵 CCD　行间转移型面阵 CCD 的结构，其像敏单元呈二维排列，每列像敏单元被遮光的读出寄存器用沟阻隔开，像敏单元与读出寄存器之间又有转移控制栅，每一像敏单元对应于二个遮光的读出寄存器单元，读出寄存器与像敏单元的另一侧被沟阻隔开，如图 1－21 所示。

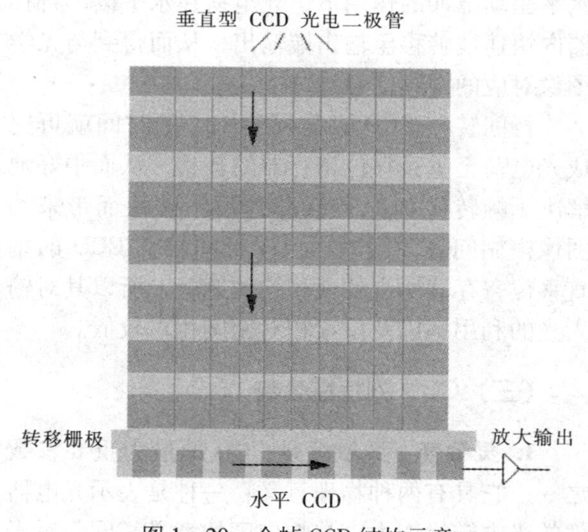

图 1－20　全帧 CCD 结构示意

垂直型转移栅　垂直 CCD

转移栅极

放大输出

水平 CCD

图 1－21　行间转移型面阵 CCD 结构示意

行间转移型面阵 CCD 的工作过程如下：在光积分期间，光生电荷包存储在像敏单元的势阱里，转移栅为低电位，转移栅下的势垒将像敏单元的势阱与读出寄存器的势阱隔开；当光积分时间结束，转移栅上的电位由低变高，其下形成的势阱将像敏单元的势阱与此刻读出寄存器某单元（此刻该单元上的电压为高电平）的势阱沟通，像敏单元中的光生电荷经过转移栅转移到读出寄存器。转移的过程为并行的，即各列光敏单元的光生电荷同时转移到对应的读出寄存器中，转移过程结束后，光敏单元与读出寄存器又被隔开，转移到读出寄存器中的光生电荷在读出脉冲的作用下一行行地向水平读出寄存器中转移，而后在水平驱动脉冲的作用下，光电荷在水平读出寄存器内快速地转移至输出端输出，从而得到与光学图像对应的视频信号。

行间转移 CCD 只需要约 1μs 的时间就可完成光电荷至垂直移位寄存器的转移，从而很好地解决了帧转移 CCD 因转移速度不够快而带来的图像模糊问题。同时，由于行间转移 CCD 的垂直移位寄存器所占的面积均被遮蔽，所以其对输入光的利用率以及像素相对密度相对较低。

（三）CCD 的特性参数

1. 灵敏度　灵敏度是 CCD 的最为重要参数之一，它具有两种物理意义：一种是表示光电器件的光电转换能力，与响应度的意义相同。对于给定芯片尺寸的 CCD 来说，其灵敏度可用单位光功率所产生的信号电流表示，单位可以为纳安/勒克斯（nA/lx）、伏/瓦（V/W）、伏/勒克斯（V/lx）、伏/流明（V/lm）。光辐射能流相对密度在光度学中常以照度 lx 表示，其转换式为 $1W/m^2=20lx$。在有些资料中，也用 mV/(lx · s) 来表示 CCD 的灵敏度，严格说来，这是 CCD 图像传感器的响应度，即单位曝光量所得到的有效信号电压，它反映了 CCD 图像传感器的灵敏度和输出级的电荷、电压转换能力。

另一种是指器件所能传感的最低辐射功率（或照度），与探测率的意义相同，单位可用瓦（W）或勒克斯（lx）表示。

2. 光谱响应　CCD 的光谱响应是指 CCD 对于不同波长光线的响应能力。CCD 接收光的方式可分为正面光照与背面光照两种，由于 CCD 的正面布置着很多电极，电极的反射和散射作用使得正面照射的光谱灵敏度比背面照射时低，为此 CCD 常采用背面照射的方法，背面光照方式比正面光照的光谱响应要好得多，采用硅衬底的 CCD 的光谱响应范围为 03 ~ 1. 11μm，平均量子效率为 25%，绝对响应为 0. 1 ~ 0. 2（A/W），如图 1 – 22 所示。

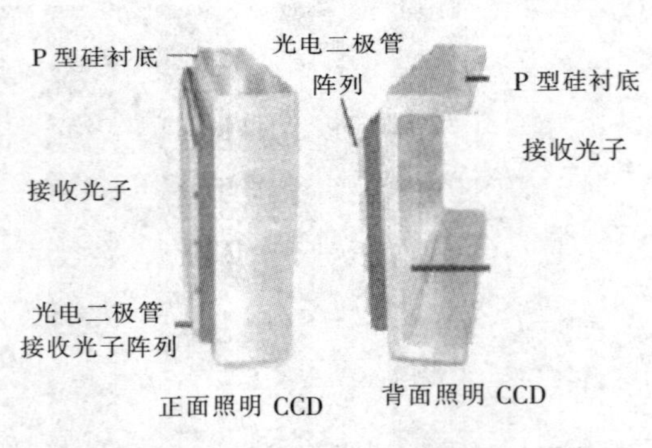

图 1 – 22　正面光照与背面光照 CCD 及其光谱响应

3. 动态范围　CCD 图像传感器的动态范围由满阱容量和噪声之比决定，它反映了器件的工作范围。

（1）满阱容量（'Full – well' capacity）CCD 的满阱容量是指单个 CCD 势阱中可容纳的最大信号电荷量。它取决于 CCD 的电极面积、器件结构、时钟驱动方式及驱动脉冲电压的幅度等因素，CCD 的满阱容量的表达式为：

$$Q_{\max}=C_{ox}U_GA=\frac{\varepsilon_S\varepsilon_0}{d_i}AU_G$$

式中，C_{ox} 为单位氧化膜面积的电容量；U_G 为栅极电压；A 为 CCD 电极有效面积；ε_S 为介质常数 3. 38；ε_0 为空气介质常数；d_i 为氧化膜厚度。

（2）噪声　CCD 在存储和转移信息电荷的过程中，作为信息的各个少数载流子，在氧化层保持隔离状态，可认为 CCD 自身是低噪声器件。但信号电荷的注入、转移和检测等过程中都叠加有噪声，使信号再现的精度受到影响。

CCD 的噪声归纳起来主要有三类：散离子噪

声，即由于电荷注入器件时由电荷量的起伏引起的噪声；转移噪声，即电荷转移过程中，因电荷量的变化引起的噪声；热噪声，即检测电荷时，对检测二极管进行复位时所产生的检测噪声等。

散离子噪声主要表现为微观粒子的无规律性，在 CCD 器件中，无论是用光注入、电注入、热产生的信号电荷总有一定的不确定性，这就引起了散粒子噪声。

转移噪声是在 CCD 器件中，信号电荷由于每次转移后剩下少部分电荷，对平均值来说，其总有一个涨落。由于界面态和体内陷阱俘获面发射的电子从 CCD 的一端转移到另一端也是一个随机过程，这样就产生了转移噪声。

热噪声是在 CCD 器件中，信号电荷注入回路及信号电荷检出时的复位回路均可等效为 RC 回路，由于电阻 R 的存在，就产生了电阻热噪声。

以上三类噪声是独立无关的，因此 CCD 的总噪声功率应是它们的均方和。

CCD 的平均噪声值如表 1－1 所示：

表 1－1　CCD 噪声

噪声种类	噪声水平（电子数）
输出噪声	400
转移噪声（SCCD）	1000
转移噪声（BCCD）	100
输出噪声	400
总均方根载流子变化	
SCCD	1150
BCCD	570

动态范围的数值可以用输出端的信号峰值电压与均方根噪声电压之比表示，单位为 dB，CCD 相机的动态范围一般为 60～80dB。高分辨率 CCD 相机的像素数增多，导致势阱可能存储的最大电荷量减少，因而动态范围变小，在高分辨率条件下，提高动态范围是高性能 CCD 的一项关键性技术。

4. 分辨率　分辨率是图像传感器的重要特性。与采用电子束扫描方式的电真空摄像管的结构不同，CCD 图像传感器采用自扫描方式，每个光敏单元都被隔开较大的距离，因此 CCD 的光电转换实质上是由空间上分立的光敏单元对光学图像进行抽样；光敏单元呈周期性排列，假设要摄取的光学图像是沿水平方向光强（亮度）为正弦分布的条状图像，经 CCD 的光敏单元进行光、电转换，所得的信号在时间轴方向也为正弦波信号。根据奈氏抽样定理，CCD 的极限分辨率是空间抽样频率的一半，因此 CCD 原分辨率主要取决于 CCD 芯片的像素数；其次，还受到传输效率的影响，高集成度的光敏单元可获得高分辨率，但光敏单元尺寸的减少将导致灵敏度降低。而某些新的工艺结构的应用，如双层像感结构；可在一定范围内提高 CCD 的灵敏度。

分辨率通常用电视线（TVL）表示，也可用调制传递函数 MTF 来评价。如图 1－23 所示为宽带光源与窄带光源照明下线阵 CCD 的 MTF 曲线。

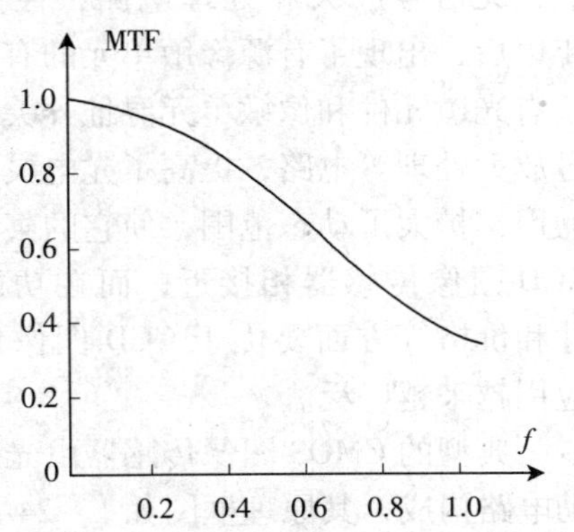

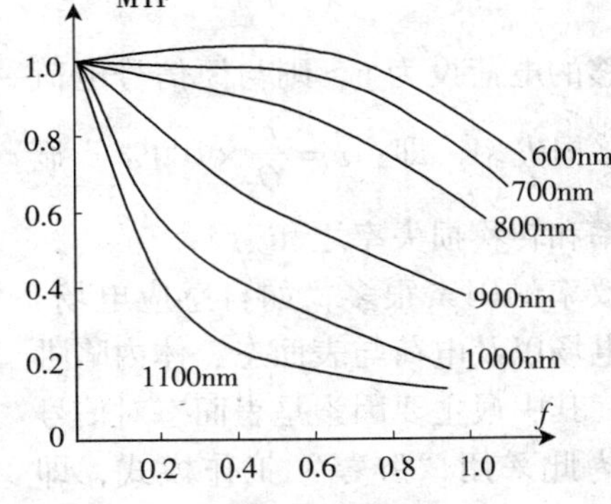

图 1－23　宽带与窄带光源照明下线阵 CCD 的 MTF 曲线

5. 拖影　在帧转移型 CCD 中，由光敏区向存储区转移电荷时，光敏区在场逆程的光积分电荷被带到下一场信号中，或者硅片深处的光生载流子向邻近势阱扩散，从而致使图像模糊，这种现象称为拖影，拖影将使图像对比度下降。在行转移型 CCD 中，光敏单元被转移单元（垂直移位寄存器）所隔开，在场消隐期间，光敏单元的电荷移到转移单元，当图像经寄存器以水平速率移位时，过载光敏单元的剩余量可能泄漏到寄存器中，所形成的拖影也会导致图像模糊，在对黑色背景中的明亮目标进行成像时，拖影现象最为明显，通常用电平值的大小（dB）表示拖影的程度，也可用百分比表示。

6. 暗电流 在正常工作的情况下，MOS 电容处于未饱和的非平衡态。随着时间的推移，由于热激发而产生的少数载流子使系统趋向平衡。因此，即使在没有光照或其他方式对器件进行电荷注入的情况下，也会存在不希望有的暗电流，暗电流是大多数成像器件所共有的特性，是判断一个摄像器件好坏的重要标准。

产生暗电流的主要原因是：耗尽的硅衬底中电子自价带至导带的本征跃迁，少数载流子在中性体内的扩散及 $Si-SiO_2$ 界面引起的暗电流。在大多数情况下，以第二种原因 $Si-SiO_2$ 界面引起的暗电流产生的暗电流为主；为了减小暗电流，应采用缺陷尽可能少的晶体和减少沾污。另外，暗电流还与温度有关，温度越高，热激发产生的载流子越多，暗电流就越大。

7. 电荷转移效率和转移损失率 电荷转移效率是表征 CCD 器件性能好坏的一个重要参数。设原有的信号电荷为 q，转移到下一个电极下的信号电荷量为 Q，则其比值称为转移效率，即：$\eta=\frac{q}{Q}\times100\%$。

没有被转移的电荷设为 p，则与原信号电荷 Q 之比称为转移损失率，即：$\varepsilon=\frac{p}{Q}\times100\%$，显然电荷转移效率和转移损失率之和为 1。

影响转移效率的因素很多，如自感应电场、热扩散、边缘电场以及电荷与表面态、体内陷阱的相互作用等。其中最主要因素是表面态对信号电荷的俘获，为此采用“胖零”工作模式，即让“零”信号也有一定的电荷来填补陷阱，这就能提高转移效率和速率。

CCD 数字放射成像系统使用这些设备及光学缩小装置为闪烁器发出的光线成像。许多生产商都生产基于 CCD 的系统，常见的生产商有 Swissray、Oylmix、Odelft、Wuestec、ImagingDynamics 等。

CCD 与数字放射成像有关的最重要的特性是它们的外形很小，一般为 2～3cm，比投影放射成像系统的面积小得多、因此多与影像增强器共同使用，有时采用一个或多个 CCD 摄像头。研究表明，基于 CCD 的探测器是一种过渡技术，平板式数字放射成像系统由于出色的影像质量、内在的坚固性和简洁的设计，将成为数字影像的首选。

二、CMOS 图像传感器

CMOS 图像传感器是自扫描光电二极管列阵（slef scanned photodiod array，SSPD），又名 MOS 图像传感器，最早出现于 1969 年，是一种用 CMOS 工艺方法将光敏元件、放大器、A/D 转换器、存储器、数字信号处理器和计算机接口电路等集成在一块硅片上的图像传感器件。这种器件具有结构简单、处理功能多、成品率高和价格低廉等特点，有着广泛的应用前景。

CMOS 图像传感器虽然比 CCD 的出现早一年，但在相当长的时间内，由于它存在成像质量差、像敏单元尺寸小、填充率（有效像敏单元与总面积之比）低、响应速度慢等缺点，只能用于图像质量要求较低的环境。早期的 CMOS 器件采用无源像敏单元的无源结构，每个像敏单元主要由一光敏元件和一个像敏单元寻址开关构成，无信号放大和处理电路，性能较差。1989 年以后，出现了有源像敏单元的有源结构；它不仅有光敏元件和像敏单元寻址开关，而且还有信号放大处理等电路，提高了光电灵敏度，减小了噪声，扩大了动态范围，使它的某些性能参数与 CCD 图像传感器相接近，而在功能、功耗、尺寸和价格等方面要优于 CCD 图像传感器，所以应用越来越广泛。

典型的 CMOS 图像传感器由光敏元阵列及辅助电路构成，其原理框图如 1－24 所示，其中光敏元阵列主要实现光电转换功能，辅助电路主要完成驱动信号的产生、光电信号的处理、输出等任务。

光敏元阵列是由光电二极管和 MOS 场效应

管阵列构成的集成电路。在图 1-24 中，光敏元阵列按 X 和 Y 方向排列成方阵，方阵中的每一个光敏元都有它的 X、Y 方向上的地址，并可分别由两个方向的地址译码器进行选择；每一列光敏元都对应于一个列放大器，列放大器的输出信号分别与由 X 方向地址译码控制的模拟多路开关相连。在实际工作中，CMOS 图像传感器在 Y 方向地址译码器的控制下依次接通每行光敏元的模拟开关，信号通过行开关传送到列线上，再通过 X 方向地址译码器的控制，传送到放大器。输出放大器的输出信号由 A/D 转换器进行模数转换，经预处理电路处理后通过接口电路输出。

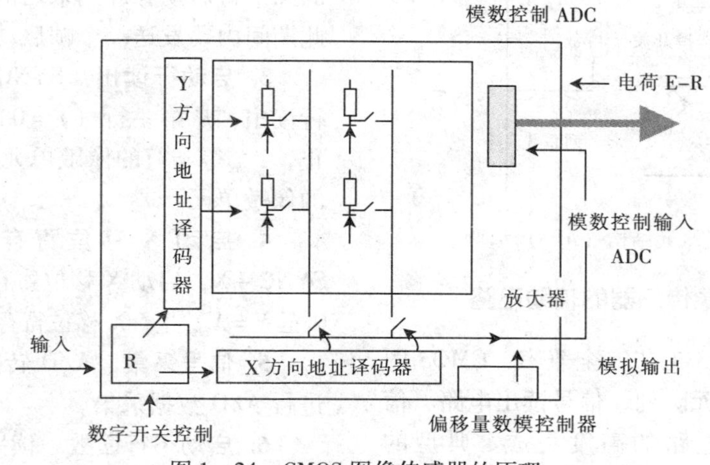

图 1-24 CMOS 图像传感器的原理

（一）像素结构

从像素内部有无放大器角度进行划分，可将 CMOS 图像传感器的像素结构分为无源光敏元结构（passive pixel sensor，PPS）和有源光敏元结构（active pixel sensor，APS）两大类。

1. PPS 像素结构 无源光敏元结构主要由光电二极管和地址选通开关构成，如图 1-25 所示，复位脉冲首先启动复位操作，将光电二极管的输出电压被重置，接着光电二极管开始光信号的积分，当积分工作结束时，选址脉冲启动行选择开关，光电二极管中的信号传输至列总线上，然后经过公共放大器放大后输出。

PPS 的填充系数较高，可提高芯片的集成度。另一方面，当直接把光电荷从像素读到列总线时，总线不可避免地具有高电容值和热复位噪声，从而形成固定图像噪声。同时，选址模拟开关的暗电流噪声也可使图像信号的信噪比下降。

2. APS 像素结构 有源光敏元结构与无源光敏元结构的最主要区别是：光敏元阵列中的每一个光敏元内都集成有一个放大器，每一光电转换信号首先经过放大器放大，而后再通过场效应管模拟开关传输。

主动光敏元结构的原理框图如 1-26 所示，从图中可以看出，复位管构成光电二极管的负载，其栅极与复位信号线相连；当复位脉冲出现时，复位管导通，光电二极管被瞬时复位，而当复位脉冲消失后，复位管截止，光电二极管开始对光信号进行积分，由场效应管构成的源极跟随放大器将光电二极管的高阻输出信号进行电流放大，当选通脉冲到来时，行选择开关导通，使得被放大的光电信号输送到列总线上。

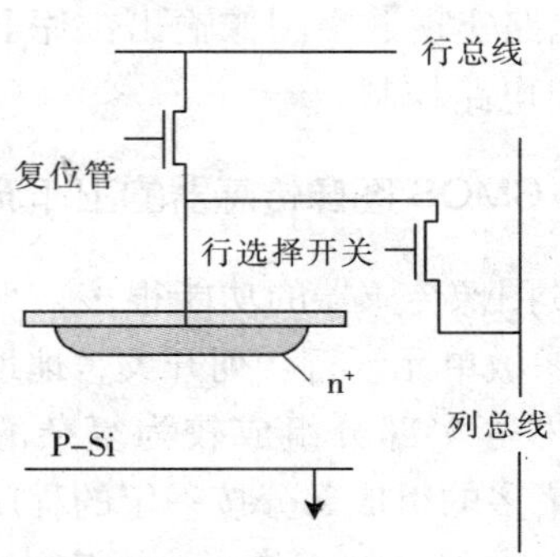

图 1-25 无源光敏元结构示意

在有源光敏元结构中，光电转换后的信号立即在像素内进行放大，然后通过 X-Y 寻址方式读出，从而提高了 CMOS 传感器的灵敏度。APS 具有良好的消噪功能，它不受电荷转移效率的限制，速度快，图像质量明显改善。另一方面，与PPS相比，APS像素的尺寸较大，填充系数小，其填充系数的典型值为20%～30%

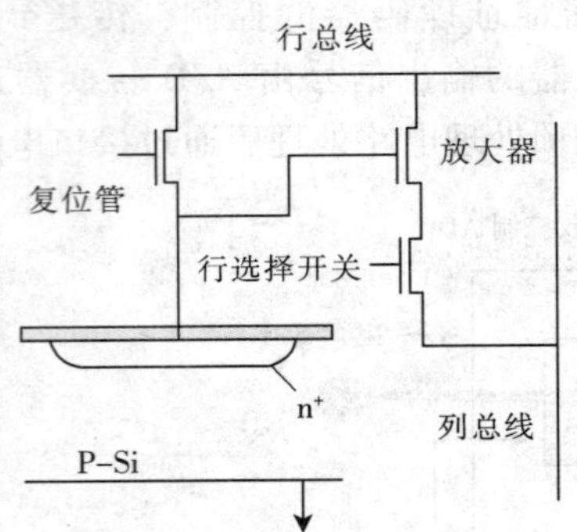

图1－26 有源光敏元结构（APS）示意

（二）CMOS图像传感器的辅助电路

由于与电子CMOS工艺完全兼容，CMOS图像传感器可实现光敏元陈列、信号读出电路、信号处理电路和控制电路的高度集成。典型的CMOS图像传感器主要由光敏元阵列、水平和垂直控制和时序电路、模拟信号读出处理电路、A/D转换电路、数字信号处理电路和接口电路等构成，CMOS图像传感器的时序电路主要产生各种驱动和控制脉冲，模拟信号处理电路集成了自动增益控制（AGC）、自动曝光控制（AEC）、自动自平衡（AWB）、伽玛校正、背光补偿和自动黑电平校正等电路，数字信号处理电路集成有彩色矩阵处理电路和全电视信号编码器，可输出标准的NTSC或PAL制式的全电视信号，可通过MD转换电路实现数字图像输出：片上功能可通过IIC接口电路控制。

（三）CMOS图像传感器的工作流程

CMOS图像传感器的功能很多，组成也很复杂。它由像敏单元，行、列开关，地址译码器和A/D转换器等多部分组成较为复杂的结构，这就需要使诸多的组成部分按一定的程序工作，以便协调各组成部分的工作。为了实施工作流程，还要设置时序脉冲，利用它的时序关系去控制各部分的运行次序，并用它的电平或前后沿信号去适应各组成部分的电气性能。

CMOS图像传感器的典型工作流程如图1－27所示。

1. 初始化 初始化时要确定器件的工作模式，如输出偏压、放大器的增益、取景器是否开通等，并设定积分时间。

2. 帧读出（YR）移位寄存器初始化 利用同步脉冲SYNC－YR，可以使YR移位寄存器初始化，SYNC－YR为行启动脉冲序列，不过在它的第一行启动脉冲到来之前，有一消隐期间，在此期间内要发送一个帧启动脉冲。

3. 启动行读出 SYNG－YR指令可以启动行读出，从第一行（$Y=0$）开始，直至$Y=Y_{max}$止，Y_{max}等于行的像敏单元减去积分时间所占用的像敏单元。

4. 启动X移位寄存器 利用同步信号SYNC－X，启动X移位寄存器开始读数，从$X=0$至$X=X_{max}$止，X移位寄存器存一幅图像信号。

5. 信号采集 A/D转换器对一幅图像信号进行A/D数据采集。

6. 启动下行读数 读完一行后，发出指令，接着进行下一行读数。

7. 复位 帧复位是用同步信号SYNC－YL控制的，从SYNC－YL开始至SYNC－YR出现的时间间隔便是曝光时间，为了不引起混乱，在读出信号之前应当确定曝光时间。

8. 输出放大器复位 用于消除前一个像敏单元信号的影响，由脉冲信号SEN控制对输出放大器的复位。

9. 信号采样与保持 为适应MD转换器的工作，设置采样与保持脉冲，该脉冲由脉冲信号SHY控制。

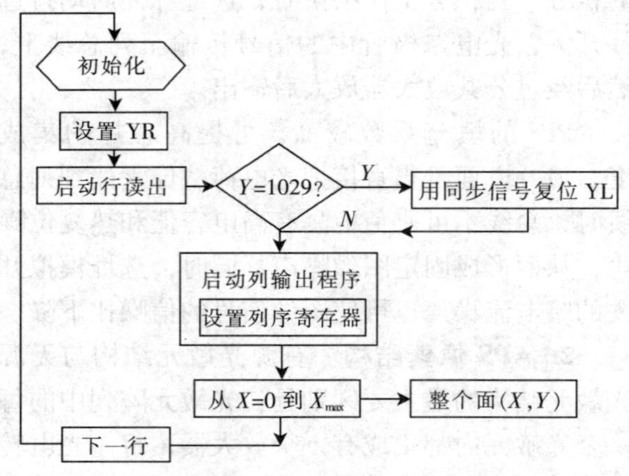

图1－27 CMOS图像传感器工作流程

实现上述工作流程需要一些同步脉冲信号，这些脉冲信号按时序利用脉冲的前沿（或后沿）触发，确保 CMOS 图像传感器按事先设定的程序工作。

（四）CMOS 图像传感器的性能指标

表征 CMOS 图像传感器的性能参数与表征 CCD 的性能指标参数基本上是一致的。近年来 CMOS 成像器件技术取得了重大进展，其性能指标与 CCD 接近。

1. 光谱性能与量子效率　CMOS 成像器件的光谱性能和量子效率取决于它的像敏单元（光电二极管）。图 1－28 为 CMOS 图像传感器的光谱响应特性曲线，由图 1－28 可见，其光谱范围为 350～1100nm，峰值响应波长在 700nm 附近，峰值波长响应度达到 0.4A/W。

器件的光谱响应特性与器件的量子效率受器件表面光反射、光干涉、光透过表面层的透过率的差异和光电子复合等因素影响，量子效率总是低于 100%。此外，由于上述影响会随波长而变，所以量子效率也是随波长而变化。图 1－28 中的不平行的斜线即表示量子效率的这种变化关系。

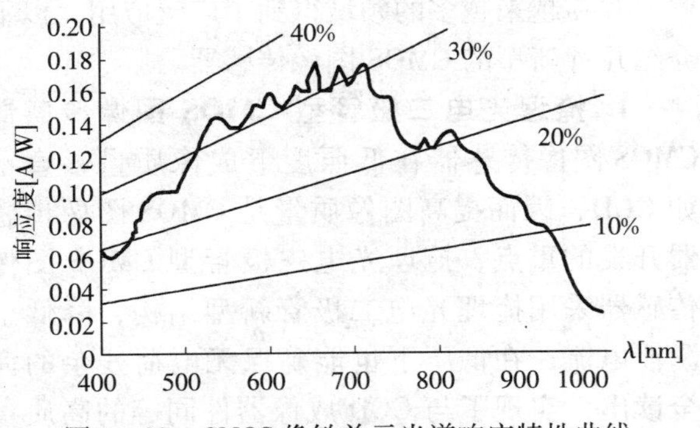

图 1－28　CMOS 像敏单元光谱响应特性曲线

2. 填充因子　填充因子是光敏面积对全部像敏面积之比，它对器件的有效灵敏度、噪声、时间响应、模传递函数 MTF 等的影响很大。

因为 CMOS 图像传感器包含有驱动、放大和处理电路，它会占据一定的表面面积，因而降低了器件的填充因子。无源像敏单元结构的器件具有的附加电路少，它的填充因子会大些，大面积的图像传感器结构，光敏面积所占比例会大一些。提高填充因子，使光敏面积占据更大的表面面积，是充分利用半导体制造大光敏面图像传感器的关键，一般而言，提高填充因子的方法有以下两种：微透镜法和像敏单元结构。

（1）微透镜法　在 CMOS 成像器件的上方安装有一层矩形的面阵微透镜，它将入射到像敏单元的全部光线都聚到各个面积较小的光敏元件上，所以填充因子可以提高到 90%。因为光敏元件面积减小，提高了灵敏度，降低了噪声，减小了结电容，提高了器件的响应速度，所以这是一种很好的提高填充因子的方法，它在 CCD 上已得到成功的应用，如图 1－29 所示。

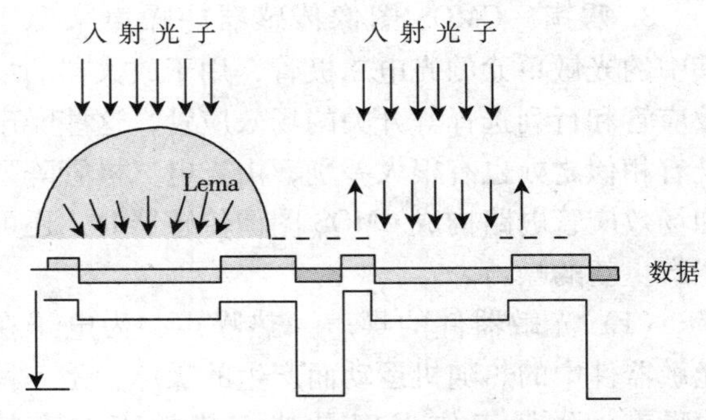

图 1－29　微透镜的作用示意

（2）像敏单元结构　像敏单元结构为一种填充率较高的 CMOS 图像传感器结构，它的表面有光电二极管和其他电路，二者是隔离的，在光电二极管的 n^+ 区下增加了 n 区，用于接收扩散的光电子，而在电路 n^+ 的下面设置一个 P^+ 静电阻挡层，用于阻挡光电子进入其他电路中，如图 1－30 所示。

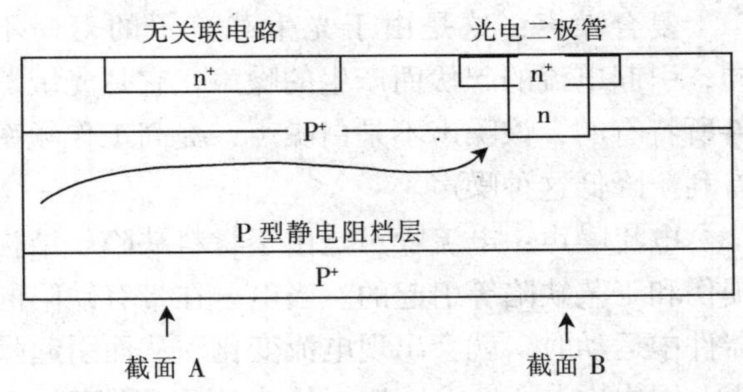

图 1－30　高填充率的 CMOS 像敏单元结构

在像敏单元结构中，表层的光电二极管、电路及其阻挡层均很薄，且是透明的。入射光透过后到达外延的光敏层，所产生的光电子几乎可以全部扩散到光电二极管中。尽管光电二极管的表面积不大，但光敏表面积却是整个像敏单元的表面积，所以等效填充因子接近于100%。填充因子不可能达到100%的原因为：①在电路层中有光陷阱，限制了光的透过率，对于短波长光线，影响更大些；②表层有反射作用；③存在光电子复合现象。

这种结构也有缺点，即存在窜音现象。因为有阻挡层，光电子也会较容易地扩散到相邻的像敏单元中，从而使图像变得模糊。在高填充率的像敏单元结构中，光电二极管的尺寸很小，结果提高了灵敏度，降低了噪声，并提高了器件的工作速度。

3. 噪声 CMOS图像传感器的噪声来源于其中的光敏单元的光电二极管，用于放大器的场效应管和行列选择等开关的场效应管，这些噪声既有相似之处也有很大差别，由光电二极管阵列和场效应管电路构成CMOS图像传感器时，还可能产生新的噪声。

（1）光敏器件的噪声 热噪声：为电子在光敏器件中的热随机运动而产生的噪声，是一种白噪声，降低工作温度是减小热噪声的有效方法。

散粒噪声：光敏器件工作需要加入偏置电流。当电荷运动时，会因与晶格碰撞而改变方向，电子的速度便出现了涨落，引起偏置电流的起伏，由此而产生的噪声称为散粒噪声，它也是一种白噪声。减小偏置电流，可以减小散粒噪声，但有可能降低光电响应度，也可能增大非线性。

复合噪声：这是由于光生载流子的寿命不同，引起电流的起伏而产生的噪声，它是光敏器件所特有的，该噪声不是白噪声，提高工作频率有利于降低这种噪声。

电流噪声：电流噪声是由于材料缺陷、结构损伤和工艺缺陷等引起的。当电子在带有缺陷的器件中运动时，就会出现电流变化，从而引起噪声。因为它与I/f成比例，故也称I/f噪声。电流噪声不但与器件工作电流的平方成正比，而且与器件的工作频率成反比，选择较高的工作频率，有利于减小电流噪声。因为CMOS图像传感器的帧频较低，电流噪声常常是不可忽略的。

（2）MOS场效应管的噪声 MOS场效应管本身所引起的噪声。

（3）CMOS成像器件工作噪声 CMOS成像器件在工作过程中，除去上述噪声外，还要产生一些新的噪声。例如，复位开关工作时会带来复位噪声，即KTC噪声；而由许多个像敏单元组成CMOS成像器件时，又会因为各个像敏单元的特性不一致而出现空间噪声；此外，还存在电磁干扰和多个时钟脉冲变化而引起的时间跳变干扰。

复位噪声：复位开关与低阻电源断开时，信号储存在电容上的残存电荷是不确定的，这就引起了复位噪声，虽然复位噪声是随机的，但是可以用相关双采样的方法消除。

空间噪声：包括暗电流不均匀直接引起的固定图案噪声（FPN）、暗电流的产生与复合不均匀引起的噪声，像素缺陷带来的响应不均匀引起的噪声和成像器件中存在温度梯度引起的热图案噪声等。这些空间噪声是由成像器件材料的不均匀或工艺方法缺陷带来的，有的（如FPN）是可以用相关双采样方法消除的。

（五）CMOS图像传感器的发展趋势

CMOS图像传感器向高分辨率、高灵敏度、宽动态范围、微型化、数字化和多功能的方向发展，并在越来越多的领域得到了广泛应用，以下介绍几种新型的CMOS图像传感器。

1. 掩埋光电二极管型CMOS图像传感器 CMOS图像传感器在低照度下成像质量一直不如CCD，因而提高图像质量是CMOS图像传感器开发的重点，掩埋光电二极管型CMOS图像传感器采用掩埋光电二极管新型结构，降低了漏泄电流，在低压下也能确保无电荷残余的完全读出，实现了与CCD成像器件同等的高质量图像。

2. 低噪声CMOS图像传感器 具有低功耗优点的CMOS图像传感器在便携式信息终端的图像通信方面具有重要作用，但由于每个像素晶体管特性的不均衡及非入射光引起的暗电流，容易产生固定图形噪声。低噪声CMOS图像传感器采用了独特的“DRSCAN”噪声消除技术，该技术在逐点顺序读出每像素信号和噪声成分的同时，可在同一电路中消除晶体管特性不均引起的固定图形噪声，这是以前逐行消除难以做到的。同时，此类 CMOS 图像传感器还借鉴 CCD 的 HAD（hole accumulation diode）结构，即在传感器表面形成空穴积累层，从而抑制非入射光引起的暗电流。这两种固定图形噪声的降低，使信噪比有了明显的提高；另一方面，HAD 结构中采用 L 形门的像素结构，使几乎所有的电子完全转移，实现了无拖影的图像信号输出。

3. 高灵敏度 CMOS 图像传感器　具有双金属光电屏蔽和氮化硅（Si_3N_4）抗反射膜的深 P 阱光电二极管结构的 CMOS - APS。为了改善器件的灵敏度，高灵敏度 CMOS 图像传感器应用了深 P 阱、磷掺杂 P 型硅衬底、Si_3N_4、减反射膜、耗尽晶体管、双金属光电屏蔽等新技术；光入射到常规光电二极管和新型光电二极管时，前者的反射率为 20% ~30%，后者的反射率≤10%，因入射光反射率的降低，提高了器件的灵敏度。

三、CMOS 图像传感器与 CCD 的比较

CMOS 图像传感器与 CCD 是目前应用最为广泛的固体成像器件，两者的主要特性比较如下。

（一）成像过程

CMOS 图像传感器与 CCD 采用相同的光敏材料，光电转换的原理相同，但是读取过程不同：CMOS 图像传感器经光电转换后直接产生电流（电压）信号，以类似 DRAM 的方式读出信号，工作时仅需单一工作电压供电；CCD 以电荷包的形式进行存储及转移，其信号的读取需要多路外部驱动脉冲及电源的支持，系统电路相对复杂。

（二）集成性

CMOS 图像传感器可将光敏元阵列、信号读取电路、A/D 转换电路、图像信号处理电路及控制器等集成到一块芯片上，从而易于实现单芯片的成像系统；由于和 CMOS 工艺不兼容，CCD 难以将时序发生器、驱动电路及信号处理电路等集成在同一芯片上，这些功能只能由 3 ~ 8 个芯片组合实现，使系统的体积和重量增大，不利于系统的微型化。

（三）噪声

由于 CMOS 图像传感器集成度高，各元件、电路之间距离很近，干扰比较严重，噪声对图像质量影响很大；CCD 技术较为成熟，其采用 PN 结或二氧化硅隔离层隔离噪声，成像质量相对 CMOS 图像传感器有一定的优势。

（四）功耗

CMOS 图像传感器只需一路电源（3 ~ 5V）供电，其功耗仅为 CCD 的 10%，而 CCD 需要 3 路以上电源来满足特殊时钟驱动的需要，其功耗相对较大。

四、平板式数字探测器

照相平板印刷和微观电子技术领域的最新进展，使集成基于 TFT 阵列读出装置大面积 X 射线探测器的出现成为可能，与基于 CCD 的探测器不同，CCD 探测器需要进行光电耦合和影像缩小，而基于 TFT 的平板系统的电荷收集和读出电子元件紧贴 X 射线发生交互作用的料层，从而使设计紧凑，并能即时转化为数字影像。

平板式数字探测器可分为两类：直接转换探测器，它的 X 射线能量直接转换为电荷；间接转换探测器，其 X 射线能量首先由 X 射线闪烁器转换为光。碘化铯（用于 X 射线影像增强器）和氧硫化钆（用于传统的 X 射线增感屏，使胶片曝光）是两种常用的闪烁器。

（一）大面积 TFT 阵列

TFT 阵列在直接和间接数字放射成像系统中都用有源电子交换部件，TFT 阵列放置在多层玻璃衬底上，读出装置在最低一层，电荷收集器阵列在高一些的层次上，然后根据探测器的类型，X 射线敏感部件、光敏感部件或这两种部件同时放置，形成这个复杂电子结构顶层。接着整个组件装入保护外壳中，并外接电缆，用于连接计算机，与所有的电子设备一样，需要的层次越多，系统就越复杂，这样会降低其可靠性和图像质量。

（二）平板式间接转换系统

基于平板 TFT 阵列的间接转换系统，制造时首先加入一个使电极偏离的无特定结构硅光电二极管或光敏二极管，然后加入一个闪烁器作为探测器的顶层，这些层代替了直接转换设备中使用的单 X 射线光临时性倒置层。当 X 射线触发闪烁器时，与入射 X 射线成比例的可见光即向所有方向发射，部分光被吸收到闪烁器中，其他大部分光在到达光电二极管前即散射，到达光电二极管阵列的那些光子转换为电荷，每个光电二极管收集的电荷通过附属的读出装置放大和量化为该像素的数字化代码值。

间接转换探测器中使用的闪烁器即可以是有结构的，也可以是无特定结构的，无特定结构硅平板探测器工作原理是：该类型探测器的目的是收集 X 射线产生的电荷，并当在行电极扫描时将电荷提供给电子束半导体线性低通放大器，电荷存储器由光敏二极管或光电导体组成，在平板探测器中被用作闪烁器。电荷输出开关由单个二极管或双二极管，或者由 TFT（thin film transistor）构成；所有的组合都是为了存储器的工作，但都有特殊的开关控制其有效或无效，结构如图 1－31 所示。

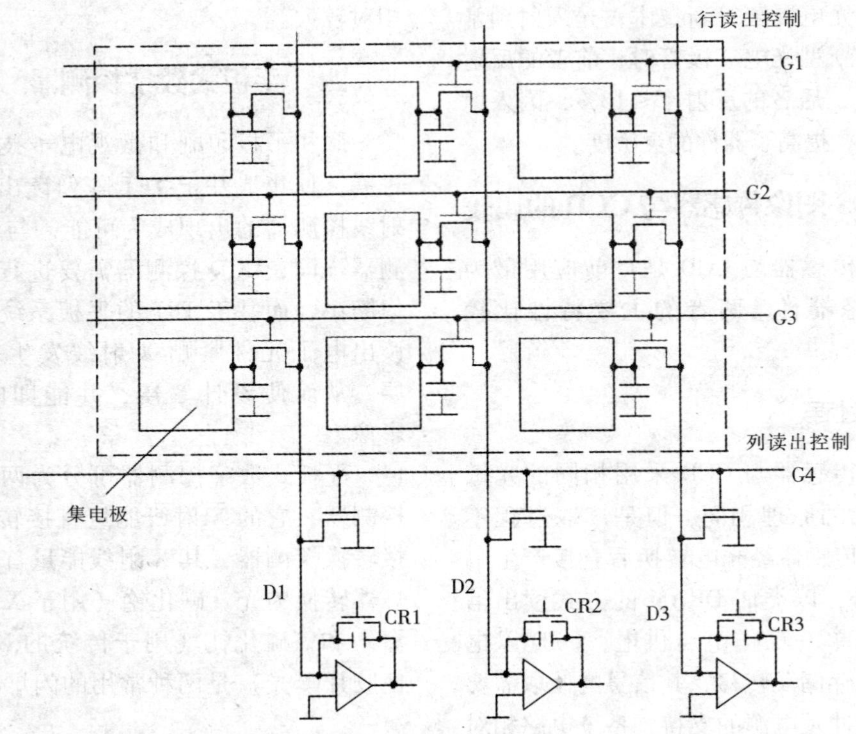

图 1－31　平板探测器的结构示意

无特定结构硅平板探测器电路原理，由外界给光电二极管提供一个偏置电压，当 TFT 开关关闭时，积蓄在二极管闪烁物上的光会产生电荷，当数据被读出时，给行驱动器上加一个电压，使开关打开，电荷会从光电二极管数据线上同时被读出，当有大量的像素单元时，同时被读出，如图 1－32 所示。

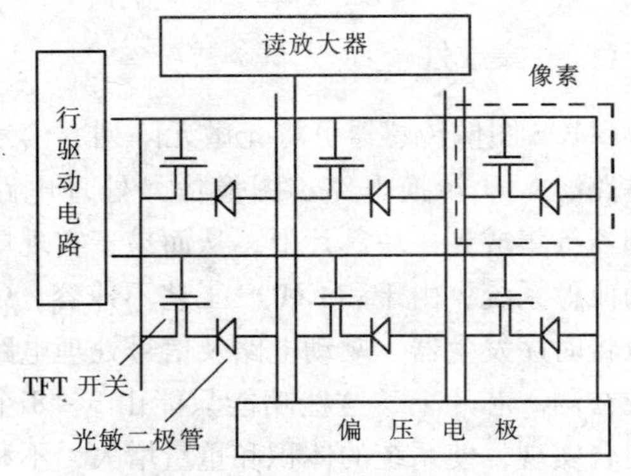

图 1－32　平板探测器原理示意

（三）X 射线转换模式

在无特定结构硅平板探测器中，有三种 X 射线转换方式：基本模式、光电导体模式、闪烁器模式。每种模式都有其优点和不足，具体采用何种方式取决于实际的应用。

1. 基本模式　无特定结构硅二极管的双电子孔获取照射得到的 X 射线，应用偏置隔离以防止电荷的再结合，因为一个电子对的产生需要 5eV 的 X 射线的能量，然而硅元素对 X 射线的吸收非常低，以致于光敏二极管需要 10 ~ 20mm 厚，制造这样无特定结构的设备不太现实，主要是它的材料获取难度大并且成本高。如图 1 – 33 所示，当 X 射线照射到平板时由光电二极管获取光信号，从而转换为数字信号由行选择确定其输出。

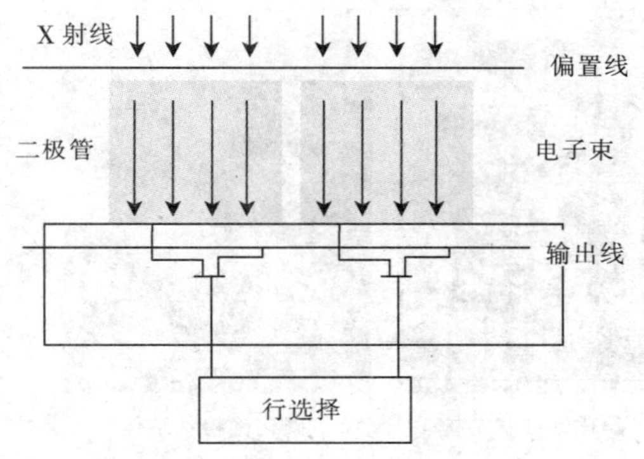

图 1 – 33　无特定结构硅工作原理示意

2. 光电导体模式　光电导体材料比硅材料具有更高的 X 射线的吸收和贮存电荷的能力，当获取 X 射线时同样用电子孔，但产生的电荷必须储存到外层，以防止侧面的色度、亮度干扰。在照射野内不仅电荷是分离的，并且能迅速将电荷传输给集电极以保持图像边缘的锐利。通常光电导体采用硒元素，但硒对 X 射线的吸收也是较低的，每对子孔对仅有 50eV 能量，这就限制了所需要的最小剂量和信号的大小，为了得到更高的吸收率和能量，在此基础上出现有结构的闪烁器，该光电导体模式的工作原理如图 1 – 34 所示。

3. 闪烁器模式　闪烁器是一种可吸收 X 射线和转换可见光的化合物，性能良好的闪烁器能转换光子，20 ~ 50 光量子可产生 1kV 的 X 射线

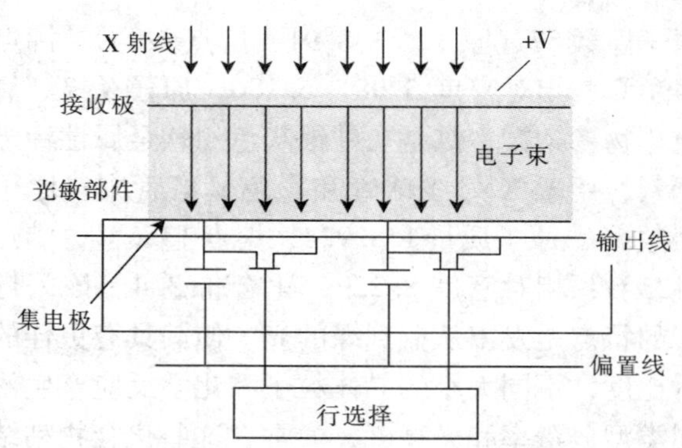

图 1 – 34　光电导体模式的工作原理示意

能量，闪烁器是在探测器上生长或连接到探测器上的磷化铯晶体构成，这些晶体具有很强的吸湿能力（它们吸收水分），如果没有完全封闭，就会快速降解，由分散和平行的 5 ~ 10μm、600nm 微波长“针”组成的这个晶状结构的作用类似于一束光纤，这有助于将光子引导到光电二极管层。闪烁器具有高的 X 射线吸收率和低的分解性，可促进光子的转换。

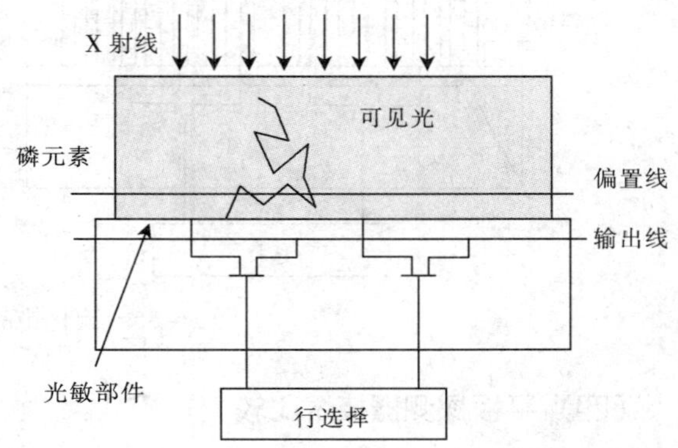

图 1 – 35　磷化铯闪烁器的工作原理示意

磷化铯闪烁器的工作原理（如图 1 – 35 所示）是当有 X 射线照射时，磷材料会发光发热，为获取最好的图像质量在制造时通常掺入少量的稀有氧硫化物，通常采用的是钆和镧。钆是一种从独居石和氟碳铈矿中获得的银白色、有韧性和延展性的稀金属元素，用于改善铁铬及有关合金在高温状态下的性能；原子序数为 64，原子量为 157.25，熔点为 1312℃，沸点约为 3000℃，相对密度为 7.8 ~ 7.896，化合价为 3。镧为一种质软、银白色、有延展性的、可塑性的稀有金属，主要是从独居石和氟碳铈矿中提取出来，用于玻璃工业及电影或电视摄影照明的碳棒灯中；

原子序数57，原子量138.91，熔点920℃，沸点3496℃，相对密度5.98～6.186，原子价3。氧硫化物掺杂铽，铽是一种银灰色的软金属性稀土元素，用于X射线球管和彩色显像管中；原子序数65，原子质量158.924，熔点1356℃，沸点3123℃，相对密度8.229，化合价3.4。该闪烁器的特点是发出从蓝到绿的光，使其具有更佳的对比度，不同大小的晶体粒子和化学反应产生不同类型分辨率和光亮度，通常，这些化合物粘结或涂在一个塑料的基板上，这样的设计更能提高X射线吸收灵敏度，同时无特定形硅二极管能获取更多的X射线产生的光子，以获取更好的X射线图像质量。平板探测器上的十位数量伏特级能量能产生更多光量子，并对X射线具有更好的吸收。如果基板较厚会阻止X射线就会出现横向传播出现散射的问题，这就意味着X射线束可以传播到邻近的像素上，从而降低空间分辨率，为了解决这个问题，部分制造商研制出了有结构的闪烁器。

有结构的闪烁器常采用的是由碘化铯晶体构成的有结构的探测器，其原理是：把掺有钆和镧的碘化铯闪烁发光晶体层覆盖在光电二极管矩阵上，每个光电管就是一个像素，由薄膜非晶态氢化硅制成。当X射线入射到闪烁晶体层时被转化为可见光，再由光电二极管矩阵转换成电信号，在光电二极管自身的电容上形成贮存电荷，每个像素的贮存电荷量与入射X射线量成正比，有结构闪烁器可以增加X射线能量的吸收，虽然这种方式存在折中问题和实际的限制，但与无结构的闪烁器比较具有更好的分辨率和光亮度，其结构原理如图1－36所示。

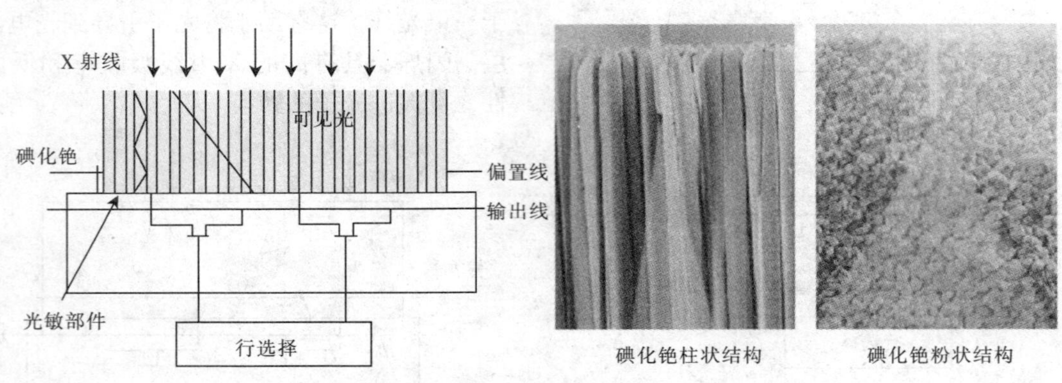

图1－36 碘化铯晶体有结构闪烁器原理示意

（四）平板探测器技术比较

数字放射成像系统的评估和选择应当对整个成像系统进行彻底分析，包括X射线探测器本身及系统所在的环境。除此之外，系统必须能够与DICOM和HIS/RIS系统以及产生高质量影像所需的影像处理系统连接。以下内容是对电子数字放射成像系统进行评估时应当考虑的事项。

1. 探测器的尺寸 X射线探测器的物理尺寸对放射成像检查具有明显的影响。探测器既要足够大，以便能够捕获需要的自动视图，又要足够紧凑，以适合特定的电子探测器理想的尺寸至少为35cm×43cm（14英寸×17英寸），可以同时满足纵向（35cm×43cm）和水平方向（43cm×35cm）成像的需要。具有优秀的机械设计、可以轻松旋转的矩形35cm×43cm（14英寸×17英寸）探测器的使用效果可以与正方形（43cm×43cm）探测器一样出色；比较小的正方形外形，例如41cm×41cm的设计，有可能会截断影像中对诊断很重要的区域。矩形外形还与工作站、监示器及X射线打印机相对应，它们通常输出同样尺寸和长宽比的矩形，正方形的影像获取设备需要缩小或删节影像数据，以满足这些输出设备的要求。

2. 整体面板与平铺阵列的对比 全尺寸TFT探测器面板的制造技术上比较复杂，相对产量比较低，许多厂商生产由两个或多个小面板平铺组成的探测器，以降低成本。在这些探测器中，数字影像处理的作用就是将各部分影像“缝合在一起”，以消除分片连接的效果。

3. 探测器元件与矩阵尺寸　一幅影像的最大空间分辨率由探测器元件尺寸和间距决定。例如，探测器元件大小为200μm的系统不会正确记录每毫米2.5个周期以上的空间频率，其中包括了通用放射成像的所有空间频率，因此影像为2560×3072像素，每个像素包含惟一的信息，因为直接探测器不会出现预取样分辨损失。相反，间接探测器的像素值通常高度关联，每个像素没有包含惟一的影像信息，这样就会浪费存储空间和网络带宽。仅比较间接探测器的元件数量会引起误解，因为空间分辨率常常受到由于探测器中的光散射导致的影像模糊的限制。

4. 空间分辨率　根据探测器的物理特性的不同，影像空间分辨率可能会有很大的区别。前面提到极限空间分辨率决定于探测器中的像素间距，描述这个极限分辨率的频率就是Nyquist频率，它是双倍像素间距的倒数；处理影像模糊的最好方法为预取样调制传递函数（MTF），每一幅影像都可以用每个空间频率组成部分中的能量数量来描述，MTF描述是将保存在捕获影像中的每个频率组成部分的百分率。在直接探测器的MTF中观察到的小落差只是由于像素的物理尺寸引起的。Nyquist频率和MTF频率越高，细节的显像越精细，成像性能也越好，可以确定的是结构越细致，逼真再现影像所需的分辨率就越好。

5. 图像质量　使用接收器－操作－特性曲线（receiver operating characteristic curve，ROC）方法的观察研究是最令人确信的评估系统总体性能的方法，但对各种临床检测任务进行这样的研究存在的困难使人们期望找到适当的替代方法，目前MTF和DQE等客观的物理测量在使用时必须小心，因为研究显示临床成像任务受临床和成像系统因素的影响，而在这些测量方法中并没有加以考虑。实验表明，在检测与临床有关的观测数据时，解剖噪声可能是一个限制因素。对于部分临床任务，解剖噪声可能使探测器的信噪比特性更直接地对性能进行预测，另外一个实例已经证明，影像处理很大程度上影响甚至很简单的检测任务。

认识到这些限制后，检测量子效率（DQC）无疑是最好、也是被最广泛地接受的探测器影像质量性能总体量度方法，DQE只是探测器捕获X射线曝光过程中所存在信息的效率，任何影像中可用的都受到有限的入射到成像探测器上的X射线数量的限制，反过来它又与患者的使用剂量有关。信息限制是由X射线数量的固有统计特性引起的，一个理想的成像系统能够准确地记录每一束入射的X射线，DQE可达到100%，但由于检测X射线数量和内部噪声源过程中的低效率，实际的成像系统DQE总是低于100%。更重要是，实际探测器的DQE不是一个值，而是根据曝光方法（kVp）、程度（MR）和空间频率的不同存在差异。

有几个因素对成像技术DQE有巨大影响，包括不太完全的X射线吸收、减少信号剖面幅度的因素以及附加的噪声源。有关间接探测器所固有的光散射，在X射线吸收与MTF之间存在此消彼长的关系。增加间接探测器闪烁器的厚度可提高低频率的DQE，但光散射增加而降低的MTF又会降低高频率的DQE，由于高频下信号幅度减小，通常有必要减少间接探测器中的外部设备产生的电子噪声。直接探测器技术不受光散射的限制，不损失MTF就可增加X射线的吸收，从而出现对诊断有重要意义的成像任务所需要的高频DQE。

X射线影像质量最终取决于许多因素，但首先取决于X射线探测器捕获的信号剖面，无论间接或直接数字转换技术，具有较高的清晰度和信噪比性能。

（五）实时数字化X射线影像系统

数字化X射线系统所采用的数字化主要有两类，即CCD构成的影像系统和平板探测器系统，以完成检查的所有功能，以下主要讨论这两种X射线系统。

1. CCD构成的影像系统　CCD构成的影像系统通常有两种：透镜和光纤，因为透镜的光学效率非常低，这种设备需要较高的射线量和高灵敏度的摄像机，透镜式摄像机随X射线束改变而改变，视野和能量随透镜的改变而改变。光纤式CCD构成的影像系统结构为小视野装置提供了很好的解决方案，几何失真小，一致性好，各种屏的适应性特别好，具有较高的能量，由于造价较高，因此目前 X 射线机上采用较少，其结构示意如图 1 – 37 所示。

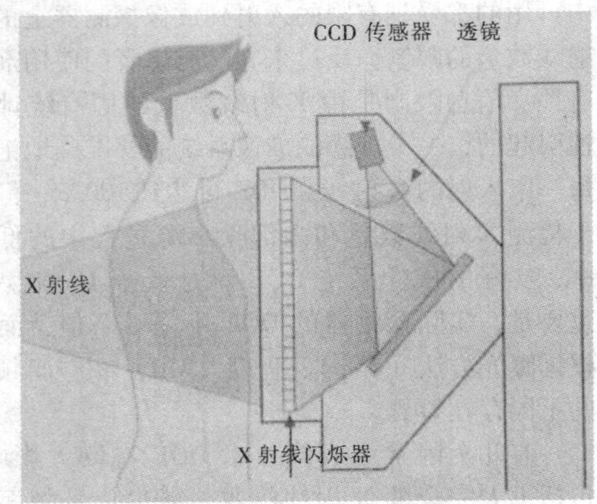

图 1 – 37 CCD 构成的影像系统结构示意

2. 平板探测器影像系统 该种类型图像探测器简单，因此避免了许多影响图像的因素，其动态范围、连续性和几何性都得到良好的改进，使用的层次少，使图像质量得以保证，其系统结构如图 1 – 38 所示。采用该系统的 X 射线机多为 CR 或 DR，目前在高档移动式 X 射线机已采用，随着平板探测器造价的降低，数字化 X 射线系统将呈普及趋势。

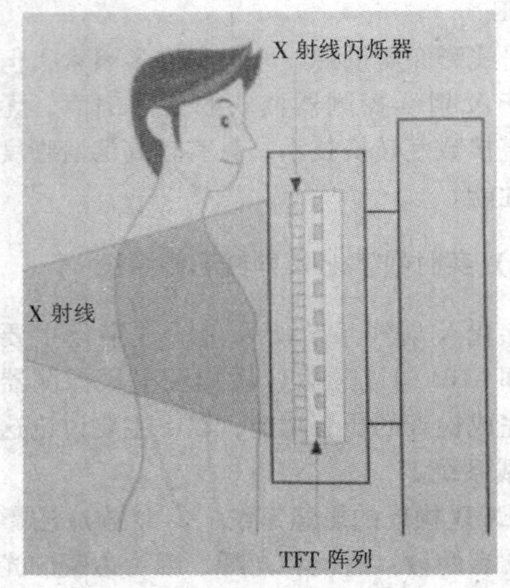

图 1 – 38 DR 影像系统结构示意

平板式数字探测器具有三个图像处理的环节：第一是与系统检测功能有关的处理，涉及图像读取装置输入信号和输出信号之间的关系，利用适当的图像读出技术，保证整个系统在很宽的动态范围内自动获取最佳相对密度和对比度的图像。第二是与显示功能有关的处理，涉及图像处理装置。通过各种特殊处理，如灰阶处理、频率处理、减影处理等，为医生提供可满足不同诊断目的、具有较高诊断价值的图像，常称为后处理。第三是与图像信息的存储和记录有关的处理，涉及图像记录装置，要求能得到同质量的照片记录，并在不降低图像质量的前提下压缩图像数据，以节省存储空间和高效率传输信息。

图像数据的采集为了获取最佳的图像质量，数据的采集具有重要意义，无论采用 CCD 还是平板式采集方式，计算机都设有自动数据采集系统。当 X 射线照射患者时，采集系统都设有剂量自动增益调节功能，根据患者的状态，如性别、体重、年龄等信息自动调节，并且数据采集的精度直接影响到后续的数据处理。

平板式探测器采集基本原理是：当 X 射线入射到闪烁晶体层时，被转换为可见光，再由光电二极管矩阵转换成电信号，在光电二极管自身的电容上形成贮存电荷，每个像素的贮存电荷量与入射 X 射线成正比。像素是 143μm × 143μm，在 43cm × 43cm 的范围内像素有 3000 × 3000 个。探测器矩阵在行和列方向都与外电路相连并编址，在控制电路作用下，扫描读出各个像素的存储电荷，经 A/D 转换后输出数字信号，传送给计算机建立图像，其结构如图 1 – 39 所示。

图像的处理主要介绍与数字化 X 射线系统相关的后处理，主要包括灰阶变换、空间频率处理、动态范围压缩、减影处理、路径图技术、储存和显示记录等。

灰阶处理是由于图像读取装置把某个需要范围内的图像信号变成数字信号，所以能控制数字信号以某种相对密度再现。如果图像处理器的输出信号 I 是输入信号 i 的函数，则 $f(i)$ 就是灰阶变换函数，一般是非线性函数，而 i 又是图像记录装置的输入信号，胶片的相对密度 D 与数字图像信号 I 应是线性关系，用 $D = h\{f(i)\}$ 表示，改变灰阶函数就能自由控制 X 射线剂量和胶片关系。因此 X 射线剂量的允许范围较大，在适当设置范围内曝光，都能在胶片上获取相对密度良好的图像。

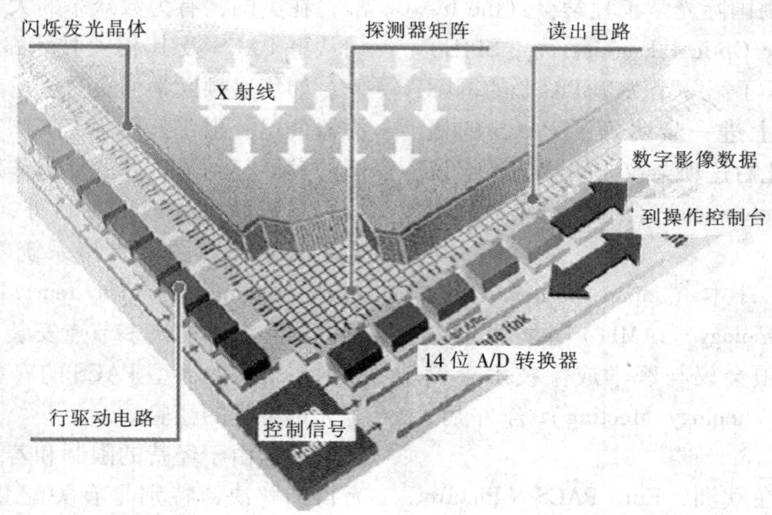

图 1 – 39 非晶态硅型平板探测器结构示意

在灰阶处理中，灰阶变换函数的选择是关键，在采用的所有图像处理程序中有许多种变换函数被采用。

空间频率处理是指通过频率响应的调节来影响图像的锐利度。边缘增强是较常用的技术，通过增加高频响应使图像的边缘得到增强，突出轮廓；改变显示矩阵的大小也能影响显示效果，使用较大矩阵，可使处于空间频率的软组织结构得到增强，使用较小的矩阵，则可使较细微的结构得到增强。

通常，灰阶处理（影响对比度）和空间频率处理（影响锐利度）是结合使用的，低对比度处理和强的空间频率处理相结合应用，能提供较大层次范围和实现边缘增强，利于显示软组织。

动态范围处理在灰阶处理与空间频率处理之前进行，可分为以低相对密度区域为中心和以高相对密度区域为中心压缩，前者使原始图像低相对密度区域的相对密度值增高，后者使高相对密度区的相对密度值降低，两者都使图像的动态范围变窄。

第四节 图像存档和传输系统

一、数字医学图像处理与存档及传输技术

（一）PACS 产生及发展

1982 年，柏林技术大学的 Heinz U. Lemke 教授首次提出了数字放射系统（digital radiology system，DRS）的概念，并讨论了数字医学图像的传输和显示问题。不久，医学图像存档和传输系统（picture archiving and communication system，PACS）的概念就在 DRS 基础上形成了，并很快取代了 DRS，主要包括四个方面的研究：图像物理学（image science）、图像获取（image capture）、格式（format）和分配（distribution）；图像处理；PACS 设计和评估。

PACS 是指包括医学图像采集、存储、传输和显示等过程的全数字化系统，主要是指将医院内的各类 X 射线、CT、MRI 以及超声等医学图像数字化以后，输入到计算机中进行分类归档存储和处理，并通过计算机网络进行传输，使医院内各个科室和部门能够进行医学图像信息的共享，或通过远程网络传输进行远程医疗服务，使医学图像信息得到最大限度地利用。同时，采用目前高科技的数字存储设备替代传统的以胶片为介质的存储方式，极大地提高了图像查询检索速度，降低了人工劳动和成本，提高了综合诊断水平，对推动医学研究和教学水平的进步具有十分积极的意义。

1982 年 1 月，由国际光学工程学会（the International Society for Optical Engineering，SPIE）组织在美国加州召开了第一个关于 PACS 的国际会议，在这次会议上进一步明确了 PACS 的概念、作用和意义。此后这项会议与医学成像会议（Medical Imaging Conference）合并，每年 2 月在南加州举行。

1982 年 7 月，日本（Japan Association of Medical Imaging Technology，JAMIT）举办了第一次国际讨论会，这项会议与医学成像技术会议（Medical Imaging Technology Meeting）合并后，每年举办一次。

1983 年以来，在欧洲，Euro PACS（Picture Archiving and Communication Systems in Europe）组织每年都举办会议讨论 PACS。

西方发达国家，从 20 世纪 80 年代初就认识到 PACS 在医疗诊断和治疗过程中所处的重要地位，并着手研究该系统中涉及的大容量图像存储、图像质量、图像传输速度以及图像通信和存储格式的标准等关键技术。特别是计算机性能价格比的大幅提高以及大容量数字存储产品、高分辨率显示器的出现，都极大地促进了 PACS 的发展。PACS 的概念、作用和意义已被广大医学图像领域的研究者、医学图像设备的生产和销售商等所接受和认识，成为医学信息高速公路的代名词。

20 世纪 90 年代初，第二代 PACS 诞生了，PACS 开始遵从 ACR－NEMA 和早期的医学数字影像和通信（digital imaging and communications in medicine，DICOM）标准，能够直接从医学成像设备采集图像数据，并具备了初步的网络通信能力。第二代 PACS 采用了基于客户机和服务器（client/server）的体系结构，增强了 PACS 的互联性和开放性，使系统逐步走向大型化。

当前 PACS 技术的研究取得了令人瞩目的成果，美国在 PACS 研究和应用领域处于领先地位。为规范数字医学图像及其相关信息的交换，美国放射学会（American College of Radiology，ACR）和美国电气制造商联合会（National Electrical Manufacturers Association，NEMA）在 80 年代正式推出 ACR－NEMA 标准 1.0 和 2.0 版本，1993 年又推出功能扩充的 DICOM 标准 3.0。目前 DICOM 标准已成为 PACS 领域公认的国际标准，在美国，有为数众多的大学、科研机构、公司从事 PACS 及其相关技术的研究和产品的开发，如华盛顿大学、宾夕法尼亚大学、国际商业机器公司、惠普公司等。美国军方对 PACS 在美国的发展起到了重要的促进作用，除了最早实施的军方资助远程放射项目外，1992 年又开始实施了医学诊断图像支持系统（the medical diagnostic imaging support system，MDIS），旨在为美国国内和海外的诸多节点安装 PACS 和远程医学放射系统，为大型 PACS 的安装和实际应用提供了大量宝贵的经验。

我国由于经费的限制和若干关键技术问题没有得到解决，特别是有关配套的法规制度不健全，使得国内 PACS 的研究和应用仍然处于初级阶段。我国医院基本上还是使用胶片浏览、保存图像资料的方式，医学图像的交流主要以手工方式来进行。为了提高医院的现代化管理水平和工作效率，我国的各级医疗机构对医疗信息系统（health care information system）的建设给予了极大的关注和支持，许多医院已经建立了不同规模的医疗信息系统。以我国医疗信息系统发展而言，医疗信息系统大多数属于 HIS 的范畴，主要针对医院人员和财务管理，而同样是数字化医院环境重要组成部分的 PACS 发展则相对迟缓。

当今现代医学所面临的最大挑战之一，是及时处理众多的医学影像信息，为此，图像存档和传输系统应运而生。它的特点是：①能存储所有图像信息；②可以迅速地重新取出图像信息；③能同时享用多种成像工具所采集的图像信息；④可以在多场合下，异地多人同时共享。采用 PACS 的目的就是要提高操作效率和提高诊断能力。

（二）PACS 的基本构成和关键技术

PACS 是网络环境下集各种医疗成像设备、众多应用功能和海量数据存储于一身的大型应用系统，其系统控制功能设计的合理性和存储结构的良好解决方案可以有效地提高系统使用效率，而图像处理软件和应用功能模块设计的完整性可以提高系统的实用性。依据需要解决问题的不同，目前存在着各种各样 PACS 系统结构的设计方案，但它们的基本构成是一致的。为了更清楚地了解 PACS 的构成和应用功能，下面分别从系统控制功能与软件功能两个角度介绍其组成结构，并对实现 PACS 的关键技术进行分析。

（三）PACS 系统的功能结构

PACS 的基本构成从系统控制功能的角度看，分为数字图像获取子系统、PACS 控制器和图像显示系统，其结构如图 1－40 所示。

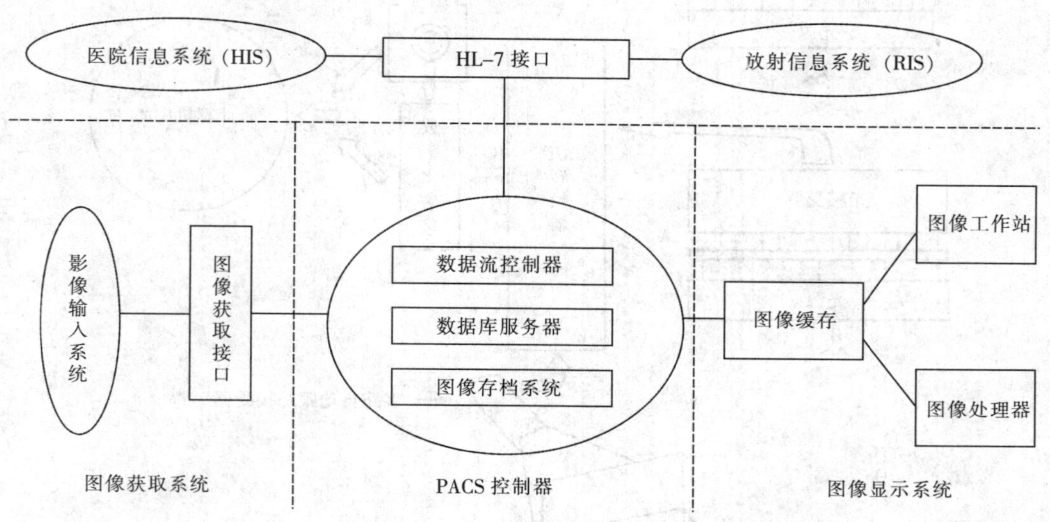

图 1－40　PACS 系统功能结构

1. 图像获取系统　图像获取系统包括两个基本组成部分，即成像设备和图像获取接口。PACS 的成像设备包括医院内所有用于诊疗的成像设备，如 X 射线、CR、DR、CT、MRI、超声设备、放射荧光检查等系列的医学成像设备，其模式如图 1－41 所示，常规 X 射线通过影像增强器、DR 或 CR 系统，将 X 射线信息经过转换，使得 PACS 应用系统和成像设备间进行快速、可靠的图像通信，图像获取接口与成像设备进行通信，获得图像数据，同时进行一系列必要的预处理和信息格式的转换，如换成 ACR/NEMA 格式、DICOM3.0 格式等，并最终将图像数据发送给 PACS 控制器，图像获取接口的功能多是由计算机控制来完成的。

2. PACS 控制器　是 PACS 的重要组成部分，主要由数据流控制器、数据库服务器和图像存档系统组成　数据流控制器是 PACS 系统数据流的控制单元，对图像数据进行智能化管理；数据库服务器为已经存档的文本文件与图像文件建立索引，提供查询服务，同时它还可以通过 HL－7 接口与 HIS 和 RIS 进行数据交换；存档系统是 PACS 的核心，也是所有 PACS 实现中需要考虑的关键因素。图像存档系统负责图像的大容量存储，针对具体的存档策略，使用多种存储介质，如磁盘、磁光盘、光盘等。

PACS 控制器的基本功能包括从图像获取接口得到图像，提取图像文件中的文本描述信息；更新网络数据库；存档图像文件；对数据流进行控制；使数据在适当的时间发往要求的显示系统；自动从存档系统中获取必要的对照信息；执行从显示工作站或其他控制器发出的文档读写操作。

3. 图像显示系统　包括显示预处理器、显示工作站缓存以及显示工作站　显示预处理器依照图像显示系统中显示工作站的特性参数，将从 PACS 控制器获取的图像数据进行预处理，使其适合在本显示系统中进行显示；或者根据操作者的指令，进行各种必要的图像处理和特征参数计算，并将处理结果通过显示系统显示。显示工作站缓存用于存储近期的图像数据，包括预处理前后的图像数据；显示工作站是显示系统的核心，有时显示系统只由显示工作站构成，显示工作站是通向 PACS 环境的窗口。显示工作站应该充分利用整个 PACS 的资源和处理能力，同时提供一个良好的用户操作界面。

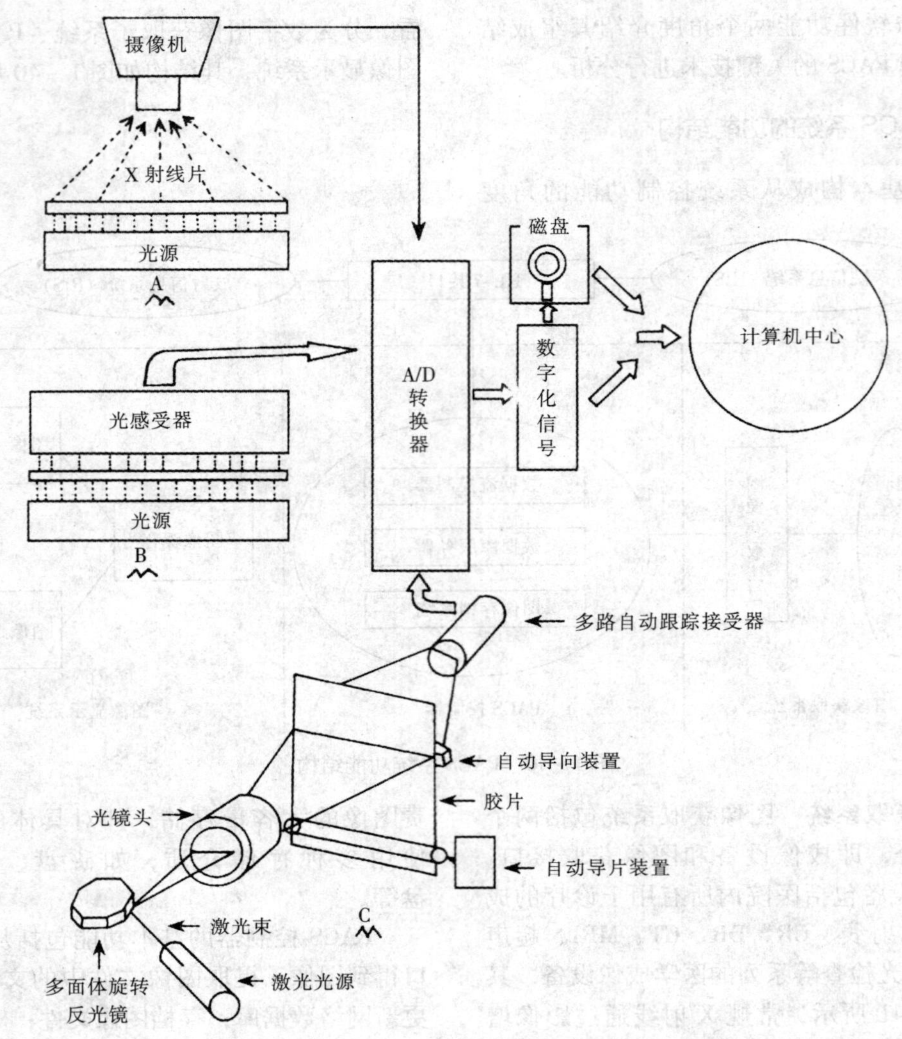

图 1－41 图像获取转换模式

图像显示系统一般包括完成不同功能的多种软件包，如通信组件、数据库、显示组件、资源管理组件及图像处理组件等。图像显示系统的基本功能包括从 PACS 控制器获取信息；提供 PACS 数据库查询接口；数据库查询结果显示；图像组织；图像增强处理；图像测量和标注；文档编辑和报告生成。

（四）PACS 的软件结构

软件系统由图像服务器、备份服务器、医院 HIS 服务器及若干个医学图像采集点、医生工作站组成，经过中心的集线器构成医院内部的局域网；同时通过和 Internet 的专用接口，又可以实现图像的远程传输。PACS 中的数据分为医学图像的辅助病案信息（文本文件）和医学图像数据（图像文件）两部分。前者包括患者基本描述信息、医生信息、诊断分析等文本信息；后者是指所有类型的医学图像数据。医学图像处理技术在 PACS 中起着重要的作用，整个系统以无损压缩技术为基础，图像采集点的数据经过压缩后，通过专用的传输软件上传到图像服务器中。图像管理软件负责图像数据的存档、检索、备份和恢复等各种图像管理任务。各医生工作站通过授予的权限，经过检索就可以下载相应的图像。这些图像在本地进行解压缩后，通过配置的图像处理软件和高精度浏览显示软件就可以进行分析和处理了。由于采用了无损压缩技术，一方面可以大大降低系统对存储空间的要求，另一方面可以有效地提高图像的传输效率。

PACS 设计和应用有严格的技术要求。首先，对图像的质量有很高的要求，在图像数据的采集、传输、显示和存储过程中，都要确保其质量达到应用要求，这决定了 PACS 中图像数据具有高精度和海量性的特点。同时 PACS 是一种集众多应用功能和海量数据存储于一身的大型数据应用系统，图像处理功能及存档管理功能应能满足实际应用的需求，提供的用户界面应达到操作灵活、各种功能完备及交互性好的要求。PACS 是一个基于网络通信和开放式的系统，它涉及医学领域中众多制造商的各种数字图像设备，为了图像信息的共享和交互，必须制定和遵循图像通信接口和数据存储格式的标准。

二、数字医学图像特性

（一）数字医学图像

医学图像通常来自于众多不同的医学成像设备，因而有不同的形式。如传统的 X 射线摄影、CR 和 DR、CT、磁共振成像（MRI）和超声等，这些医学图像为模拟或数字化的图像。随着数字化技术的不断发展和 PACS 的重要性被人们认识，越来越多的医学图像以数字化的方式进行存档、处理，通过网络在不同的设备之间进行传输，并在专用的医学显示器上进行显示。为了将这些图像输入到 PACS 中，首先必须将模拟图像转化为数字图像，以数字化形式表示医学图像。同时，还要使这些来自不同设备且具有不同形式的图像具有标准的格式，以便于对它们进行存储、传输和信息共享。

图像通常指二维图像，可以用二维函数表示。x，y 是平面两个轴的坐标，$f(x, y)$ 表示 (x, y) 点的亮度值。对于模拟图像来讲，这个函数是连续函数，有无穷多个值，数字计算机无法输入和进行运算处理。模拟图像必须在空间、强度和颜色上经取样量化为一些离散值，用数字计算机便于接受的编码方式来表示。数字图像采用数字矩阵来表示，矩阵中的元素是其最小组成单位，称作像素（pixel），也叫像元。像素的幅值对应于该点的灰阶值（也称为灰阶深度），用比特（bit）为单位的二进制数码来表示。数字图像矩阵的行和列尺寸的大小通常称为图像的空间分辨率，一般按实际情况取值。彩色图像的像素可以用多个颜色分量来表示，如用红色（R）、绿色（G）和蓝色（B）三个颜色分量来表示，每个分量各用 8bit，则每个像素就是 24bit。

医学图像诊断和治疗，要求数字医学图像必须是高质量的，不但要求有高分辨率，同时每一像素必须是高灰阶值的。工作站通过动态地调节和设置灰度值，可以使观察者同时调用多个不同的显示窗口进行观测；同时，还可以将设置在不同灰阶值的每一个显示窗口内的内容打印出来。医学图像种类多，并且具有高分辨率和高灰阶值的特点，因此数字医学图像的数据量很大，这给医学图像的存档和传输带来了巨大的压力。为了减少图像的存储空间和提高图像的传输效率，有必要采用图像压缩技术。

（二）HL－7 标准

数字医学图像来自众多医疗设备厂家的不同设备，为了使医学图像信息在不同的设备和系统之间进行信息传输、交互和共享，必须制定通信接口和数据存储格式的标准，医学图像设备生产厂家和销售商都必须遵循该标准。

医学图像信息的主要医学工业标准有两个，即第 7 套医院健康标准（health level 7，HL－7）和医学数字影像与通信标准（DICOM）。HL－7 标准规定了关键文本信息在医疗信息系统（如 HIS、RIS、PACS）间交换时的数据格式和通信协议，在 PACS 体系结构中，它是保证系统开放性的一个重要环节。DICOM 标准规定了医学图像信息在 PACS 的不同医学成像实体间交换信息时的数据格式和通信协议，是医学图像和 PACS 所依赖的最重要的标准。

HL－7 标准建立于 1987 年 3 月，它的主要目的是要发展各种医疗信息系统（如临床、管理、行政及检验等）之间各项电子资料的标准。HL－7 通信协议汇集了不同厂商用来设计应用软件之间接口的标准格式，它允许各个医疗机构不同的系统之间进行一些重要资料的通信，简化了不同开发商开发医院计算机应用系统间的接口。这个标准的重点是规定了关键文本信息在医疗信息系统（如 HIS、RIS、PACS）间交换时的数据格式和通信协议。

HL－7 规定了患者的基本统计数据，如患者的姓名、出生日期、病案记录号、存取号、检查类型和图像参数等，这些信息通常是存放在图像文件中的重要描述数据。HL－7 数据单元是以消息的方式存在，每个消息中分段存放了多种信息，每种信息由三个字符组成的识别码来区别，如 HL－7 简单消息可能包含如下信息段：MSH（标识消息头段）、EVN（标识时间类型段）、PID（标识患者信息段）、NKl（标识亲属段）、PV1（标识探视信息段），这样的消息可以在 RIS 与 HIS 间自由交换，也可以下载到 PACS 系统中成为医学图像的描述部分数据，不同的系统都可以按标准将它转换成本系统内的信息格式。

三、DICOM 标准及其在 PACS 系统中的应用

（一）DICOM 标准的发展

随着计算机技术的发展，大容量存储介质和图像压缩技术的应用，使医学图像可以大量存储；计算机运行速度的提高，使得对图像的实时分析成为可能；计算机显示技术和虚拟现实技术的发展，使得医生不用开刀就可以看到患者体内逼真的三维图像。在这些医学图像诊断的技术当中，热点和关键问题之一是医学图像及诊断数据的通信问题。通信问题的重要性表现在以下两个方面：解决不同厂家设备的互连问题，为远程医学应用提供基础。

由于医学诊断设备在医学图像领域的大规模应用，传输医学图像和其他相关信息已经成为迫切需要。各厂家的图像获取系统，能够将医院中已有的医学图像设备产生的图像，通过直接或间接的方式转换为系统能够存储和处理的数字化形式，由于多数图像的格式是厂家专有的，并且不对外公开，所以需要将这些非标准的信息转换为某种标准的格式，并通过通信接口才能实现设备间的互连。在医院内部，经常有不同厂家的设备，如何实现这些设备的互连，关系到能否实现数字图像的存储和传输、数字图像在重要诊断和会诊时的显示、图像归档等应用。另一方面，除图像数据之外，还有大量与这些图像相关的医疗诊断信息，如患者信息、检查的日期和时间、检查设备、图像的摄取角度和标注信息等，医疗设备间的互连也可解决这些重要诊断信息的共享问题。

目前计算机网络技术的飞速发展，使得起源于 20 世纪 50 年代的远程医学（tele－medicine）得到了新的发展契机，医学图像及其相关数据的通信是实现未来远程医学的基础。

远程医学要求得到高质量的图像和完整、全面的相关医疗信息。但是，当前的远程医疗一般仍局限于使用视频会议系统进行双方的通信，患者信息和诊断图像通过视频方式传递，图像质量得不到保证，与通过胶片观察有明显的差距。这显然与远程医学应用的要求不符。因此，研究如何通过由局域网和广域网组成的互联网络，实现网际、网内对医疗信息的实时访问构成了开展远程医疗的基础。

（二）医疗设备间通信的国际标准发展

20 世纪 80 年代以来，为了利用网络在不同的设备和医疗诊断系统之间交换图像数据和诊断信息，国外开始制订专门针对医学信息通信的协议。1983 年，美国放射学会（ACR）和美国电器制造商协会（NEMA）成立了一个联合委员会开发相关标准，并于 1985 年发布了 ACR－NEMA 标准。目前，ACR－NEMA 标准已经演变成为 DICOM3.0 标准。在这个标准中，增强了对网络的支持，成为医学影像设备的国际标准通信协议。各个厂家的医疗仪器和医学诊断系统都已开始使用国际化的通信和数据格式标准 DICOM3.0。

DICOM3.0 标准的演化过程像其他标准通信协议的产生和发展过程一样，DICOM 标准也经历了一系列的演化过程。

1. ACR－NEMA 标准 1.0 版（1985 年） 美国放射学会和美国电器制造商协会组成的联合委员会经过两年开发，于 1985 年发布了 ACR－NEMA1.0，1986 年 10 月和 1988 年 1 月又分别颁布了两个修改版本。

在这些标准当中，解决了以下问题：① 统一数据格式和传输标准，实现了不同厂家、不同设备间数字化医疗数据的通信问题；② 提供了 PACS 系统与其他医学信息系统的接口；③ 通过将医生诊断信息数据随同患者图像数据按统一格

式提供给不同的医疗设备和医疗工作站，并建立诊疗数据库，使得不同科室的医生可以方便地查询相关患者的完整信息。

2. ACR－NEMA 标准 2.0 版（1988 年） ACR－NEMA 标准颁布 2.0 版。在这个版本中，除包含 ACR－NEMA1.0 的内容之外，还包括了以下的修改和补充：①提供了对显示设备的命令支持；②引入新的层次结构模型，用以更清晰地标识医疗图像；③增加新的数据元素以描述医学图像的相关信息；④指定硬件接口标准以及相关的基本命令集和数据编码格式集。

3. DICOM 3.0 标准（1995 年） 为了更有效地支持医学信息系统 HIS/RIS 对网络通信的要求，从 1989 年开始，ACR－NEMA 着手制订新一代的医疗数据通信标准。为了有别于早期的 ACR－NEMA 标准，将其命名为医学数字图像数据通信标准 DICOM3.0，该标准的制订工作直到 1995 年才基本完成。

在此期间，主要经历了如下过程：①1991 年，发布 DICOM 标准的第一至八章，规定了 DICOM 通信和数据编码的主要内容；②1992 年，北美放射年会（Radiology Sociaty of North America，RSNA）发布对标准第一至八章的测试结果；③1993 年，完成对 DICOM 标准的第一至八章的修订，增加了第九章点到点通信支持；④ 1994 年，增加第十章媒体存储和文件格式；⑤ 1995 年，增加第十一、十二、十三章，分别规定了有关建立媒体存储方式存档，物理媒体数据格式及点到点打印管理的有关内容；⑥与早期的 ACR－NEMA 标准相比，DICOM3.0 体现了许多方面的改进和增强，表 1－2 是 ACR－NEMA2.0 标准和 DICOM3.0 标准主要特点的对比。

表 1－2　ACR－NEMA2.0 标准和 DICOM3.0 标准主要特点的对比

ACR－NEMA2.0 标准	DICOM3.0 标准
基于直观的信息模型	基于明确信息模型，使用 E－R 模型描述信息对象之间关系
提供的服务在命令中描述，只能以命令的形式完成数据交换	支持的服务根据其用途描述，引入服务类的概念描述命令及与其相联系数据的语义
定义了符合标准的最低要求，但没有描述标准符合声明的规定	包含描述标准符合声明的规定，允许存在不同级别的标准符合声明以供用户选择
只支持点到点通信，在网络环境中需要特定的网络接口设备才能支持网络协议	支持网络通信，提供对 OSI7 层协议和 TCP/IP 协议等工业标准的全面支持
一个消息中最多包含一幅图像	支持文件夹功能，一个消息中可以包含多个图像
定义了 ACR－ENEMA 独有的命令	使用现存的其他标准定义命令，规定了符合本标准的设备对命令的反馈和数据交换方式

医学信息数据通信领域正在经历一个飞速发展的阶段，大量新的医疗设备、计算机诊断系统和诊疗理念不断丰富着这一领域。因此，DICOM 标准从诞生之日起就是一个开放的标准，它不断地进行着自我完善、扩充和演化的过程。为了适应这种内容不断扩充和更新的需要，DICOM 标准采用了广义的信息对象定义 IOD（information object definition）的概念，即不仅包括医学图形和图像，也包括大量相关的检查、报告等广义的信息对象，并且通过惟一标识 UID（unique identifier）的方式在网络环境下惟一地确定这些信息对象。在此基础上，DICOM 标准定义了大量不同的服务类（service class），用以完成不同的服务功能。因此，对于不断更新的医疗设备及其各种类型的数据，可以通过修改或定义新的 IOD 使得标准与之相适应并得以扩充；而对于新增的功能，则可以通过定义新的服务类来完成。就达到了不需对 DICOM 标准的整体架构进行修改的情况下，完成标准本身不断扩充和更新的目的。DICOM 标准可以在不断吸收新特性的同时，仍能很好地保持与原先版本的兼容性。

实际上，ACR－NEMA 每年都会公布当年新修订的 DICOM 版本，目前使用的是基于 DICOM3.0 的 1999 年版完成的。

我国在过去 10 多年间，引进了大量先进的医学图像设备，对提高诊断水平起到了重要的积极作用。由于当时技术条件等诸多方面的原因，大多数医学图像设备和系统都没有考虑图像和相关医学信息的存储和通信功能，更多的是配置一部打印机或用 X 射线胶片做图像记录，医生通过观察仪器屏幕的图像进行诊断。

一方面，由 ACR－NEMA 标准发展而来的 DICOM3.0 标准相对来说是一个比较新的协议，同时它也比较庞大，目前国内对它的研究刚开始几年时间，实现其功能的系统还在完善中；另一方面，DICOM 协议使得医学图像及相关信息在计算机间传输有了统一的国际标准，通过数据接口与互联网接通，就可以进行医学图像信息的远程传输，实现异地会诊、远程医疗等应用。这些无疑可以大大提高诊断的效率和准确性，有很重要的实际意义。医学数据通信问题已经成为目前各种医疗系统的焦点问题之一。

（三）DICOM 通信协议标准解析

1. DICOM 标准的主要特点 DICOM 作为医学信息通信领域的国际标准，DICOM 协议具有以下一些突出特点。

（1）DICOM 协议是一种上层网络协议 DICOM 协议处于 OSI 开放系统互连 7 层协议的上 3 层，即会话层、表示层和应用层的位置，而在 7 层协议的下层主要使用 TCP/IP 协议所提供的服务。DICOM 协议要求在数据的编码、传输之前，必须先进行连接协商以确认双方“同意”某些特定的条件，可以完成特定的通信功能。DICOM 称连接协商的成功为建立了一个“关联”（association）。只有在建立“关联”之后，才能进行 DICOM 命令和数据的发送和接收。

（2）DICOM 数据编码的特点 标准定义 26 种内部数据类型；像素数据的编码支持 JPEG 图像压缩；图像可以包含缩略图和正常图像，也可以有多帧格式；DICOM 标准支持多个字符集；DICOM 具有自己独特的数据模型；DICOM 通过“信息对象定义”IOD 的形式来完整地建立和定义医疗环境下的数据模型；DICOM 使用“全局惟一标识”UID 在网络环境下惟一地标识各种 IOD 信息对象，使之不致混淆。

（3）拥有完整、庞大的数据字典 DICOM 标准拥有一个庞大的数据字典，其内容包含了几乎所有医疗环境下的常用数据，可以完整地描述各种医学设备、图像格式数据及患者相关信息。

数据字典的条目以“数据元素”（Data Element）为单位，每个数据元素描述一项数据内容，如患者姓名、检查日期、一幅图像的像素数据等都可以是一个数据元素。

数据字典具有可扩充性。DICOM 标准预留出数据字典的一部分，允许各厂家按照标准的格式自定义新的数据元素。

（4）通过“服务类”概念实现应用层功能 为了完成某个特定的应用功能（如图像管理、打印管理等），DICOM 定义了“服务类”的概念。服务类描述了可以对信息对象 IOD 所做的操作。服务类和信息对象结合起来构成了 DICOM 的基本单元，称为服务－对象对（Service－Object Pair，SOP），表 1－3 列举了一些典型的服务类及其描述。

表 1－3 DICOM 服务类举例

服务类	描述
Image storage	提供数据集的存储服务
Image query	支持数据集的查询
Image retrieval	支持从存储设备检索图像
Image print	提供硬拷贝图像生成服务
Examination	支持检查管理
Storage resource	支持网络数据存储资源管理

（5）离线媒体支持 DICOM 定义了自己的文件夹结构，用以形成“文件集合”（file－set）。允许以“媒体存储特征”（media profiles）的形式定义对数据的不同媒体存储策略。

（6）不同级别的一致性声明 DICOM 标准要求一个实际的通信系统应该有一个一致性声明（conformance state－ment），用以说明此系统对 DICOM 协议的支持程度以及支持哪些类型的数据和服务。

2. DICOM 标准的总体结构和主要内容

（1）DICOM 标准的总体结构 DICOM 协议分为以下 14 个相关却又相对独立的部分：DICOM 标准介绍和概观（introduction and overview）；一致性声明（conformance）；信息对象定义（information object definitions）；服务类规范（service class specifications）；数据结构和编码

(data structure and encoding)；数据字典（data dictionary)；消息交换（message exchange)；消息交换的网络通信模式（network communication support for message exchange)；消息交换的点到点通信模式（point - to - point communication support for message exchange)；数据媒体存储和文件格式（media storage and file format for data interchange)；媒体存储策略（media storage application profiles)；数据交换的存储功能和媒体格式（storage functions and media formats for data interchange)；点到点打印管理（print management point - to - point communication support)；灰度显示功能（grayscale standard display function)。

对于DICOM通信来讲，上述协议中的前九项是其重点内容，其中由于第九部分“点到点数据通信”已经逐渐被网络通信所代替，因此下面就重点对其进行介绍。

(2) DICOM标准的主要内容介绍

一致性声明：这部分提出了医疗设备或诊断系统为满足DICOM标准的要求所必须遵循的规范。它详细地规定了规范声明的层次结构以及声明中各部分所必须包含的内容。实际上DICOM标准的各个部分都有自己的规范声明，此处的“一致性声明”是各部分规范声明的汇总。

一致性声明可以分为几个主要部分：本医疗设备或诊断系统（即应用实体）所支持的DICOM信息对象；应用实体系统支持的服务类；应用实体系统支持的通信协议，如TCP/IP协议等所支持的表示上下文信息；系统配置信息。

一致性声明的意义在于DICOM协议十分庞大，以致于至今仍没有将其完全实现。事实上，往往只需要实现其中一部分功能即可满足实际需要。因此，允许实现者根据需求选择支持哪些DICOM组件，也允许进行扩展。不同的系统会有不同的支持部分，所以也会有不同的一致性声明；用户或系统设计人员通过对比两种不同实现的一致性声明，就能够判断出两个系统是否可以进行互操作和通信。

信息对象定义IOD：这一部分具体介绍了DICOM标准面向对象的信息结构模型，即用信息对象定义IOD来描述现实世界中的各种医疗信息实体，这里详细定义了多种IOD，并规定了它们的内部结构。

DICOM用IOD定义服务类所作用的对象的数据结构和属性，IOD是对现实世界中具有共同属性实体的面向对象的抽象。为了方便标准的扩展并保持与以前版本的兼容性，DICOM定义了两种IOD，即正规IOD（Normalized IOD）和复合IOD（Composite IOD)。每个IOD由用途说明和大量相关的“属性”组成，但IOD本身并不包括各个“属性”的值，而只包含其定义。这些属性描述的内容虽然千差万别，却拥有几乎相同的结构。属性又按照一定规则分成组，以利于被不同的IOD复用，当需要表示现实世界的某个实体时，就要将相应的IOD实例化，这时IOD属性的值被填充进来。这些属性值在下文介绍的服务类作用下可以不断发生变化。

服务类规范：标准的这一部分指定作用于信息对象实例上的操作，即所提供的服务，如图像的存储、查询、检索、打印等，并称之为服务类。一个特定的服务类可通过一至多个命令作用于一至多个IOD实例。这里具体阐明了每个服务类对其命令元素的规范要求以及通信服务的提供者和使用者应完成的功能。

这一部分还提供了以下一些服务类的实例：存储服务类（Storage Service Class)；查询服务类（Query Service Class)；检索服务类（Retrieval Service Class)；检查管理服务类（Study Management Service Class)；数据结构和编码（Data Structure and Encoding)。

这部分规定了服务类为完成特定操作而交换的数据的构造过程和编码结构。服务类的命令和IOD数据都要经过编码成指定结构的数据流，才能形成“消息”并完成发送过程；同样，要接收网络上的命令和数据，必须以逆过程进行解码。数据可以分为“命令集”（Command - set）和“数据集”（Data - set)，数据集允许嵌套。

数据字典：数据字典标明了已注册的IOD属性数据的类型、标识和含义。一般来说，应包含每个属性的如下特征：属性的惟一标签（Tag）包括一个组号和一个元素号，用户可用这两个号码检索这个属性；属性的名称，用于了解其含义；属性的数据类型如character string, integer等；在通信过程中，数据字典被用于辅助建造数据集。

消息交换：DICOM 标准的这一部分指定了为达到特定医疗信息交换的目的而引入的操作和协议，这些操作用来完成服务类所定义的相应服务，一个典型的 DICOM 消息由一个命令流和紧随其后的数据流（可选）组成，定义了各服务类所发送和接收的消息，并阐述了以下规则：建立和终止“关联”（association）的规则；控制交换网络命令请求和响应的规则；用于建造命令流数据和消息的编码规则；消息交换的网络通信模式。

这部分是 DICOM 通信协议的核心，它详细制订了医学图像和相关信息在网络上通信所需使用的服务和协议的具体内容。这些服务和协议内容要协调并保证网络上的 DICOM 应用实体间通信的效率。

DICOM 通信协议是 OSI 7 层协议的一个子集，它主要包括一些 OSI 上层服务，包括表示层服务（ISO8822）和 OSI 规定的连接控制服务单元（association control service element，ACSE，ISO8649）的协议服务内容。在此基础上，对等应用实体间能够建立关联，传送消息和终止关联。

DICOM 协议广泛地支持现有的网络环境和技术，如 ISO8802 - 3 CSMA/CD（Ethernet），FDDI，ISDN，X. 25 等，DICOM 协议与 TCP/IP 协议相结合可以很好地实现其功能，从 TCP/IP 网络环境向其他 OSI 环境移植也很方便。

（四）面向对象的 DICOM 信息结构模型

DICOM 信息模型具有明显的面向对象的特征，这使得对 DICOM 所定义的数据信息可以很容易地进行扩展，并保持与先前版本的兼容性。

1. DICOM 的信息模型图 DICOM 信息模型定义了医学图像相关信息的结构和组织。

DICOM 协议为外界提供服务的最高层次是服务类，每个服务类可包含一至多个服务/对象对（service/object pair，SOP）。SOP 由服务组及其所作用的信息对象配对组成，其中服务组是一组消息服务元素或媒体存储服务，而信息对象 IOD 定义则包含大量的相关属性，如图 1 - 42 所示，以下将对上述信息模型的关键概念分别进行详细阐述。

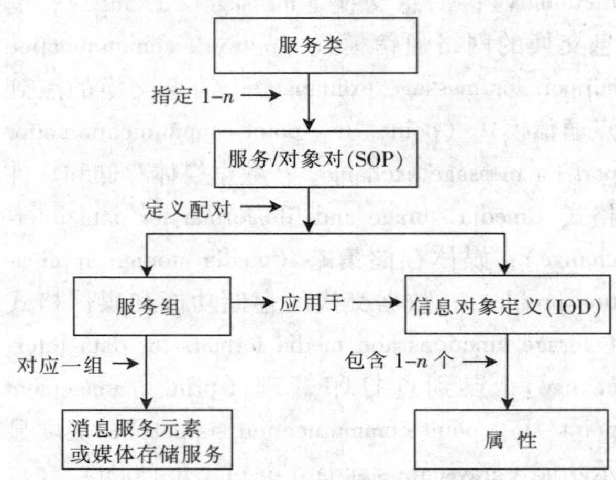

图 1 - 42 DICOM 信息模型示意

2. 信息对象定义 IOD

（1）IOD 的含义 IOD 是对现实世界中医疗实体的面向对象的抽象，是对一类具有共同属性实体的抽象，而不是代表某个现实世界的实例。IOD 的实例化可以描述一个特定实体。可见 IOD 与面向对象编程中“类”的概念非常相似。

（2）IOD 的分类 可分为两类：正规（normalized）IOD 和复合（composite）IOD。

正规 IOD 代表 DICOM 模型中单个实体的固有属性。例如“检查 IOD”是一个正规 IOD，它包含了“检查日期”、“检查时间”等属性，这些属性是实际的医学检查所固有的。但是像“患者姓名”这样的属性就不属于检查 IOD，这是因为患者姓名是患者的内在属性，而不是检查的固有属性。正规 IOD 进行通信时，其环境参数并未真正进行交换，而是通过指向这个正规 IOD 实例的指针来实现。

复合 IOD 是对 DICOM 模型中多个实体的一部分信息对象的定义，它可以包括相关多个实体的内在属性，复合 IOD 中包含的相关的多个实体，实际上为复合 IOD 的信息交换提供了一个完整的环境定义，当复合 IOD 的一个实例通信时，这些完整的环境参数在两个应用实体间交换。

（3）IOD 的树形结构 IOD 自身具有树形结构：每个 IOD 由多个信息实体（information entity，IE）组成，每个信息实体由一至多个模块组成，每个模块又包含大量的相关属性。IOD 的属性在编码时，用数据元素表示，如果多个模块包含同一属性，此属性在编码时只编入一次。DICOM 将 IOD 描述成这种树形结构是为了达到模块复用的目的，同一个模块可以被多个复合 IOD 所复用，这样就使得 IOD 的定义更加简明和清晰。

3. 服务/对象对 SOP

（1）服务/对象对 SOP　由 IOD 与相关的服务组，即一组 DICOM 消息服务单元（DICOM message service elemenu，DIMSE）一对一配对组成。SOP 定义了一些规则和语义，用以限定 DIMSE 服务组的使用及 IOD 的属性。

（2）DICOM 消息服务单元 DIMSE　可分为 DIMSE－C 服务（为复合 IOD 提供操作服务）和 DIMSE－N 服务（为正规 IOD 提供操作或通知服务）。

（3）SOP 也相应地分为正规 SOP 和复合 SOP。

正规 SOP = 正规 IOD + 一组 DIMSE－N 服务

复合 SOP = 复合 IOD + 一组 DIMSE－C 服务

4. 服务类　由一至多个 SOP 组成。DICOM 共定义了 8 个服务类（service class），其中 4 个是复合服务类，另 4 个是正规服务类。复合服务类包括：

（1）验证服务类　用于服务协议的检查和排错。这是惟一一个不与 IOD 信息对象相关联的服务类，其功能由通信操作类 C－ECHO 完成。

（2）存储服务类　提供基本传输和存储图像的服务。其功能由通信操作类 C－STORE 完成。

（3）查询/检取服务类　提供查询、索取和移动 DICOM 图像的服务。其功能由通信操作类 C－GET、C－MOVE 和 C－FIND 完成。

（4）检查内容通知服务类　用于通知另一个应用程序图像的存在性、内容、存储地点等信息。

正规服务类包括打印管理服务类（管理 DICOM 信息及图像的打印，包括会话管理和队列管理）、患者管理服务类（管理患者入院、出院及信息传递）、检查管理服务类（管理每次患者检查的全过程）、结果管理服务类（管理患者检查结果）。如图 1－43 显示了这些服务类的一个实例。

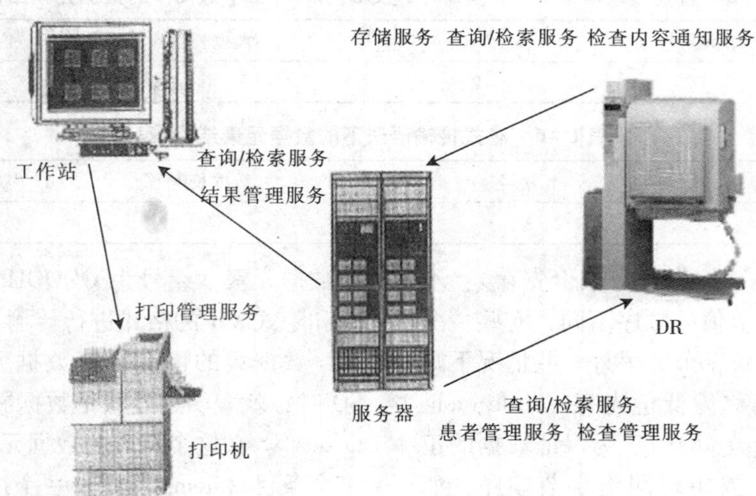

图 1－43　服务类的实例

（五）数据编码方式和 DICOM 文件结构

1. DICOM 数据编码规则

（1）数据元素的结构　上文所述的信息对象 IOD 是 DICOM 对信息组织的逻辑模型，而在实际数据存储和传输时，DICOM 通过将 IOD 的每个属性编码为一个固定格式的数据元素（data element），以达到交换 DICOM 信息的目的。每个 DICOM 数据元素具有以下的统一格式和内容。

标识符（tag）：它是占 4 个字节的无符号整

数。前两个字节是组号，后两个字节是元素号，十六进制下格式是（gggg，eeee）。其中组号表明这个数据元素属于哪个数据组，如 DICOM 命令的组号是 0000；而元素号用于区分同一组中的不同数据元素；组号和元素号组成的标识符惟一表示一个特定的数据元素，数据字典就是依据标识符来检索不同数据的。每个组的第一个数据元素可选择使用（gggg，0000）来计算本组的总长度，从而在数据编码和分析过程中可以确定整个组的位置，提高解析效率。

数据类型 VR（value representation）：它占用 2 个字节，规定了数据元素的数据类型和格式。VR 根据不同的传输语法可省略，即如果传输过程中使用了隐式（implicit）的传输语法，VR 将被省略；而对于显式（explicit）传输语法则数据元素中必须有 VR，用以显式说明数据的类型。

DICOM 标准定义了 26 种内部数据类型（VR）及它们在 C + + 和 Oracle 数据库中的对应类型。

数据长度（value length）：根据 VR 的种类，以及 VR 是显式还是隐式占 2 个字节或 4 个字节，是无符号整数，它指定 Value Field 的长度。DICOM 规定数据长度必须是偶数，不足时要用"补丁字符"补齐。

如果数据长度部分编码为（FFFF FFFF），则表明长度不定，这可适应于某些特殊的数据元素，如 VR 为序列类型的 SQ 的情形。

数据域（value field）：必须包含偶数个字节，存放真正的数据。数据可以有多个值，但总长度必须是偶数，否则要补齐。

DICOM 通信过程中，传输语法决定不同的数据格式，而传输语法由双方在通信协商阶段确定。下面分别列出三种不同传输语法作用下的数据元素的格式（单位：字节），如表 1 – 4、表 1 – 5、表 1 – 6 所示。

表 1 – 4　显式传输语法下 VR 类型为 OB，OW，SQ 或 UN 的数据元素结构

组号	元素号	VR	预留	数据长度	数据域
2	2	2	2（0×00，0×00）	4	由数据长度确定

表 1 – 5　显式传输语法下 VR 类型不是 OB，OW，SQ 或 UN 的数据元素结构

组号	元素号	VR	数据长度	数据域
2	2	2	4	由数据长度确定

表 1 – 6　隐式传输语法下的数据元素结构

组号	元素号	数据长度	数据域
2	2	4	由数据长度确定

网络字节顺序（高价先存与低价先存）：不同的计算机存放多字节值的顺序不同，有些情况下在起始地址存放低位字节，另外一些情况下则存放高位字节，分别称为低价先存（little endian）和高价先存（big endian）。为保证数据的正确性，在网络协议中要指定网络字节顺序，如 TCP/IP 协议使用 16 位和 32 位整数的高价先存格式。

在 DICOM 协议中，对高价先存与低价先存都是支持的。在通信协商阶段，双方应协商确定所支持的字节顺序。默认的 DICOM 传输语法使用低价先存的编码方式，例如十六进制数据 68AF4B2CH 将被编码成 2C4BAF68H。所有命令集数据元素（组号为 0000H）必须使用低价先存和隐式 VR 的格式进行传输。

数据集的嵌套：当数据元素的 VR 类型为 SQ 时，就表明这是一个数据嵌套（nesting of data sets）。在这个特殊的数据元素中，可以有 0 至多个条目（items）组成一个序列，每个条目又分别包含一组特定的数据元素。SQ 类型的数据可以用来建造多层嵌套结构。

数据嵌套的一个实例是所谓"文件夹"对象。一个文件夹可以包含多个嵌套的文件，而每个文件又可以有多个数据元素。

对于嵌套数据元素，DICOM 允许使用"未定长度"（FFFF FFFFH），其结束位置由"定界符”确定。定界符是一种特殊的数据元素，可分别确定每个条目的长度和整个嵌套数据元素的长度。

（2）私有数据元素　在实际通信过程中，通信的一方或双方要交换的数据可能不在已有的数据字典中，此时就需要定义“私有数据元素”。私有数据元素的定义方式与标准的数据元素基本相同，只是其组号必须为奇数，以区别于组号为偶数的标准数据元素。DICOM 通过保留数据区域（gggg，0010 - 00FF）“私有数据元素解码机”告知这些私有数据元素的含义。

（3）像素数据的编码　像素数据往往是 DICOM 通信中数据量最大，同时也最为重要的数据。它用描述每个像素值的方式完成对整幅图像的传递，像素数据元素被指定为（7FE0，0010）。像素数据可以按压缩方式或非压缩方式传递，这取决于通信协商阶段所确定的传输语法，其中压缩方式支持多帧图像的传输，像素数据的 VR 类型可为 OW 或 OB。

像素数据由大量的“像素单元”组成，每个像素单元包含一个单一像素值。DICOM 定义了一些相关数据元素来规定这些像素单元的结构。通常，使用“分配比特”（0028，0100）、“存储比特”（0028，0101）和“高位比特”（0028，0102）来描述一个像素单元。

（4）像素数据的压缩　DICOM 的传输语法支持两种数据压缩方式，即 JPEG 压缩和 RLE（run length encoding）压缩。对于 JPEG 压缩，可以为无损和有损压缩方式；而对 RLE 则只支持无损压缩。具体的压缩算法由 JPEG 和 RLE 规范确定。

（5）惟一标识符（nique identifier，UID）　为了在网络环境下惟一地标识各种信息，DICOM 采用了 UID 方式。UID 的定义基于 ISO8824 标准，并使用 ISO9834 - 3 中所注册的值来保证全局惟一性。一个 UID 惟一标识符可以用公式表示：

UID = <org root>. <suffix>

其中，<org root> 代表组织编号（如制造商、研究单位等），而 suffix 部分则是在此组织范围内的惟一编号。这两部分均由一串点号隔开的数字组成，如 <org root> = 2. 840. 10008 代表“美国电器制造商协会”。

2. DICOM 文件结构　DICOM 协议允许将数据传输的结果存成 DICOM 文件的形式，典型的 DICOM 文件结构，如图 1 - 44 所示。DICOM 文件由以下 3 个部分组成。

（1）导言（preamble）　共 128 个字节，可将文件的有关说明放在导言中。

（2）前缀（prefix）　16 个字节，规定“D”、“I”、“C”、“M”共 4 个字符。

（3）数据元素（data elements）　一般会有多组数据元素，每个数据元素对应于一个 IOD 的属性。

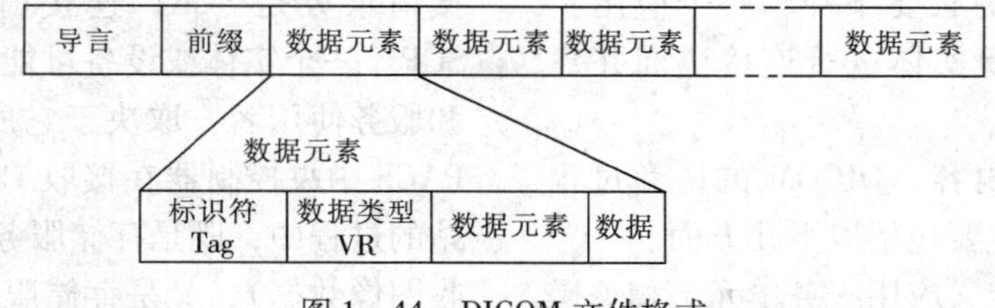

图 1 - 44　DICOM 文件格式

（六）DICOM 通信过程分析

1. DICOM 通信的体系结构　DICOM 协议是在开放系统互连（OSI）7 层协议的框架之内的。对于这样一个分层协议来说，每一层都使用其直接相邻的下一层所提供的服务，而同时又向相邻的上一层提供自己的服务。这种分层结构的优点在于，上层不必关心下层的实现细节。分层协议定义网络上的两个通信实体同层之间的联系为“协议”，而同一系统内部的纵向联系称为“服务”。层间的边界称为“服务访问点”（service access point），“服务原语”通过服务访问点在层间传递服务信息。服务原语一般包括请求原语、指示原语、响应原语和证实原语。在 DICOM 的语义环境下，上层的服务使用者是“DICOM 信息服务单元”（DICOM message service elenmt)。

DICOM 通信协议实际上是OSI 7 层协议的一个子集，它基于 TCP/IP 协议，主要完成 OSI 的会话层、表示层和应用层的部分功能，如图 1－45 所示。DICOM 应用实体则利用 DICOM 协议所提供的服务，完成医学图像系统的功能。

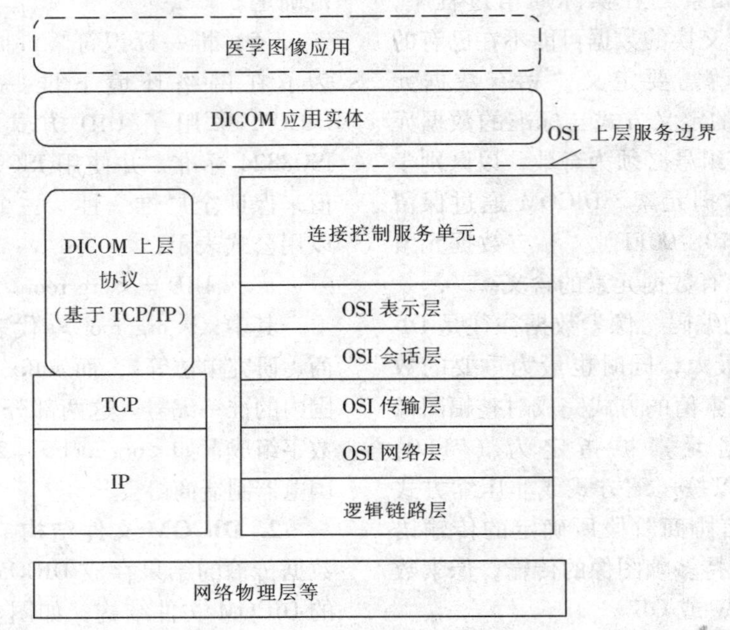

图 1－45 DICOM 通信体系结构

2. 连接协商 在实现通信的过程中，双方必须先进行连接协商，确定所传输数据的类型和编码方式，协商成功称为建立了一个“关联”，在此之后才能真正完成数据的传输过程。

（1）连接协商的目的 协商的目的是确定双方将要交换哪些数据及数据如何编码，在关联没有建立起来或建立失败的情况下，说明通信双方没有进行通信的必要条件，一个应用实体可以同时与多个对等实体进行连接协商并建立关联。

（2）连接协商的内容 DICOM 的协商过程包括了大量的内容，主要包括以下几方面。

应用层上下文：定义应用服务单元、相关操作及其他应用实体正常工作所需信息。应用层上下文的名称由惟一标识 UID 指定。协商过程中要判断此 UID 是否可接受。

表示层上下文：具体定义数据的表示，由表示层上下文 UID 号、抽象语法名和传输语法名列表三部分组成。其中抽象语法即将要操作的 IOD 对象，而传输语法列表则具体规定了此应用实体所支持的各种编码规则。每个抽象语法和传输语法也都拥有自己的惟一标识号 UID。

应用实体（Application Entity，AE）的连接信息：包括应用层数据传输 PDU 可接受的最大长度、应用实体的身份告知。

服务提供者和服务使用者 SCP/SCU（Service Class Provide/Service Class User）的角色选择：可能有三种情形，即连接请求方是 SCI，连接请求方是 SCR，连接请求方既是 SCU 又是 SCP。一个实体或设备可能同时是服务类提供者和服务使用者，取决于它所执行的功能。例如，PACS 中央控制器在接收 CR 图像并分发到工作站的过程中，既是存储服务的使用者（从 CR 接收图像数据），又是存储服务的提供者（将图像存储到工作站）。

SOP 扩展协商：协商有关 SOP 的其他内容。

（3）协商过程所使用的协议数据单元 在 DICOM 协议所定义的 7 种协议数据单元（PDU）中，协商过程占有 6 种：A－Associate－RQ PDU（连接请求协议数据单元）；A－Associate－AC PDU（连接接受协议数据单元）；A－Associate－RJ PDU（连接拒绝协议数据单元）；A－Relea

协 RQ PDU（连接释放请求协议数据单元）；A－Release－RP PDU（连接释放响应协议数据单元）；A－Abort PDU（连接失败协议数据单元）。

这六种 PDU 根据其功能可以分为两类：第一类是与建立“关联”相联系的，包括 A－Associate－RQ、A－ Associate－AC 和 A－Associate－RJ。连接协商的请求方首先使用 TCP/IP 协议与指定地址和端口的协商接收方建立连接，之后请求方发送一个“连接请求协议数据单元”（A－Associate－RQ），在此 PDU 中包含了上述协商内容部分的所有信息；此时，接收方解析请求方发来的 PDU，并根据不同情况响应一个“连接接受协议数据单元”（A－Associate－AC）或“连接拒绝协议数据单元”（A－Associate－RJ）给请求方。一旦关联建立，DICOM 允许连接中的任意一方发送请求消息，这取决于 SCP/SC 角色的选择及消息的类型。

第二类 PDU 是与结束“关联”相联系的，如 A－Release－RQ，A－Release－R A－Abort。已建立的关联可以被连接双方的任何一方关闭或中断。有以下两种机制：一种可称为正常释放，即关联的一方发“连接释放请求协议数据单元”（A－Release－RQ），如接到“连接释放响应协议数据单元”（A－Release－RP）则此关联被成功释放；另一种释放为非正常释放，即关联的某一方由于某种原因（如网络超时）发出“连接失败协议数据单元”（A－Abort）并关闭连接，而不再等待对方的任何相应。

3. 数据传输 经过连接协商后，DICOM 通信双方已经对将要进行传输的数据内容及编码方式达成共识。此时协议将 DICOM 命令和 DICOM 数据组装成 P－DATA－TFPDU（数据传输协议数据单元），并利用 PDU 服务发送和接收数据。DICOM 定义“数据传输 PDU”的结构如图 1－46 所示。

每个数据传输 PDU 可以包含一至多个 PDV（Presentation Data Value），DICOM 命令和数据以流的形式放在 PDV 中。这些 PDV 的总长度不得超过连接协商阶段所确定的最大长度值。

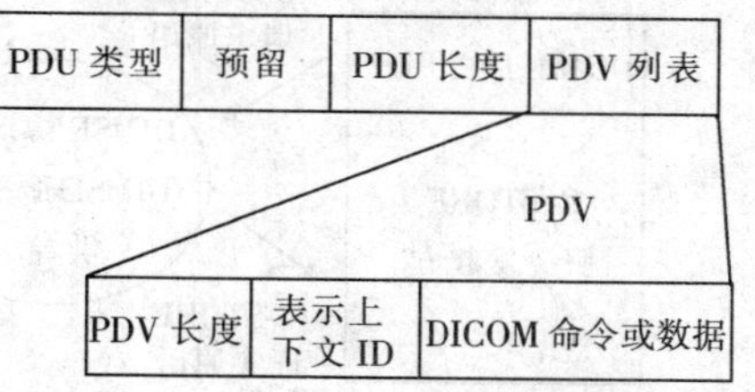

图 1－46 P－DATA－TF PDU 的数据结构

在同一个 P－DATE－TF PDU 中，所有的 PDV 都应具有相同的表示上下文 UID，即完全相同的抽象语法和传输语法，每一个 PDV 不能同时包含命令和数据，只能包含其中的一种。在 PDV 结构中，表示上下文 UID 后的第一个字节称为“消息控制头”（message control header），用以标识后续字节信息的性质；这个字节的第 0 位（bitO）是 1，表示后续字节是命令；是 0，则表示后续字节是数据；其第一位（bit1）是 1，表示后续字节是命令或数据的最后部分，是 0，则不是最后部分；DICOM 通过这种标记方式使得用户能够在接收数据时做出正确的判断。

4. 通信操作类的实现 当通信双方建立了关联之后，就可以使用 P－Data－TF 所提供的传输服务来实现不同的通信功能。在最新的 DICOM 标准中，共列举出 11 个通信操作类，其中有 5 个针对复合 IOD 的操作，包括 C－STORE、C－GET、C－MOVE、C－FIND 和 C－ECHO；另外 6 个操作类是针对正规 IOD 的，它们是 N－EVENT－REPORT、N－GET、N－SET、N－ACTION、N－CREATE 及 N－DELETE。

在这些通信操作中，最常用也是最重要的是存储操作 C－STORE 和检索操作 C－GET。下面分别对其协议过程进行说明。

（1）存储操作类 C－STORE DIMSE 的含义是“DICOM 消息服务单元”（DICOM message service element）。C－STORE 服务发起方和服务执行方都是 DIMSE 服务的用户，而 DIMSE 协议机完成 DICOM 通信协议所规定的相关操作，是 DIMSE 服务的提供者，如图 1－47 所示。

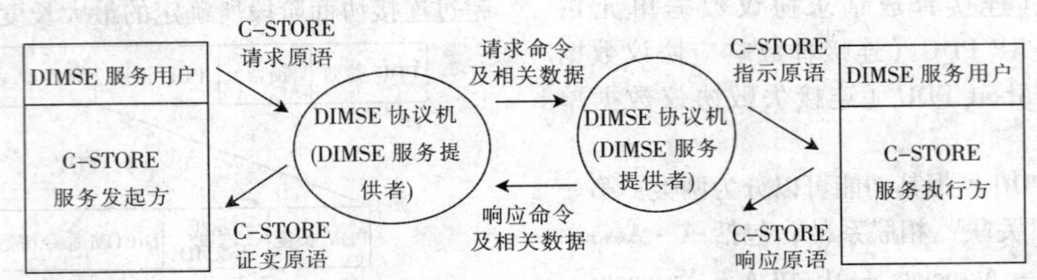

图 1－47 存储操作类 C－STORE 示意

C－STORE 的具体实现过程为：①C－STORE 服务发起方发出 C－STORE 请求原语；②本地 DIMSE 协议机创建一个 CSTORE－RQ 请求消息，它包括一个命令集和一个数据集，并用 P－DATA－TF 服务发送此消息；③对方 DIMSE 协议机收到这个 CSTORE－RQ 请求消息，发出 C－STORE 指示原语给 C－STORE 服务执行方；④C－STORE 服务执行方执行本地数据存储操作，并发送 C－STORE 响应原语给 DIMSE 协议机；⑤DIMSE 协议机创建 CSTORE－RSP 响应消息，用 P－DATA－TF 服务发送此消息；⑥对方 DIMSE 协议机收到 C－STORE－RSP 响应消息，发出 C－STORE 证实原语给 C－STORE 服务发起方；⑦C－STORE 服务发起方完成 C－STORE 协议过程。

（2）检索操作类 C－GET 主要完成对数据的远程检索，并将符合查询要求的数据条目用 C－STORE 子操作取回。其过程如下：①C－GET 服务发起方发出 C－GET 请求原语；②本地 DIMSE 协议机创建一个 C－GET－RQ 请求消息，并使用 P－DATA－TF 服务发送此消息，在这个请求消息中包含有数据库查询条件；③对方 DIMSE 协议机收到这个 C－GET－RQ 服务执行方；这时引发 C－STORE 子操作，即将已建立关联的两个应用实体的 SCU/SCP 角色互换，将符合查询条件的条目逐条地发送给 C－GET 服务请求方；④C－GET 服务执行方根据情况，发出 0～*N* 个 C－GET 响应原语给协议机，其中除最后一个响应原语的状态码为 Final 之外，其他响应原语的状态码均为 Pending；⑤DIMSE 协议机在接收到上述 C－GET 响应原语后，根据状态码做出判断：对于每一个状态为 Pending 的 C－GET响应原语，创建一个 C－GET－RSP（Pending）响应消息，然后用 P－DATA－TF 服务发送此消息；对于状态为 Find 的 C－GET 响应原语，创建一个 C－GET－RSP（Find）响应消息，然后用 P－DATA－TF 服务发送此消息；⑥对方 DIMSE 协议机收到 C－GET－RSP 响应消息后：若其状态为 Pending，则发出 Pending 状态的 C－GET 证实原话给 C－GET 服务发起方；若其状态为 Final，则发出 Find 状态的 C－GET 证实原语给 C－GET 服务发起方。直至发出 Find 状态的 C－GET 证实原语后，C－GET 协议过程完成。

5. 差错控制 在连接协商和数据传输的过程中，因各种原因不可避免地会发生错误，这就要求通信协议要具有较强的差错控制能力，在 DICOM 协议中，通信过程的各个环节都有相应的控制差错的方法。DICOM 使用五类“状态类型编码”来返回当前的 DIMSE 服务状态；这些状态类型编码是由命令集中的一系列特定数据元素组成的，这五类状态码包括：①成功状态（Success）表明 DIMSE 操作成功完成；②待处理状态（Pending）表明 DIMSE 操作正在进行中；③取消状态（Cancel）表明 DIMSE 操作已被取消；④警告状态（Warning）表明 DIMSE 操作已经完成，但是出现了一些错误。警告状态分为一般警告、属性列表出错警告和属性值溢出警告三种；⑤失败状态（Failure）表明 DIMSE 操作失败而且并未完成。失败状态根据具体情况包括 23 种不同的状态码，如“数据集与 SOP 类不匹配”，“目的地址未知”，“属性丢失”等。

通过这些状态码，DICOM 协议能够实时有效地监控服务类的完成情况。

（七）DICOM 通信的设计和实现

1. DICOM 通信设计的总体目标 医学影像诊断工作站系统（3D DMS）是一个基于 Windows NT 平台的系统。它以计算机作为设备平台，要求能够接收和发送影像设备的数据，从而帮助医生对图像数据进行二维处理和三维重建，辅助医生诊断疾病。为了满足这一设计要求，DICOM 通信模块要为系统的二维和三维功能提供数据来源和数据交换支持，为此制定的设计目标是：

（1）支持 TCP/IP 协议及 DICOM3.0 标准，可以在基于 TCP/IP 的局域网和广域网上的 Windows NT 主机之间进行 DICOM 通信。

（2）具有完善的创建、接受和终止 DICOM“关联”的策略，从而保证能够与其他 PACS 系统或 DICOM 设备建立有效的连接。

（3）支持三种最常见的传输语法，即“显式低价先存”、“显式高价先存”和 DICOM 标准默认的“隐式低价先存”语法。

（4）支持 DICOM 文件的读写操作。可以生成显式或隐式的 DICOM 文件，满足不同系统需求。

（5）实现 C－STORE、C－GET、C－FIND 和 C－MOVE 操作类，能够为影像设备数据提供存储服务和查询获取功能。

DICOM 标准本身具有面向对象的结构特征，因此开发工具选择 Visual C＋＋6.0，用 C＋＋类的方式实现其面向对象的特征。基本通信功能以 Windows Socket API 函数所提供的功能为基础实现，最终生成动态链接库文件（DLL），供其他应用程序调用。

2. DICOM 通信总体模块划分　为实现上述设计目标，针对前一节对 DICOM 协议的解析，将 DICOM 通信按照不同功能分为以下四个模块：通信协商模块、数据编码模块、SOP 服务类模块、异常处理模块。

（1）通信协商模块　该模块所依照标准主要为 DICOM 协议的第八部分（network communication support for message exchange）。这一模块在 DICOM 通信的开始阶段完成通信关联的建立，而在通信结束时负责释放关联。所谓“关联”是建立在 TCP/IP 协议 Socket 连接服务基础上的，其主要功能是对将要进行的操作规定好语义环境和传输方式。本模块主要对 DICOM 协议用于协商的六个 PDU 进行操作，从而完成协商功能。

（2）数据编码模块　这个模块完成对 DICOM 命令及数据的创建、解析、检索、更新、读入、读出、变换为流格式或从流格式变 DICOM 固定格式等操作。针对 DICOM 命令和 DICOM 数据，分别完成以下功能。

对 DICOM 命令集进货编码和解码 DICOM 命令信息对象由类 CDcmCommandobject 实现。根据 DICOM 标准第七部分所规定的 DIMSE－C 服务的请求和响应命令参数，每一种服务（C－STORE/C－GET 等）的每一种消息（请求/响应）可以被定义为 CDcmCommaMObject 的一个实例，用于包含 DICOM 标准要求必须包括的参数及可选参数。

对 DICOM 数据集进行编码和解码 DICOM 数据信息对象由类 CDcmDataObject 实现。根据 DICOM 标准第五、第六两部分规定，主要提供以下服务：创建数据集（data object）对象、添加一个新的数据元素、删除一个数据元素、修改数据元素的值、读取某数据元素的大小、数值；根据需要将数据集对象变换成流格式（用于网络通信）或可读文件格式（用于标准输出）。

对命令流与数据流的存放和操作编码。定义类 CPDataTF 用于存放和操纵命令流和数据流，并完成发送和接收的通信功能。

（3）SOP 服务类模块　本模块使用“通信协商模块”所提供的服务，实现对等应用程序的通信连接，并使用“数据编码模块”所提供的服务，创建和解析所传信息，按照一定协议流程针对特定的信息对象完成一组 DIMSE 服务。

（4）异常处理模块　DICOM 标准中规定了大量的传输和服务异常编码方式，据此定义了 CDcmException 类，用于对数据传输和完成 SOP 服务的过程中出现的异常进行统一处理。

第五节 X射线防护标准和原则

一、X射线对人体的危害

通过长期的实践和研究，对X射线的性质有了较深刻的了解，并利用它的性质造福于人类，在医学领域用于诊断和治疗。同时，它也有不利的方面，当生物体受照射后，细胞会受到损伤，因此对从事放射工作的人员及对患者的防护问题成为一个重要的问题，理论和实践都证明了X射线的防护不仅是必要的，并且是可能的。

X射线的生物效应可以用来破坏肿瘤，也能损伤正常细胞组织。当X射线通过人体时，根据通过X射线量的多少和人体对X射线的敏感程度，产生不同程度的生物效应。一定量的电离辐射，作用于人体后引起病理反应，称为躯体效应；如果影响被照者后代则称为遗传效应。按对受照者损伤的范围又可分为全身性损伤（整体损伤，如急性或慢性放射病等）和局部损伤（器官损伤，如皮肤损伤、眼睛损伤、眼晶状体损伤等）。若从电离辐射作用于人体后产生效应的时间来区分，可分为近期和远期效应。

人类的实验证明，X射线的应用可以给人类带来巨大的利益，但如果使用不当，或不注意防护也可以造成一定的危害。下面我们从防护的需要出发，介绍辐射损伤的有关基本知识，以便深入理解辐射防护标准制定的必要性。

（一）辐射损伤的机制

当X射线照射人体时，与人体细胞、组织等物质相互作用，引起物质原子的激发和电离，可破坏体内某些大分子的结构，如蛋白质分子链的断裂，核糖核酸或脱氧核糖核酸链的断裂；破坏某些对物质代谢有重要意义的酶等，造成新陈代谢障碍，甚至于直接损伤细胞的结构。此外，X射线还可能电离体内存在的水分子，形成自由基，由于这些自由基的作用间接损伤人体，因此X射线可以直接或间接地扰乱和破坏机体细胞和组织的正常代谢活动，甚至破坏细胞和组织的结构。

辐射损伤的发病机制和其他疾病的发病机制是一样的，X射线能量传递给机体物质，从原子的激发和电离开始，一直到影响细胞、组织、器官及整体的损伤的过程，既有原发作用，也有继发作用，最终导致器官水平的障碍，以致于整个人体的变化，在临床上便可出现辐射损伤的体征和症状。

对人体生殖细胞的损伤，就可能影响到人体的后代，即具有遗传效应。单个或少量细胞受到辐射损伤主要是染色体、基因突变等，可出现随机性效应；大量细胞或组织受到破坏，即可导致非随机性效应。

X射线的生物效应是个复杂的过程，它要经过许多性质不同的彼此联系的变化，甚至取决于神经系统的作用；其次取决于体液的调节作用。在作用时间上，可从千万分之一秒延伸到数年甚至更长。同时，复杂的人体又具有对损伤进行修复的能力。诸多效应的过程和损伤的机制，至今不能完全被阐明，有待进一步研究探讨。下面将从X射线防护的角度，对数字化X射线装置所涉及的有关问题详述如下。

（二）影响辐射损伤的因素

1. 辐射性质 辐射性质包括射线的种类和能量，不同质的射线在介质中的线性能量传递系数（linear energy transfer，LET）不同，所产生的生物效应也不同。X射线和γ射线的生物效应基本相同，而中子的LET大得多，1～10MeV的快中子产生的生物效应比同样能量的X射线和γ射线大10倍。

同一类型的射线，对于不同的射线能量产生的生物效应也不同。对于X射线来说，低能辐射造成皮肤红斑所需照射量小于高能辐射照射量，这是因为低能X射线主要被皮肤吸收了，而受到高能辐射的X射线照射时，能量可达更深层的组织。这不仅对辐射治疗有价值，而在X射线防护中很有意义。

2. X射线剂量 X射线作用于人体后，所引起的人体损伤直接与X射线的剂量有关，如表1－7所示。

表 1－7　不同 X 射线剂量对人体损伤的估计

剂量（0.01Gy）	损伤程度
<25	不明显和不易觉察的病变
25～50	可恢复的人体变化，可能有血液学变化
50～100	功能变化、血液变化，但不伴有临床症状
100～200	轻度骨骼型急性放射病
200～350	中度骨骼型急性放射病
350～550	重度骨骼型急性放射病
550～1000	极重度骨骼型急性放射病
1000～5000	肠型急性放射病
>5000	胸型急性放射病

以不同剂量照射动物时，可以发现，当剂量达到一定量时才开始出现急性辐射病症；继续增加剂量时，可出现死亡，剂量越大，死亡率越高；当剂量达到一定值时，100%的动物会死亡。

3. 剂量率　单位时间内的剂量称为剂量率，总剂量相同时，剂量率越高，生物效应就越大，但当剂量率达到一定值时，生物效应与剂量率之间失去比例关系。极小的剂量率条件下，当人体损伤与其修复平衡时，人体可长期接受照射而不出现损伤。受到小剂量长期照射时，当积累量很大时，便可产生慢性辐射损伤，时间如果继续延长，则可能致死。

4. 照射方式、部位和范围　总剂量相同，但单方面照射和多方向照射产生的效应也不同。一次照射和多次照射及多次照射间的间隔不同，所产生的效应也会有差异。

人体各部位受到射线的辐射后其敏感性也不一样，不同部位受照后引起的生物效应差别很大，对一定剂量，生物效应随照射面积的扩大而增大，全身照射比局部照射的危害更大。

5. 环境因素　在低温和缺氧条件下，可延缓和减轻生物效应，随受照射者的年龄、性别、健康情况、精神状态和营养状况等不同，在相同的剂量下，引起的辐射效应也不一样，人体对射线的反应是受各种因素的共同影响的结果。

二、X 射线防护要求

（一）医用 X 射线防护的技术要求

在发展利用医用 X 射线诊断技术的同时，必须保障医用 X 射线医务人员、受检者及有关公众的放射安全与健康，医用 X 射线诊断工作者所受的职业照射应遵守实践正当性和防护的最优化原则，并不应超过下述剂量的限制：连续五年内平均有效剂量 20mSv；任何一年中有效剂量 50mSv；眼晶状体的当量剂量每年 150mSv；手、脚及皮肤的当量剂量每年 500mSv。

受检者所受的医疗照射，应遵循放射实践的正当性和放射防护的最优化原则，避免一切不必要照射，对确实具有正当理由需进行医用 X 射线诊断检查，必须在获取所需诊断信息的同时，把受检者剂量控制到可以合理达到的可能低的水平。

各种医用诊断 X 射线设备，对于可在正常使用中采用的一切配置，投向患者体表的 X 射线束的第一半值层应分别满足表 1－8 的要求。

表 1－8　医用诊断 X 射机的半值层

应用类型	X 射线球管电压（kV） 正常使用时范围	所选择值	可允许的最小第一半值层（mmAL）
特殊应用	≤50	30	0.3
		40	0.4
		50	0.5
	50～70	50	1.5
		60	1.5
		70	1.5
采用口内片的牙科应用	50～90	50	1.5
		60	1.8
		70	2.1
		80	2.3
		90	2.5

续表

应用类型	X 射线球管电压（kV）正常使用时范围	所选择值	可允许的最小第一半值层（mmAL）
其他应用	≥30	50	1.5
		60	1.8
		70	2.1
		80	2.3
		90	2.5
		100	2.7
		110	3.0
		120	3.2
		130	3.5
		140	3.8
		150	4.1

注：1. 各选择中间值的半值层可利用线性插值法获得；
2. 小于及大于表列选择值者可线性外推求得相应半值层；
3. 本表引自 GB9706.12－1997（idt IEC 601－1－3：1994）。

在任何透视工作位置，X 射线球管焦点、限束装置中心和荧光屏中心均应在同一直线上，普通透视用 X 射线机，照射野中心与荧光屏中心的偏差不得大于焦点至荧光屏距离的 2%。

普通透视用 X 射线机荧光屏的灵敏度不应低于 0.08（cd/cm^2）或 0.08（cGy/min）。

X 射线机诊断床床板的质量等效过滤不应超过 1mmAL。

在相应测试条件下，有用线束进入受检者体表空气比释放动能率不应超过表 1－9 控制值。

表 1－9　有用线束入射受检者体表空气比释放动能率控制值

X 射线机类型	体表空气比释动能率（cGy/min）
普通医用诊断 X 射线机	50
有影像增强器的 X 射线机	25
有影像增强器并有自动亮度控制系统的 X 射线机（介入放射学使用）	100

（二）数字化 X 射线机房防护设施的技术要求

医用诊断 X 射线机房的设置必须充分考虑邻室及周围场所的防护与安全，机房内应有足够使用面积。新建 X 射线机房，单球管 X 射线机房不小于 $24m^2$，双球管 X 射线机房不应小于 $36m^2$。

机房中有用线束朝向的墙壁应有 2mm 铅当量的防护厚度，其他侧应有 1mm 铅当量的防护厚度。设于多层建筑中的机房、天棚、地板应视为相应侧面考虑，充分注意上下邻室墙防护和安全。机房的门、窗必须合理设置，并有与其所在墙壁相同的防护厚度。

机房内布局要合理，不得堆放与诊断工作无关的杂物，要保持良好的通风，机房外要有电离辐射标志，并设醒目的工作指示灯，受检者的候诊位置选择恰当，并有相应的防护措施，应配套适量的符合防护要求的各种辅助防护用品，如铅橡胶手套、铅橡胶围裙、铅防护坐椅等。

而乳腺 X 射线机没有专门防护标准，应参照此技术要求。

（三）医用 X 射线诊断防护安全操作要求

（1）医用 X 射线诊断工作者必须熟练掌握业务技术和射线防护知识，认真配合有关临床医师做好 X 射线检查的正当性判断，正确掌握其适用范围，并注意查阅以往检查资料以避免不必要的额外检查，合理使用 X 射线诊断。

（2）医用诊断 X 射线机应按有关规定进行

质量检测。

（3）根据不同诊断检查类型和需要，选择使用合适的设备以及相应的各种辅助防护用品。

（4）参照国际基本安全标准（IAEAS. S. 115，1996）有关放射诊断的医疗照射指南，认真选择各种操作参数，力求受检者所受到的照射达到预期诊断目标所需的最低剂量。

（5）在不影响诊断的前提下，应多采用“高电压、低电流、厚过滤”和小照射野进行工作。

（6）只有在把受检者送到固定设备进行检查不现实或医学上不可接受的情况下，并采取相应防护措施（包括距离和屏蔽防护等）后，才可使用移动式或携带式 X 射线机施行检查。

（7）在放射诊断临床教学中，对学员必须进行射线防护知识教育，并注意他们的防护，对示教患者严禁随意增加曝光时间。

（四）X 射线防护原则

1. 时间防护　个体累积吸收剂量与受照时间有关，受照时间越长，个体累积的剂量就越大，在某些情况下，常常通过缩短受照时间，来限制个人所接受的剂量。因此，一切人员应最大可能地减少在有 X 射线场内停留时间。X 射线工作者，在进行 X 射线检查时，要做好准备，操作要熟练、迅速、准确，减少照射时间。

2. 距离防护　当人员与 X 射线球管焦点之间的距离远远大于焦点大小时，可将 X 射线焦点视为点光源，若不考虑空气对 X 射线的吸收，则可认为照射量与距离平方成反比。因此若距离增加 1 倍，则照射量减少到原来的 1/4，由此可知，距离防护的最好方式是远离 X 射线源。

3. 屏蔽防护　利用 X 射线进行诊断和治疗时，要减少 X 射线工作者及被检者的受照剂量，单靠时间和距离两个因素的调节是有一定限度的，例如只能在不影响诊断和治疗目的前提下，最大可能地减少照射时间。离 X 射线源的距离又受到产生 X 射线的设备和使用目的的限制，因此要进一步取得好的防护效果，需利用屏蔽防护。

屏蔽是在 X 射线源与人员之间放置一种能有效吸收 X 射线的屏蔽物，从而消除 X 射线对人体的危害，如 X 射线机荧光屏内的铅玻璃、X 射线机房墙壁、放射科医生使用的铅橡胶手套、铅橡胶围裙等防护用品及隔离透视、隔室照相等防护措施。

一般在 X 射线防护的实际工作中，时间、距离、屏蔽这三个因素应根据具体情况灵活运用，合理调节。

第二章 计算机X射线摄影的原理

第一节 概 述

一、计算机X射线摄影发展

X射线经历了100多年的发展，是历史最长久的医学成像技术，在众多的X射线摄影数字化解决方案中，计算机X射线摄影（computed radiography，CR）作为第一种真正意义上实现X射线普通摄影的数字化技术，历经30多年发展过程，积累了大量的数字X射线影像经验，技术上已很成熟，是目前医院放射科实现X射线摄影的重要解决方案。

CR系统最初是日本富士公司的高野正雄（Masao Takano）等于20世纪70年代开始研制的。1981年6月在比利时首都布鲁塞尔召开的国际放射学会（ICR）年会上，富士公司首先推出FCR系统，从而实现了常规X射线摄影信息的数字化。

1983年，FCR101成为富士公司在市场上推出的第一部临床使用CR设备。1985年，富士公司相继推出集中处理概念的FCR201机型，1989年分别推出组合式作业的FCR7000及独立式作业的AC－1机型。

1986年，在布鲁塞尔第15届国际放射学术会议上首次提出数字化X射线摄影（DR）的物理学概念，开启了计算机技术与传统X射线成像技术结合的发展进程。

1993年，FCR9000延续FCR7000的基本设计概念，为市场提供了更高速度及更高品质的服务；FC9000以组合型的机型，采用半导体镭射及六面镜的技术，来提高IP读取的能力，在影像处理能力上，更以动态范围控制（dynamic range control，DRC）技术、能量衰减（energy subtraction，ES）的技术，提供高品质的医学影像资料。目前在计算机X射线摄影技术发展上，主要是研发更新X射线感测技术、读取机的机械结构的速度和精度以及提高CR的影像质量。

在计算机X射线摄影发展历史中，柯达（KODAK）、柯尼卡（KONICA）等许多生产厂家相继推出一系列产品，其性能和质量都达到了很高的水平，因此FCR系统和数字减影血管造影（DSA）系统被称为20世纪的放射诊断学的两颗新星。

二、计算机X射线摄影与传统X射线系统的比较

在20世纪50年代，随着影像增强器的出现，第一次得到了实时的清晰图像；通过图像放大器，从荧光屏上采集X射线，聚焦在另外一个屏上，可以直接观察或通过高质量的视频TV或CCD实时成像。虽然影像增强器具有优越的性能，但仍然选择胶片保存大量的图像。此类图像已经具有了高质量的空间分辨率及对比度，然而也有其缺点：X射线胶片需要较多的处理时间，如果胶片曝光量不够或透照角度错误，必须重新进行所有的程序；用户必须配备胶片存放地点，专业人员必须经过培训，以保证操作安全和图像质量。虽然胶片的空间分辨率较好，而胶片线性不好和对比度范围狭窄，再加上人的眼睛的局限性，辨别能力不能超过100的灰度级别，已经不可能从一个范围宽广的胶片相对密度来检测和获得更精确的诊断数据。

对于影像增强器，其应用范围也受防护体积和视野的限制，并且图像的边缘容易出现失真扭曲，其图像的对比度和空间分辨率也不能达到完美；无论胶片还是图像增强器，存档和分发会需要更多的时间和空间，对于图像增强器的图像存档，需要将其转化为视频格式，对于X射线底

片则要通过扫描，如图2－1所示为传统 X 射线摄影的工作过程。

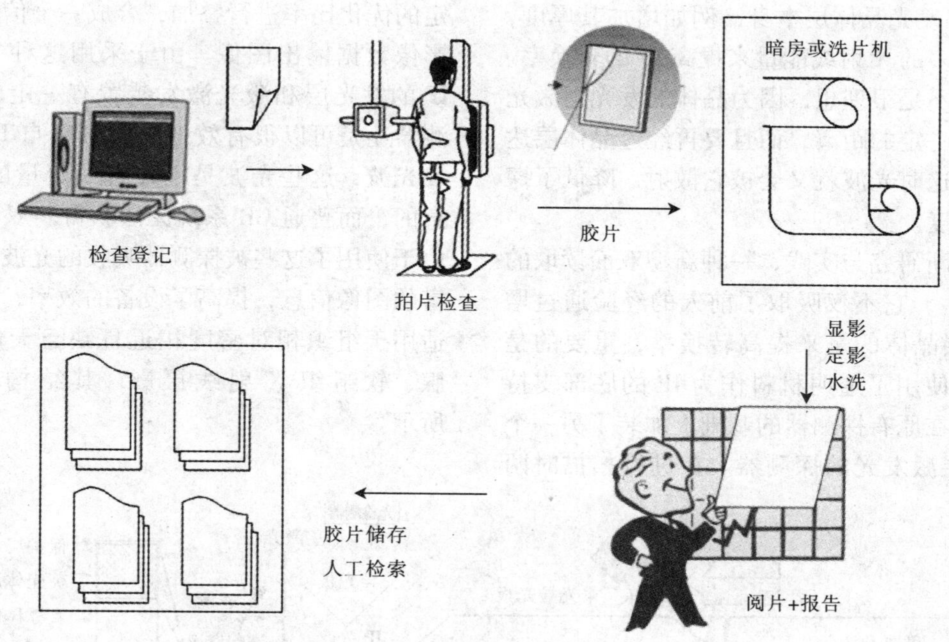

图 2－1　传统 X 射线摄影的工作示意

CR 系统采用成像板（image plate，IP）作为 X 射线影像信息的载体来代替传统的胶片，相对于传统胶片，IP 对 X 射线有更大的动态范围，并具有可反复使用、易于保存等特点，在实际使用中可用相对较少的 X 射线照射量获取较多诊断信息。IP 板中含有一种人工合成的荧光物质（二价铕离子的氟卤化钡晶体），X 射线对 IP 板曝光，光子与晶体层作用将 X 射线能量的分布信息以潜影的方式保存。当 IP 板再次被可见光（通常以特定波长的激光）连续曝光后，被保存的 X 射线能量就以激发光的形式释放出来，被探测器连续记录并转化为电信号，最终被描述为 X 射线能量的平面分布信息，其工作原理如图 2－2 所示。

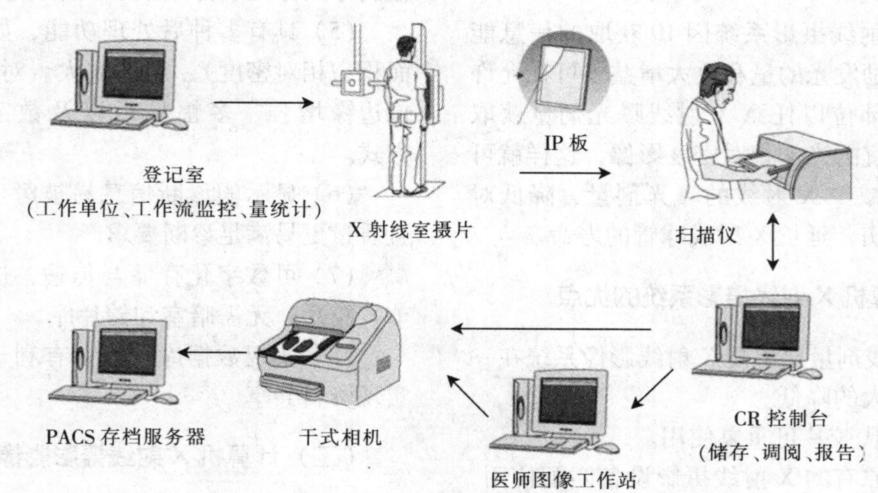

图 2－2　CR 工作原理示意

为了减少 X 射线量子噪声的影响，必须增加 X 射线的吸收量，通常 IP 读取系统采用的方法是改变 IP 发光晶体层本身，例如增加其厚度，通过吸收更多的 X 射线能量来提高 IP 的转换率。但实际收效不是很理想，因为晶体的发光与激光发生装置有一定的距离，而且要再经过晶体层达到探测器，这时光波就又会被它散射，降低了探测器的灵敏度。

经过不断研究与实践，一种新型双面读取的 CR 系统诞生，它不仅吸取了前人的经验通过增加 IP 发光层晶体的量来提高转换率，重要的是它创造性地使用了透明材料作为 IP 的底部支持层，而且还在原有探测器的基础上加装了另一个探测 IP 底层激发光的探测器。在进行扫描时两个探测器同时工作，自同一张 IP 的两个面获得激发光波信号，然后再将这两个面的信号通过特定的优化比率进行叠加，合成一个信息更丰富的影像数据输出图像。由于采用这种方法，尽管 IP 的发光层和激光激发装置有一定的距离，探测器还是可以很有效地检测到来自 IP 底部的激发光波，这些光波是携带着一定量的 X 射线信息的，而普通 CR 系统无法获得。双面读取系统由于使用了这些被探测器吸收的光波获得了更丰富的图像信息，提高了设备的效率；该系统更加适用于组织相对密度相近且缺乏天然对比的乳腺、软组织 X 射线摄影，其结构如图 2－3 所示。

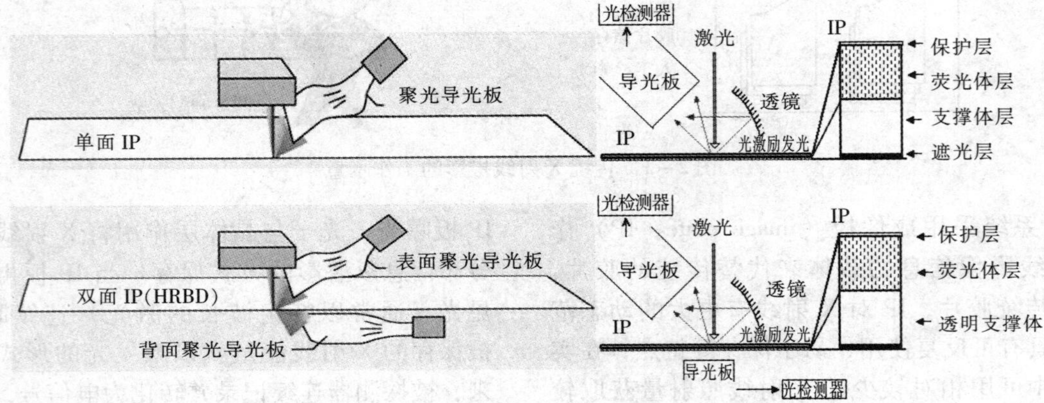

图 2－3　IP 板工作结构原理示意

三、计算机 X 射线摄影系统的评价

计算机 X 射线摄影系统因 IP 获取的信息能自动调节光激励发光的量和放大增益，可在允许范围内对摄影部位以任意 X 射线曝光剂量获取稳定的、最适宜的光学相对密度影像，这样就可以最大限度地减少 X 射线的曝光剂量，降低对患者的辐射损伤，延长 X 射线球管的寿命。

（一）计算机 X 射线摄影系统的优点

（1）X 射线剂量比常规 X 射线影像系统在一定程度上有较大的降低。

（2）IP 替代胶片可重复使用。

（3）可与原有的 X 射线摄影设备匹配使用，放射技师不需要特殊训练。

（4）采用多种图像处理技术，如谐调处理、空间频率处理、时间减影、能量减影、动态范围控制等图像处理方式获取质量更佳的图像。

（5）具有多种后处理功能，如测量（大小、面积、相对密度）、局部放大、对比度转换、影像边缘增强、多幅显示以及数字减影等技术方式。

（6）显示的诊断信息易被医生阅读、理解，且质量更易满足诊断要求。

（7）可数字化存储与传输，进入网络系统，节省胶片，无需暗室和储片库。

（8）实现数据库管理，有利于查询和比较，实现资料共享。

（二）计算机 X 射线摄影影像的优点

（1）高灵敏度，即使采集很弱的信号时也不会被噪声所掩盖而显示出来。

（2）具有较高的空间分辨率。

（3）具有很高的线性度。所谓线性就是指影像系统在整个光谱范围内得到的信号与真实影像的光强度是否呈线性关系，人眼对光的感应为对数关系，对细微的细节改变不能觉察，在临床研究中需要做一些定量的测量，良好的线性度至关重要。

（4）大动态范围，即系统能够同时检测到极强和极弱的信号，能把一定强度的影像信号分得更细，使影像显示出更丰富的层次。

（5）优越的识别性能，CR系统装有曝光数据识别技术和直方图分析，能更加准确地扫描出影像信息，显示最理想的高质量图像。

（6）宽容度大，CR系统可在成像板获取的信息基础上自动调节光激励发光的量和放大增益，在允许的范围对被摄物体以任何X射线曝光剂量获取稳定的、最适宜的影像相对密度，同时获得高质量的影像，即可以最大限度地减少X射线照射量，降低患者的辐射损伤。

（三）计算机X射线摄影影像的不足

（1）时间分辨率差，不能满足动态器官的影像显示。

（2）空间分辨率相对较低，在细微结构的显示上，与常规X射线检查的屏－片组合相比，CR系统的空间分辨率有时显得不足。

（3）曝光剂量偏高，临床应用表明，与常规屏－片系统相比，除了对信噪比要求不严格的摄影部位外，要获得等同的影像质量，CR影像所需的曝光剂量要高出30%，甚至更多。

第二节 计算机X射线摄影的基本组成和工作原理

一、计算机X射线摄影系统的基本组成

（一）计算机X射线摄影系统的组成

计算机X射线摄影系统的基本结构主要由四部分构成，即信息采集、信息转换、信息处理和信息存储，如图2－4所示。

1. 信息采集 是以IP板代替胶片，接受并记忆X射线摄影信息，形成影像，主要包括X射线装置、影像IP板等。

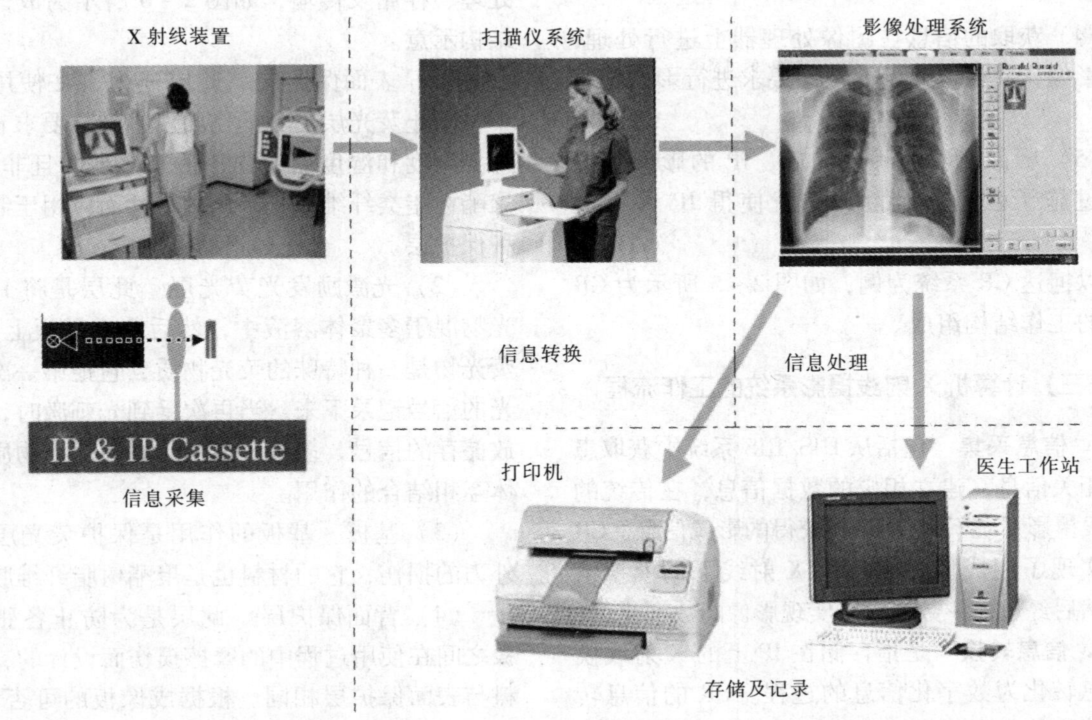

图2－4 CR系统基本结构示意

2. 信息转换 由读取装置来实现，用光电倍增管接收存储屏发出的荧光，并实现光电转换，再经 A/D 转换器变换成数字信号，主要包括影像阅读器（激光扫描装置、光电倍增管和 A/D 转换等）。

3. 信息处理 由计算机来完成，对数字化的 X 射线图像做各种相关的后处理，如大小测量、放大、灰阶处理、空间频率处理、减影处理等，主要包括图像处理工作站。

4. 信息存储 利用存储媒体或 PACST 系统，如光盘等，通常在储存前进行数据压缩；用于诊断需要的模拟图像照片可用监视器、激光打印机、热敏打印机等方式记录，主要包括监视器和存储、激光打印机等。

（二）计算机 X 射线摄影影像的形成过程

（1）成像板置于暗盒内，利用 X 射线设备曝光，X 射线穿透被照体后与 IP 发生作用，形成影像。

（2）经过激光扫描进行读取。IP 被激励后，以紫外线形式释放出存储的能量，这种现象叫光激励发光（photostimulable luminescence，PSL）。

（3）利用光电倍增管，将发射光转换成电信号。

（4）获取的信息在图像处理器上进行处理，重建影像，并根据诊断的特性要求进行影像的后处理。

（5）影像读取过程完成后，IP 的影像数据可通过施予强光来消除，这就使得 IP 可重复使用。

以柯达 CR 系统为例，如图 2－5 所示为 CR 系统的工作结构组成。

（三）计算机 X 射线摄影系统的工作流程

1. 信息采集 包括从 HIS/RIS 系统中获取患者的相关信息，建立相应的数据信息，在传统的 X 射线摄影系统下采用 IP 板获得的影像信息，CR 系统实现了用成像板来接受 X 射线下的模拟信息，然后经过模－数转换来实现影像的数字化。

2. 信息转换 是指存储在 IP 上的 X 射线模拟信息转化为数字化信息的过程。CR 的信息转换部分主要由激光阅读仪、光电倍增管和模－数转换器组成。IP 在 X 射线下受到第一次激发时储存连续的模拟信息，在激光阅读仪中进行激光扫描时受到第二次激发而产生荧光（荧光的强弱与第一次激发时的能量精确地成比例，呈线性正相关），该荧光经高效光导器采集和导向，进入光电倍增管转换为相应强弱的电信号，然后进行增幅放大、模－数转换成为数字信号。

3. 信息处理 是指用不同的相关技术根据诊断的需要实施对影像的处理，从而达到影像质量的最优化。CR 的常用处理技术包括谐调处理技术、空间频率处理技术和减影处理技术。

4. 信息的存储与输出 在 CR 系统中，IP 被扫描后所获得的信息可以同时进行存储和打印。影像信息资源保存，可供检索和查询，为医学诊断提供依据。CR 系统本身存在着一个小网络，能够实现影像的储存和传输。

二、计算机 X 射线摄影系统的工作原理

（一）计算机 X 射线摄影探测器的特性

1. 成像板的结构 是既可接受模拟信息，又可实现模拟信息数字化的信息载体，采集的信息则可应用数字图像信息处理技术，实现数字化处理、存储及传输，如图 2－6 所示为成像板的结构示意。

（1）表面保护层 此层是为了在使用过程中，防止荧光层受到损伤而设计的，要求它不随外界温度和湿度而变化，透光率高并且非常薄，聚酯树脂类纤维因具有此种特性而应用于制造这种保护层。

（2）光激励发光荧光层 此层是将 PSL 荧光物混于多聚体溶液中，然后涂在基板上。PSL 荧光物是一种特殊的荧光物质，它把第一次照射光的信号记录下来，当再次受到光刺激时，会释放储存的信号，多聚体溶液起到使荧光物质的晶体互相结合的作用。

（3）基板 基板的作用是保护荧光层免受外力的损伤，它的材料也是聚酯树脂纤维胶膜。

（4）背面保护层 此层是为防止各张成像板之间在使用过程中的摩擦损伤而设计的，其材料与表面保护层相同。根据成像板的可否弯曲，分为钢性板和柔性板两种类别，柔性板使用弹性

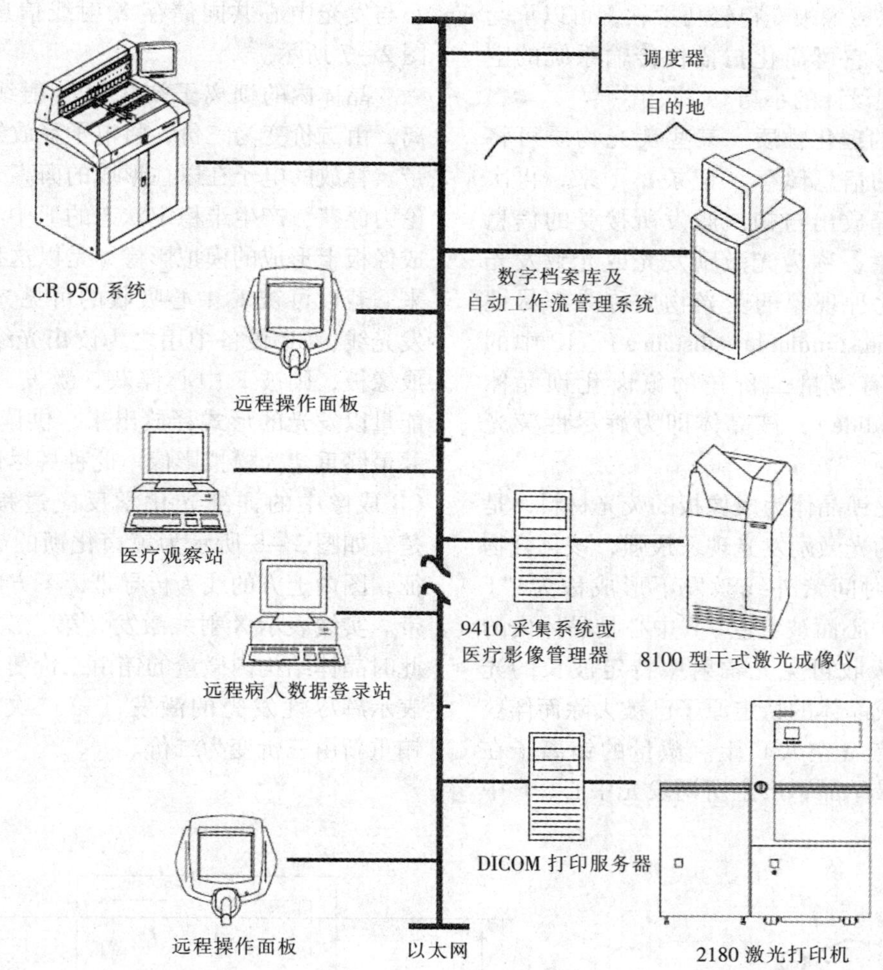

图2-5 柯达CR系统组成结构

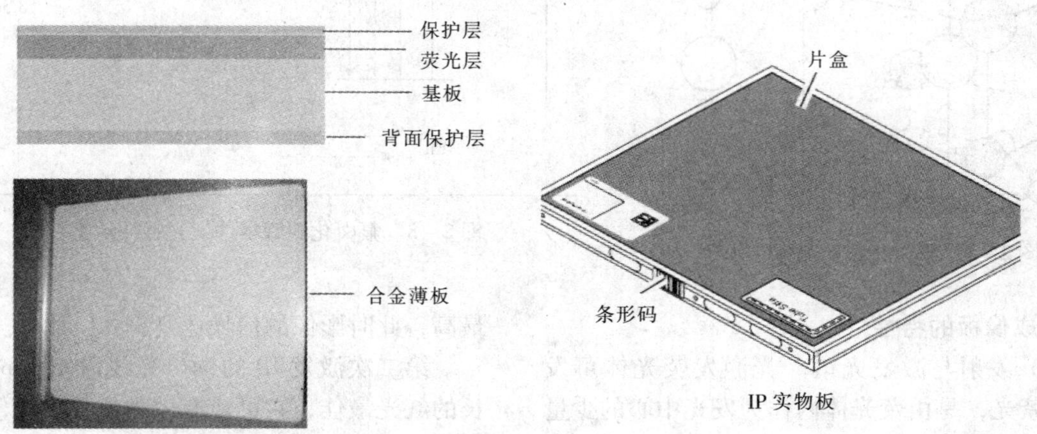

图2-6 成像板的结构示意

荧光涂层，确保成像板变得轻巧柔软，可以承受一定的弯曲度，它可简化扫描仪传输系统的空间，使设备体积设计的小巧。

2. 成像板的理化性质　某些荧光物质可将第一次被激发的信息储存（记录）下来，再次受到激发时则释放出与初次激发所接受的信息相应的荧光现象，称为光激励发光或光致发光（PSL），具有此种现象的荧光物质称为辉尽性荧光物质（photostimulable substance）。IP中的成像层内为含有微量二价铕的氟卤化钡晶体（barium fluorohalide），该晶体即为辉尽性荧光物质。

选用氟卤化钡晶体为成像板的荧光材料，是因为该化合物的光激励发光现象最强，该化合物在X射线或长时间紫外线激发下形成称为“F中心”的色彩中心而被着色。F中心是晶体内的一种缺陷，可吸收可见光辐射中特定波长的光线，它位于形成晶体的特定原子已被去除而俘获了一个电子的点（空穴）上。微量的铕离子在形成荧光体时被结晶，产生所谓发光中心，F中心与发光中心共同储存X射线信息，其结构如图2－7所示。

晶体内的钡离子初次由X射线激发而被解离，由二价变为三价，将电子释放给周围的传导带。释放的电子在以往形成的卤离子空穴内被库伦力俘获，产生半稳定状态的F中心。X射线在成像板上形成的模拟影像即是以这种状态储存下来。若以可被F中心吸收的可见光（即二次激发光线，CR设备中用之为读出光线）再次激发成像板，则被F中心俘获、激发二价铕离子的能量以发光的形式释放出来，供读出装置读出，并最终重建为模拟影像。此种辉尽性荧光物质在CR成像中的详细光化学反应过程尚不完全清楚，如图2－8所示为氟卤化钡的辉尽性发光特征，图内上方的线为传导带，下方的线为价电子带。实线表示X射线激发（第一次激发）过程，此时晶体结构内微量的铕由二价变为三价。虚线表示辉尽性发光的激发（第二次激发）过程，铕重新由三价变为二价。

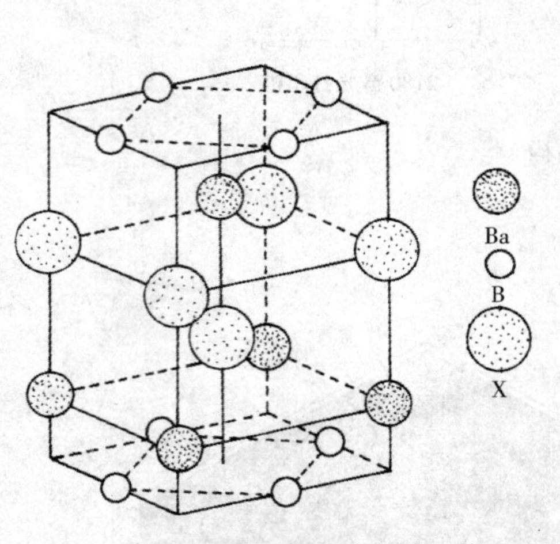

图2－7　氟卤化钡的晶体结构

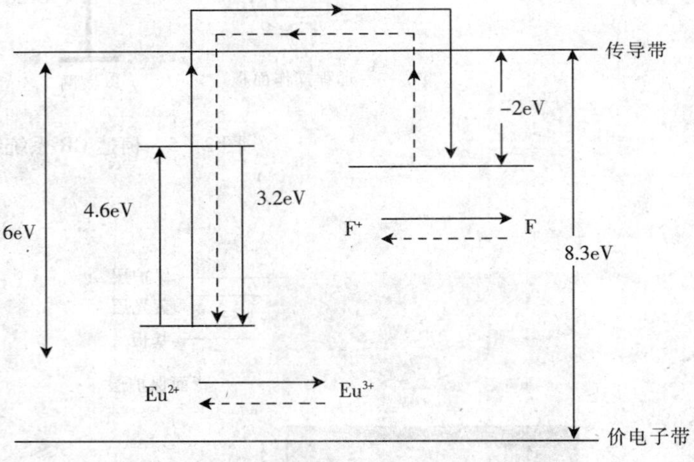

图2－8　氟卤化钡辉尽性发光特征示意

3. 成像板的特性

（1）发射与激发光谱　光激发荧光体可发出蓝－紫光，是由荧光体内作为发光中心的少量二价铕离子产生的，发光的强度依激发IP的光线的波长而改变。第一次激发IP的X射线光谱称发射光谱（emission spectrum），它的PSL峰值为390～400nm，此点上光电倍增管的检测效率最高，此时影像的信噪比（S/N）最佳。

第二次激发IP的读出光线以600nm左右波长的红光最佳，它可最有效地激发PSL，称激发光谱（stimulation spectrum），发射光谱与激发光谱波长的峰值间需有一定的差别，以保证二者在光学上的不一致，从而达到最佳的影像信噪比。而PSL的光谱与X射线激发IP后在荧光体内产生的F中心的吸收光谱相当一致，如图2-9所示为氟卤化钡的发射和激发光谱。

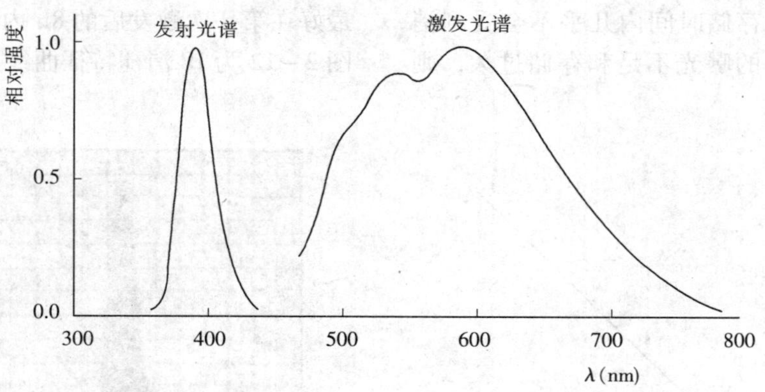

图2-9 氟卤化钡的发射和激发光谱

（2）IP的时间响应特征 当停止用第二次激发光线（读出光线，如氦-氖激光）激发光激发荧光体时，后者发射的荧光依其发光过程的衰减特征逐渐中止，当快速扫描（读出）时，若前面激发的信息来不及消隐的话，将与后面读出的信息重叠，从而降低影像质量。荧光体被二次激发后，其发射荧光的强度达到初始值的1/e（e=2.718）的时间称为光发射寿命期（light emission life），IP的光发射寿命期为0.8μs。由于该期极短，因此可在很短时间内以很高的频度重复采集与读出大面积IP上的X射线影像信息，而不会发生采集与读出信息的重叠，因此IP具有可满足医学成像需要的、极好的时间响应特征，其特征曲线如图2-10所示。

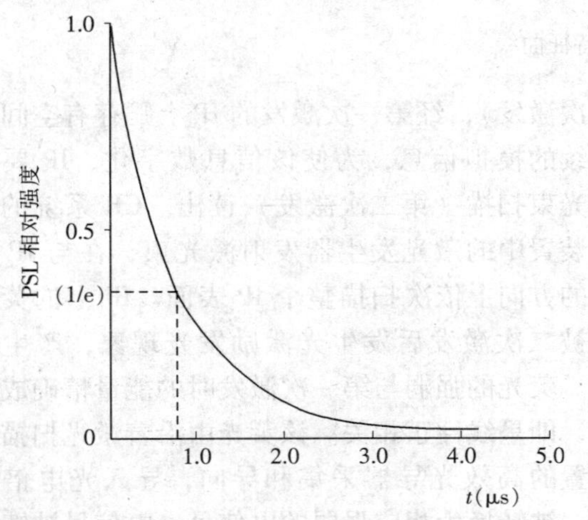

图2-10 IP荧光体的时间响应特征

（3）IP的动态范围 当X射线第一次激发IP时，其吸收光谱中于37keV处可见一陡峭的快速吸收，钡是荧光体的重要成分，但此吸收特征与二次激发时的发射荧光特征无关。IP发射荧光的量依赖于一次激发的X射线量，在$1:10^4$的范围具有良好的线性，也就是说，IP在用于X射线摄影时具有良好的动态范围，如图2-11所示。

常规X射线摄影中增感屏-胶片组合的动态范围比IP窄很多，不能有效地发挥增感屏自身光发射方面宽的动态范围的优势，IP则可能精确地检测每一种组织间的小的X射线吸收的差别。CR系统中，IP上的信息可分为两步读出：①是由激光超高速地、粗略地读出影像信息，在瞬时核算出X射线影像的光激励发光量的直方图；②在获取上述信息的基础上，自动调节光电倍增管的敏感性和放大器增益，再以超强激光光线高精细地读出X射线影像信息，配合CR系统的固有功能，允许范围对任何物体以任何X射线剂量获得稳定的、最适宜的影像处理与影像的光学相对密度。

（4）IP存储信息的消褪 X射线激发（一次激发）IP后，模拟影像被存储于荧光体内，在读出（二次激发）前的存储期间，一部分被F中心俘获的光电子逃逸，从而使第二次激发时荧光体发射出的PSL强度减少，这种现象称消褪。

IP的消褪现象很轻微，读出前贮存8h，荧光体的PSL量减少约25%，随时间的延长及存储温度的升高消褪会增加。由于 CR 设备对光电倍增管增益的电子补偿和自身补偿，依标准条件曝射的 IP 在额定的存储时间内几乎不会受到消褪的影响，但若 IP 的曝光不足和存储过久，则将会由于检测到的 X 射线量子不足和天然辐射的影响而发生颗粒性衰减，致使噪声量加大。故最好在第一次激发后的 8h 内读出 IP 的信息，如图 2 – 12 为 IP 消褪特征曲线。

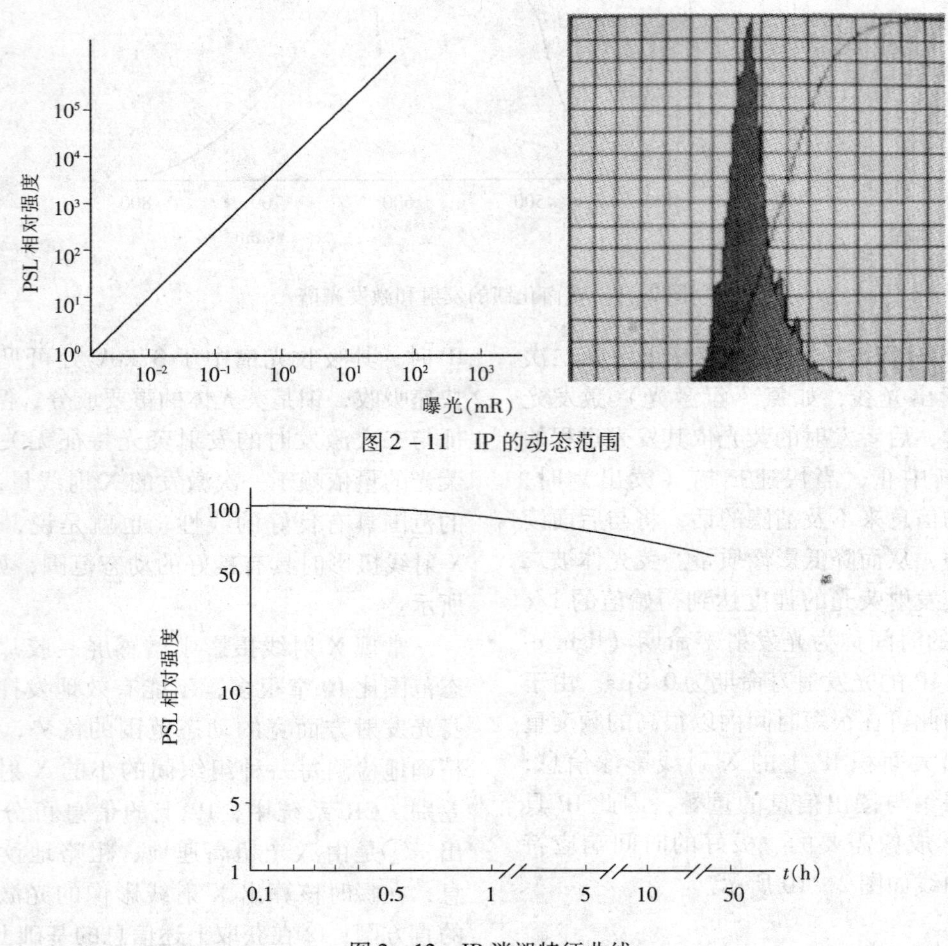

图 2 – 11　IP 的动态范围

图 2 – 12　IP 消褪特征曲线

（5）天然辐射的影响　IP 不仅对 X 射线敏感，对其他形式的电磁波也敏感，如紫外线、β 射线以及粒子线（即 α 射线、β 射线及电子线），随着这些射线能量的积蓄，在 IP 上可以影像的形式被检测出来，IP 为高度敏感的光敏性材料；因而可受到来自墙壁、建筑物等固定装置，天然放射性元素，宇宙射线及一些 IP 自身含有的微量放射性元素的影响；长期存放的成像板上会出现小黑斑，使用前应先用激发光线消除这些影响。

（二）信息转换

CR 系统中，IP 经 X 射线照射后被激发（第一次激发），经第一次激发的 IP 上贮存有空间上连续的模拟信息，为使该信息数字化，IP 要由激光束扫描（第二次激发）读出。CR 系统的读出装置中的激光发生器发射激光束，在与 IP 垂直的方向上依次扫描整个 IP 表面。IP 上的荧光体被二次激发后发生光激励发光现象，产生荧光。荧光的强弱与第一次激发时的能量精确成比例，即呈线性正相关。该荧光由沿着激光扫描线设置的高效光导器采集和导向，导入光电倍增管，被转换为相应强弱的电信号，电信号被馈入模拟 – 数字（A/D）转换器转换为数字信号。CR 系统由此完成了模拟信号到数字信号的转换。

CR系统中的信息转换部分主要是由激光扫描器、光电倍增管和A/D转换器组成的，其工作过程如下。

1. 激光扫描　由He－Ne或二极管发出的激光束，经由几个光学组件后对荧光板进行扫描。首先，激光束分割器将激光的一部分输出到参照探测器，通过参照探测器的使用来补偿强度的涨落，被激励可见光的强度取决于激励激光源的强度。激光束的大部分能量被扫描镜（旋转多角反射镜或摆动式墙面反射镜）反射，通过光学滤过器、遮光器和透镜装置，提供一个同步的扫描激光束，为了保持恒定的聚焦和在成像板上的线性扫描速度，激光束经过了一个透镜到达一个静止镜面（一般是圆柱状和平面镜面的组合）。图2－13为激光扫描的结构示意，主要组成包括激励激光源、线束分离器、振荡线束反射器、f－θ透镜、圆面透镜、集光器和光电倍增管（PMT），成像板由滚轴传输做连续运动经过激光束扫描，所有功能由计算机控制。

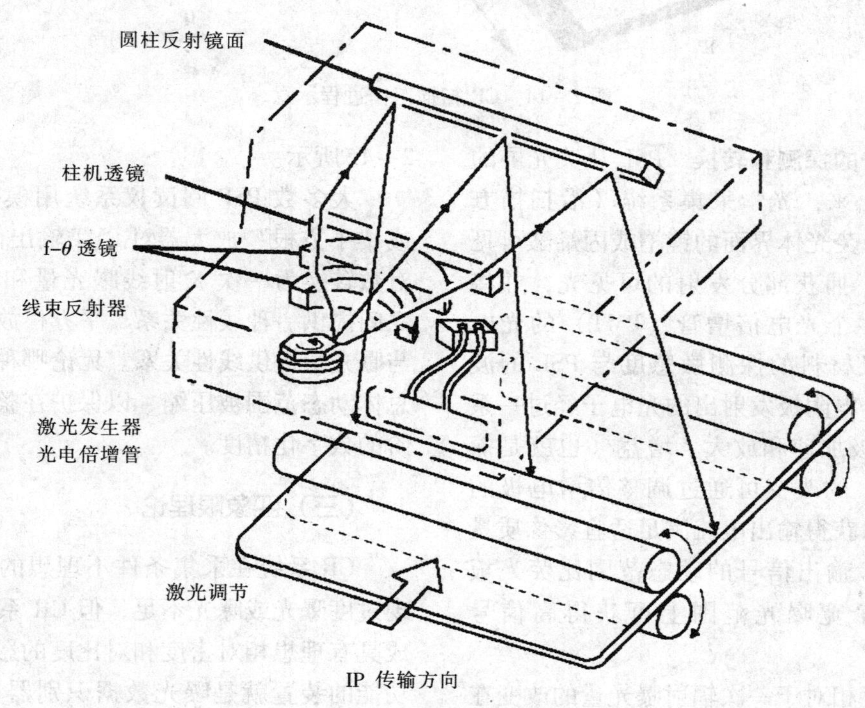

图2－13　激光扫描结构

激光束横越荧光体板的速度，要根据激励后发光信号的衰减时间常数来确定，这是限制读出时间的主要因素，激光束能量决定着存储能量的释放，影响着扫描时间、荧光滞后效果和残余信号，较高的激光能量可以释放更多的俘获电子，但后果是在荧光体层中激光束深度的增加和被激发可见光的扩散而引起空间分辨率降低。到达扫描线的终点时，激光束折回起点，IP板同步移动，传输速度经过调整使得激光束的下次扫描从另一行扫描线开始。成像板的移动距离等于沿快速扫描方向的有效采样间隔，从而确保采样尺寸在X方向和Y方向上相等。荧光屏的扫描和传送继续以光栅的形式覆盖屏的整个区域。扫描方向、激光扫描方向或者快速扫描方向指的都是沿激光束偏转路径的方向。慢扫描、屏扫描或者副扫描方向指的是荧光屏的传送方向，屏的传送速度根据给定屏的尺寸来选择，使扫描和副扫描方向上的有效采样尺寸相同。读出过程结束后，残存的潜影信号保留在荧光屏中，在投入下一次重复使用之前，需要用高强度的光源对屏进行擦除。在擦除过程中，几乎所有的残存俘获电子都能有效去除。有些系统屏的擦除是与整体曝光量相关联的，较大的曝光量需要较长的擦除周期，图2－14是CR读取数据的全过程。

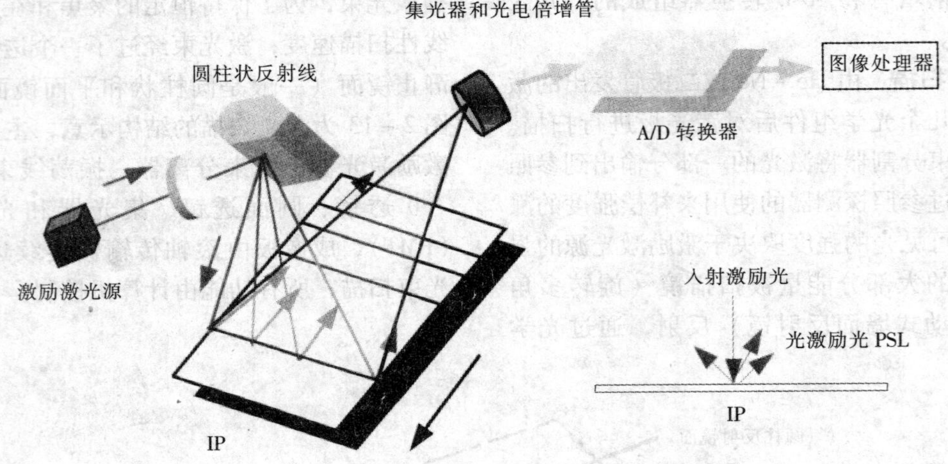

图 2－14 CR 扫描工作过程示意

2. PSL 信号的探测和转换 PSL 从荧光屏的各个方向发射出来，光学采集系统（沿扫描方向上位于激光－荧光体界面的镜槽或丙烯酸可见光采集导向体）捕获部分发射的可见光，并将其引入一个或多个光电倍增管（PMT）的光电阴极。光电阴极材料的探测敏感度与 PSL 的波长相匹配，从光电阴极发射出的光电子经过一系列 PMT 倍增电极加速和放大。增益（也就是探测器的敏感度）的改变可通过调整倍增电极的电压来实现，以获得输出电流满足适宜影像质量的曝光量，PMT 输出信号的动态范围比荧光板高得多，在整个宽曝光范围上可获得高信号增益。

可见光强度相对于一次辐射曝光量的改变在 1～10000 或“四个数量级放大”的范围内呈线性，输出信号的数字化需要最小和最大信号范围的确认，因为大多数临床使用的曝光量在 100～400 动态范围内改变。

CR 系统中成像板的循环使用过程是未曝光的荧光板由基板上覆盖的光激励发光材料组成，外面涂布一层薄薄的透明保护层；X 射线曝光后，在晶体结构中形成半稳态势阱的电子潜影中心；潜影的处理由低能量激光束的栅条状扫描来实现。俘获电子从发光中心释放出来形成可见光，然后由光导装置采集，引至光电倍增管。残余俘获电子被高强度可见光源清除，成像板又可以再次使用，其工作原理如图 2－15所示。

大多数 PSP 阅读仪系统用模拟对数放大器或“平方根”放大器对 PMT 输出信号进行放大，对数转换为一次 X 射线曝光量和输出信号幅度之间提供一种线性关系，平方根放大为量子噪声与曝光量提供线性关系。无论哪种情况，信号的总体动态范围被压缩，以保护在整个有限离散灰阶的数字化精度。

（三）四象限理论

CR 系统在采集条件不理想的情况下，可出现过度曝光或曝光不足，但 CR 系统能把它们变成具有理想相对密度和对比度的影像，实现这种功能的装置就是曝光数据识别器（exposure data recognizer，EDR），EDR 结合了先进的图像识别技术，如分割曝光识别、曝光野识别和直方图分析。

1. EDR 的基本原理 EDR 是利用在每种成像采集菜单（成像部位和摄影技术）中 X 射线影像的相对密度和对比度具有自己独特的性质实现的。EDR 数据来自于 IP 和成像单元，在成像分割模式和曝光野的范围被识别后，就得出了每一幅图像的相对密度直方图。对于不同的成像区域和采集菜单，直方图都有不同的类型相对应。由于这种特性，运用有效成像数据的最小值 S_1 和最大值 S_2 的探测来决定阅读条件，从而获得与原图像一致的相对密度和对比度。阅读条件由两个参数来决定，即阅读的灵敏度与宽容度，具体地说，就是光电倍增管的灵敏度和放大器的增益。调整以后，将得到有利于处理和储存的理想成像数据。

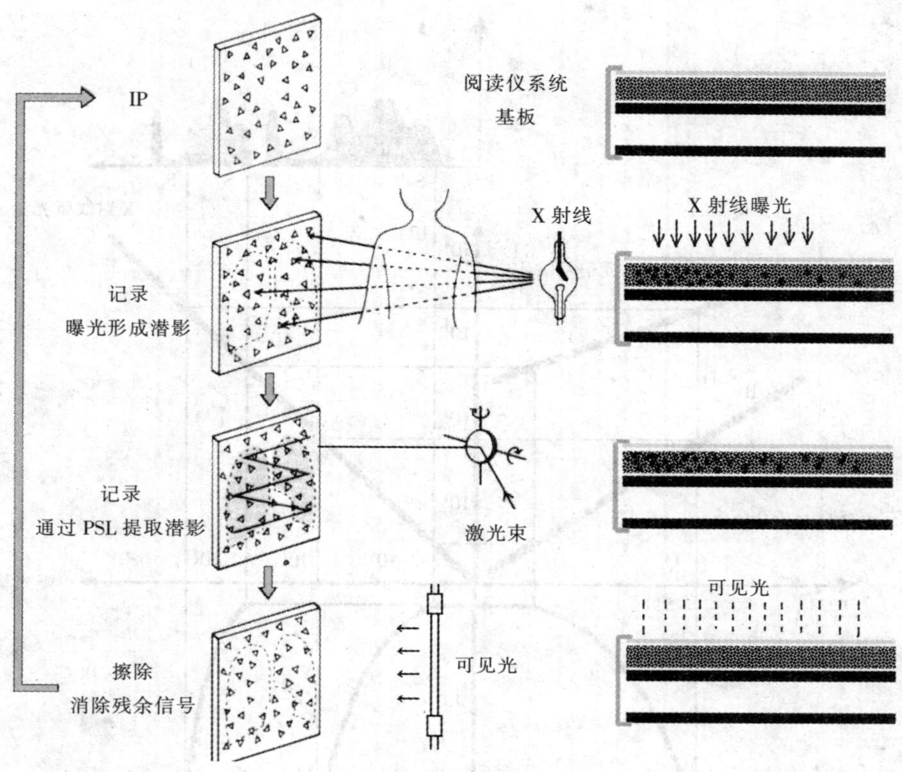

图 2 – 15　IP 板的工作原理示意

EDR 的功能和 CR 系统运作原理将归纳为四个象限来进行描述，如图 2 – 16 所示。

（1）第一象限　显示入射的 X 射线剂量与 IP 的光激励发光强度的关系。它是 IP 的一个固有特征，即光激励发光强度与入射的 X 射线曝光量动态范围呈线性比例关系，两者之间超过 1∶10000的范围，此线性关系使 CR 系统具有很高的敏感性和很宽的动态范围。

（2）第二象限　显示 EDR 的功能，即描述了输入到影像阅读装置（image reader device，IRD）的光激励发光强度（信号）与通过 EDR 决定的阅读条件所获得的数字输出信号之间的关系；IRD 有一个自动设定每幅影像敏感性范围的机制，根据记录在 IP 上的成像信息（X 射线剂量和动态范围）来决定影像的阅读条件。

A 线所表达的读出条件是具有较高的 X 射线剂量和较窄的动态范围；B 线所表达的是具有较低的 X 射线剂量和较宽的动态范围；CR 系统的特征曲线根据 X 射线曝光量的大小和影像的宽容度可以相应改变，以保证稳固的相对密度和对比度；由于在第一象限中 IP 性质的固有性和在第二象限的自动设定机制，最优化的数字影像信息被输送到第三象限的影像处理装置中。

（3）第三象限　显示了影像的增强处理功能（谐调处理、空间频率处理和减影处理），它使影像能够达到最佳的显示，以求最大限度地满足放射和临床的诊断需求。

（4）第四象限　显示输出影像的特征曲线。横坐标代表了入射的 X 射线剂量，纵坐标（向下）代表胶片的相对密度。这种曲线类似于增感屏 – 胶片系统的 X 射线胶片特性曲线，其特征曲线是自动实施补偿的，以使相对曝光曲线的影像相对密度是线性的；输入到第四象限的影像信号被重新转换为光学信号的 X 射线照片。

2. EDR 使用的图像识别技术

曝光后 IP 上采集的影像数据，通过分割曝光模式识别、曝光野识别和直方图分析，最后来确定影像的最佳阅读条件，此机制被称为曝光数据识别（EDR）。

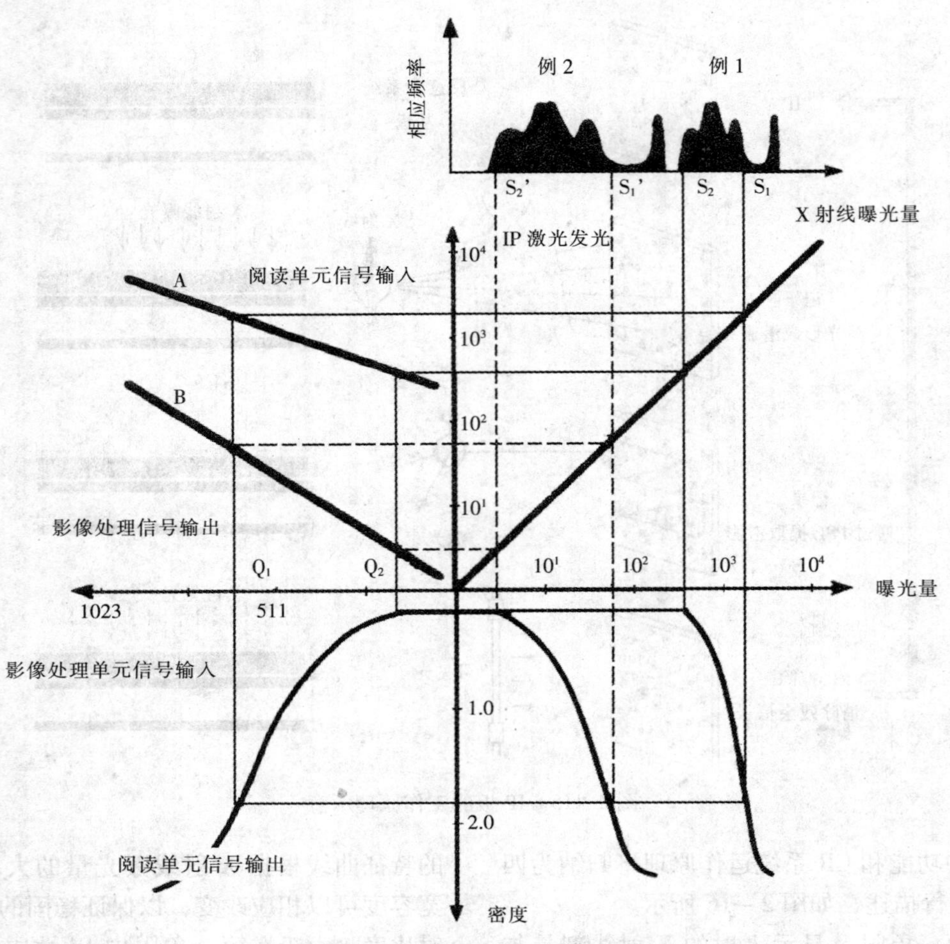

图 2 - 16　CR 系统的运作原理示意

对于各个曝光野形态的运算共分三个步骤：第一，影像分割曝光模式识别；第二，曝光野识别（决定中心点、曝光野边缘点探测和确定曝光野形态）；第三，直方图。

（1）分割曝光模式识别　IP 在 X 射线摄影中经常以采集单幅图像的形式来使用，被分割进行摄影的各个部分都有各自的影像采集菜单。如果分割图像未加分割识别，综合的直方图不可能具有适合的形状，S_2 也不可能被准确地获取，也不能得到理想的阅读条件。因此，直方图分析必须根据各个分割区域的曝光情况独立进行，以获得图像的最佳相对密度和对比度，在 CR 系统中分割模式有四种类型，即无分割、垂直分割、水平分割和四分割。

（2）曝光野识别　在整个 IP 和 IP 的分割区域内进行影像采集时，曝光野之外的散射线将会改变直方图的形状。直方图的特征值 S_1 和 S_2 将不能被准确地探测，有效图像信号的最小强度 S_1 被错误地探测，理想的阅读条件就不能被确定下来。而带有准直曝光野的影像采集，影像数据的直方图分析都能够准确地执行，且这个区域能自动识别。

（3）直方图分析　是 EDR 运算的基础。利用曝光野区域内的影像数据来产生一个直方图，然后利用各个直方图分析参数（阈值探测有效范围）对每一幅图像的采集菜单进行调整。有效图像信号的最小和最大强度 S_1 和 S_2 被确定，即阅读条件被决定下来，以便 S_1 和 S_2 能转换为

影像的数字输出值 Q_1 和 Q_2（每一幅图像采集菜单都单独调整），即使X射线曝光剂量和X射线能量发生了变化，灵敏度和成像的宽容度也可以自动调整，阅读的影像信号总是在数字值的标准范围内，以获得最佳的相对密度和对比度。

对于大多数CR系统来说，确定有用信号范围的方法需要影像灰阶直方图构建一种以X轴为像素值，以Y轴为发生频率的图形（也就是像素值频谱）。直方图的大体形状取决于解剖部位和用于影像采集的摄影技术。所有PSP阅读仪都利用一种分析算法来识别和分类直方图的各个组成部分，它们对应于骨、软组织、皮肤、对比剂、准直、未衰减X射线和其他信号。

直方图分析的结果使得原始影像数据的标准化成为可能，而感度、对比度和宽容度的标准化条件是由数字化数值分析决定的。对于特定患者的检查，适宜影像灰阶特性的重建是通过灰阶数改变和对比增强来实现的。影像信号的确定和线性放大（即所谓的自动范围控制）在每种情况下都能获得数值的适当输出范围。

3. EDR的方式

（1）自动方式　自动调整阅读宽度（L）和敏感度（S），S 值是描述阅读灵敏度的一个指标，它与IP的光激励发光强度（SK）有着密切的关系，若X射线曝光量增加，SK增加，相应地 S 值减小，阅读灵敏度降低。L 值是一个描述最终显示在胶片上的影像宽容度指标，它表示IP上光激励发光数值的对数范围。

（2）半自动方式　阅读宽度固定，敏感度自动调整。

（3）固定方式　阅读宽度和敏感度均固定，如同屏－片体系中的X射线摄影。ERD的方式如图2－17所示。

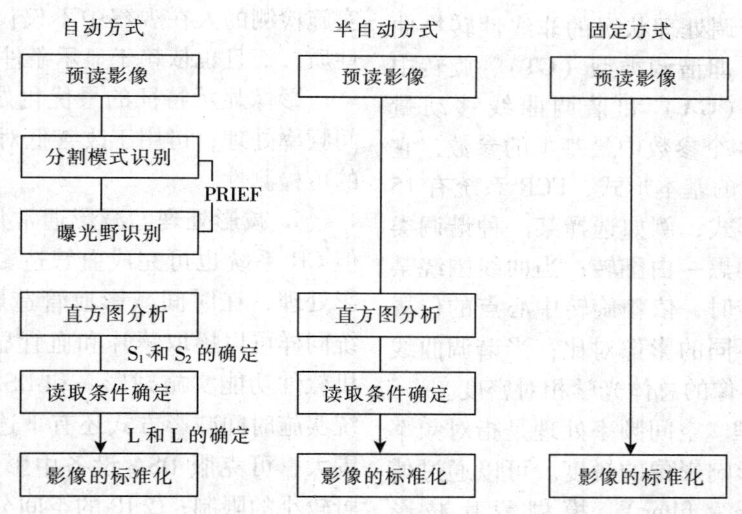

图2－17　曝光数据识别器的方式

（四）信息处理

CR系统信息处理的原理与其他数字信息处理技术是类似的，可分为谐调处理、空间频率处理和减影处理等。

1. 谐调处理　涉及的是影像的对比，CR系统中，X射线辐射和能量改变（曝光宽容度）的允许范围较大，在适当设置的范围内曝光都可以读出影像的信号。

在一张X射线胶片上包括有不同的解剖部位，每次投照时可能使用不同的投照技术，若使用同一种类型的谐调处理技术来产生所有的影像显然是不理想的，CR系统可分别地控制每一幅影像显示的特征，可依据成像的目的设置谐调处理技术。比如胸部摄影中，影像信息覆盖的范围很宽，在肺野和纵隔部位的相对密度差别很大，因而可分别应用不同类型的谐调处理技术，以便极好地显示肺野内的结构，防止在输出影像中纵隔的相对密度与骨的相对密度过于接近，提高纵隔内不同软组织的分辨层次。又如，在乳腺摄影中，则要增加低相对密度区的对比，抑制高相对密度区的对比，以利于显示包括边缘部位在内的乳腺内钙化，如图 2-18 所示为胸部和乳腺谐调曲线。

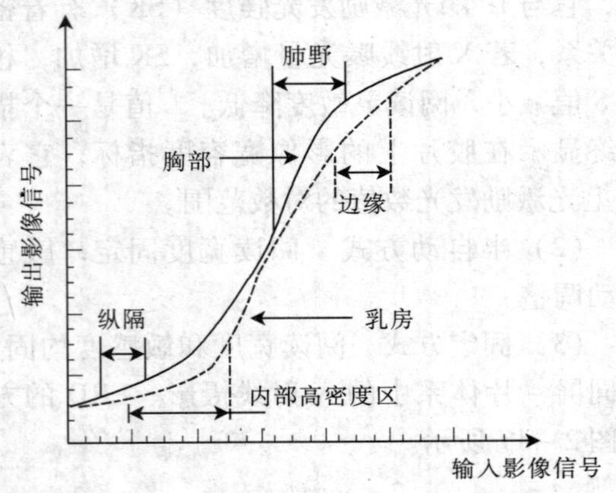

图 2-18 CR 系统谐调曲线

谐调处理中，谐调处理状况的非线性转换曲线由 4 个参数决定，即谐调类型（GT）、旋转中心（GC）、旋转量（GA）和谐调曲线移动量（GS）。谐调类型是 4 个参数中最基本的参数，它规定非线性转换曲线的基本形式，FCR 系统有 15 个以上谐调类型的形式，例如选择某一种谐调类型，则可实现影像的黑-白翻转；当曲线围绕某一特定的中心点旋转时，依赖旋转中心点的位置和旋转程度可得到不同的影像对比；当谐调曲线移动时，则可改变影像的总体光学相对密度。

2. 空间频率处理 空间频率处理是指对频率响应的调节，从而影响影像的锐度。可以通过傅立叶滤过（Fourier - filter）、模糊蒙片减影（blurred - mask subtraction）和小波滤过（wavelet filtering）等技术实现，在增感屏-胶片系统，随着空间频率的增加，频率响应变小，即影像内高频率成分的对比将减小。CR 系统中，可通过空间频率处理调节频率响应，比如可提高影像中高频率成分的频率响应，从而增加此部分的对比。

边缘增强技术是空间频率处理的较常用的技术。该技术是通过增加对选择的空间频率的响应，使感兴趣结构的边缘部分得到增强，从而突出结构的轮廓，改变显示矩阵的大小，也可决定不同结构的对比，使用较大的矩阵可使处于低空间频率的软组织结构得到增强；使用较小的矩阵则可使较细微的结构，如骨的微细结构得到增强。

通常，谐调处理（影响对比）和空间频率处理（影响锐度）是结合应用的，低对比处理和强的空间频率处理结合使用可提供较大的层次范围和实现边缘增强，利于显示软组织，如纵隔等；高对比处理与弱的空间频率处理结合使用可提供与增感屏-胶片系统提供的类似影像。

3. 谐调处理与空间频率处理的效果 因为 X 射线成像系统可以被认为涉及两个过程，即影像采集和显示，所以在试图增加病变的检测性时可以采取两种方式：一是利用一个可以提供优质物理学影像质量的影像采集系统，即具有大的信噪比（SNR）、高的空间分辨力和宽的动态范围的影像采集系统；另一个是使影像显示最宜化，从而使放射科医师可以从中提取尽可能多的诊断信息。第二种方式之所以可增加病变的检测性，是因为实施检测的人在观察中不仅仅依赖于影像的物理性质，而且也依赖于显示条件。

影像显示特征的最优化处理是谐调处理和空间频率处理，可用于改善低对比 X 射线摄影方式的可检测性。

4. 减影处理 减影通常是 DSA 设备的功能，但 CR 系统也可完成血管造影与非造影影像的减影处理，在时间减影血管造影与方式中，CR 系统同样可以摄取蒙片和血管显影照片，并经计算机软件功能实施减影。和 DSA 设备相比，CR 系统实施时间减影方式还有下述优点：①IP 覆盖范围大，可克服 DSA 设备中影像增强器（I. I）视野较小的限制；②IP 的空间分辨力比影像增强器（I. I-TV）系统更好；③IP 的动态范围宽，利于视野内的结构具有明显相对密度差别时信息的采集，如胸部摄影。

能量减影的具体实施是有选择地去掉影像中的骨骼和软组织的信息，在同一部位同一次曝光中获得的一幅高能量影像和一幅低能量影像，这两幅影像中的骨骼与软组织信号强度不同，通过计算机加权减影来实现这两幅图像的减影，结果是与骨骼相一致的信号被消除，得到软组织影像。同理，与软组织相一致的信号被消除，得到了骨骼组织的影像。这些减影信号的获得与被照体的厚度和组织相对密度相关，相近相对密度的骨组织进行同时的曝光，通过减影消除软组织后，对比骨骼信号用 g/cm^2 单位能够定量地测出骨组织的相对密度差异，这种技术被称为双能量吸收（dualenergy absorptiometry，DXA），且被广泛地应用在骨相对密度的测量中，在CR系统中，能量减影分为一次曝光能量减影法和二次曝光能量减影法。

一次曝光能量减影法就是利用两块不同的成像板，中间夹有一块同样大小的金属滤过板，一次曝光后同时获得两幅不同能量的影像再进行减影的方法。在实际的应用中，一般用0.5～1mm厚的铜板作为滤过板，其上面的那块成像板称为低能量板，下面的那块称为高能量板。曝光和经过处理可获得两幅能量不同的影像，通过加权减影而获得减影图像。根据这个原理，一次曝光减影法就能克服运动的伪影，并在胸部X射线摄影的减影中得到很好地应用。

二次曝光能量减影法就是利用两种不同的X射线能量，即选择不同的kV值，在两个不同的成像板中对同一被照体进行曝光，对所得到的两幅不同能量的影像进行减影的方法；当这一减影程序应用到移动的解剖部位（如胸部）时，在两次曝光中由于肺血管的波动导致在影像上的移动，减影后图像中有可能仍留有血管的影像，这种现象称为运动伪影；所以二次曝光减影方法对移动的解剖结构不能达到满意的减影效果。

CR系统实施时间或能量减影方式的缺点是时间分辨力差，目前不可能达到DSA设备，通常可达到的每秒数幅以上的采集频率及实时显示。但在继续改进设备功能的同时，可以实施对时间分辨力要求不高的部位与目的的检查。

在实际运行中，若拟获得良好的能量减影影像，需具备以下几个条件：①前后两个成像板的两种曝光的X射线能量差别要大；②IP的检测效率要高；③IP的检测线性要好；④散射线的影响要小。

能量减影技术在CR系统的实现拓宽了它的应用范围。

（五）影像存储和输出系统

适合于储存医学图像的媒体主要由磁带、硬盘和光盘。硬盘用于暂存数据，经处理后再存入磁带或光盘，若要把X射线数字图像记录在胶片上，常采用激光照相机和多幅相机。

1. 储存元件

（1）硬盘　用于短期暂存数据，以便快速调阅图像，访问时间短，传输速率高。

（2）磁带　数字式磁带存储量为70GB/盘，读取速度较慢，数据不能永久保存，现较少使用。

（3）光盘　在基板上涂一层记忆膜，用高强度激光按图像信息在膜上记录信息，读取时以较弱的激光根据反光原理重建被记录的图像，存储量大并可长期保存。

2. 激光照相机　激光照相机发展到今天，经历了多幅相机、湿式激光打印机、干式打印机等几个阶段。

（1）多幅相机　又称阴极射线管（cathode radiation camera，CRT）照相机，自1972年随着CT机的问世，多幅相机相继诞生，当时应用于CT、磁共振（MRI）和数字减影（DSA）等成像设备中，是数字技术最早的一种硬拷贝技术。

CRT型多幅相机的工作原理是靠电子束的阴极射线管把视频信号转变为图像信号，显示在视频显示器的屏幕上，再通过光镜折射和透镜系统把视频显示器屏幕上的图像聚焦后投影在胶片上，使胶片感光，一张胶片上可进多幅显示，故称多幅相机，图2－19为多幅相机的工作原理示意。

CRT型多幅相机拷贝的是显示器屏幕上的图像，影片中的图像特征受阴极射线管特性的影响，显示器屏幕图像是通过电子束以隔行或逐行方式扫描成像，视频扫描线在正常位置处相互之间有一定的偏移，其最大偏移一般可达3%。由于电子学的特性，如视频放大传送、亮度分布及线性分布的一致性，再加上电子束扫描成像的几何性能等因素影响，会使图像中出现光栅线、屏闪以及周边画面的失真等现象，成像质量较差，再加上装卸片繁杂，效率低，激光打印机问世后，此类型相机很快被淘汰了。

（2）湿式激光打印机　又称激光复印机、激光照相机、数字照相机。1984年第一台激光照相机问世。湿式激光打印机按激光光源分为氦氖激光打印机和红外激光打印机。

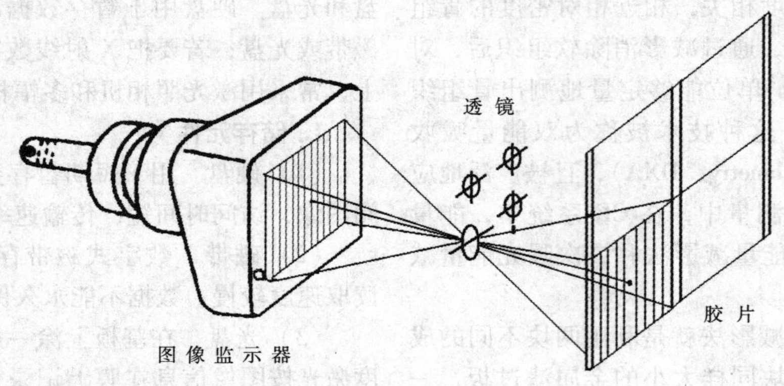

图 2－19 多幅相机的工作原理示意

氦氖激光打印机以氦氖激光器作为光源，氦氖激光器又称气体激光器，它产生的波长为 633nm。氦氖激光器体积大、应用早（20 世纪 80 年代），只要开机，激光始终发射，激光性能稳定。

红外激光打印机以红外线二极管激光器作为光源，红外激光器又称半导体激光器，它产生的激光波长为 670～830nm 。红外激光器具有电注入、调制速率高、寿命长、体积小、使用方便等特点，胶片打印时才发射激光。

激光打印机原理：胶片在传送系统控制下朝一个方向高精度地移动，同时激光束相对于胶片移动方向做反复垂直扫描，因此激光束是以二维方式顺序扫描整张胶片。激光束的光强度受计算机输出的数字图像信号调制，激光束经旋转多面镜的反射做线扫描，装载胶片的打印滚筒和激光束同步，胶片在激光束的照射下曝光形成平片图像，如图 2－20 所示。

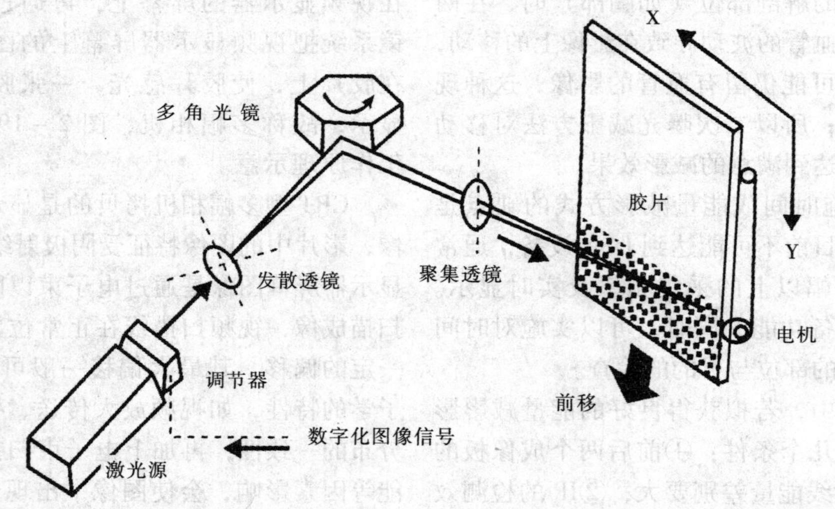

图 2－20 激光打印机工作原理

湿式激光打印机的性能和特点：①良好的成像效果，激光束有很好的聚焦性、方向性，反应极其迅速，以毫秒级计算；由于激光束直接投射到胶片，防止了伪影，如轮廓线、光栅线、失真等现象出现；②多机输入，数台影像设备可同时接入一台激光打印机（分视频或数字接口）；③连续打印，缓冲、排队、连续工作；④多功能，幅式多样化，可输可删，多张打印，胶片尺寸可选，黑白反转等；⑤效率高，自动化程度高，与洗片机联体，明室装片，多硬盘配置，打印周期短；⑥质量控制，内存标准图样，可内存多组灰阶值，可进行相对密度监测，自动校准，还有的设有胶片识别条形码功能；⑦并机联网，方便并入数字网络系统。

其不足之处是打印出的胶片需要洗片机的显影、定影、水洗等处理过程，胶片获取时间比较长。

（3）干式相机　干式打印技术起源于20世纪60年代，传真机的发明即使用此项技术。20世纪90年代初，富士（FUJI）、3M等公司将干式打印技术应用于医学数字影像的照相中，诞生了干式相机。

医用干式相机与湿式激光打印机相比，它不仅具有湿式激光相机的功能，而且还有其独特的优势。在医学影像数字成像设备的应用中，对干式相机的选配已成为潮流，湿式激光相机已逐渐被淘汰。

由于各厂家生产时采用的技术路线不同，其成像原理也就有所不同。归纳起来，干式相机所采用的成像技术主要有以下几种方式：激光曝光热成像技术（光－热激光成像）、直接热成像技术（热敏成像）、激光诱导成像技术（碳分离技术）、热敏纸打印或喷墨打印技术。

激光相机：主要组成为激光发生器、超声波光调制器、光学扫描器、胶片传输系统、供片库，如图2－21所示。激光发生器是胶片打印的能量来源，产生半导体激光或氦氖激光；超声波光调制器从计算机输入的数字图像信号调制激光强度；光学扫描器由摆动式反光镜或多面体旋转式反光镜组成，使激光束扫描胶片；胶片传输系统保证胶片按照与扫描激光束垂直方向高精度地移动，由电动机、引导轴、打印滚筒等组成；供片库用来储存未感光的胶片，可容纳胶片100～200张。

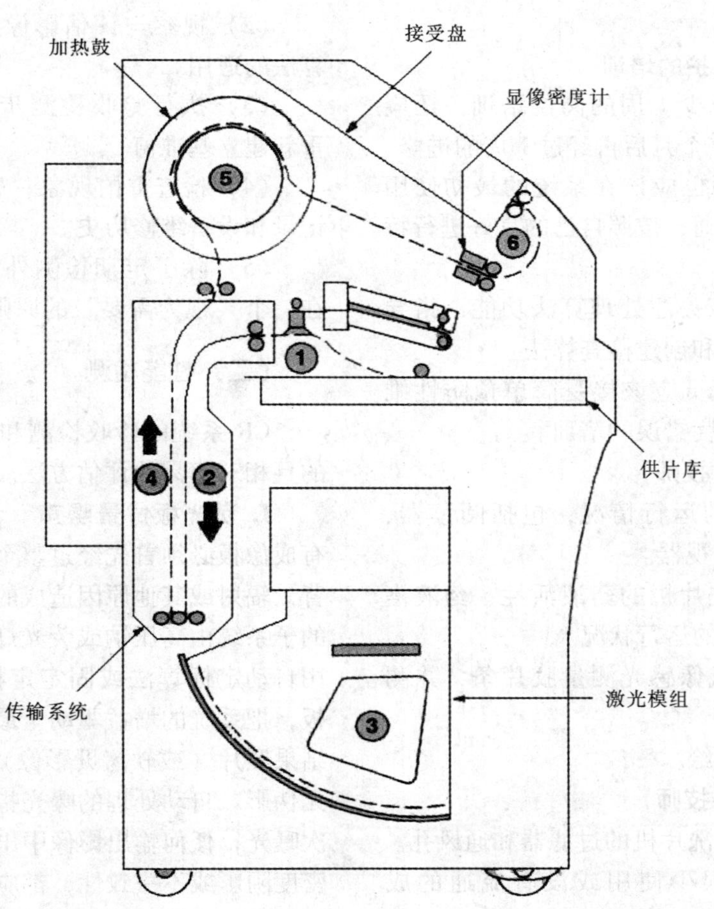

图2－21　激光相机的组成结构

灰阶相对密度校正调节功能：激光照相机输出图像的相对密度由三个步骤确定：首先选择合适的窗口输入信息；其次选定机内提供的标准灰阶测试图像；第三利用机内提供的胶片特性曲线（一般提供 5 或 6 种），结合冲洗效果，自动校准每一级灰阶的标准相对密度。在打印出灰阶照片（测试片）后，用相对密度计测量各级相对密度；依次输入校正系统，由机内的计算机自动修正各级相对密度；校正照相机的感光特性，保证输出高质量的图像。

三、计算机 X 射线摄影系统质量控制和性能检测

（一）质量控制与定期维护

定期质量控制检测，对于检查系统性能和维持最优化影像质量是必需的，每天、每周、每月、每年的推荐检测步骤都是执行质量控制的一部分。

1. 质量控制与维护的培训

（1）技师需要至少 1 周的岗位培训，还应该在最初培训的 1 ~ 2 个月后再经过 1 周的进修。

（2）放射科医师也应该在系统的最初使用过程中与应用专家沟通，按照自己的喜好进行特殊影像处理算法。

（3）物理师应该关注处理算法功能，指导如何去调整影像外观和创建检查算法。

（4）医院工程人员应该接受简单预防性维护任务和恢复最小程度错误的培训。

2. 每天的维护（技师）

（1）视察系统的运行情况，包括阅读器、ID 终端和影像观察监视器。

（2）检查照片洗片机的药液活性、药液槽和补充泵或干式相机的运行状况。

（3）制作激光成像感光测量胶片条，并测量照片相对密度。

（4）检查胶片供给。

3. 每周的维护（技师）

（1）清洁系统和洗片机的过滤器和通风孔。

（2）擦除所有很少使用或没有流通的成像板。

（3）为洗片机制作曝光仪感光测量胶片条，并测量照片相对密度。

（4）验证软拷贝，观察工作站的监视器校准（SMPTE 模体）。

（5）检查暗盒和成像板。

（6）采集测试模体影像，并在数据库中编入目录。当超出预设定的界限时，核查系统性能并采取措施。

4. 每月的维护（技师）

（1）照片洗片机维护，包括药液更换以及药液槽和辘轴的彻底清洁。

（2）执行量化 QC 模体分析，如低对比、空间对比度、信噪比等的抽查。

（3）检查照片重拍率、曝光指数，确定不可接受影像的产生原因。

（4）检查 QC 数据库，确定问题的原因并执行校正措施。

5. 每半年至 1 年的维护（医学物理师）

（1）对所有成像板执行线性或感度测试。

（2）视察与评估影像质量；抽查影像处理算法的适用。

（3）执行验收检测步骤，以确定和（或）重新建立基准值。

（4）检查重拍现象、患者曝光量趋向、QC 记录和设备维修历史。

（5）除了定期检测外，所有的检查都应该在一个“视为需要”的原则下执行。

（二）性能检测

CR 系统的验收检测和质量控制程序是直接的且相对容易的评估方法。

1. 荧光板背景噪声 设备清单中列出的所有成像板必须首先经过整个擦除周期，以确保无背景辐射或其他原因造成的残留信号；擦除装置的子系统由高压钠或荧光灯组成，擦除后，应该用自动定标算法或固定定标算法扫描几块荧光板，把系统的增益驱动至最大值。每张成像板的结果照片（或软拷贝影像）应该是清洁、一致、无伪影。自动处理的曝光指示器应该指示为无一次曝光，任何输出影像中出现的明显伪影、相对密度阴影或不一致性，都应该进一步评估。如果测试设定中超过两块成像板出现问题，清单中的所有成像板都应该测试。一定数量照片中重复出

现伪影（如一致阴影响应）表示激光子系统、光导管、存储器板、擦除单元或胶片灰雾等存在潜在的问题。

2. 系统线性、自动动态范围控制和曝光响应　系统线性的测试可以确定超过20倍曝光变化时，探测器和读出系统的响应；对摄影X射线球管进行校准，使输出的可重复性（管电压精度优于±5%，曝光输出精度±2%）和采集几何接受器的摆放始终保持一致，建议的技术参数为80kVp、180cm SID和铜1mm加铝1mm滤过，线束准直在整个接受器区域。确定正确的曝光值校准，设定摄影技术，提供大约0.05mR、1.0mR和10mR的入射曝光量。

自动动态范围控制是用校准的在空气中游离的电离室测量真实的一次曝光量，并计算PSP探测器的表面剂量；每种一次剂量，可采集三种独立的影像，在曝光和处理之间使用10min的固定延迟时间；曝光值的校准使用指定的读出算法，并确定每个接受器适当的一次曝光量，对整个过程重复三次（总共九幅影像），特定值的入射曝光量的测量注意使用相同的PSP探测器。

曝光响应是指任何单一探测器校准后的曝光量值都在真实入射量的20%偏差范围内，所有屏的平均值在10%范围内，结果照片影像中定性的影像噪声特性应该与入射曝光量呈反比，每张照片的光学相对密度应该在设定值的±0.1范围内。

3. 成像板可重复性、相对密度一致性和伪影分析　探测器自身的一致性以及探测器之间的一致性要稳定。可重复输出（允许2%变动）的X射线球管校准后就可执行此测试。将清单中的每一暗盒中的荧光板放置在X射线束的中心，并使用80kVp大SID（约180cm）对整个荧光板均匀曝光，大约5～10mR的入射曝光量，可重复的几何特性和荧光板摆放必须保持前后一致。

软拷贝影像工作站上光学相对密度的测量可以通过使用平均数字化值来实现，此数字值是利用分析工具和有效影像区域兴趣区定位来得到的。标准同以上所述，如果影像工具不能使用，对比度和亮度增强声像的主观分析应该也能确定相对一致的响应，将窗宽调窄（高对比），窗位调至近于平均值的水平。

4. 荧光板－暗盒流通量　此测试可以联合上述方法一起完成。具有自动装载的系统可以尽快地处理5～10块每种特定尺寸的暗盒，记录最初阅读开始到最后照片影像（或数字影像）出现的时间间隔，以推算出每小时处理的成像板数量。对于具有内部堆栈和需要手动供给的系统，应该将10块暗盒无间隔地送入阅读仪，记录时间方法同上。

流通量的偏差不应超出规格的10%，阅读时间主要依赖于成像板尺寸，完整的评估应该测试每一尺寸的暗盒，流水线处理过程提高了堆栈中成像板的流通量，因此一幅影像的处理时间（显示或照片输出）将会超过一系列成像板的平均时间。

5. 激光束功能　此测试可评估激光束扫描线的完整性、线束振动、信号消退、聚焦等。选择大约80kVp、180cm SID，大约5mR的一次曝光量，将一把钢尺放置在35cm×43cm暗盒的中心，大致垂直于激光束扫描线；以检查影像中钢尺的边缘来评估激光束的振动，钢尺边缘应该在照片整个长度内保持笔直且连续；扫描线沿钢尺边缘由亮到暗过渡时出现过度辐射或辐射不足，都说明存在计时错误或激光束调制问题；用10倍（或更大放大率）的放大镜观察照片各个区域的影像扫描线，检查空间一致性，直边的“阶梯”特性是正常的；在大多数区域，扫描线信号消失探测为透明直线，但个别地方有可能在荧光管中表现为常见的微粒状伪影。此伪影的出现表明系统处于非最优化性能，需要维修人员进行校正。

6. 空间分辨率　测试包括每种尺寸和类型成像板（标准和高分辨）的每幅影像中央和周边的极限分辨率。在每种尺寸暗盒的中央和周边区域，近乎平行和近乎垂直于X和Y方向放置分辨率测试模体（铅条方波测试卡）。用相对低能量（约60kVp）的线束对暗盒曝光，180cm SID和大约5mR的曝光量（量子斑点较低），使用阅读处理算法来增强摄影照片对比度。对于CRT，将数字影像放大至固有分辨率极限，调节窗宽－窗位使被照体最优化显示；中央和周边分辨率都应该与阅读采样率和荧光体类型组合所特定的最大分辨率相接近。

阅读仪扫描和打印时都是每毫米10个像素，最大分辨率为5 lp/mm，不论在水平还是垂直方向上的空间分辨率比生产商的规格低10%以上时，都要进行校正。

7. 低对比感光度-探测能力 在设计优良的系统中，对比度分辨率应该受量子统计（成像板中吸收的X射线）的限制。此测试可以验证X射线光子统计对常规X射线成像曝光范围的限制，其他的噪声源（如电子眼噪声、数字化噪声、亮度噪声或固有模体噪声等）都应该在曝光范围内不限制低对比信号的探测，专门为CR设计的Leeds模体或UAB低对比模体都是校准低对比测试体。

模体应该使用线束能量和典型临床范围内的多种一次曝光量成像。对于Leeds模体，使用70kVp或75kVp的校准能量；而对于UAB模体，可以使用一个峰值范围内的电压，校准表的绝对对比度依赖于所选kVp和附加铜滤过，在对荧光板约0.1mR、1.0mR、10mR三种一次曝光量下采集三幅影像，使用对比度特定算法来处理成像板。随着曝光量升高及量子噪声的减少，对比感度应该改善；如果没有改善，可考虑其他的噪声源和因素，如降低探测效率、固定点噪声（伪影）、过高的亮度或放大噪声以及X射线或可见光散射对物体对比度的影响等。在相同的采集技术下（几何特性、X射线因子、滤线栅等），PSP系统应该传递与屏-片探测器相当的对比感度，一旦测试完成，对比感度等级可以作为定期QC测试的基准和性能标准。

8. 距离精度测量和高宽比测试 距离精度很容易由已知尺寸物体、影像缩小因子和胶片上测得的而确定。对于一个影像显示工作站，应该首先对每一个IP-影像矩阵执行像素校准；分辨率测试模体影像可以用于测量水平、垂直或任何倾斜方向的距离精度；对于减小尺寸的照片影像，实际距离是测得的距离和影像减小因子的乘积；真实距离和实测距离的比较，在两个方向上应该在测量误差的1%～3%范围内。

高宽比的检测是圆柱状和平面扫描镜面在扫描线起始和结束时的“倾斜”，可导致影像畸变。在一块IP的周边放置几块高对比的已知的方形物体（如铝或铜滤过片），使用标准摄影技术，用1mR对其曝光，用标准对比感度算法读出。在照片和（或）显示工作站上，用数字测径器测量被成像物体的高宽比；下一步，就要确保像素尺寸按照特定影像接受器的尺寸校准，验证X和Y方向的距离在绝对距离的1%～3%偏差内，高宽比在影像的周边和中央区域一致，不随空间的变化而改变。

9. 擦除周期的精度和完全性 如果PSP荧光板不正确擦除或擦除不完全，可能在以后的影像采集中产生类似处理故障的影像伪影。在特殊情况下，极度过度曝光的接受器可能需要几次“擦除”才能完全消除残余潜影，为了测试擦除能力，在PSP屏的中心放置高对比测试体（如分辨率铅条模体），用大约50mR（80kVp，25mAs，180cm无滤过）入射曝光量对其曝光。如果曝光量超出200mR，有些系统的荧光板将会被识别为“过度曝光”而禁止使用，或显示警告信息。用标准算法处理此屏，并请求将此屏从这些系统的内部堆栈中退出，用较小的准直野，大约1mR的入射曝光量对屏再曝光，使用相同的阅读算法进行处理，通过观察分辨率测试模体的残影，来验证先前的高曝光量有无残余信号。

第三节 CR800/900原理及应用

CR800/CR900是柯达公司生产系列产品中比较具有代表性的CR系统，该系统能够将直接捕获到的存储磷光屏上的潜藏图像，经处理后生成数字化图像，并可以对图像进行复制、再处理或发送至其他输出与存储设备，其工作程序和配置如图2-22所示。

CR系统可以管理与捕获和保存图像相关联的患者和检查信息，系统可以与Mitra等PACS代理程序相互连接，以便从现场HIS/RIS系统获得患者的统计数据，然后将数据发送至与对应图像关联的CR系统。CR系统可用于：①使用传统的X射线生成器读取磷光屏上的图像；②修改图像和更改图像的朝向；③通过 Kodak Direct View 远程操作面板（ROP）、条形码扫描仪或触摸屏输入检查与患者信息；④纠正错误的患者或检查信息；⑤储存患者或研究数据不完善的图像，直到加入所需的数据，并且图像已被接受；⑥创建相关图像与数据（检查项目）的集合；⑦将检查数据发送至 DICOM 储存设备、医生诊断工作站和 DICOM 激光相机。

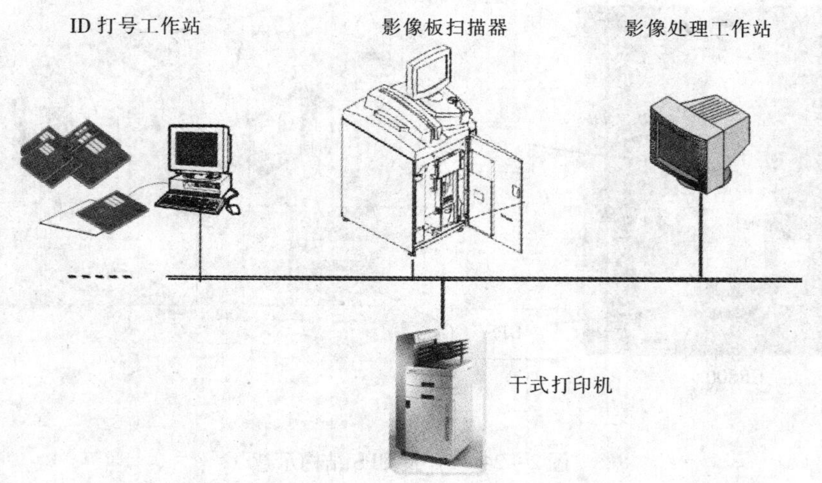

图 2-22 柯达系列 CR 工作原理示意

CR900 系统设计为集中式处理单元，提供多个与 Kodak Direct View 远程操作面板（ROP）协作的曝光室。

一、CR 800 系统组成

Kodak Direct View CR 800/850 系统组件包括内置计算机、触摸屏监视器、片盒插槽、条形码扫描仪、内置不间断电源（UPS）等，其实物如图 2-23 所示。

工作过程是在 CR800/850 系统上装入单个储存磷光屏片盒，磷光屏便开始自动扫描，并生成一个图像，扫描前将片盒放入片盒插槽，扫描完成并将图像保存在 CR 系统后，片盒内容便被擦除，片盒也被弹出。CR800 系列支持 4 种片盒尺寸：18 ~ 24cm、24 ~ 30cm、35 ~ 35cm 和35 ~ 43cm。

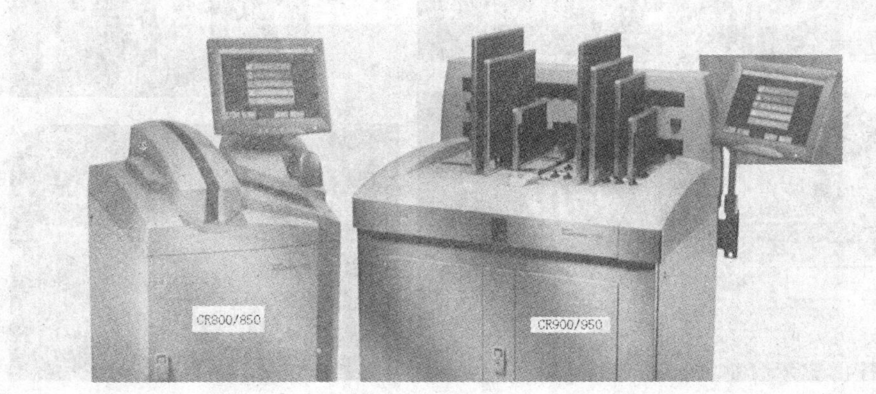

图 2-23 C800/900 实物外型

（1）触摸屏监视器 触摸屏监视器（触摸屏）安装在 CR800/850 系统的顶部，可以将触摸屏安装在 CR900/950 系统的左右侧或墙上；当出现网络故障时，对于 CR 900/950 系统，可以把触摸屏作为备份系统输入患者的统计数据、检查数据，并审查图像。

（2）监视器 支持 1024 × 768 像素分辨率的 SVGA 显示模式。

（3）内置 PC 内置 PC 可以从 CR 系统的前端访问，内含图像处理以及与外部网络设备通信的操作软件，其部位和结构如图 2 – 24 所示。

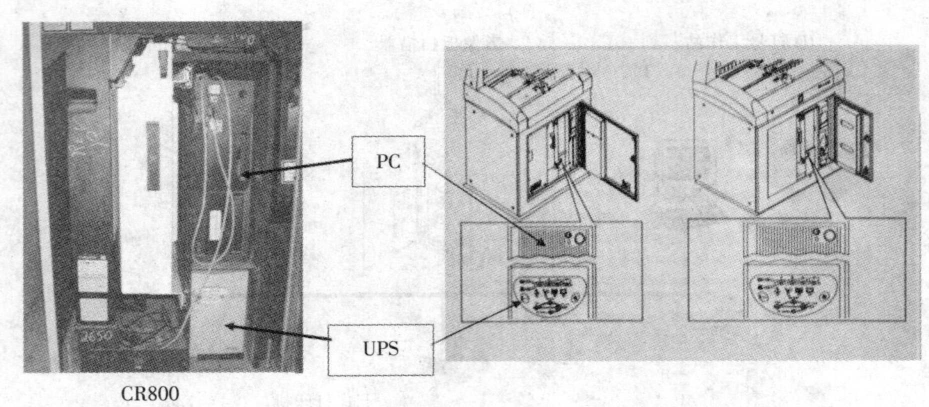

图 2 – 24 PC 及 UPS 结构示意

（4）片盒插槽及片盒 实时性存储磷光屏安装在标准尺寸的片盒中，执行患者检查的方式与使用传统胶片片盒的方式相同。IP 插入后，片盒尺寸自动识别、遮光、打开、运行控制，其结构如图 2 – 25 所示。

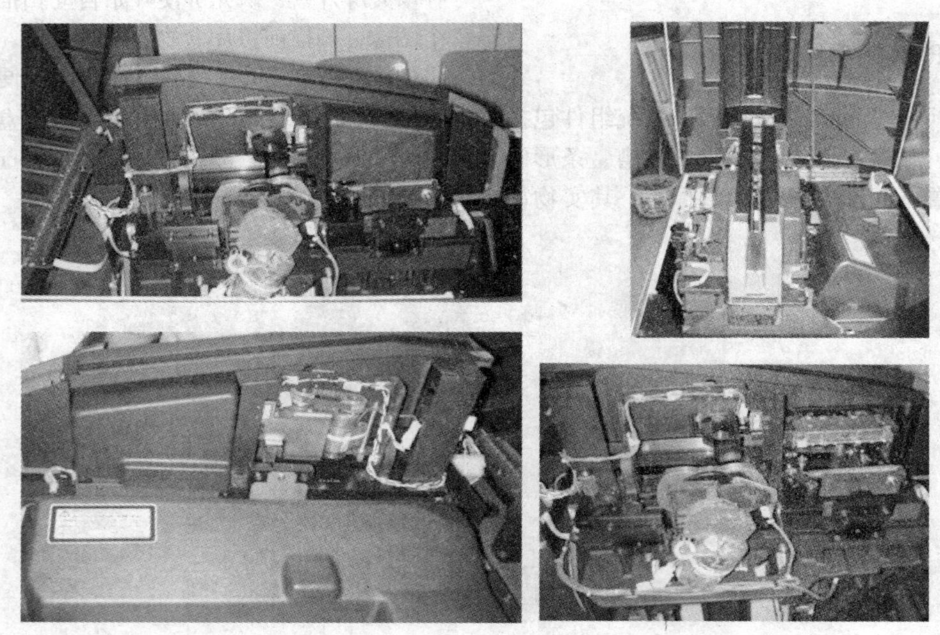

图 2 – 25 片盒插槽结构

通过 CR 系统中的激光器由激光发生器、激光行扫描控制器、倾斜的反射镜面组成，如图 2 – 26所示。

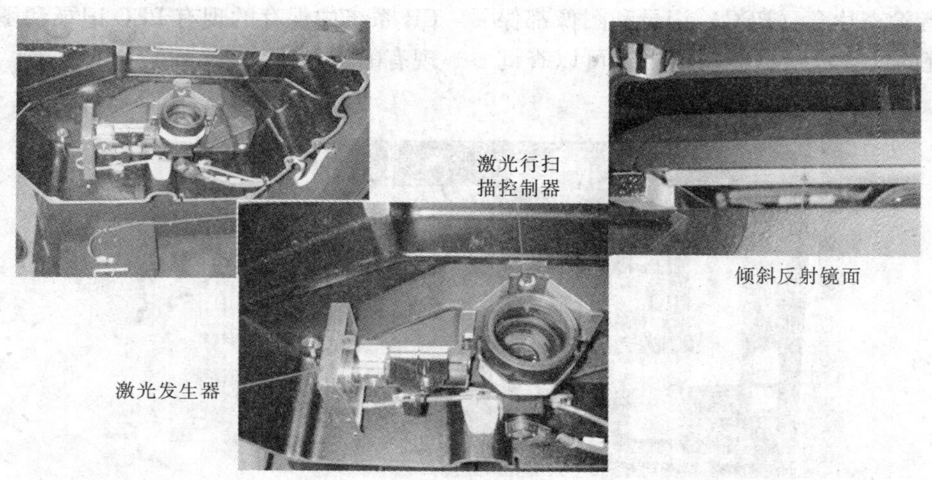

图 2－26 激光器结构

通过激光束扫描，将磷光屏上的潜影扫描后形成数码图像，通过双集光管采集信号，然后经信号放大、模－数转换及数字控制完成全部功能，其原理结构如图 2－27 所示。

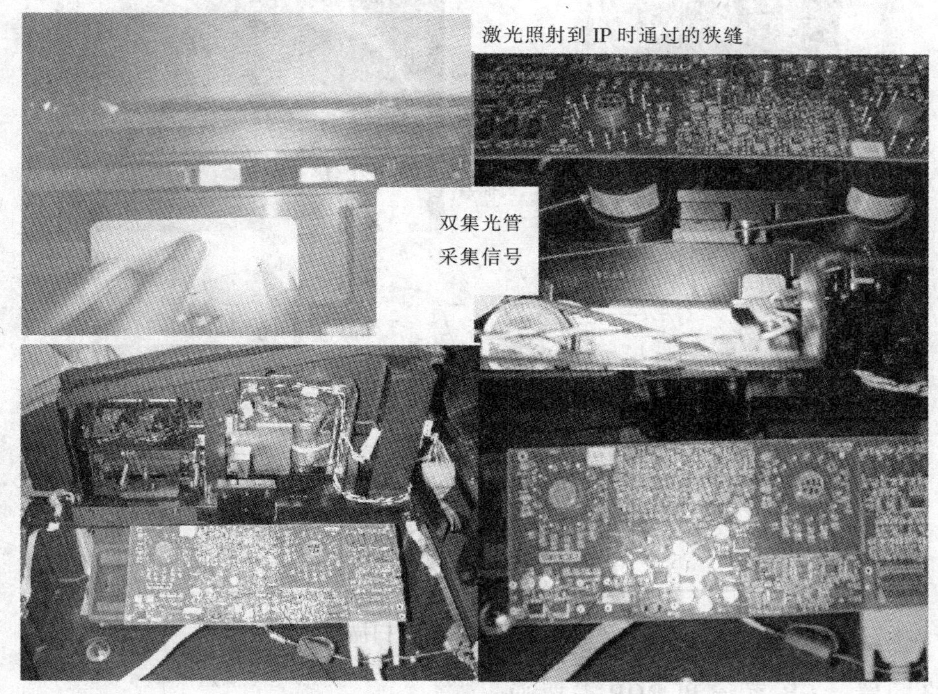

图 2－27 数据处理控制电路结构

片盒被反复曝光，同时屏幕内容也不断地被擦除并重新使用，其擦除结构如图 2－28 所示。通用型（GP）片盒标识采用灰角，而高分辨率型（HR）片盒标识为黑角。

（5）远程操作面板 Kodak Direct View 远程操作面板（ROP）是一个壁装式触摸屏，可以通过此装置使用 CR 系统的大多数功能，结合使用 ROP 与条形码扫描器，如图 2－29 所示，可以输入患者、检查或片盒（PEC）数据，审查和处理图像，将图像发送至接收站。

所有患者检查片盒（PEC）记录和图像都保存在 CR 系统的计算机硬盘驱动器上，可以查询 CR 系统中保存的现有 PEC 记录和图像，并审查现有的信息。

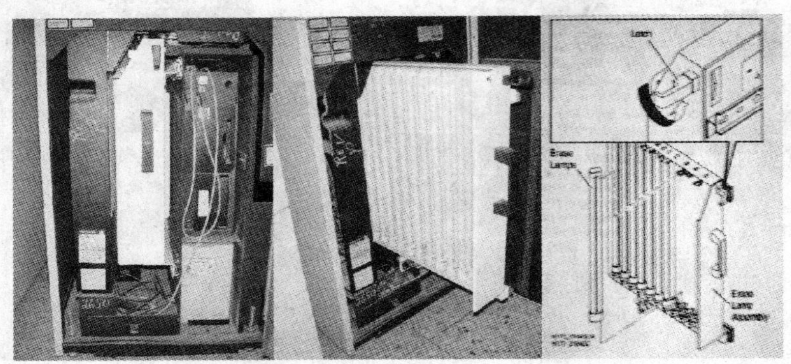

图 2－28 CR800 擦除结构示意

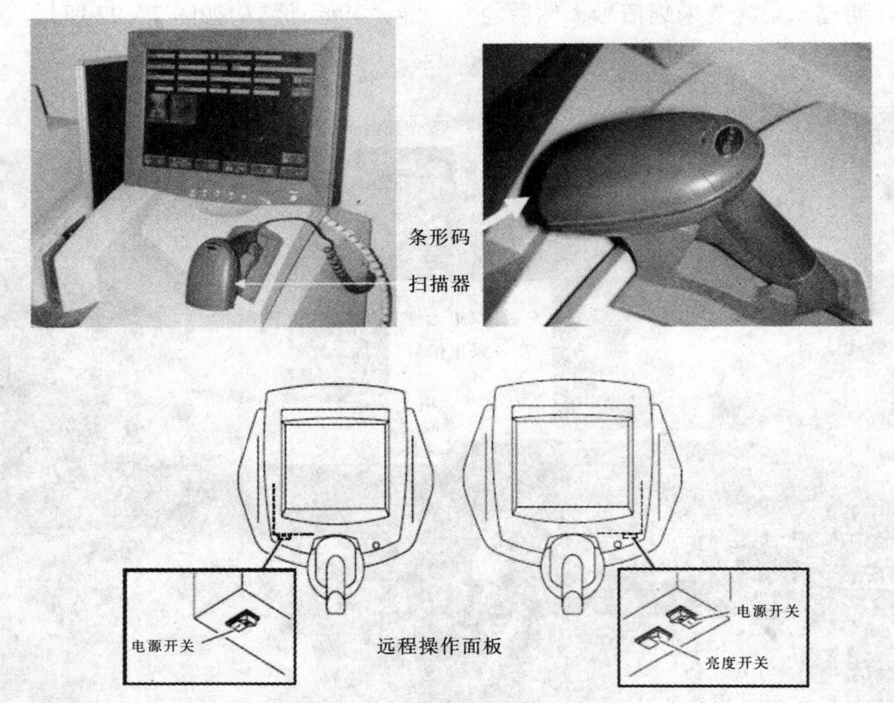

图 2－29 远程操作面板及扫描器示意

（6）网络配置 CR 系统和 ROP 需要通过外部设备与 10BaseT 或 100BaseT 以太网连接。所有网络通讯都应符合 DICOM 数码成像设备的标准，实际连接应使用现场提供的类别电缆进行连接。此外，客户还必须提供 Mitra 代理程序，以便能够存取 HIS/RIS 系统，每个 ROP 都可以配置为与最多 8 个 CR 系统连接。

二、CR800/900 操作

（一）工作流程

CR 系统各部分工作是有机地联系在一起的，一切都是通过计算机的控制，而对计算机的操作则是通过键盘或其他模式，柯达 CR 800/900 系列则选用的是液晶触摸屏监视器。

CR 系统工作流由一系列按序执行的任务组成，下面列出了工作流的定义，其步骤如图 2 – 30 所示。

（1）片盒 ID 片盒上的标识码；对准：控制对准范围可以减少 X 射线剂量的大小，通常使用铅滤线器。

（2）接收站 网络地址，图像将发送至此地址。

（3）检查 包含相同关联信息的一个或多个图像；检查信息是与图像捕获方式相关联的数据。

（4）HIS/RIS HIS 为医院信息系统，RIS 为放射信息系统；图像：单张图片。

（5）关键操作员由部门经理指派，并接受高级培训的一个或多个人员，关键操作员拥有访问密码保护区的密码，以便更改默认值、发送配置文件等。

（6）患者检查片盒（PEC）记录是捆绑在一起的统计数据和片盒 ID，可以创建记录图像文件，含患者信息、患者姓名、出生日期、主治医生等的统计信息。

（7）后处理为初始图像处理以后的任何图像再处理或操作。

（8）存储磷质是捕获和储存潜藏模拟原始图像数据的磷晶体。

（9）研究相关图像与数据的集合。

（10）检查单管理是从信息管理系统导入患者信息和研究信息，强化临床工作流，排除手动输入的错误。

CR800/900 工作步骤如下：

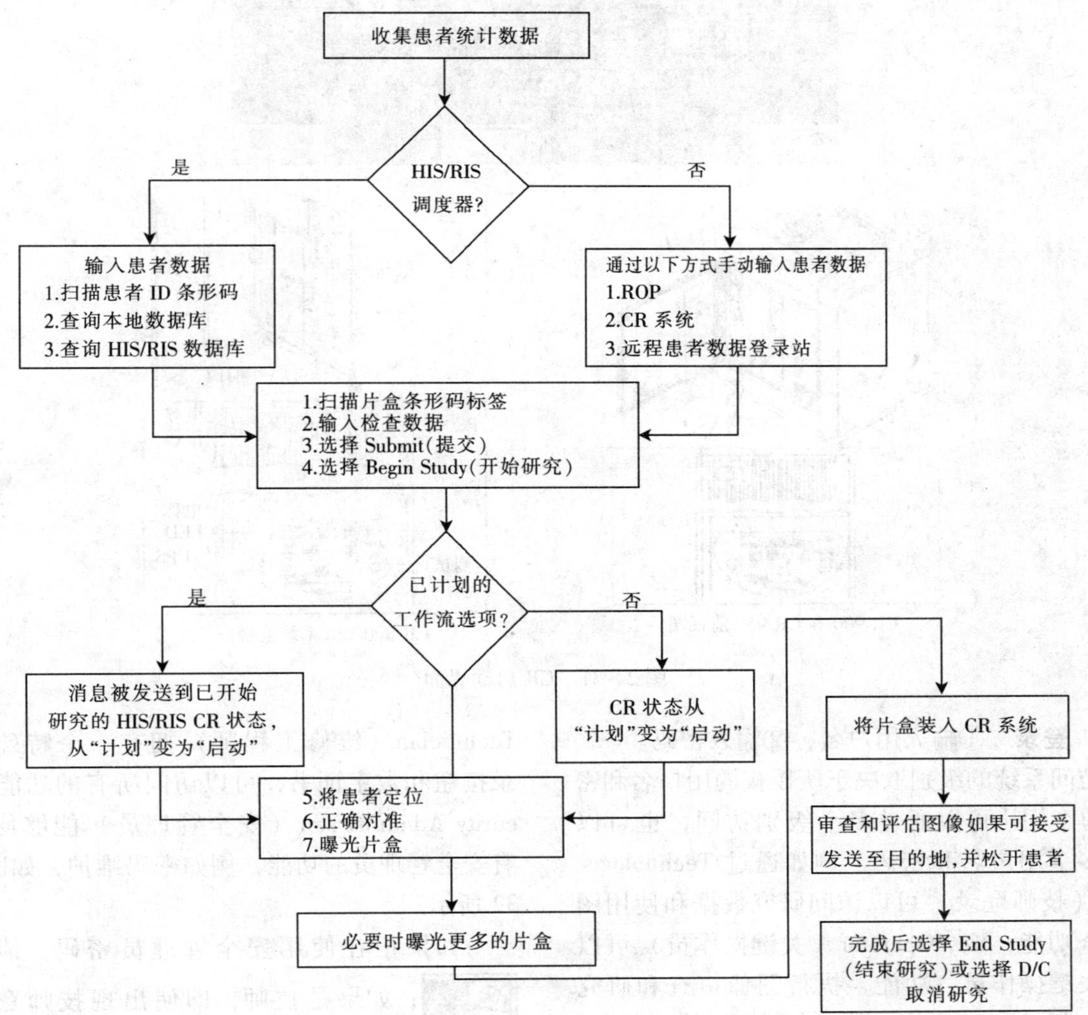

图 2 – 30 CR800/900 工作步骤示意

（二）操作和主菜单

1. 启动CR系统

（1）打开CR系统电源，如图2－31所示，解除插栓并打开前门。

（2）持续按下UPS上的I/TEST按钮，直到听到一声嘟音后松开。

（3）检查计算机上的电源LED是否亮起，并且持续点亮；如果电源LED未亮，请按计算机上的Power（电源）按钮。

（4）关上前门并栓好，如果前门未关闭，CR系统将无法初始化。

（5）等待CR系统初始化，随后将出现Login（登录）屏幕。

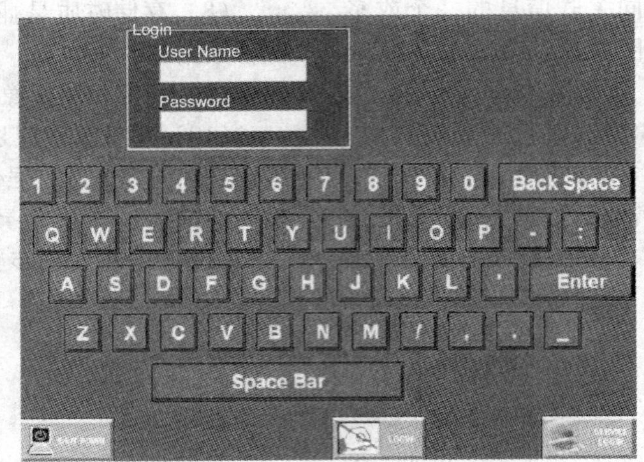

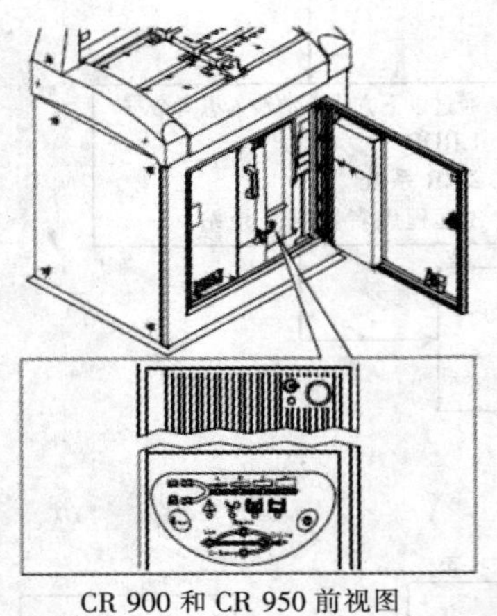
CR 900和CR 950前视图

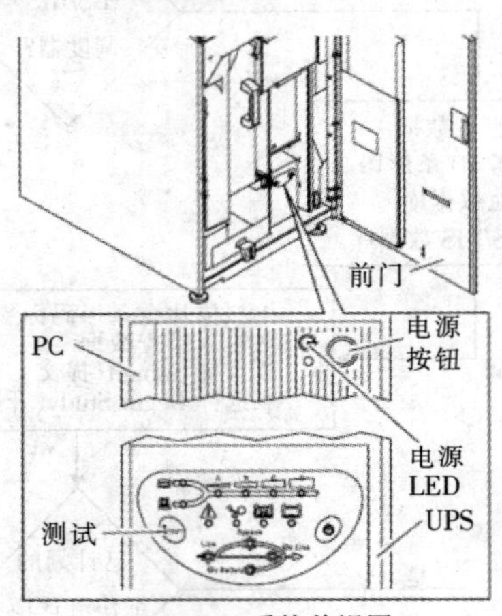

CR 800/850系统前视图

图2－31 CR启动界面

2. 登录 ①输入用户名；②输入密码。

访问系统的级别取决于所授权的用户名和密码。单个用户可以通过多个级别访问，也可以拥有多个用户名和密码。例如通过Technologist Login（技师登录）可以访问研究数据和使用图像审查功能；Key Operator（关键操作员）可以使用关键操作员，功能、执行图像审查和研究数据；Applications Consultant（应用顾问）可以使用除检修功能外的其他所有功能；Service Technician（维修工程师）拥有一个特殊的登录按钮和数字证书，可以访问所有的功能；Security Administrator（安全管理员）能够使用所有安全管理员的功能，例如密码维护，如图2－32所示。

如果正在使用安全管理员密码，请选择 ；如果是技师，即使出现技师登录按钮，也应该选择，并输入用户名和密码。

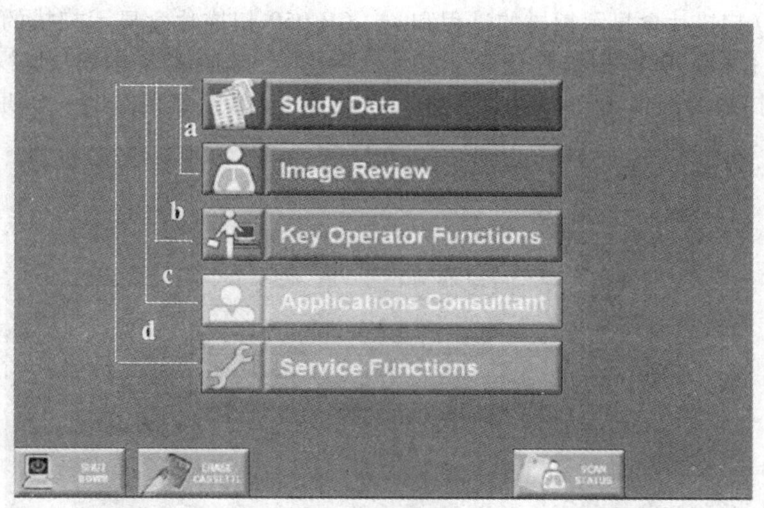

图 2－32　登录界面

3. 更改密码　可以更改登录操作员控制台时使用的密码。

（1）在 Main Menu（主菜单）上轻触 Utility Menu（公用程序菜单）。

（2）轻触 Change Password（更改密码）。

（3）输入当前密码。

（4）输入新密码。

（5）再次输入新密码。

（6）轻触 Save Changes（保存更改）。

4. 关闭 CR 系统　关闭系统电源。

（1）在 Main Menu（主菜单）上轻触 Utility Menu（公用程序菜单）。

（2）轻触 System Shutdown/Power Off（关闭系统/关闭电源），并选择 OK（确定），CR 系统被关闭。

注：关闭 CR 系统 1min 后再关闭操作系统；关闭 CR 系统应用程序 2min 后再关闭 UPS。

5. 操作模式　可使用两种基本模式操作：直通模式和 QA 模式。

（1）直通模式　在直通模式下，已完成的检查一般是在无停止的条件下被处理和发送至接收站。配置 Pass－through（直通）模式后，Scan Cassette（扫描片盒）屏幕上将出现一个按钮，用于切换 Pause Pass－through（暂停直通）和 Resume Pass－through（恢复直通）。可以轻触［按钮图标］，按钮暂停直通模式。如果需要恢复，请轻触［按钮图标］。当系统发送图像时，如果必要可以取消图像审查和重新处理。

（2）QA 模式　在 QA 模式下，技师必须事先查看并认可图像，然后再将它发送至网络。

6. 主菜单　CR 主菜单如图 2－33 所示。

（1）Main Menu（主菜单）上的功能按钮

Study Data（数据处理）：输入患者数据、创建新研究、存取检查单。

Image Review（图像审查）：查看所有储存图像、重新处理图像。

Key Operator Functions（关键操作员功能）：设置和管理系统配置项（仅由关键操作员和应用顾问使用）。

Applications Consultant（应用顾问）：更改图像处理参数。

Service Functions（检修功能）：保养设备（仅供合格检修人员使用）。

（2）主菜单屏幕导航按钮　Main Menu（主菜单）出现时，这些导航按钮任何时候都处于活动状态。

Utility Menu（公用程序菜单）：用于关闭系统、注销、更改密码（如果已有密码配置）、检查系统状态、释放片盒、清除暂挂图像、重新启动浏览器。

Erase Cassette（擦除片盒）：用于擦除片盒上不需要的曝光。

Scan Status/Scan Cassette（扫描状态－扫描

片盒)：CR 800/850 扫描片盒显示扫描的进程和上一个扫描的图像；CR 900：扫描片盒显示扫描的进程、上一个扫描的图像和扫描启动按钮；CR 950 扫描片盒显示扫描的进程和上一个扫描的图像。扫描启动按钮从监视器上移除，取而代之的是 CR 系统前端的一个机械按钮。

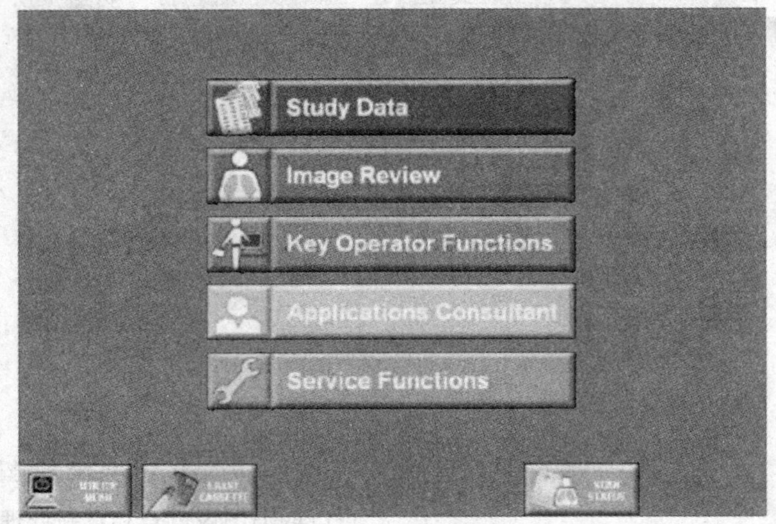

图 2-33　主菜单界面

(3) 其他按钮　如果有某些图像未被发送，或者没有患者数据与之关联，还可能出现以下按钮。

Failed Delivery (发送失败)：系统启动或任何时候出现 Main Menu (主菜单) 时，如果任何图像发送至选定接收站失败，通过此按钮发出警告。轻触此按钮显示未被发送的图像，如果不存在发送失败的情况，将不显示此按钮。

Unassigned Images (未分配的图像)：当系统启动或任何时候出现 Main Menu (主菜单) 时，如果存在未分配图像，将以此按钮发出警告。轻触此按钮可以显示未分配图像的记录，如果不存在未分配图像，将不显示此按钮。

(三) 输入患者与检查数据

1. 在数据字段中输入信息　其界面如图 2-34 所示。可以使用触摸屏手动输入数据，或者使用条形码扫描仪自动输入数据。

轻触需要编辑的字段 (此时字段变为蓝色)，如果使用条形码扫描仪，请参阅手动数据输入。

扫描条形码可将数据传输至字段，如果关键操作员已完成相关的设置，流水号、技师 ID、患者 ID、片盒 ID，将自动出现在相应的字段中。

注意：并不是所有字段都接受条形码输入；由关键操作员定义必填字段，这些字段以黄色加亮显示在输入屏幕上；必填字段必须填写，以便能够提交记录或将记录发送至强制接收站。

2. 手动数据输入　扫描曝光的片盒前，请务必输入患者和检查信息，这样可以避免 CR 系统创建一个未分配的图像；一旦创建了未分配图像，CR 系统将要求以手动的方式将图像与相应的患者关联。

通过 ROP 或 CR800/CR850 系统输入患者和检查信息，在患者输入屏幕输入必填的患者和检查信息，网络或 ROP 出现故障时，可以使用 CR900/CR950 系统提供的患者输入屏幕。

(1) 患者输入类型

New Patient (新患者)：患者信息未输入到 CR 系统或 HIS/RIS 系统时。

Trauma (急诊)：紧急状况下快速输入的数据。

Existing Patient (现有患者)：CR 系统或 HIS/RIS 系统已存在患者信息时。

New Procedure Step (新检查项目步骤)：使用现有的患者信息创建新的检查项目步骤，不必再次输入患者数据。

(2) 在 Patient Exam Cassette (PEC) Input (患者检查片盒输入) 屏幕上第一次输入数据

时，填写有黄色加亮显示的必填字段，创建一个有效 PEC 记录。

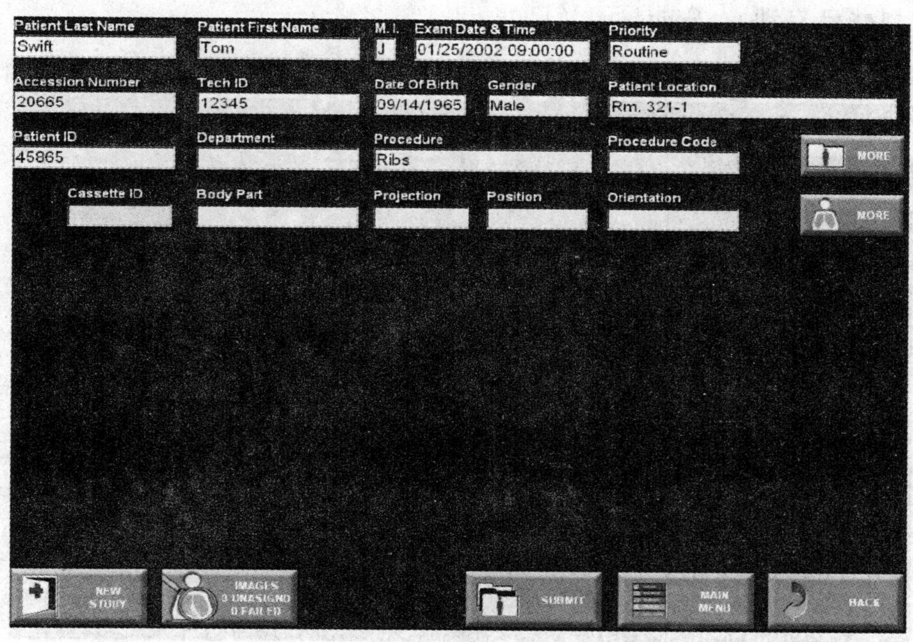

图 2-34 数据输入界面

（3）如果有提供，请填写余下的可选信息项。

轻触 Submit（提交）：输入完成患者信息或选择患者记录后，都应该轻触 Submit（提交）按钮；可以减少创建不需要和未分配图像的风险。

轻触 Begin Procedure Step（开始检查项目步骤）。

（4）如果设置的轮询时间间隔较短，则需要在轻触 Begin Procedure Step 后再开始更新数据。为达到最佳结果，在接收到患者信息后立即轻触 Begin Procedure Step，这样可以防止对患者数据进行不必要的更新。

获得研究的第一个图像后，屏幕将出现 Accept All Images（接受全部图像）按钮，如图 2-35所示。选择该功能并配置后，可以自动终止研究。

接受全部图像，轻触 Accept All Images Confirmation（确认接受全部图像）屏幕上的相应按钮后将弹出以下选项：①取消请求并返回至上一屏幕；②接受检查项目步骤中的全部图像；③接受与此患者有关的全部检查项目步骤中的全部图像。

可以在任何时候选择 End Procedure Step（结束检查项目步骤）。如果将系统配置为显示确认提示信息，End Procedure Step Confirmation（确认结束检查项目步骤）提示信息就会出现。（图 2-36）

出现此提示后，可以：①取消结束检查项目步骤的请求；②停止检查项目步骤；③完成检查项目步骤。

3. 输入患者信息 在 Main Menu（主菜单）上轻触 Study Data（研究数据），随后将出现患者查询屏幕，此时可以选择 New Patient（新患者）、Trauma（急诊），或者在数据库中搜索 Existing Patient（现有患者），或者创建 New Procedure Step（新检查项目步骤）；按指示输入信息。

（1）现有患者 可以按需要输入详细或少量的信息；输入的信息越多，查询结果就越窄；如果不输入信息，将列出全部患者的清单。

（2）输入搜索规则（必要时使用条形码读取器） ①输入所需的搜索规则；②Time Window（时间窗口）与可用的搜索过滤器包括：Today（当日）、Yesterday - Tomorrow（昨日 - 明日）、Past Week - Tomorrow（上周 - 明日）、Unrestricted（无限制）。③Study Field（研究状态）字段用来缩减查询范围的过滤器列表：Scheduled（已计划）、Started（已启动、Scheduled and Started（已计划并已启动）、Completed（已完成）、All（全部）。

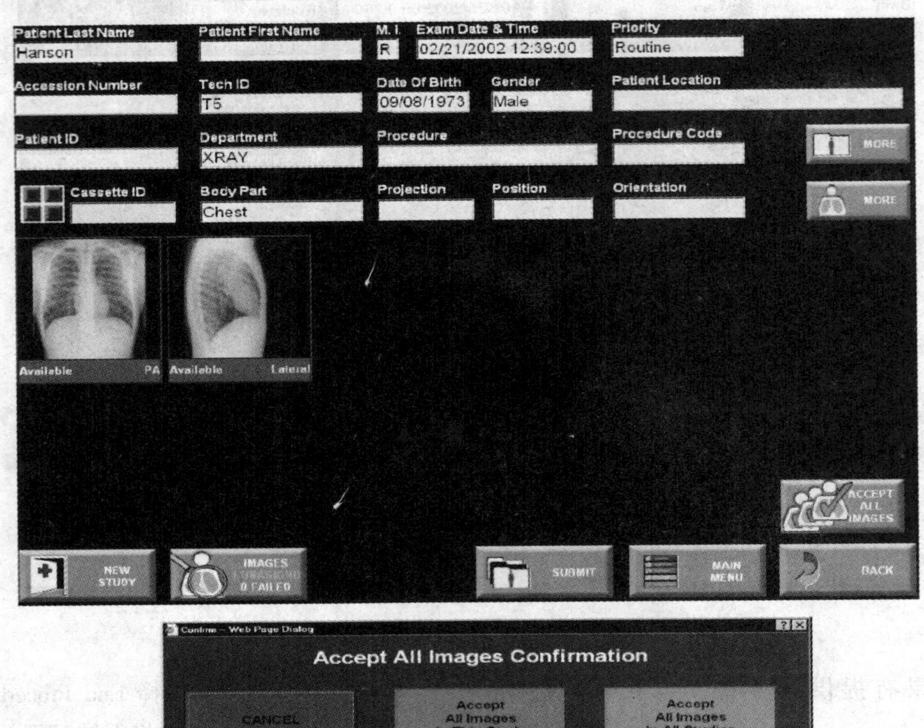

图 2－35　图像获取界面

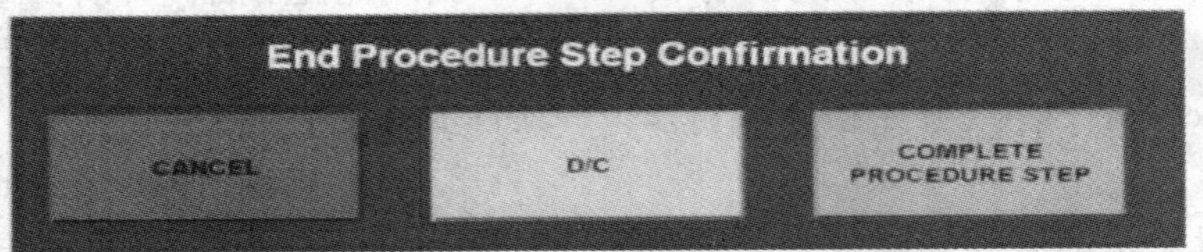

图 2－36　结束工作界面

（3）轻触 Find Local（本地查找）或 Find Remote（远程查找）　①选择 Find Local（本地查找）将搜索 CR 系统数据库；②如果配置了 HIS/RIS 的 Key Operator（关键操作员），选择 Find Remote（远程查找）将在 HIS/RIS 系统中搜索。随后将出现"Waiting for response（等待响应）"的信息。如果未找到查询请求的匹配项，调整搜索规则。

（4）轻触一个患者姓名　①患者信息将自动传送至 Patient Input（患者输入）屏幕；②找到匹配项后，将出现 Patient Worklist（患者检查单）屏幕。输入项有颜色标示，并且可以由关键操作员配置，状态变化时颜色也随之改变，默认颜色代码为：已计划，蓝色；已启动，黑色；已完成，暗灰；更新失败，淡红；其界面如图 2－37所示。

（5）新患者　轻触 New Patient（新患者）后输入：Last Name（姓氏）、First Name（名字）、Middle Initial（中间名首字母）、Accession Number（流水号）、Date of Birth（出生日期）、Gender（性别）、Patient ID（患者 ID）、Referring Physician（主治医生）［使用 More（更多）按钮］、Department（部门）、Patient location（患者住址）、Technologist ID（技师 ID）。

（6）急诊患者　轻触 Trauma（急诊），关键操作员可以将某些字段配置为自动填写。

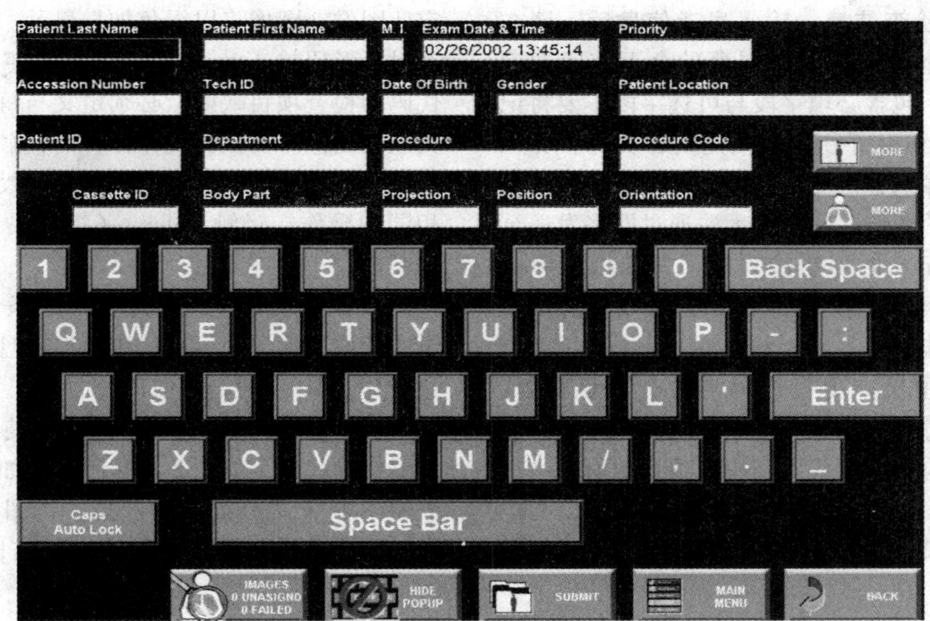

图 2－37　CR 患者输入界面

通过关键操作员选项，可能配置了一个带“惟一编号”的字段；每次选择一个急诊患者后，该编号都会递增，标识此患者为新的急诊患者。

（7）新检查项目步骤　轻触 New Procedure Step（新检查项目步骤），将使用现有检查项目中的患者信息创建一个新的检查项目步骤；可以在任何保存的研究上选择 New Procedure Step（新检查项目步骤）；选择此项后立即出现 Existing Procedure Step（现有的检查项目步骤）按钮，如图 2－38 所示。

Patient Name	Accession Number	Patient ID	Procedure	Exam Time
Adams, John J	75486	13776	Esophagram	01/25/2002 08:30:00
Fiero, Jack T	47645	45688	Ptca	01/25/2002 08:00:00
Swift, Tom J	20665	45865	Ribs	01/25/2002 09:00:00

NEW PATIENT　FIND REMOTE　MAIN MENU　BACK

图 2－38　新检查项目界面

4. 输入检查信息 输入患者信息后，请在 Patient Input（患者输入）屏幕的余下字段中输入检查信息，包含必填字段与可选字段，要将记录成功提交至 CR 系统，必须完成必填的字段。

如果未输入患者姓氏或患者 ID，该图像被视为不完整的图像，图像就无法通过网络发送至关键操作员定义的强制接收站（例如档案库或打印机），但可以发送至未标识为强制型的接收站，例如工作站。

（1）使用检查项目代码与检查项目映射。输入检查信息的方式取决于系统配置的方式，如果正在使用检查项目代码和检查项目映射，一旦出现包含正确患者信息的患者输入屏幕时，与检查项目（步骤）关联的图像图标将被预定义并自动显示。

在检查项目的每个图像上：轻触图像图标选定此图像，图像将以绿色加亮显示。手动输入或通过条形码输入片盒 ID。如果不使用检查项目代码和检查项目映射，必须定义与每个检查项目关联的图像。要执行此操作，请轻触身体部位字段，选择相关的身体部位，并且在投照部分执行相同的操作。轻触 Submit（提交）后将出现图像图标。

（2）必填的检查信息 如果条形码读取器无法读取条形码，可以使用虚拟键盘输入检查信息，片盒 ID 字段为必填项。

Cassette ID（片盒 ID）：可以使用条形码扫描器扫描代码，如图 2－39 所示，如果未输入片盒 ID，将无法分配图像，必须将图像分配至患者，除片盒 ID 外，可以更改任何图像与患者数据。

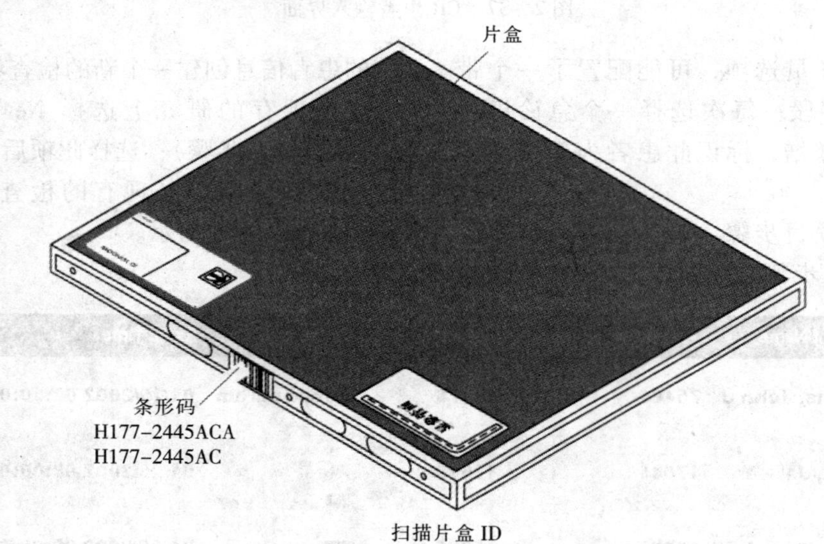

图 2－39 片盒结构示意

（3）可选的检查信息 Body Part（身体部位）：如果身体部位字段的内容未输入，将使用关键操作员定义的默认值。

Projection（投照）：如果投照字段的内容未输入，将使用关键操作员定义的默认值。

Position（定位）：检查时如何将患者定位。

Orientation（朝向）：使用的片盒朝向是否为纵向或横向。默认朝向为纵向；选择横向将以横向模式显示图像。

Priority（优先级）：如果打印机支持 STAT 图像，则该图像将移至打印队列中其他图像的前面，常规与紧急任务的优先级相同。

Tech ID（技师 ID）：使用条形码扫描器扫描代码，如果技师 ID 的条形码失效，请通过虚拟键盘输入。

Date of Birth（出生日期）：输入患者的出生日期。

Gender（性别）：轻触相应的性别按钮。

Description of Code（描述与代码）：可以输入从检查项目列表中选择的 HIS/RIS 系统数据，也可以手动输入。

More Patient Information（更多患者信息）按

钮：Referring Physician（主治医生）、Contrast/Bolus（对比 - 造影）、Patient Comments（患者备注）、Procedure Step Description（检查项目步骤描述）、Requested Procedure ID（请求的检查ID）、Requested Procedure Description（请求的检查描述）、Modality（特征）。

More Image Information（更多图像信息）按钮：kVp、mAs、Source to Image Distance（数据源 - 图像距离）、Source to Patient Distance（数据源 - 患者距离）、Image Comments（图像注释）、Laterality（体侧）。

Patient Location（患者地址）：输入患者的地址。

（4）保存患者与检查信息　输入患者与检查信息后，轻触 Submit（提交），信息被保存，以供检查使用。

5. 扫描、查看与打印图像

（1）执行检查　使用磷光屏执行检查的步骤与使用屏幕 - 胶片执行检查的步骤相同。要执行检查，请执行以下步骤：①选择合适尺寸的片盒；②固定患者和片盒，对于横向，在放置患者时，请将黄色条形标签置于图像的右上角；对于纵向，在放置患者时，请将黄色条形标签置于图像的左上角；③设置曝光系数；④曝光片盒；

⑤将片盒放入 CR 读取器中进行扫描。

（2）扫描片盒

CR 800/850 系统：①将片盒放入 CR 800/850 系统顶部的片盒插槽中，确保光管侧标签朝右，片盒的黄色转角始终朝上并面对操作者，根据片盒大小的不同，标签位置和黄色转角的关系也不同。②将片盒插入 CR 850 系统中时，片盒被拉入扫描位置后，扫描立即开始；对于 CR 800 系统，插入片盒，直至触到 Stop（停止）装置；如果片盒固定不当，会鸣示警报声，同时触摸屏上将出现一则错误信息。③扫描片盒后，系统会自动释放；此时可从片盒插槽上取下片盒。④在 CR 800/CR 850 系统中插入片盒，当 CR 系统扫描磷光屏时，在将磷光屏放回片盒，以备重新使用之前会擦除任何残留的图像。

CR 900/950 系统：如图 2 - 40 所示。①将曝光片盒放在插槽的右侧，确保光管侧标签朝右，片盒的黄色转角始终朝上并面对操作者。②将片盒推入传动带槽，然后将其放到传送装置中，如果装入正确，片盒应垂直，可以一次性装入任何尺寸的 8 个片盒。③从 Main Menu（主菜单）中，轻触 Scan Status（扫描状态），然后轻触 Start（开始），开始扫描。也可以轻触 Login（登录）屏幕中的 Start（开始）按钮，无需登录便开始扫描。④将片盒拉到中心槽后，会抽出磷光屏并立即开始扫描，完成扫描后，会擦除屏幕并将磷光屏重新插入片盒中，当下一个片盒移到插槽中时，目前的片盒会弹出到传送装置并移至左侧，可以取下该片盒并再次使用。⑤可以轻触 Pause（暂停），停止传送。如果未曝光的片盒区填满片盒，会停止传送并显示一则消息，指示从未曝光的片盒区取走片盒。

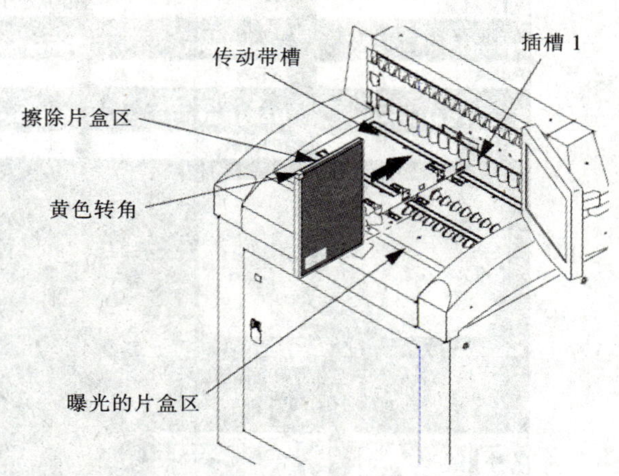

图 2 - 40　CR 900/950 扫描示意

（3）擦除屏幕　擦除操作将删除磷光屏上的任何图像，如果 1 周内未使用 IP 板，或者怀疑已曝光，建议擦除此 IP 板。

可以使用 CR 系统来擦除片盒中的屏幕，而不扫描图像，只有在显示 Cassette Erase（擦除片盒）屏幕时，才可使用片盒擦除功能；要擦除片盒中的磷光屏，请在 CR 系统的 Main Menu（主菜单）中，轻触 Erase Cassette（擦除片盒）。

（4）查看图像　可以配置系统使用两种查看模式：直通模式或 QA 模式。

以直通模式查看图像：如果系统配置为直通模式，则会立即将图像发送至接收站。

在 CR 900/950 系统中，有一个按钮可在 Pause（暂停）直通模式或 Resume（恢复）直通模式之间切换。

以 QA 模式查看图像：如果系统配置使用 QA 模式，可以在将图像发送到选定接收站之前审查图像。①扫描片盒并刷新屏幕，在 Patient Input（患者输入）屏幕中会显示一幅略图，该患者的其他图像也会显示，如果图像太多而无法显示，则会显示 Previous（上一个）和 Next（下一个）按钮，可以用它来存取这些图像。②轻触缩略图，显示图像以进行审查，如图 2－41 所示。③如果图像可接受，轻触 Accept All Images（接受全部图像），将具有同一患者 ID 的图像发送至相应的网络接收站。接受所有图像后，会出现 End Procedure Step（结束检查项目步骤）按钮。轻触 End Procedure Step（结束检查项目步骤），将步骤设置为已完成。如果选择接受全部图像，关键操作员可配置系统自动完成检查项目步骤。④要在查看后接受单幅图像，轻触略图，然后轻触图像查看器屏幕中的 Accept Image（接受图像）。⑤如果图像不可接受，请轻触 Reject Image（拒绝图像），随后将出现是否需要删除选定图像的确认提示信息，轻触 Yes（是），删除图像；患者信息会保留在 CR 系统数据库中。

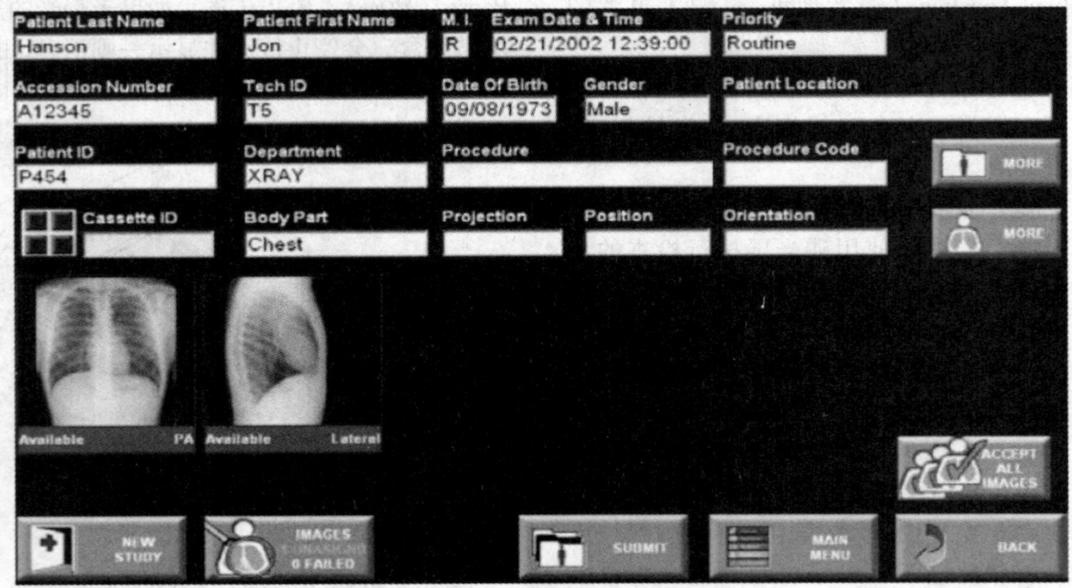

图 2－41 QA 模式界面示意

如果激活 Reject Reason（拒绝原因）：①轻触 Reject Reason（拒绝原因）；②输入拒绝备注（可选）；③轻触 Reject Image（拒绝图像）。

选择 Cancel（取消）按钮，将图像的状态从“暂挂”更改为“发送至所有接收站失败”；如果重新发送失败的图像，那么会将图像发送到以前失败的所有接收站。

选择 Set to Delivered（设为已发送）可将失败图像的状态更改为已提交，这也会清除最初发送图像的所有接收站，如果重新发送图像，请使用 Select Destination（选择接收站），指定新的接收站。

选择 Redeliver Image（重新发送图像），重新发送图像，而不进行更改。

选择 Create a Copy of this Image（创建此图像的副本），以显示可以修改的图像副本；如果已经接受并经网络发送图像，就不能重新处理图像，而必须创建图像的副本，修改副本，然后将其发送至适当的接收站。

全分辨率查看模式用于检测检查中发生的运动；它不用于诊断目的，因为监视器的质量并非诊断所需的质量，不能打印全视图或全视图的部分，要查看 50% 分辨率的图像，请在图像查看器中选择。

以原图 50% 的缩放比显示图像：轻触图像的顶部、底部或两侧区域来移动图像，或使用所示的箭头键。使用 Back（后退）按钮可回复正常视图，其界面如图 2－42 所示。

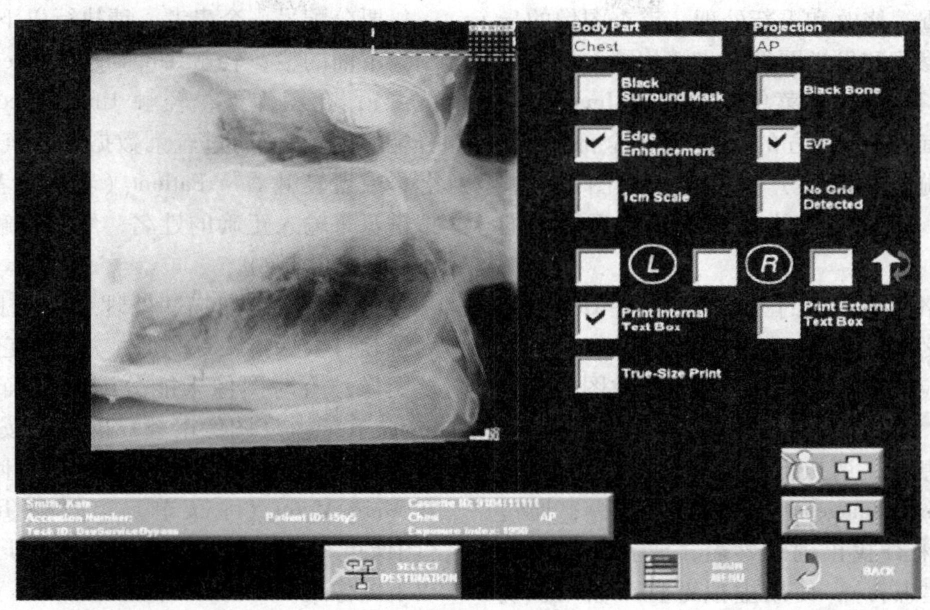

图 2－42 全分辨率查看模式示意

处理图像：重新处理图像可在接受和发送图像之前对其加以修改，有关重新处理上次发送图像的信息，可采用几种方式来重新处理显示的图像，包括边缘增强、对比度和亮度调节等。

发送图像：当在 QA 模式中发送图像时，可以发送到由关键操作员设定的接收站，或者选择特定的接收站。可轻触 Accept Image（接受图像），将图像发送到由关键操作员设定的接收站，或者轻触 Select Destination（选择接收站），将图像发送到特定接收站。

为选择接收站，用箭头键向上或向下移动光标，然后轻触＋或－，选择要发送到每个接收站的副本数。完成之后，轻触 Apply（应用），然后轻触 Accept Image（接受图像），将图像发送出去，如图 2－43 所示。

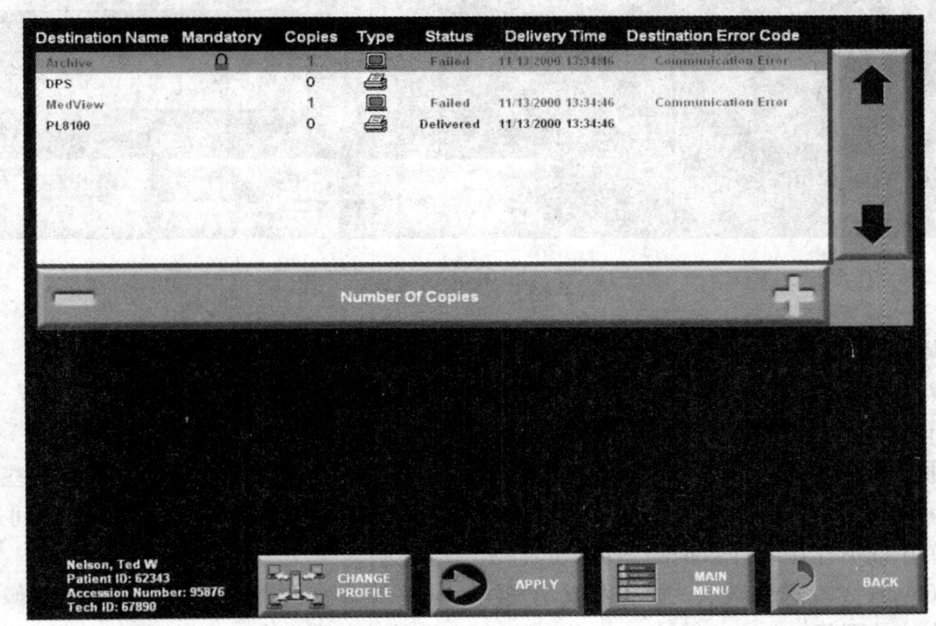

图 2－43 发送图像界面

查看图像：可重新显示已经接受并发送的图像，以便审查、修改和重新处理，审查图像的步骤与查看、修改和发送图像的步骤相同。

在 Main Menu（主菜单）上轻触 Image Review（图像审查），右方的按钮列（全部研究、待审核、未分配图像等）只将相应的图像类型返回至屏幕，这样可以快速地分选出系统中的图像。

通过网络成功发送的图像会显示在 Delivered Images（已发送图像）区域中。

轻触相应按钮，查看并按要求修改图像，改善图像质量。

要分配患者，请执行以下操作：在图像下，轻触 Unassigned Image（未分配的图像）；通过查询数据库来查找正确的姓名，或者轻触 New Patient（新建患者），使用虚拟键盘来输入正确的姓名，然后轻触 Assign Image（分配图像）。

要分配另一个患者，请执行以下操作：轻触图像下面的栏；轻触 Unassign Image（解除分配图像）；在图像下，轻触 Unassigned Image（未分配的图像）；通过查询数据库来查找正确的姓名，或者轻触 New Patient（新建患者），使用虚拟键盘来输入正确的姓名，然后轻触 Assign Image（分配图像）。

管理图像：扫描、处理和发送图像时，CR 系统软件会保持跟踪图像，并根据它们的状态存储图像；有时图像未能分配或正确发送，使用 Image Review（图像审查）屏幕，按状态显示图像，以审查、重新处理或解决出现问题的图像；在 Main Menu（主菜单）上轻触 Image Review（图像审查），其界面如图 2-44 所示。可选择以下图像组。

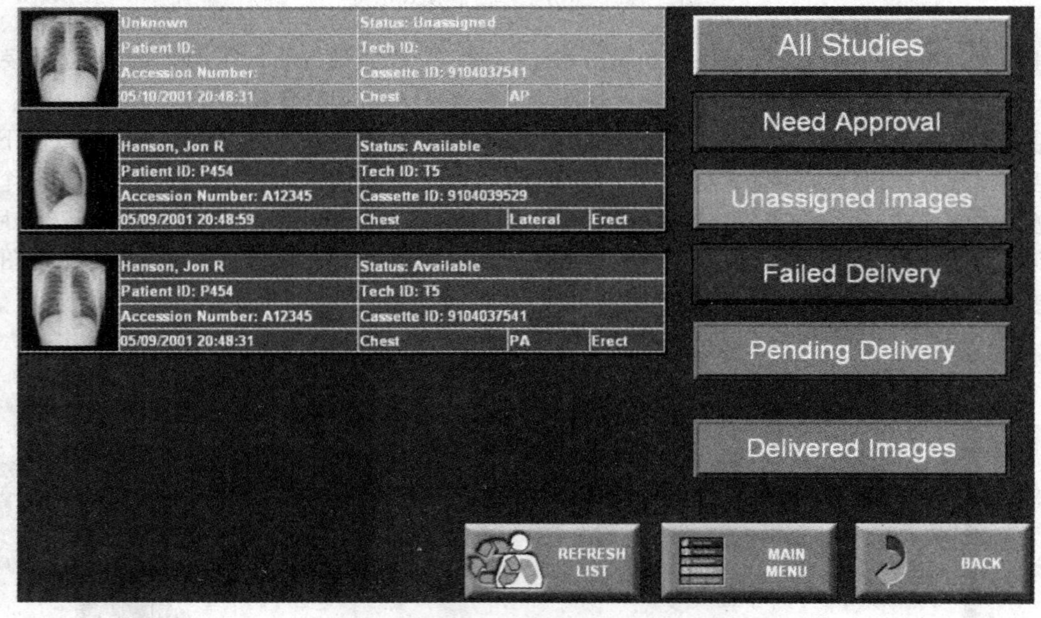

图 2-44 图像审查界面

All Studies（全部研究）：显示未发送的所有图像。

Need Approval（需要审批）：显示需要接受-审批并通过网络发送的图像。

Unassigned Images（未分配的图像）：显示未与患者关联并且不存在统计数据的图像。

Failed Delivery（发送失败）：显示未成功发送到网络接收站的图像。

Pending Delivery（发送暂挂）：图像正被发送，但未到达全部接收站。

Delivered Images（已发送图像）：显示已经成功发送到选定接收站的图像，这些图像按名称（字母顺序升序排列），然后按时间进行分类和显示。

管理发送失败的图像：如果图像没有成功发送到一个或多个选定的接收站，图像旁边的文本框会显示红色，该图像会作为发送失败的图像储存，要重新发送图像，请执行以下操作：①轻触图像缩略图查看图像；②轻触 Redeliver Image（重新发送图像），如果发送再次失败，请进入 Destination（接收站）屏幕，再通过（ - ）将发送失败的接收站上的计数器设定为 0；③选择另一个接收站，轻触 Redeliver Image（重新发送图像）；④如果问题仍存在，请联系关键操作员。

管理未分配的图像：图像未与患者信息记录关联时，会存储为“未分配的图像”，如果在使用正确的片盒 ID 发送患者信息之前扫描了图像，就会出现这种情况。存在未分配图像时，Image Review（图像审查）屏幕中的记录为橙色。要分配图像给患者，请执行以下步骤：①在 Main Menu（主菜单）中，选择 Image Review（图像审查），然后选择一幅图像；②从 Image Review（图像审查）屏幕的图像下面，轻触未分配的图像；③通过查询数据库来查找正确的姓名，或者轻触 New Patient（新建患者），并使用虚拟键盘来输入正确的姓名；④轻触 Assign Image（分配图像），分配图像后，记录会从橙色变为绿色。

6. 维护图像质量

（1）优化图像质量指导原则　在图像处理过程中，了解参数的因果关系可帮助优化图像质量，若要从 CR 系统创建优质图像，需要采取正确的对准范围、定位和技巧，并且需要采用最佳的参数处理组合形式。

（2）执行检查　图像处理库（IPL）是融于 CR 系统中图像处理算法的针对对象的程序库，每个身体部位和投照组合将呈现指定图像的独特外观。

使用存储磷光屏时，下列建议将帮助获得理想的图像质量：①在所有图像上，尽可能地采用更大的对准范围；②每个片盒只捕获一个视图，如在一个片盒上捕获前后（PA）位置，而在另一个片盒中捕获侧面位置；③如果必须在一个片盒上捕获多个视图，要取得更好的效果，请将类似的视图分成一组，如将其位于后前（PA）方或斜侧方。

（3）图像处理　CR 系统在下列情况下，将生成质量最佳的图像：①检查、身体部位和投照信息是否准确完整；②需输入检查信息，而不使用默认的身体部位和投照信息；③在将图像发送至网络时，只在必要时对图像进行对比度和亮度的调整；④图像处理参数和默认设置已预先配置，如需更改，请联络关键操作员；⑤更改图像的朝向，其控制钮如图2 - 45所示，轻触相应的按钮旋转或翻转图像，可以通过每次旋转 90°来完成 360°旋转的操作。

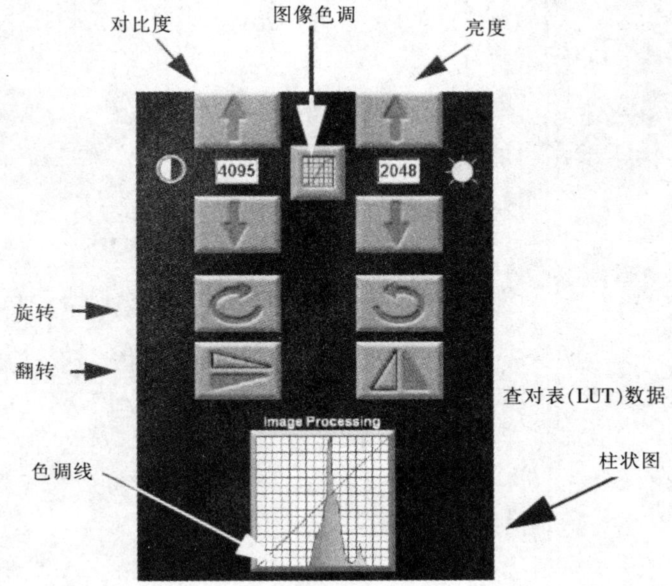

图 2 - 45　图像处理的控制钮界面

（4）调整对比度和亮度 图像的对比度和亮度取决于窗宽（对比度）和窗位（亮度），调整设置时，图像显示将发生变化，默认值为：对比度 4095，亮度 2048。

调整曲线的直线部分以便尽可能地包含更多的柱状图数据，数值则为输入代码值的数目。

增加窗宽可降低对比度，增加窗位可增强亮度；更改窗位可影响整体外观，但不影响对比度。

（5）更改图像色度比例 如果所处理的图像无法接受，可通过使用原始数据回收图像。①轻触 Image Tonescale（图像色调）查看原始数据；②调整亮度和对比度，生成理想的图像；③如果要返回至已处理的数据，请再次轻触 Image Tonescale（图像色调），要想取得理想效果，请在图像数据区获取尽可能多的色调线。

（6）改善图像特性 要改善图像质量问题，可采用两种方法：更改对比度和亮度、更改用户参数（关键操作员功能）。

第三章　数字化 X 射线摄影的原理

第一节　概　述

一、数字化 X 射线摄影的发展

20 世纪 90 年代出现数字化平板探测技术，该技术采用 X 射线图像数字读出技术，真正实现了 X 射线实时检测自动化。数字探测器能够进行实时的数据采集，获得清晰数字化图像。

市场上有两种数字化平板探测器：（GOS/碘化铯）非晶硅、非晶硒。表面上，这两种探测器都是以同样的运行方式：通过面板将提取 X 射线转化成为数字图像，可以以几秒钟一幅图像的速度进行数据采集，也可以实时进行数据采集。

非晶硅平板技术是当 X 射线首先撞击其板上的闪烁层，该闪烁层以与所撞击的射线能量成正比的关系发出光电子，这些光电子被下面的硅光电二级管阵列采集到，并且将它们转化成电荷，再将这些电荷转换为每个像素的数字值。由于转换 X 射线为光线的中间媒体是闪烁层，因此被称作间接图像方法。闪烁层一般由铯碘化物或氧硫化物组成，铯碘化物是较理想的材料；通常非晶硅板比非晶硒板的幅频更快。

非晶硒的平板技术是 X 射线撞击硒层，硒层直接将 X 射线转化成电荷，然后将电荷转化为每个像素的数字值，这种叫做直接图像的方法。通常非晶硒比非晶硅提供了更好的空间分辨率。

此外，COMS 平板探测技术，也有很大的发展，COMS 平板技术来自美国 Aalaska 的 Envision Product Design 公司，该扫描平板探测器是由线性 X 射线探测器阵列和内置在平板内的驱动系统组成，其技术原理是：扫描器横扫过平板，在 X 射线触发闪烁材料之前，对准一个要通过的窄槽，该材料囤积在光纤的末端，如图 3－1 所示。为避免 CMOS 探测器被 X 射线破坏，光纤的末端与 X 射线扫描头成直角连接 COMS 探测器，探测器被放置在钨铅屏蔽罩中，该系统能够承受高达 10MeV 的高能量。

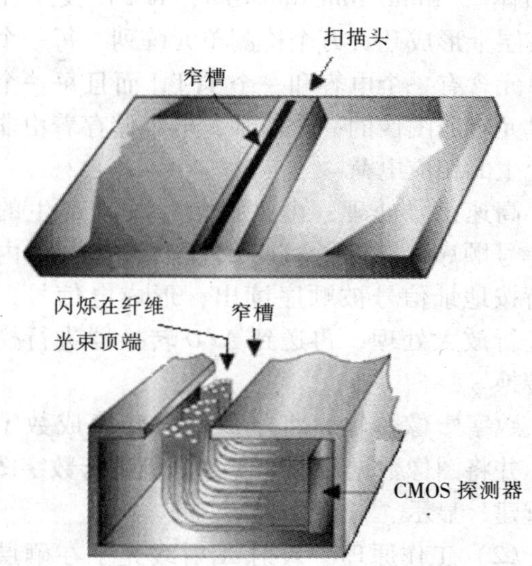

图 3－1　CMOS 平板探测器原理结构

二、数字化 X 射线摄影的分类

（一）按探测器的数量分类

按数量分为单板 DR 和双板 DR 两类。

（二）按探测器的类型分类

按类型分为直接数字化 X 射线成像（非晶硒）、间接数字化 X 射线成像（非晶硅）、CMOS（闪烁体＋CCD 摄相机）阵列和多丝正比电离室（multi－wrie proportional chamber，MWPC）四类。

1. 直接数字化成像平板探测器

（1）基本结构 非晶硒平板探测器的X射线转换单元是以非晶硒（a－Se）光电材料制成的，其结构主要包括：X射线转换介质、探测器单元阵列、高速信号处理和数字影像传输四部分。

X射线转换介质：位于探测器的上层，为非晶硒光电材料，利用非晶硒的光电导特性将X射线转换成电子信号。当X射线照射非晶硒层时，可产生正负电荷，这些电荷在偏置电压的作用下以电流的形式沿电场移动，由探测器单元阵列收集。以非晶硒作为光导材料，其光敏电阻自身具有高分辨力特性，用更厚的光导吸收层，可获得更高的X射线灵敏度。

探测器单元阵列：位于非晶硒的底层，用薄膜晶体管（thin film transistor，TFT）技术在玻璃底层上形成几百万个检测单元阵列，每一个检测单元含有一个电容和一个TFT，而且每一个检测单元对应图像的一个像素，电容储存着由非晶硒产生的相应电荷。

高速信号处理：由高速信号处理产生的地址信号顺序激活各个TFT，每个储存电容内的电荷按地址信号被顺序读出，形成电信号，然后进行放大处理，再送到A/D转换器进行模－数转换。

数字影像传输：将电荷信号转换成数字信号，并将图像数据传输到主计算机进行数字图像的重建、显示、打印等。

（2）工作原理 入射X射线光子在硒层中产生电子－空穴对，在顶层电极和集电矩阵间外加高压电场的作用下，电子和空穴向相反方向移动，形成电流，导致TFT的极间电容储存电荷，电荷量与入射光子成正比，所以每个TFT就成为一个采集图像的最小单元，即像素。每个像素区域内还形成一个场效应管，它起开关作用。在读出控制信号的作用下，开关导通，把像素存储的电荷按顺序逐一传送到外电路，经读出放大器放大后被同步地转换成数字信号，信号读出后，扫描电路自动清除硒层中的潜影和电容存储的电荷，以保证探测器能反复使用，如图3－2所示。

（3）临床应用特点

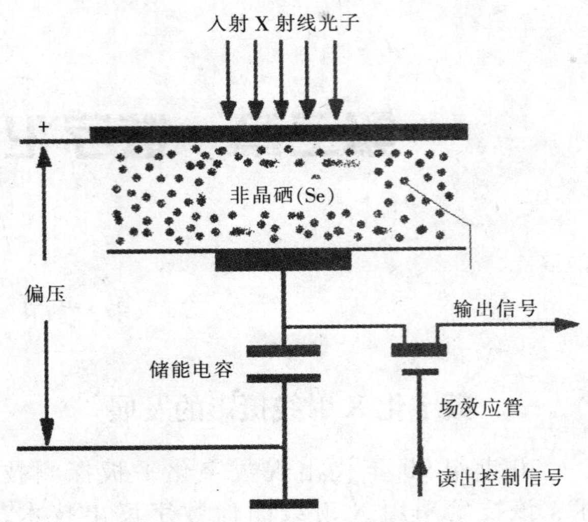

图3－2 非晶硒平板探测器成像原理

图像质量高：TFT像素的尺寸直接决定了图像的空间分辨率，最高可达3.6LP/mm。由于将X射线直接转换成电信号，X射线的失锐度大为下降，动态范围大，DQE和MTF高，图像层次丰富。

时间分辨力高：成像速度快，在曝光后几秒即可显示图像，从而改善和优化了工作流程。

曝光宽容度大：摄影成功率接近100%，容许一定范围内的曝光误差，并可在后处理中调节、修正成像。

后处理功能强大：处理功能包括对比度、亮度、边缘处理、增强、黑白反转、放大、缩小、测量等，通过这些功能的调节使图像的质量得到改善。

全数字化：图像的数字化便于在计算机中存储、传输和调阅，节省存储空间及胶片和冲片液的支出，数字化方式能直接与PACS网络系统相连接，实现远程会诊。

环境要求：DR系统只能专机专用，FPD对环境要求高，大面积的TFT在工业生产中存在较大难度，仍未满足心血管等动态的、快速连续摄影的造影检查。

2. 间接数字化X射线成像平板探测器 非晶硅平板探测器是一种以非晶硅光电二极管阵列为核心的X射线影像探测器。它利用碘化铯（CsI）的特性，将入射后的X射线光子转换成可见光，再由具有光电二极管作用的非晶硅阵列变为电信号，通过外围电路检出及 A/D 转换，从而获得数字化图像，由于经历了 X 射线－可见光－电荷图像－数字图像的成像过程，通常被称作间接转换型平板探测器。

（1）基本结构　非晶硅平板探测器的基本结构为碘化铯闪烁体层、非晶硅光电二极管阵列、行驱动电路以及图像信号读取电路四部分。与非晶硒平板探测器的主要区别在于荧光材料层和探测元阵列层的不同，其信号读出、放大、A/D 转换和输出等部分基本相同。

碘化铯闪烁体层：探测器所采用的闪烁体材料由厚度为 500～600μm 连续排列的针状碘化铯晶体构成，针柱直径约 6μm，外表面由重元素铊包裹，以形成可见光波导漫射。出于防潮的需要，闪烁体层置于薄铝板上，应用时铝板位于 X 射线的入射方向，同时还起光波导反射端面的作用；形成针状晶体的碘化铯可以像光纤一样把散射光汇集到光电二极管，可以提高空间分辨率；其他的闪烁体材料在非结构性屏幕内由荧光体所产生的光更易于扩展进邻近像素，可使分辨率下降。

碘化铯（CsI）闪烁层是一种吸收 X 射线并把能量转换为可见光的化合物，碘化铯晶体呈细针状或柱状排列作为光导管时，可见光光子产生在输入层附近，由于输入层比较厚达 1mm，故可保持高的分辨率，因为铯具有高原子序数，是 X 射线接收器的上好选材；当接入铊时，碘化铯激发出 550nm 的光，正是非晶硅光谱灵敏度的峰值。

碘化铯 X 射线吸收系数是 X 射线能量的函数。随着 X 射线能量的增高，材料的吸收系数逐渐降低，随着材料厚度的增加，吸收系数升高。在诊断 X 射线能量范围内，碘化铯材料具有优于其他 X 射线荧光体材料的吸收性能。此外，碘化铯晶具有良好的 X 射线－电荷转换特性。碘化铯与非晶硅的结合可获得最高的 DQE 值，其结构如图 3－3 所示。

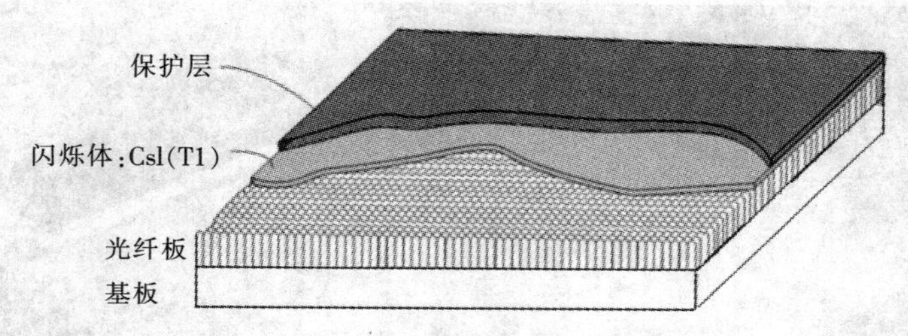

图 3－3　碘化铯闪烁层原理结构示意

非晶硅光电二极管阵列：完成可见光图像向电荷图像转换的过程，同时实现连续图像的点阵化采样。探测器的阵列结构由间距为 139～200μm 的非晶硅光电二极管按行列矩阵式排列，如间距为 143μm 的 43cm×43cm（17inch×17inch）的探测器阵列则由 3000×3000，共 900 万个像素构成。每个像素元由具有光敏性的非晶硅光电二极管及不能感光的开关二极管、行驱动线和列读出线构成；位于同一行所有像素元的行驱动线相连，位于同一列所有像素元的列与读出线相连，以此构成探测器矩阵的总线系统。每个像素元由与负极相连的一个光电二极管和一个开关二极管对构成，通常将这种结构称作双二极管结构。也有采用光电二极管－晶体管对构成探测器像素元的结构形式，为了区别，通常将前一种结构的探测器阵列称为 TFD 阵列，后一种则称为 TFT 阵列。

每个探测元包括一个非晶硅光电二极管和起开关作用的 TFT。在运行时，TFT 关闭，给光电二极管一个外部反向偏置电压，通过闪烁体的可见光产生的电荷聚集在二极管上。读取时，给 TFT 一电压使其打开，电荷就会由二极管沿数据线流出，以电信号形式读到信号处理单元，其结构原理如图 3－4 所示。

（2）成像原理　非晶硅平板探测器成像的原理是：位于探测器顶层的碘化铯闪烁晶体将入射的 X 射线转换为可见光，可见光激发碘化铯层下的非晶硅光电二极管阵列，使光电二极管产生电流，从而将可见光转换为电信号，在光电二极管自身的电容上形成储存电荷。每一像素电荷量的变化与入射X射线的强弱成正比，同时该阵列还将空间上连续的X射线图像转换为一定数量的行和列构成的总阵式图像。点阵的相对密度决定了图像的空间分辨率；在中央时序控制器的统一控制下，居于行方向的行驱动电路与居于列方向的读取电路将电荷信号逐行取出，转换为串行脉冲序列并量化为数字信号；获取的数字信号经通信接口电路传至图像处理器，从而形成X射线数字图像，其实物如图3-5所示。

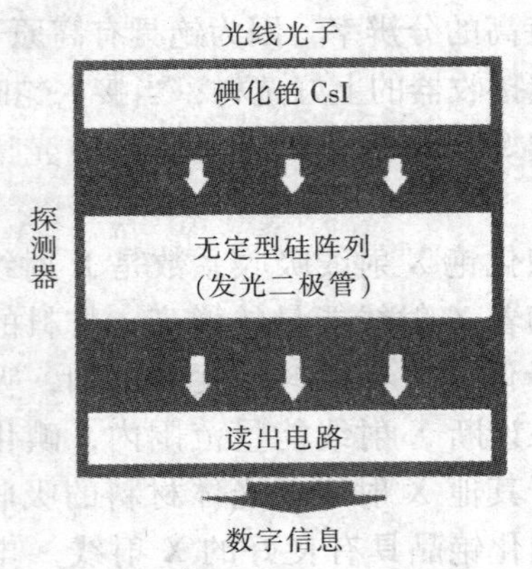

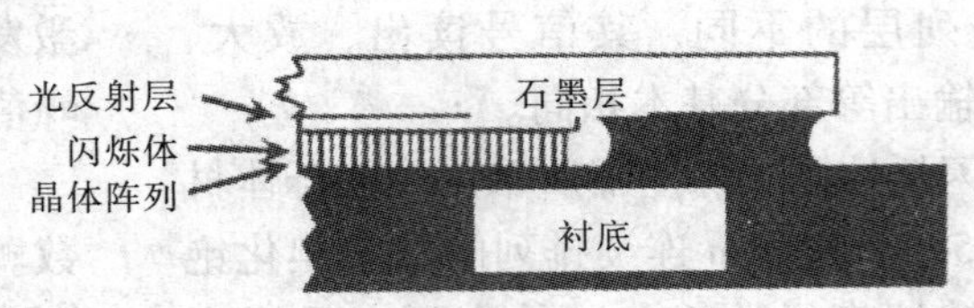

图3-4 非晶硅平板探测器结构示意

图3-5 平板探测器实物示意

(3) 临床应用特点 和非晶硒平板探测器一样，非晶硅平板探测器同样具有成像速度快、良好的空间及相对密度分辨率、高信噪比、直接数字输出等优点，其临床应用特点基本相同，目前大多数生产商多采用此类探测器。

与非晶硒平板探测器成像方式相比，非晶硅光电二极管是将荧光材料转换成可见光再转换成电子信号的。X射线一旦被转换成可见光，就会产生一定的散射和反射，使得有价值的信息丢失或散落，从而在一定程度上降低了X射线感度和空间分辨率。因此有些探测器采用双能量减影、组织均衡、断层三维合成等应用功能，使病变的检出率进一步提高。

3. CMOS（闪烁体+CCD摄像机）阵列 电

荷耦合器件（CCD）是一种固定摄像器，CCD是一种半导体器件，由于它的光敏特性，即在光照下能产生与光强度成正比的电子电荷而形成电信号。CCDX射线成像的主要原理是X射线在荧光屏上产生的光信号由CCD探测器接收，随之将光信号转换成电荷并形成数字X射线图像。

（1）基本结构　CCD的结构是由数量众多的光敏像元排列组成，光敏元件排列成一行的称为线阵CCD；光敏元件排列成一个由若干行和若干列组成的矩阵称为面阵CCD，用于数字X射线摄影，光敏像元的数量决定了CCD的空间分辨力。常用的光敏元件有MOS电容和光敏二极管两大类。

（2）成像原理

光电子转移与储存MOS电容器：在P型Si的衬底表面用氧化的方法，生成一层厚约10～150nm的二氧化硅，再在二氧化硅表面蒸镀一层金属多晶硅作为电极，在衬底与金属电极间加上一个偏置电压，这样就构成了一个MOS电容器。当光子投射到MOS电容器上，光子穿过透明氧化层，进入P型Si衬底，衬底中处于价带的电子吸收光子的能量而跃入导带。当光子进入衬底时产生电子跃迁，形成了电子－空穴对。电子－空穴对在外加电场作用下，分别向电极两端移动，形成了光生电荷。这些光生电荷储存在由电极造成的“势阱”中，形成电荷包。势阱是电极下面的一个低势能区，势阱深浅与电压大小有关，电压越高，势阱越深。光生电荷的产生决定于入射光子的能量（波长）和光子的数量（强度）。每个电荷的电量与对应像元的亮度成正比，这样一幅光的图像就转变成了对应的电荷图像。

光敏二极管：在P型Si衬底上扩散一个N_+区域，形成P－N结二极管，通过多晶硅相对二极管反向偏置，在二极管中产生一个定向电荷区，即耗尽区。在定向电荷区内，光生电子与空穴分离，光生电子被收集在空间电荷区形成电荷包。对带负电荷的电子而言，这个空间电荷区是一个势能特别低的区域，因而称之为势阱。入射光子产生的光生电荷就储存在这个势阱之中，势阱能够储存的最大电荷量称为势阱容量，它与所加偏置电压近似成正比。光敏二极管与MOS电容相比，具有灵敏度高、光谱响应宽、蓝光响应好、暗电流小等特点。

电荷转移：CCD通过变换电极电位使势阱中的电荷发生移动，在一定时序的驱动脉冲下，完成电荷包从左到右的转移，实质上CCD是一个模拟量的位移寄存器。

信号读出：当信号电荷传到CCD器件的终端时，由位于器件内部的多只输出场效应管组成的电路将该信号读出，其工作过程可概括为：在一个场的积分周期内，光敏区吸收从目标投射来的光信号，产生光电子。这些光电子储存在各像元对应的势阱中，积分期结束时（一场周期过后），在场消隐期内的外来场脉冲的作用下，所有像元势阱中的光生电荷同时转移到与光敏区对应的存储区势阱中，然后开始一场光积分。与此同时，消隐期间已经转移至储存区的光生电荷在脉冲的控制下，一行行依次进入水平位移寄存器。水平位移寄存器中的像元信号依次进入期间，由水平时钟脉冲控制，逐个向输出端转移，最后在输出端转换为视频信号。以上电荷积累、转移、读出过程的完成由驱动器产生的场、行驱动脉冲和读出脉冲控制，按照电荷转移和信号读出的方式不同，面阵CCD又可分为两大基本类型：帧间转移（FT）CCD和行间转移（ILT）CCD。

目前常用的是CsI平板＋CCD阵列DR成像系统。CCD数字影像技术的一个最突出的特性是它具有很小的外形，一般为2～4cm^2，比典型的X射线投射面积还要小，因此基于高效CCD的放射成像系统，必须采用一些光学方法，将可见光视野缩减至CCD的尺寸，将影像传递至CCD上。一般使用的是透镜或光纤渐变器，有的厂家数字探测器系统使用4个CCD阵列作为探测器元件。在CsI平板上X射线被转化为可见光，然后由高质量透镜微缩，再由CCD片探测。CCD的优点是固有噪声系数极低，动态范围广，对入射信号有很好的线性响应，具有高度的空间分辨率和约为100%的填充系数。

由于透镜或光纤渐变器可减少到达CCD的光子数量或产生几何变形，加上光线散射以及CCD本身内部的热噪声，均可对图像质量有一定的影响。

4. 多丝正比电离室X射线成像　多丝正比电离室（MWPC简称多比室）型直接数字化X

射线摄影装置，是我国与俄罗斯科学院核物理研究所于 1999 年共同研制成的低剂量直接数字化 X 射线摄影机（LDRD），该机采用的是一维传输阵列，狭缝扇形束扫，具有扫描剂量低、动态范围宽、探测面积大（120cm × 40cm）等特点。

（1）基本结构 LDRD 系统由扫描机构、控制板和工作站三部分组成。扫描机构由立柱、水平支架、X 射线球管、准直器、电动装置和探测器数据采集器组成，控制板由 X 射线高频发生器和检测组件、控制组件、高压电源组件及低压电源组件组成。技术工作站用于对系统的检测、功能设置、数据传输和图像重建、存储和显示；诊断工作站用于图像处理、数据库建立和实现网络通信功能，其结构如图 3 - 6 所示。

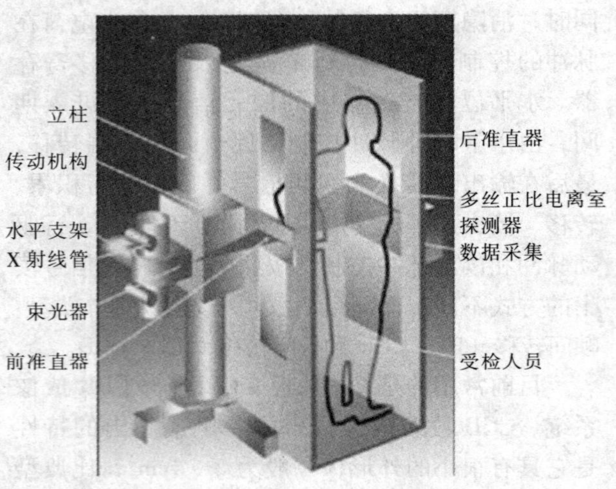

图 3 - 6 LDRD 系统结构示意

扫描机构：为安装在垂直运动机构上的水平支架，同时装有球管、前准直器、后准直器和探测系统，通过微调机构使 X 射线严格保持在同一水平面上。垂直移动速度约为 80nm/s，总行程约 1.2m，机架上还装有激光对位器，以方便摆位时使用，准直器狭缝为 1mm。

LDRD 的探测系统：由多丝正比电离室和数据系统组成的一个整体，其结构如图 3 - 7 所示。多丝正比电离室是一个铝质密封腔体，尺寸为 450mm × 200mm × 50mm，一侧为入射窗，腔内装有漂移电极、阴极和阳极。漂移电极电位约为 - 6kV，阴极电位约为 - 3kV，阳极电位为零。阳极丝共有 320 个通道，间距为 1.2mm。腔内充以 Xe 和 CO_2 的混合体，压力约为 203kPa（2.0atm）。数据采集系统由一块控制电路板和具有 640 个独立采集计数通道的 20 块计数电路板组成，每块计数板有输入的信号通道，放大整形和计数，并用逻辑电路采集两个独立通道之间的中间通道计数，使每块板输出变为 32 个计数通道。每个计数器为 16bit，每个通道的最高采集率为 2MHz，其结构如图 3 - 7 所示。

当 X 射线粒子进入漂移电场时，其能量将使漂移电场内惰性气体分子电离，负离子奔向相对高电位的阳极。当负离子进入加速电场时，在阳极丝表面 1μm 处发生雪崩，产生大量的离子

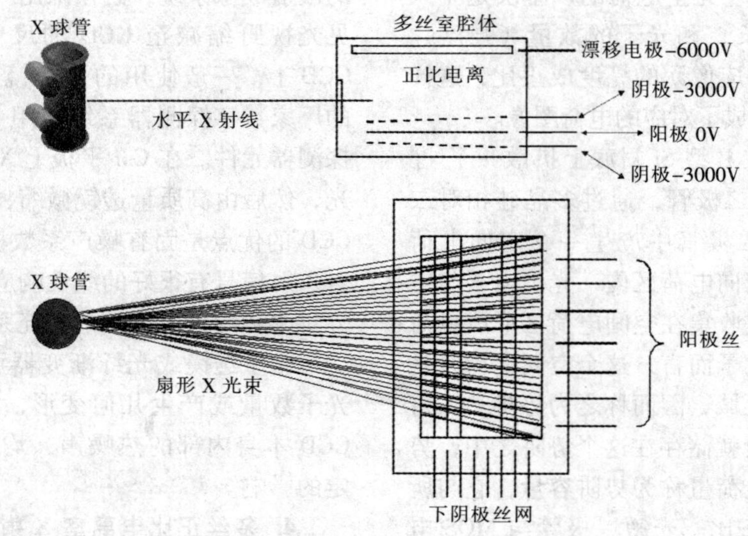

图 3 - 7 多丝正比电离室工作原理

云，并高速飞向阳极丝，被阳极收集，探测灵敏度是平板探测器的 20～50 倍，其工作原理如图 3－8 所示。

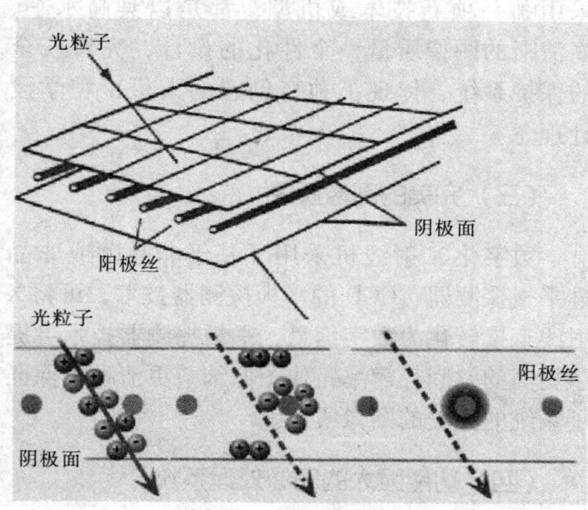

图 3－8 多丝正比电离室粒子工作示意

计算机操作系统：由图像形成、图像处理的各种软件，并控制 X 射线机工作，如曝光条件选择、数据采集、图像重建、机械和电气控制（高压启动、旋转阳极、扫描启动和停止）、图像后处理及缓存、检索和控制打印输出等。此外，还用于系统的工作状态检测和故障报警等。

（2）成像原理 多丝正比电离室是一个矩形密封腔体，其腔内充填惰性气体，并设有漂移电极、阴极和阳极，阳极为水平排列的数百条金属丝，其方向指向 X 射线球管焦点，每一根金属丝均作为一个独立的采集通道。在阳极丝上、下方各有一个垂直于阳极的网状阴极，在阴极网上方还有一个板状的漂移电极，因此多丝正比电离室内共有两个电场，一个漂移电场和一个加速电场，其成像原理如图 3－9 所示。

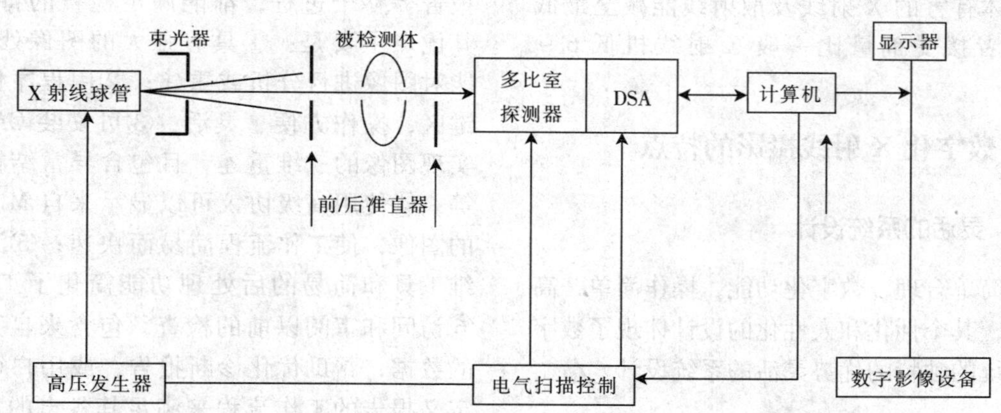

图 3－9 LDRD 系统工作原理

当 X 射线射入漂移电场时，X 射线的能量将使漂移电场内惰性气体分子电离，负离子将奔向阴极，当负离子进入加速电场时，将进一步引起雪崩反应，产生大量的离子云，其数量和直径与电场强度和气压有关，离子云将高速飞向阳极丝，每碰到一次就产生一个高速脉冲信号，将这些脉冲加以计数，就可以得到正比于入射光子的计数值，将水平排列的通道计数器按位置排列，就可得到数字图像的一行记录，在扫描机械的帮助下将这一行行的数字图像列出，就可得到一幅平面数字图像。

多丝正比电离室是一种高效的数字探测装置，由于它得到的信号很小，还需要运用电子技术对信号进行放大、筛选、判别、整形、计数、储存等，并传递到计算机内，这些工作由数据采集系统完成，多丝正比电离室与数据采集系统组成一个完整的直接数字化的探测系统。

（3）临床应用特点 LDRD 目前主要用于胸部 X 射线摄影，有些机型可用于全身其他部位的摄影。后处理功能除了窗宽、窗位调节外，还有以下方面。

灰度处理：主要用于调整显示器上图像的对

比度和相对密度，以求显示最佳影像。

边缘锐化处理：LDRD 系统中的图像边缘锐化和 CR 系统一样，也是通过对空间频率的调节来实现的。只是 LDRD 系统影像工作站已设计好两个档次，边缘锐化 1 和边缘锐化 2，且每个档次又分 1、2、3、4 四个级别，以求对图像的不同程度的调节。

骨相对密度测量：LDED 系统具有骨相对密度测量功能，能方便、快捷、准确地为放射科医师对某些疾病的影像诊断提供有用的参考指标。

局部处理与整幅处理：局部处理指对图像的局部进行有关技术的处理，如进行开窗透视，以观察重叠区域的信息，扩大诊断范围。整幅处理是对图像进行各项参数的调节。

此外，多丝正比电离室与数据采集系统组成的直接数字化的探测系统无需模－数转换，采集效率高，其背景噪声为零，其动态范围理论上高达 10^4，狭缝式的 X 射线摄影能消除 70% 的散射线，对人体有害的 X 射线及散射线能减至最低程度，患者接受剂量比一般 X 射线机低 6 ~ 11 倍。

三、数字化 X 射线摄影的特点

（一）灵活的系统设计

结构简单合理，数字化功能，操作简单，高度自动化，其个性化和人性化的设计体现了数字一体化系统的独特的优势灵活的系统设计。

（二）独特创意的人机工程学理念

各生产商采用了独特的设计理念，滤线器的设计采用永久性软件控制技术（P. S. C.），使得滤线栅在计算机持续、准确的控制下快速、稳定地运动，由于采用最新的高压发生器技术，进一步降低纹波率，缩短电压上升时间，获得更加超凡的图像质量。

DR 在数字化数据处理和通讯方面具有独特优势，具有数字一体化系统独特优势，无论采用哪一项新技术或机型，都是以其高水平、高清晰的图像质量，个性化的设计，完善安全的保护系统，体现了独特创意的人机工程学设计理念。

（三）完美的图像质量

数字化 X 射线机采用了基于非晶硒或非晶硅平板探测器、CCD 的平板探测器技术，可将 X 射线直接转化为数字信息，平板探测器技术可提供更高的空间分辨率，使图像细节更清晰，保证了系统的完美的图像质量。

（四）功能强大的图像处理系统

全数字化 X 射线机的图像处理系统具有无与伦比的优势，从图像显示、图像处理到图像报告等整个过程，都能满足检查的特殊需求，其优点主要是：①具有强大的图像处理功能，能对图像进行分析或重建；②用程序化的专用键区，操作方便、灵活；③可安装 CAD 软件，实现图像的三维重建，且包含异常结构的标记等；④使用高级协议可以显示来自 MR、US 等的图像，使工作流程简易而快速；⑤测量等二维工具和简易的后处理功能简化了工作常规；⑥访问和审阅以前的检查，包含来自其他模式的数据，帮助优化诊断报告，或用户可以自己定义报告的工作流程来满足其各自的需要；⑦报告打印标准化并且包含直接的图像标记；⑧患者数据可从 RIS 通过 DICOM 工作表收集患者的统计数据或手动输入，随时可以访问以前的图像和报告，实现患者数据流的数字化管理，提供医院医学网络化管理。

第二节 数字化 X 射线摄影的控制系统

一、组成结构

数字化 X 射线摄影主要由硬件系统和软件系统两大部分组成。硬件系统主要包括电源组件、控制系统组件、X 射线球管及高压系统、平板系统及接口电路和数字化系统工作站及网络系统。软件系统主要包括系统软件、应用软件、PACS 及 RIS、HIS 等系统，其组织结构图如 3－10 所示。

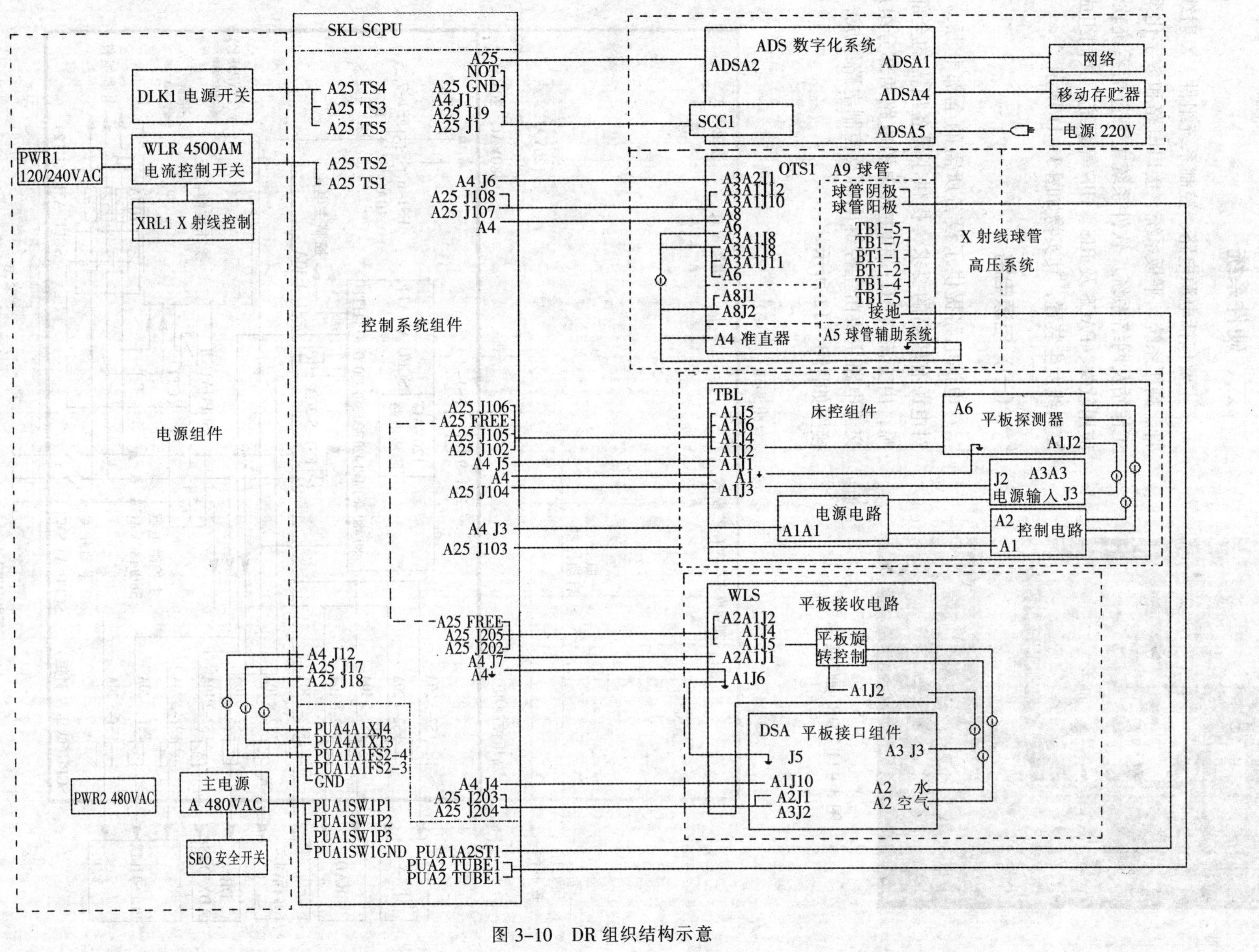

图 3-10　DR 组织结构示意

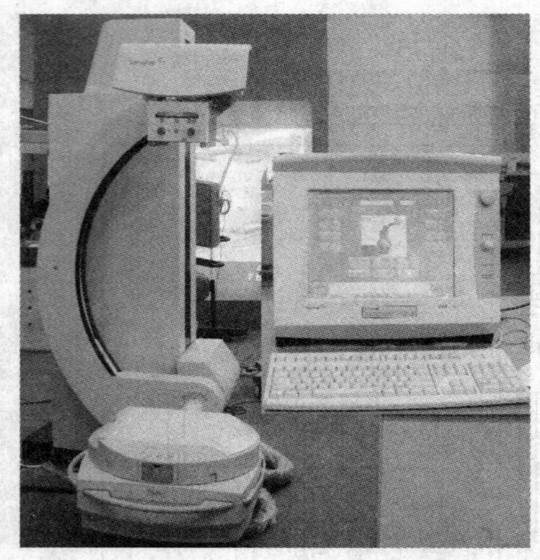

图 3－11　DR 硬件实物

二、硬件系统

主要包括电源电路、控制系统组件、X 射线球管、高压系统、平板系统、接口电路和数字化系统工作站及网络系统。软件系统主要包括系统软件、应用软件、PACS 及 RIS、HIS 等系统，共同组成了 X 射线发生装置，其实物如图 3－11 所示。

（一）电源电路

电源电路提供了设备所需的全部电源，DR 对电源有较高的要求，提供了设备所需的全部电源，由交流（AC）和主控电源电路两部分组成，交流电路主要由主控继电器及控制电路组成，连接图如图 3－12 所示。

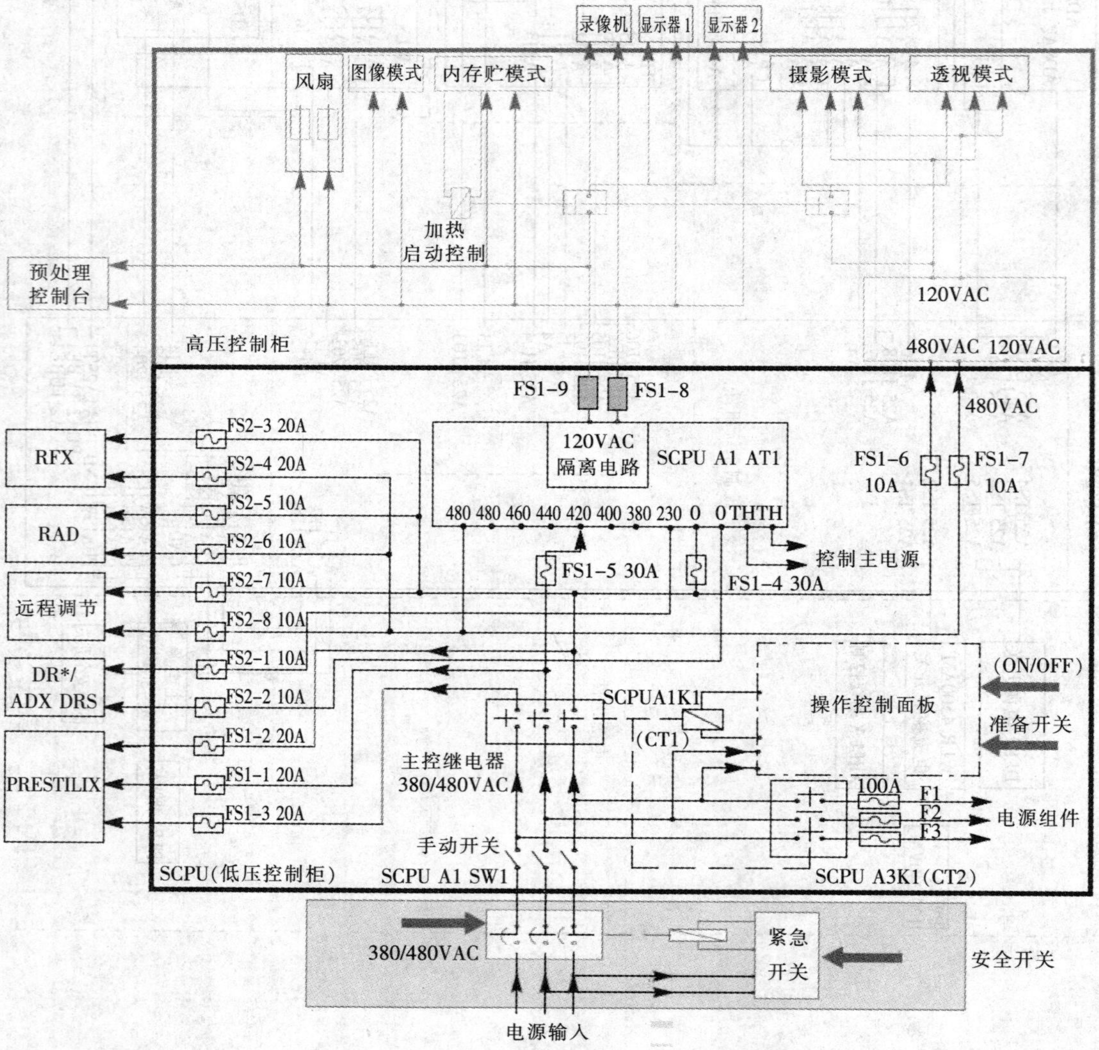

图 3－12　交流电源连接示意

主控电源电路通常由以下几部分组成：直流测量电路、隔离变压器、电源放大比较器、整流滤波电路、电源继电器等，如图 3－13 所示。

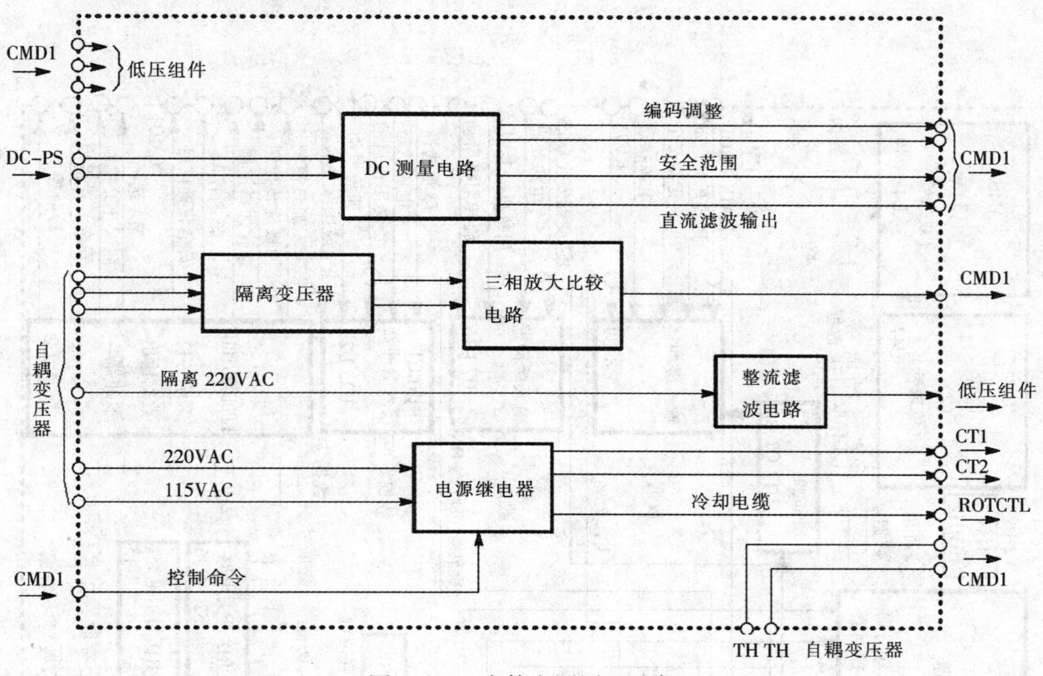

图 3－13　主控电源原理示意

（二）主机控制系统

DR 主机控制电路主要由以下几部分组成：计算机系统（CPU）、kV/mA 控制、加热控制系统、旋转阳极控制、灯丝控制电路等，其结构如图 3－14 所示。

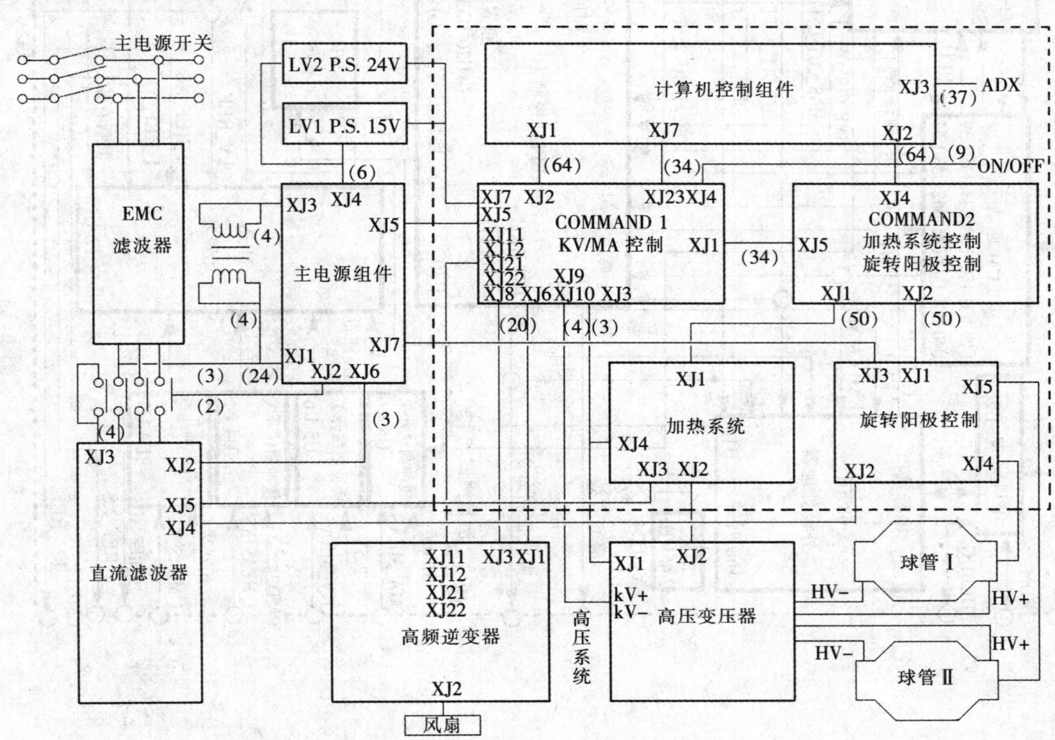

图 3－14　控制电路结构示意

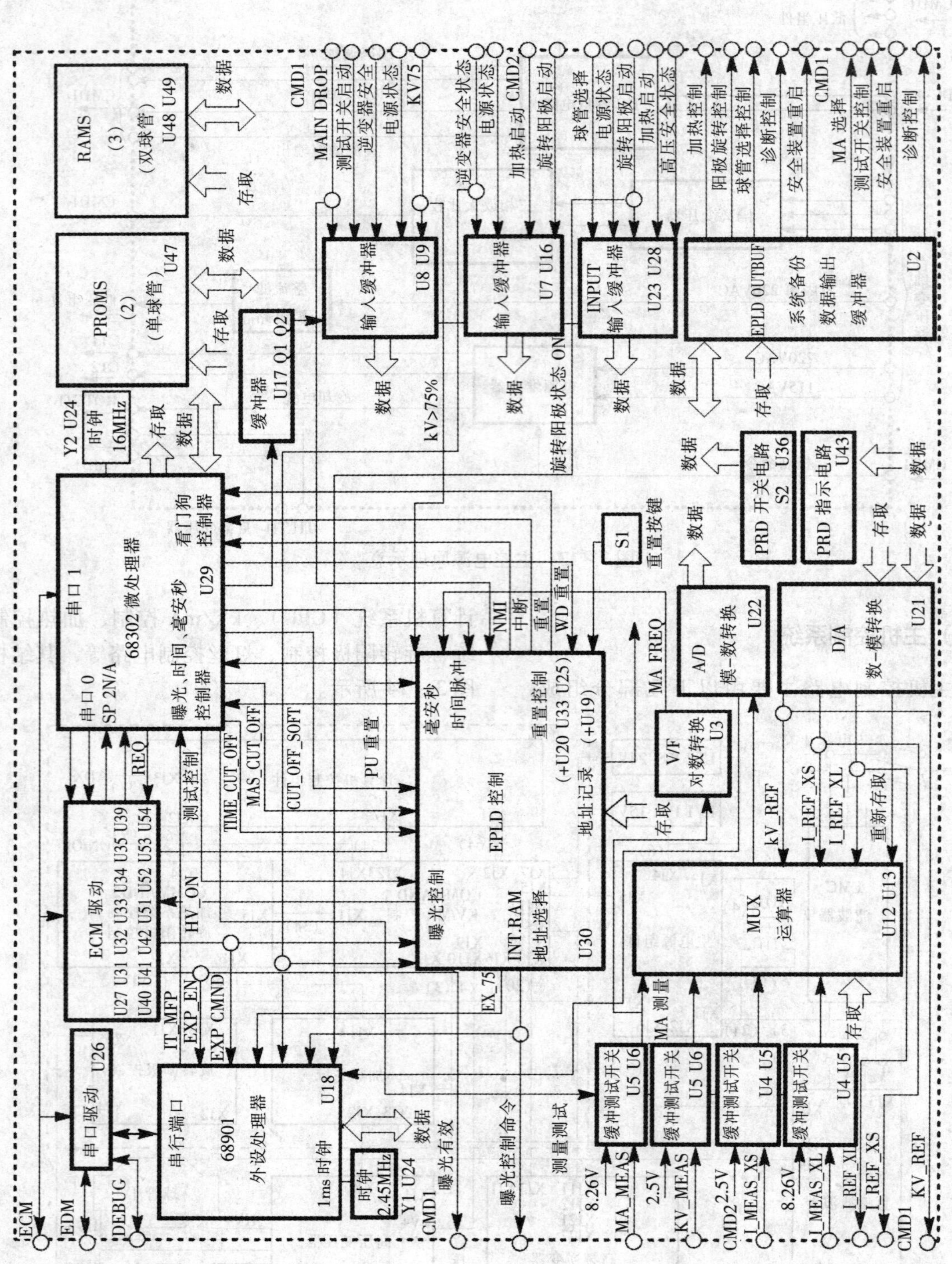

图 3-15 计算机控制系统工作原理示意

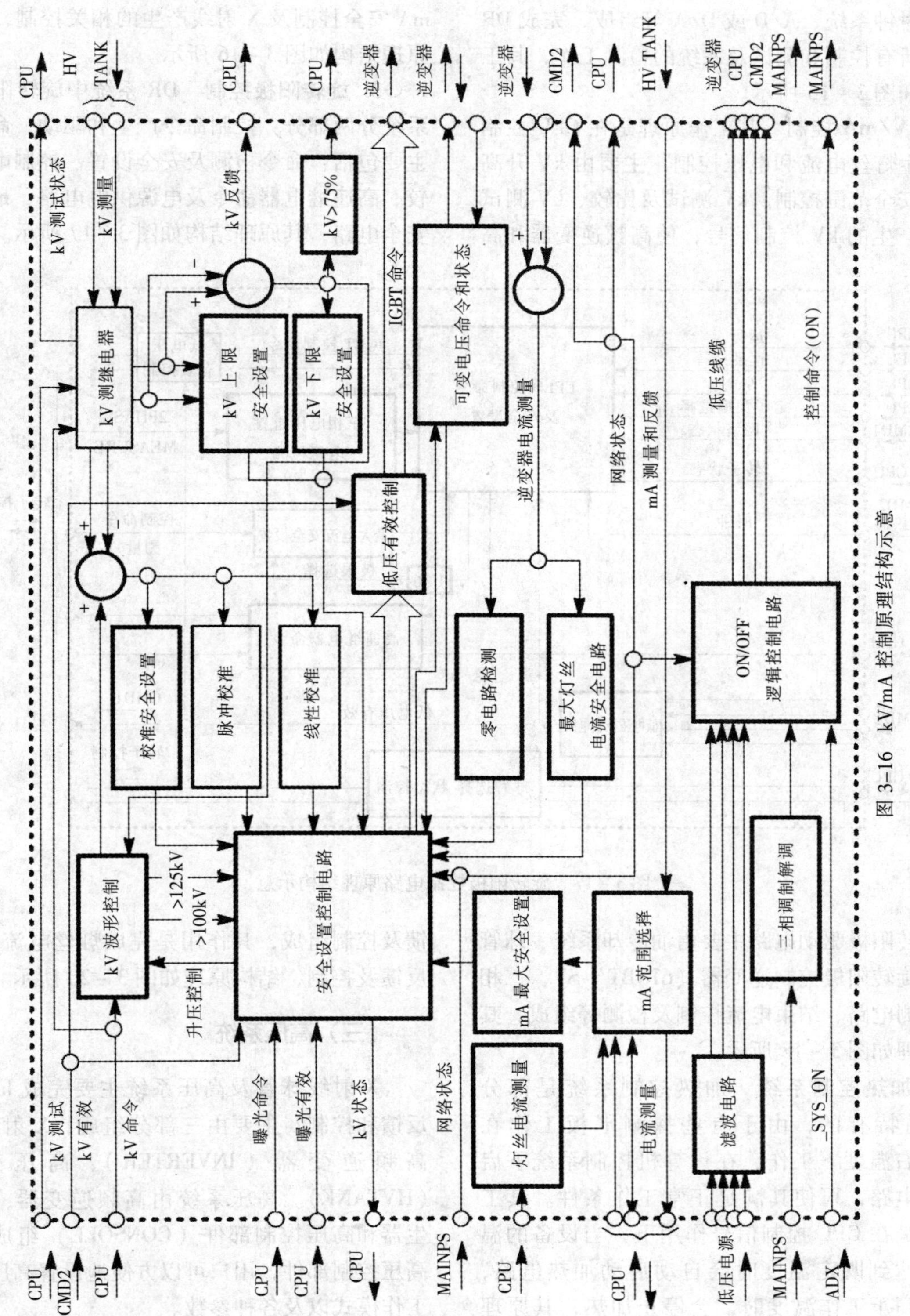

图 3-16　kV/mA 控制原理结构示意

1. 计算机控制系统（CPU）　主要由微处理器系统、存储系统、输入和输出系统、曝光控制系统、时钟系统、A/D 或 D/A 等组成，完成 DR 系统的所有控制和测试及系统的检测工作，其工作原理如图 3－15 所示。

2. kV/mA 控制　其工作原理是在 CPU 控制下，产生灯丝电流和电压控制，主要由 kV 升高检测、安全范围控制、kV 测试及比较、kV 测试等电路产生的 kV 控制信号，使高频逆变器和高压变压器工作，获得工作所需的高压；球管 mA 的检测、mA 安全设置、mA 调节范围及反馈、mA 安全控制及 X 射线产生的相关控制，其工作原理结构如图 3－16 所示。

3. 旋转阳极控制　DR 系统中旋转阳极控制系统分两部分：控制命令产生和驱动，命令产生主要包括：命令检测及安全设置、控制电平的比较、高速继电器命令及电源供电电路，最大电流安全电路，其原理结构如图 3－17 所示。

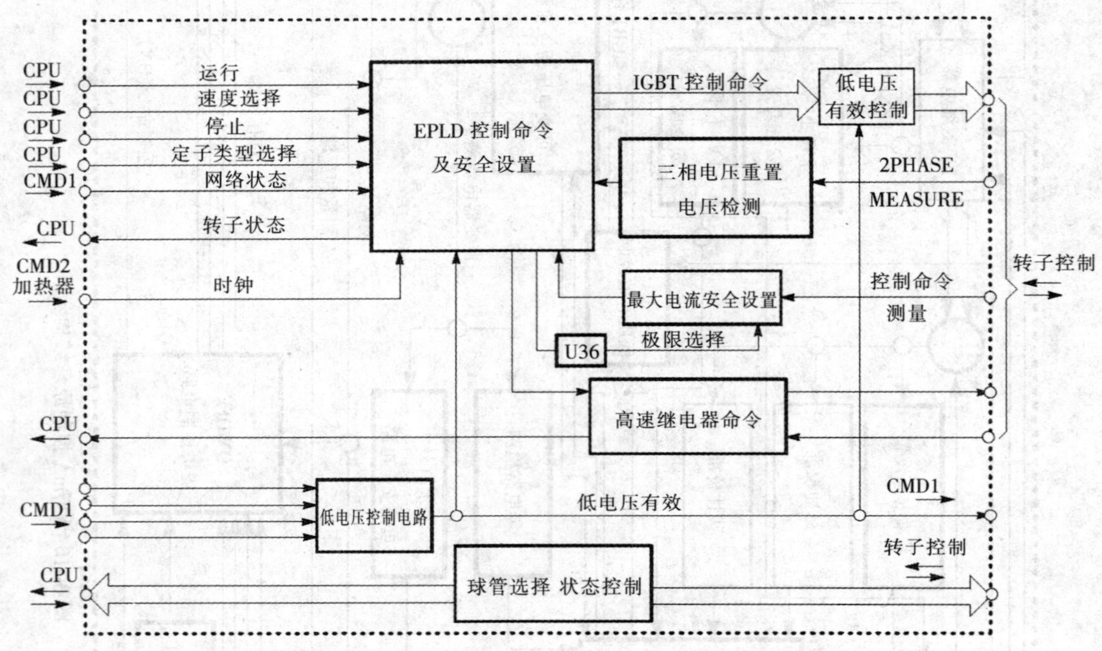

图 3－17　旋转阳极控制电路原理结构示意

旋转阳极驱动电路主要由油冷却系统、球管选择、旋转阳极控制逆变器（6IGBT’S）、二相测量检测电路、结束电流控制及检测等组成，其工作原理如图 3－18 所示。

4. 加热控制系统　加热控制系统是部分 DR 产品特有的，由于有些探测平板工作在 54℃左右温度下工作，在计算机控制系统下启动加热电路，可使其满足正常工作条件。其工作原理是在 CPU 控制信号作用下，当设备的温度没有达到既定温度时会自动启动加热电路，当温度高于工作温度时，会停止加热，其原理如图3－19所示。

5. 灯丝控制电路　灯丝控制电路主要由大小焦点选择、大小焦点电流驱动与灯丝电源的反馈及控制组成，其作用是完成灯丝电流的产生、反馈及控制，结构原理如图 3－20 所示。

（三）高压系统

X 射线球管及高压系统主要完成 kV 产生、反馈和控制，主要由三部分组成：X 射线球管、高频逆变器（INVERTER）、高压变压器（HVTANK）。高压系统由高频逆变器、高压发生器和高压控制部件（CONSOLE）组成，通过高压控制部件，用户可以方便地设置高压系统的工作模式以及各种参数。

高压发生器与高压控制部件之间通过电缆传递命令以及各种运行状态，高压发生器接收并解释控制台发送的指令，从而驱动高压逆变部件，

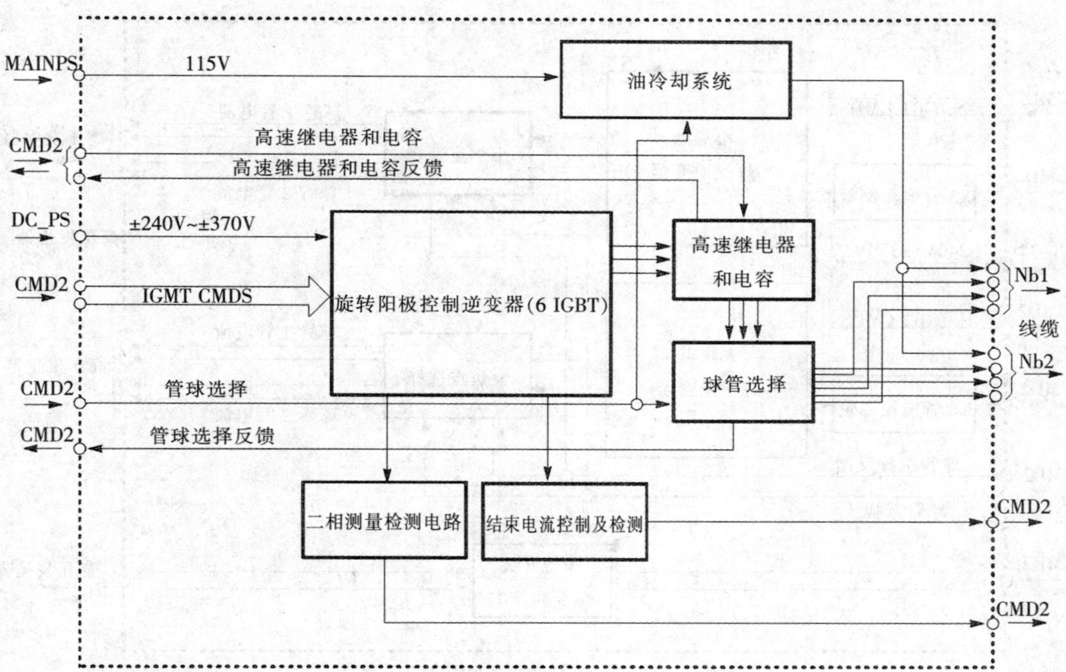

图3－18　旋转阳极驱动电路原理结构示意

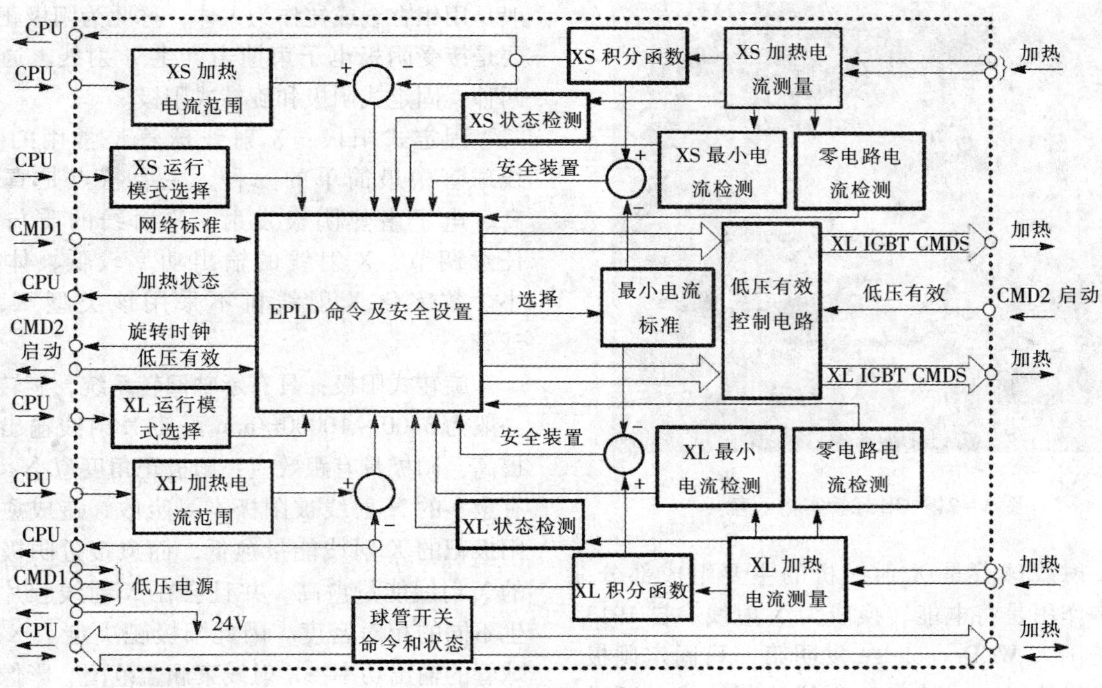

图3－19　加热控制原理结构示意

高压发生器内部的高压变压器，向X射线球管提供稳定的高压电源，同时高压发生器实时监测X射线球管以及相关的运行状态，确保系统安全、可靠地运行。

1. X射线球管　全数字化X射线机大多采用高频旋转阳极X射线球管，其组成可分为机壳、高压绝缘油、X射线球管及旋转阳极的定子等，其实物如图3－21所示。

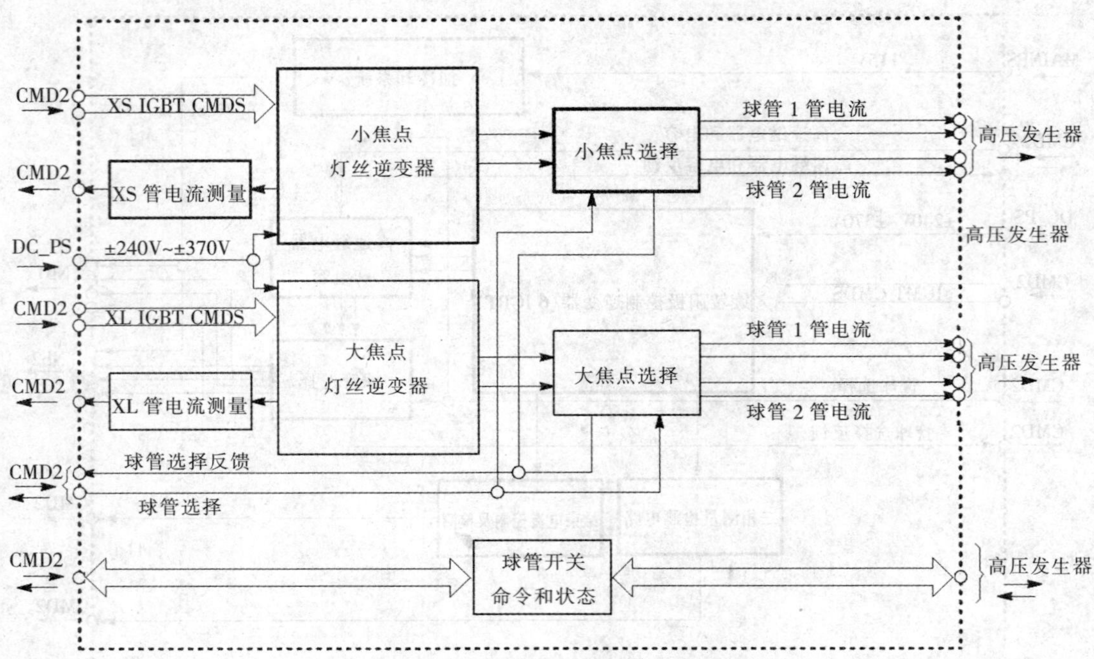

图 3－20　灯丝电流控制原理结构示意

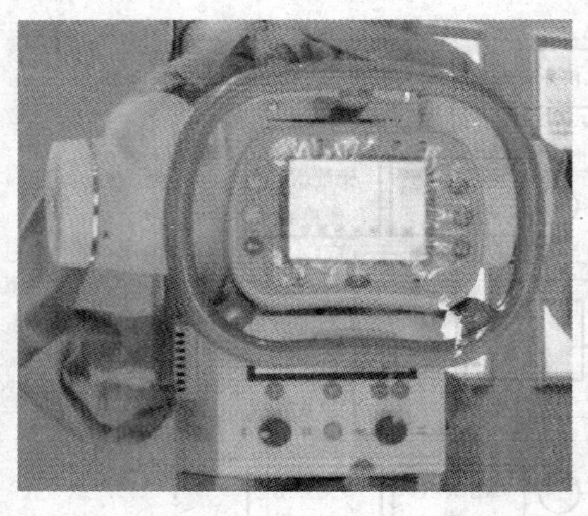

图 3－21　GE 球管实物示意

X 射线球管是 X 射线机的主要组成部分，其基本作用是将电能转换成为 X 射线。自 1913 年由美国人 W. D. coolidge 发明第一只固定阳极 X 射线球管以来，随着 X 射线诊断技术不断进步与提高，X 射线球管得到了日新月异的发展，先后出现气体电离式、固定阳极、旋转阳极及各种特殊 X 射线球管。

（1）数字 X 射线相机用旋转阳极 X 射线球管的基本结构

①阳极　是圆盘状具有倾斜边缘，其材质一般是用钼合金或铑作为人体，称此为阳极靶，主要是接受阴极电子束撞击产生 X 射线。通常有两种：固定式阳极和旋转式阳极。

固定式阳极：X 射线球管是常用的 X 射线球管中最简单的一种，主要特点是真空度高、电子由热阴极发射、X 射线的质与量可任意调节，X 射线的输出功率较低，体积较小。数字化 X 射线机不采用该类型 X 射线球管。

旋转式阳极：具有承轴回转系统，旋转速度一般为 3400～10000r/min 可使 X 射线输出功率提高，阳极具有跟效应：阳极靶角度愈小、将会有愈多的 X 射线被阳极本身吸收，造成愈接近阳极靶的 X 射线能量愈低，而愈接近阴极灯丝的 X 射线能量愈高，并且会在 X 射线胶片上产生不同的相对密度。因此阳极靶决定了 X 射线球管的输出功率、X 射线束涵盖范围、影像品质及跟效应。

②阴极　主要由阴极灯丝、阴极头、阴极套等组成。

阴极灯丝：由钨绕制而成，其作用是发射电子，因为其具有较大的电子发射能力，较高的熔点，在高温下不容易蒸发，容易加工成细丝，因此钨制成的灯丝具有较高的电子发射效率和较长的使用寿命。当电源通过阴极灯丝，此时灯丝会变成红热状态并会释放出电子，同时将会有空间电荷产生并伴有热离子发射。空间电荷是在阴极圈，像云雾般释放出的电子；热离子发射是红热的灯丝释放出电子。

阴极头：由纯铁或镍制成，灯丝装在其中，热电子从灯丝溢出后，初速度较小，这是电子轨迹，即焦点大小和形状主要取决于灯丝附近的电位分布曲线。

（2）X 射线球管的特性　X 射线球管会产生热，主要是因为供给 X 射线球管的能量只有 1% 变成 X 射线外，其余 99% 皆以热能的形态产生，任何一个 X 射线球管都有它一定的规格参数和特性，只有充分了解和正确使用它，才不至于因使用不当而造成管的损坏，数字化 X 射线机管的规格参数不同于普通 X 射线球管，包括构造参数和电参数两种：①构造参数，是指由 X 射线球管的构造所决定的各种规格或数据，如阳极靶面倾角、有效焦点、外形尺寸、重量、管壁的滤过当量、工作温度、阳极转速、冷却和绝缘形式等。②电参数，指的是 X 射线球管电性能的规格或数据，如灯丝加热电压和电流、最高管电压和灯丝电流、最大允许功率、容量等。在调整和使用 X 射线球管时，要严格遵守 X 射线球管的电参数，特别是如下三个参数：a. 最高管电压是指施加于 X 射线球管阳极和阴极之间的最高电压峰值，用仟伏（kV）表示（或用 kVp 表示）。如果使用中管电压超过了最大允许值，就会使管壁放电甚至被击穿。b. 最大灯丝电流是指在某一管电压和曝光时间内所允许的最大灯丝电流的电流平均值，用毫安（mA）表示。在调整灯丝电流时，不能超过这个值，否则将导致 X 射线球管焦点面过热而损坏或缩短灯丝寿命。c. 最长曝光时间是指在某一管电压和灯丝电流条件下所允许的最长曝光时间，用秒（s）表示。使用中若超过这个值，由于热量的积累，将使 X 射线球管焦点面过热而损坏。

（3）X 射线球管的阳极特性　在灯丝加热电压一定时，把灯丝电流 Ia 与管电压 Ua 的关系称为 X 射线球管的阳极特性。这种特性用曲线描绘出来，就叫做阳极特性曲线，或叫做 Ia－Ua 曲线。

当 X 射线球管的灯丝加上电压时，灯丝就会被加热而逸出电子，电子会在灯丝附近聚集，特别是灯丝后端发射出来的电子，由于电子间的相互排斥和电场作用力很微弱，它们会滞留在灯丝的后面，形成电子云，这些电子云又称为空间电荷。空间电荷在飞往阳极的运动中受到的阻力很大，只能随管电压的升高而逐渐地飞向阳极，如管电压不足以吸引电子时（15kV 以下），空间电荷还会阻止电子的继续逸出。可见，空间电荷对灯丝电流的影响很大，是改变阳极特性的主要因素。

实际上，由于 X 射线球管受本身结构和空间电荷的影响，饱和区并不明显，在实际情况下，当灯丝加热电压一定时，管电压的变化会引起灯丝电流的改变，只有当管电压升高到一定值以后，管电压的升高才不至于使灯丝电流增加很多，即灯丝电流趋于饱和。

（4）X 射线球管的灯丝特性　是指 X 射线球管的灯丝加热电压与灯丝加热电流之间的关系。但由于球管的灯丝是钨制的热阻丝，灯丝达到一定温度后，其阻抗会增大，故在做灯丝加热特性实验时，应在灯丝额定电压的 30% 处稍停一下，待灯丝电流稳定后，再逐渐将电压升至额定值。而且，灯丝电压升至额定值时，停留的时间不能太久，因灯丝温度与电子发射数量和寿命有直接关系。经实验，灯丝电压高于额定值的 5% 时，电子发射数量会增加 50%，而灯丝寿命却减少 50%；灯丝电压低于额定电压的 5% 时，灯丝寿命可延长一倍。

（5）X 射线球管的瞬时负载特性　根据 X 射线球管负载的时间长短，可分为瞬时负载和连续负载。所谓瞬时负载指作用时间在数毫秒至数秒之间，如单次摄影、单组连续摄影，这时在 X 射线产生过程中伴随而生的大量热能主要集中在靶面附近，散热作用可以忽略，靶面温度必然会迅速升高，最大瞬时负载仅由靶面熔点所决定。瞬时负载一般用容量、功率或瞬时负载特性曲线来表示。连续负载是指作用时间较长，可能条件较低，但此时球管散热则是主要考虑的问题，如连续透视摄影，数字化X线机中较少采用。

X射线球管容量：又称为X射线球管的负荷量或负载能力。它是指在X射线球管安全使用下，二次曝光中阳极靶面所能承受的最大负荷。其计算公式为：

$$P=\frac{1}{1000}IU$$

式中，P为X射线球管容量（kW），U为管电压有效值（kV），I为管电流有效值（mA）。

在实际工作中，测得的是管电压峰值和管电流平均值，而在不同整流方式中，管电压和管电流的波形不同，管电压峰值与有效值、管电流平均值与有效值均不相同，下面是乳腺X射线球管容量的计算公式：

$$WATTS=EI\times II\times t\times p.f.$$

式中，EI施加于球管上的电压；II在EI下的管电流；t施加于球管上的作用时间；$p.f.$转换因子（通常计为0.83）。

所以计算容量时，要考虑整流方式，同时还要考虑负载时间（曝光时间），X射线球管容量随曝光时间的增加而减少。

X射线球管代表容量：由上述已知，X射线球管容量不是一个固定值，它与X射线球管的整流方式、曝光时间、阳极转速、靶角、焦点尺寸等有关。把在一定整流方式和曝光时间下的X射线球管的最大容量，叫做X射线球管的代表容量、标称容量、额定容量或标称功率。

固定式阳极X射线球管代表容量：是指单相整流方式中，曝光时间为1s时X射线球管所能达到的最大负荷。

旋转式阳极X射线球管代表容量：是指在三相全波整流方式中，曝光时间为0.1s时X射线球管所能达到的最大负荷。

X射线球管的比容量：在全波整流方式中，在X射线球管的实际焦点上，每$1mm^2$在1s内所能承受的最大功率称为该管的比容量，单位为kW/mm。钨制靶面的X射线球管的比容量，在ls时约为0.2kW/mm，如负载时间减为0.1s，它的比容量可达0.3kW/mm。

X射线球管的比容量是用来换算代表容量和最大额定功率的。如果靶面实际焦点面积为F_a（mm），管的代表容量为P_a（kW），管的比容量为W（kW/mm），则有：

$$P_a=F_a\times W$$

球管热容量：

①热容量：X射线靶面被电子撞击时会产生大量的热量，称为X射线球管的生热效应。球管能够包容的热量，即X射线连续负载的容量由阳极的温度来决定，这个容量称为热容量，单位以HU（heat unit）来表示。

一个热单位可定义为：单项全波整流电路中，高压电缆长度在6m以内，管电压为1kVp，管电流为1mA，负载时间为1s时，阳极所产生的热量，即：1HU＝1kVp×1mA×1s。

每个X射线球管都有它所允许的最大热容量，在使用X射线球管时，应按照该种球管的热容量规格使用。

②散热率：在连续负载下，阳极温度上升的同时，通过传导和辐射方式，使阳极的热量不断散发，因此，将X射线球管在一段时间内将热能散发出去的速率，称为散热率，其单位是HU/min。

2. 高频逆变器 高频逆变器主要由计算机控制下的主逆变回路、控制电路、主电源输入回路、辅助驱动板电路等组成。

在20世纪70年代中期，中频逆变技术在X射线机中的应用开始受到重视。80年代后期出现了中频X射线机，即其高压电源与灯丝加热电源的工作频率为中频（400Hz～20kHz），中频X射线机的出现是放射发展史上的一次革命。到90年代中期，随着高频技术的成熟，出现了高频X射线机，其频率大多在20kHz～100kHz之间。X射线机工作频率的改变，决定了其结构和性能上的质的改变，由于高频机比中频机、工频机具有绝对的优越性，所有数字化X射线机都采用高频逆变发生器。

高频X射线机的高压产生和控制都是由高频逆变器完成的，它是一个交流逆变器（AC/AC INVERTER），能改变固定频率下的可变高压。高频逆变器通常由预置控制信号来控制高压的产生，高频逆变器的最基本原理是一个交流（AC/AC）逆变器，它能将一个电源电压（AC ±240～370V、50/60Hz）通过脉冲宽度调制（pulse width modulation，PWM）转换成频率为100kHz或更高的的高压信号，该信号发送至一个高压变压器，通过变压电路和整流电路将初级电压变成40kV～150kV高压（波动通常≤2%），同时，球管内的动态信号将被精确地获取，以控制高频逆变器对X射线高压的控制，其工作原理如图3－22所示，高频逆变器控制电路原理如3－23所示。

（四）平板探测器及接口电路

下面主要从非晶硒平板的成像原理、量子探测效率（DQE）和调制传输函数（MTF）三个方面与非晶硅平板探测器作出比较，从成像理论和体模测试结果两方面说明数字探测器的成像原理。

1. 成像原理

（1）非晶硅平板（A－Si）的成像原理和结构　非晶硅平板（即间接转换数字探测器）的内部结构分为三层：CsI闪烁体、非晶硅制成的光电二极管矩阵以及最底层的薄膜晶体管（TFT），如图3－24所示。不可见的X射线光子被CsI涂层所吸收，并转化为可见光光子；随后，可见光光子在光电二极管中转化为电荷；光电二极管矩阵中的每个单元均与一个薄膜晶体管单独相连以读出光电二极管中沉积的电荷；至此，X射线光子转化为模拟电信号的过程宣告结束。此模拟电信号随后被转化为数字电信号，通过光纤传输到外部的采集系统。由此可知，X射线光子在转化为电信号的过程中，必须首先转化为可见光，而可见光在闪烁体内的散射和漫射造成了图像分辨率的下降，这种图像质量的下降不能满足X射线摄影对细节的极高要求，不利于微小结节以及早期微小癌的检测。

（2）非晶硒平板（A－Se）的成像原理和结构　非晶硒平板（即直接转换数字探测器）从根本上消除了可见光的存在，从而避免了由其带来的图像分辨率下降。非晶硒平板内部结构分为两层：非晶硒半导体材料涂层以及薄膜晶体管（TFT）阵列。非晶硒涂层吸收入射的X射线光子，将其直接转换为电荷。在外加电场的作用下，电荷（即电子－空穴对）向像元电极不断漂移，积聚在像元电容上，最终被薄膜晶体管读出。因为电子－空穴对在漂移过程中严格沿电场线运动，从而避免了信号的扩散，确保了宽度仅1μm的极窄的点扩展函数。简言之，非晶硅平板会将某一像素点的信号扩散到邻近的若干像素点，造成图像分辨率的降低；而非晶硒平板却不会如此，因而其极高的图像分辨率能够满足摄影的临床需要。探测器的性能可通过两个量化指标来评价：量子探测效率（DQE）以及调制传输函数（MTF）。

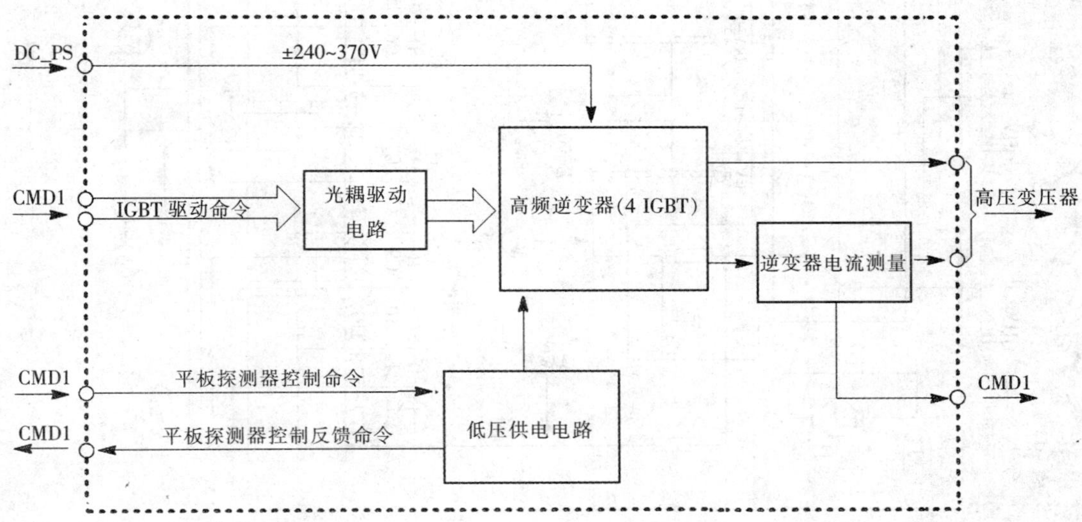

图3－22　高频逆变器原理结构示意

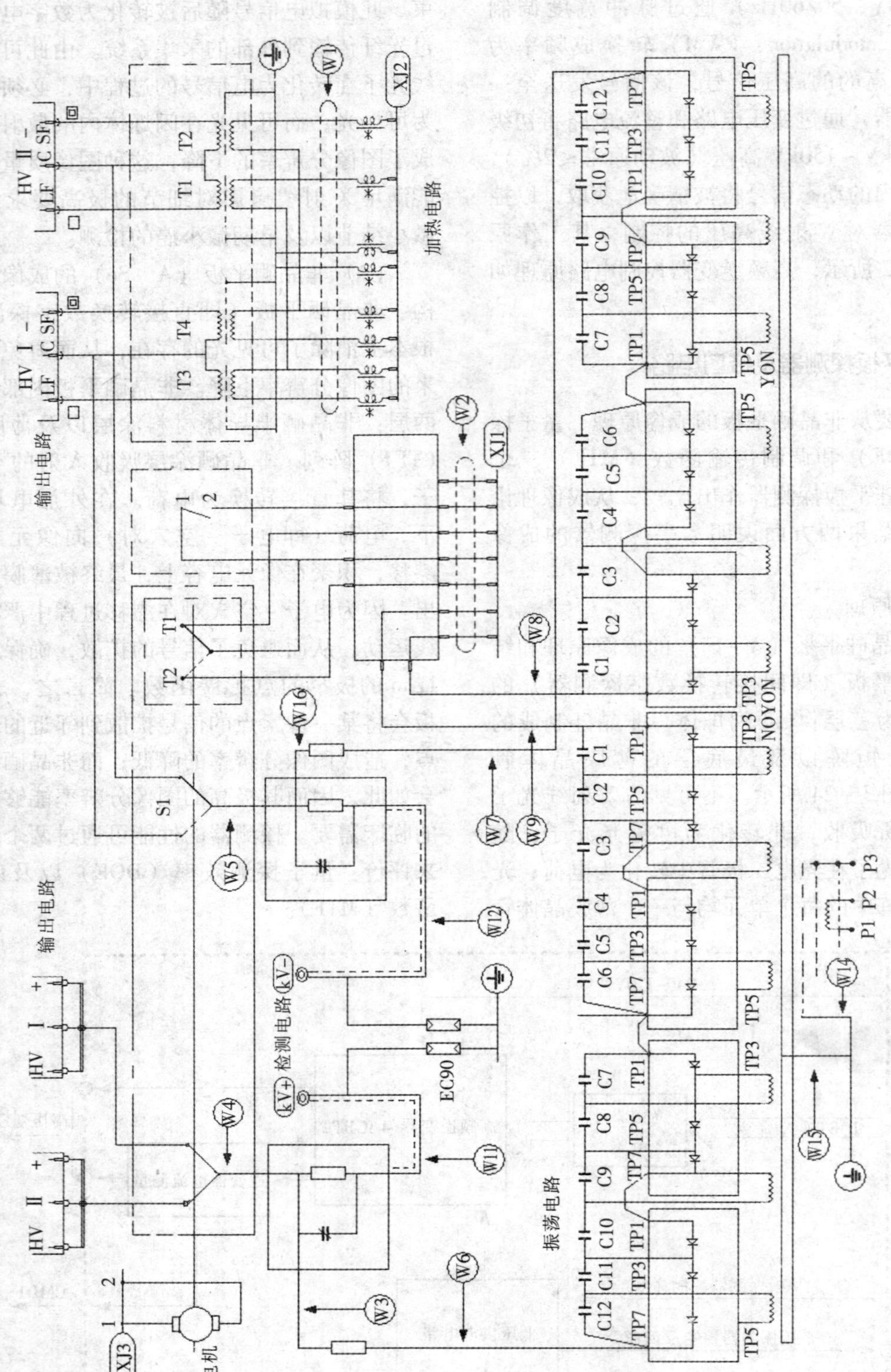

图 3-23 高频逆变器控制电路原理

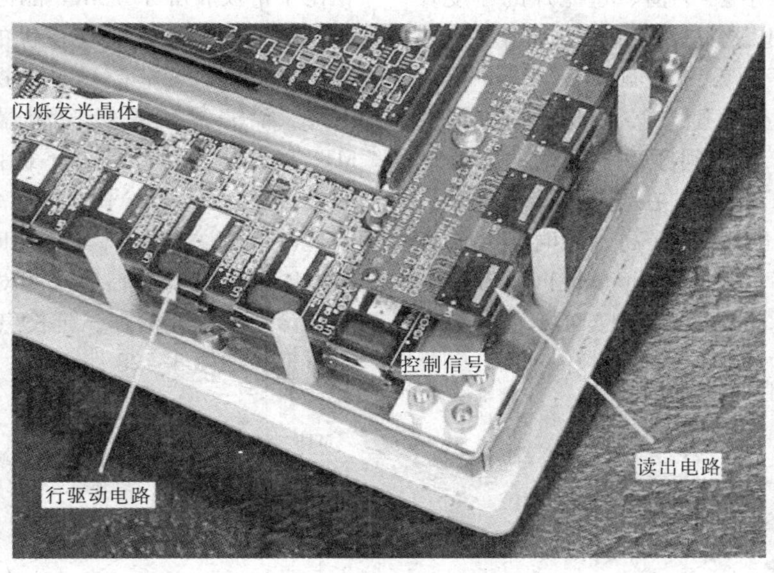

图 3-24 非晶硅平板（A-Si）的成像原理和结构

（3）光电导体模式　非晶硒平板探测器技术源自荧光检测技术（光电导体模式），并且图像能获 30 帧/秒，在 200μm 厚度的硒结构中其中探测器像素可为 85μm，采用集成电路输出和自动图像无间隙技术图像分辨率可达 2816×3584 或 2016×2816，采用非晶硒层设计成为单极的实时 P-I-N 结构，在照射野内不仅电荷分离，并且能迅速将电荷传输给集电极以保持图像边缘的锐利，如图 3-25 所示为泰雷兹公司采用的平板探测器。

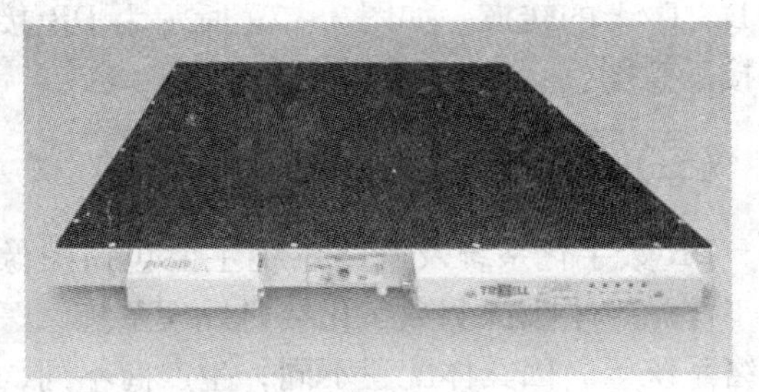

图 3-25 泰雷兹平板探测器实物

（4）屏模式和层析射线工作模式　非晶硒平板探测器多采用两种工作模式：屏模式和层析射线模式。

两种模式工作原理相同，主要不同在于帧频率和动态范围，屏模式读出时间为 1.3s，而层析射线模式为 0.4s；噪声都限制在 0.2mR 以下，屏模式 5.4 帧/秒，其动态范围 1200∶1；层析射线模式 0.5 帧/秒（2 帧/秒），其动态范围800∶1，其对比如图 3-26 所示。

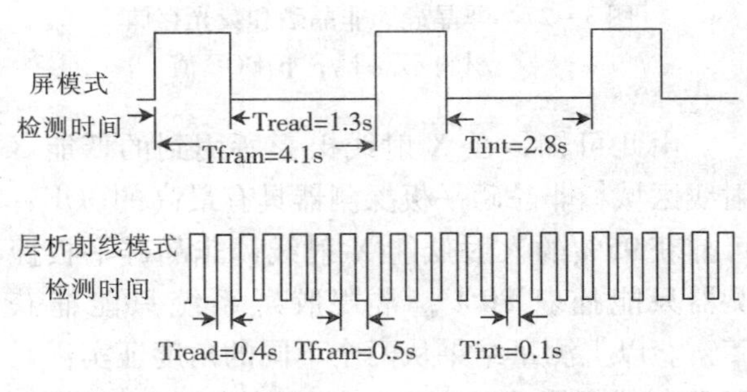

图 3-26 工作模式比较

2. 非晶硒平板探测器的量子探测效率　量子探测效率（DQE）测量了探测器对入射到探测器表面的 X 射线光子的吸收能力（%）。具有较高的 DQE 的成像系统能够以更低的剂量获得更优秀的图像质量。对剂量的考虑在摄影中格外重要，X 射线照射本身就会增加患者患癌症的危险，因此如何在进行定期普查的同时尽可能降低成像剂量，就成为 X 射线摄影所需要解决的主要问题。

虽然目前 DQE 的测量方法在业界还未达成统一，但有一点共识是，DQE 的测量值受到多种因素的影响，如射线 kV 值、过滤片的厚度及材料、空间频率值以及具体的测量方法等。权威研究机构测量了不同系统在 70kVp、2mm 铝滤片条件下的 DQE 值，随着空间频率的增加，DQE 呈下降趋势；在空间频率较低时，非晶硅平板探测器的 DQE 最高；在空间频率较高时，非晶硒平板探测器的 DQE 最高。同时某些研究机构测量了空间频率固定为 0lp/mm 时，改变入射线的 kVp 值时不同成像系统的 DQE 值，如图 3－27 所示。

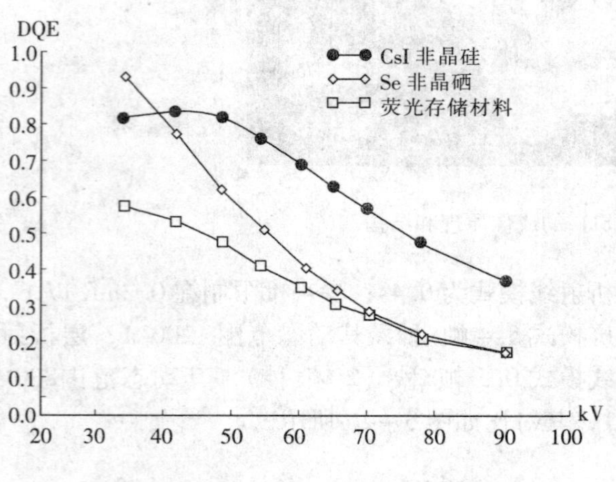

图 3－27　非晶硅、非晶硒和荧光存储材料不同 kVp 下 DQE 值

由此可知，在 X 射线摄影所用到的低能 X 射线区域，非晶硒平板探测器具有最高的DQE－可捕获 95% 的入射低能 X 射线，非晶硅平板探测器只能捕获 80%，常规胶屏系统只能捕获 55%。以上测量结果从两个不同的角度证实：对于 X 射线摄影这种高空间频率的临床应用而言，非晶硒平板探测器在降低成像剂量方面大大优于非晶硅平板探测器。

DQE 是最准确的图像质量测量方法，也是最佳的全数字化平板探测器的衡量指标。DQE 测量了从 X 射线投照到图像采集的信噪比，它同时考虑了分辨率、噪声、X 射线吸收等诸多因素，它一般用 DQE 曲线来表示空间分辨率。

3. 非晶硒平板探测器的调制传输函数　调制传输函数（MTF）标志了成像系统维持物体原有对比度的能力。MTF 值越高，意味着系统对原始信息的还原能力越强，所得到的图像越接近于原始图像。权威研究机构的测量结果表明，相比于常规胶屏系统和非晶硅平板探测器而言，非晶硒平板探测器具有最优的 MTF 值。但空间分辨率增加时，非晶硅平板探测器的 MTF 迅速下降，而非晶硒平板探测器仍可保持较好的 MTF 值，这是与非晶硒平板探测器直接将入射的不可见 X 射线光子直接转化为电信号的成像原理密切相关的，只有高空间频率下的高 MTF 值才能真正有助于临床医生对病变的早期发现、早期诊断、早期治疗，延长患者的生存时间和生存质量，如图 3－28 所示。

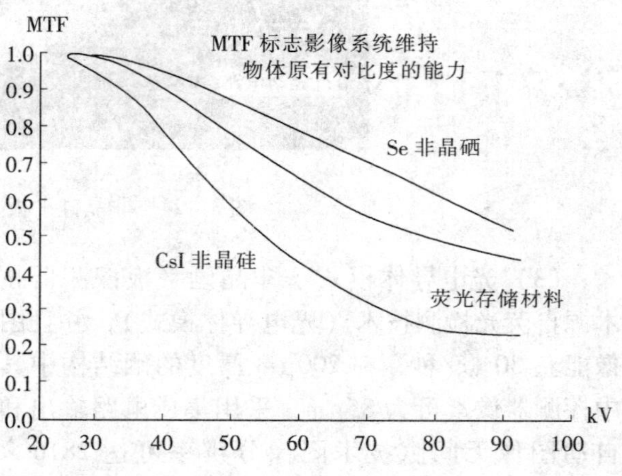

图 3－28　非晶硅、非晶硒和荧光存储材料不同 kVp 下 MTF 值

4. 接口电路　主要功能是进行信息的交换和处理，在 DR 设备中数据和信息的交流是很重要的。接口电路通常包括控制信号、驱动信号及 A/D、D/A 的转换，如图 3－29 所示为 DR 接口连接示意图。

（五）数字化及网络系统

DR 数字化系统及网络系统主要包括图像处理工作站、平板探测数字化接口处理系统、医院网络系统等。因具体配置不同，生产商不同，其基本结构在下面章节中结合具体机型论述，其组成结构如图 3－30 所示。

三、软件系统

软件系统主要包括操作系统软件、数字诊断应用软件、PACS 及 RIS、HIS 等子系统，所有的软件是建立在硬件系统之上。系统软件多采用

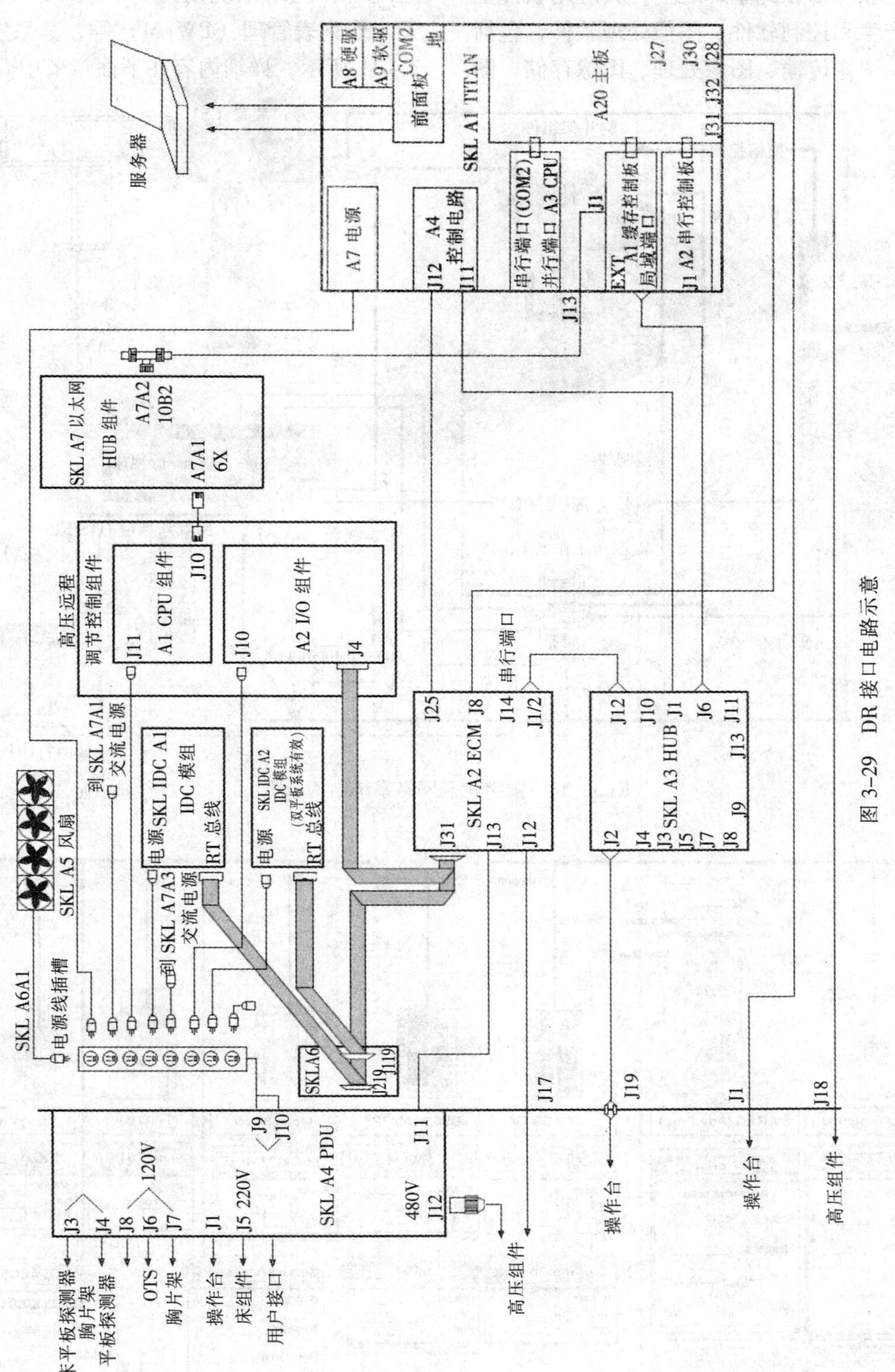

图 3-29　DR 接口电路示意

Unix 操作系统，也有采用微软 Windows 系统，所有的应用软件都在此基础之上，其应用软件主要为射线产生和控制软件、图像处理软件，包括图像获取、图像传输、图像处理、图像存储、图像打印、图像后处理（三维图像处理等）、病案管理等；网络系统则为 PACS、RIS 或 HIS 系统及工作列表管理（BWLM）等，其系统结构如图 3－31 所示，详细内容在下面章节中介绍。

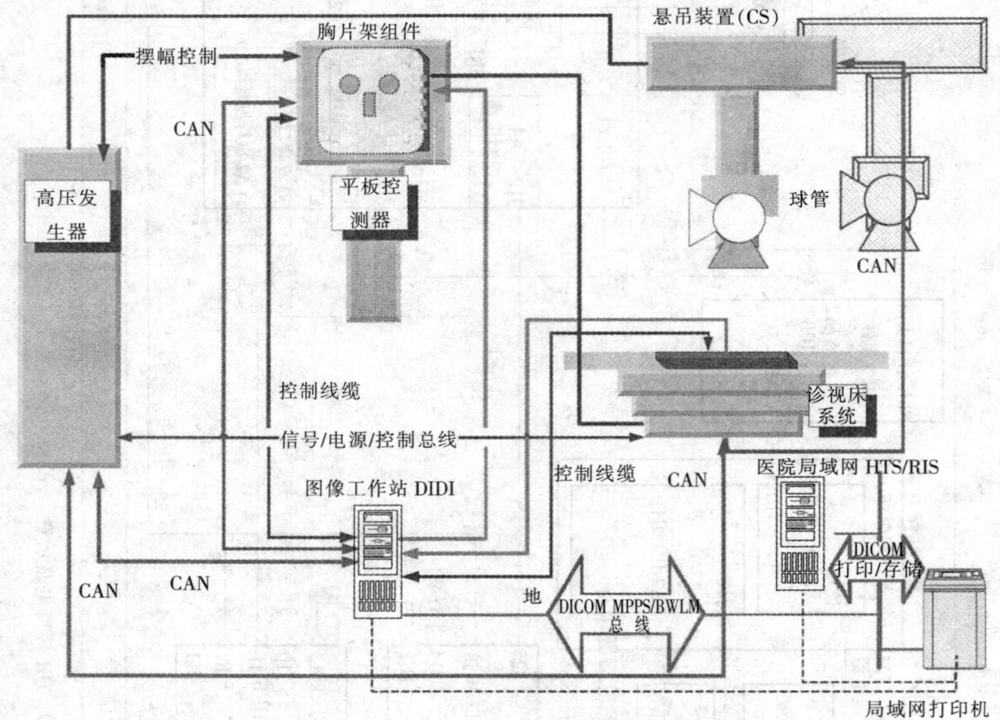

图 3－30　数字化及网络系统结构示意

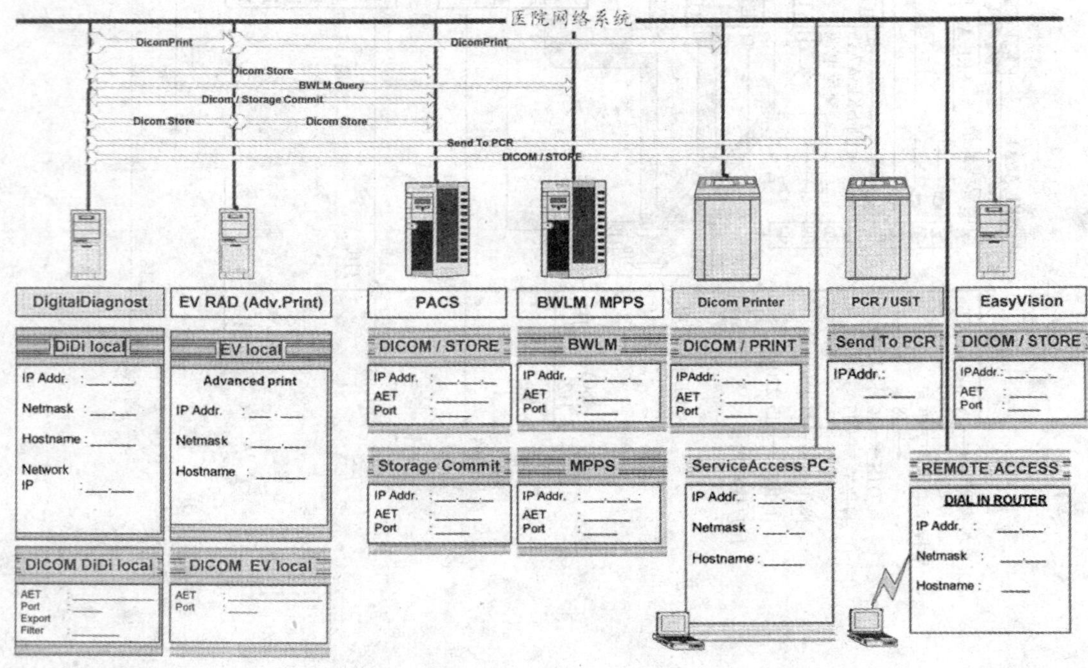

图 3－31　DR 软件系统结构示意

第三节 飞利浦 DR 系统原理分析

一、概述

Digital diagnost TH/VR 基本系统采用电动升降，用于满足胸部和立位滤线栅拍片需要，并将 Bucky Diagnost 家族的人体工程学设计与最先进的探测器和图像后处理技术完美地结合在一起。系统结合了数字化放射学的所有优点：优异的图像质量、很高的工作效率、符合人体工程学、减低了射线剂量、灵活的数字化系统，Digital diagnost 支持与 RIS 和 DICOM 兼容的诊断存储工作站及相关数字化系统。

主要特点有：①采用数字化技术，并且系统极高地自动化操作，极大地提高了工作效率和患者检查速度；②采用最先进的平板探测器，极佳的光量子转换效率和最先进的图像处理软件，图像质量明显提高；③较高的光量子转换效率，降低了 X 射线使用剂量，图像直接显示，无需胶片处理，提高工作效率降低了成本；④图像的后处理，消除了曝光过度和曝光不足，从而减少了重复曝光，性能优越的探测器（43cm × 43cm）提供了完整的诊断信息；⑤整个系统符合人体工程学设计；⑥具有很强的网络支持能力：支持 RIS/HIS/PACS，系统采用开放式结构设计，满足未来发展需要。

二、组成结构

（一）Digital diagnost VR 组成

1. 数字化平板探测器

（1）探测器尺寸　43cm × 43cm（17inch × 17inch）。

（2）像素矩阵　3000 × 3000。

（3）像素尺寸　0.143mm。

（4）像素深度　14bit。

2. 系统操作工作站　用于自动图像后处理，图像浏览和图像再处理。

（1）计算机系统硬件　SUN blade 2500 with Solaris OS 专用图像工作站；360G 硬盘；CD－R 用于系统设定的备份和恢复；4G 用于操作系统和应用软件；32G 图像存储（2000 幅）；2GRAM；19 寸高分辨率液晶显示器，分辨率：1280 × 1024。

（2）探测器接口板。

（3）CAN 接口板。

（4）软件带系统软件和许可证。

（5）简便工作流程软件，通过 NFS/FTP RIS 接口，管理 Work list。

（6）DICOM 通讯软件包，包括 DICOM Storage（SCU）；DICOM Storage Commitment（SCU）；DICOM Verification（SCU and SCP）。

（7）动态重建增强软件。

3. 文件　UNIQUE 高级多频图像处理软件能够使图像具有最佳的对比度和灰阶度，在提高图像细节分辨率的同时，保持图像的原始特征，如果 PCR 也用 UNIQUE 软件处理的话，则其图像特征可以同 DR 保持一致。

4. 数字胸片架　满足胸片和立位 Bucky 检查，电动数字化活动滤线器胸片架具有跟踪功能，采用电动数字化活动滤线器，探测器中心离地 30～180cm，具有逆向平衡垂直运动装置和无线遥控功能，探测器可垂直移动，自动调节缩光器，可自动调整 X 射线照射野，具有 5 视野自动曝光控制和用户界面，振动滤线栅可以移走，其栅相对密度 36 线/厘米（90 线/英寸），栅比 8，SID140cm。

（二）高压发生器和球管

1. 高压发生器组成及功能

（1）发生器　AMPLIMAT 自动曝光装置。

（2）操作面板　带有 APRT 自动曝光程序。

（3）电缆 20m。

（4）剂量计算装置　微机控制高频高压发生器，具有区域剂量计算功能，标准功率输出 50kW。

（5）曝光时间 1ms 到 4s。

（6）接口　用于 APR 选择的数字接口；用于自动数据显示以及在片子显示曝光参数的数字接口，显示及监测所有相应的曝光数据。

（7）功能　球管过载保护，自动降低输出；如果曝光参数超过限度，系统能自行修正。

2. RO17/50 球管　X 射线球管套件 RO17/50 球管，150kV/焦点（0.6/1.2）。

（三）X射线球管吊架系统（CS2）

（1）可伸缩弹簧平衡球管吊架系统。

（2）球管焦点到吊架中心距离 210mm。

（3）焦点到天花板最小距离 86cm 或者 125cm，取决于球管位置。

（4）焦点沿垂直轴旋转 360°，每 45°有锁定位置。

（5）焦点沿水平轴旋转 ±125°，±90°有锁定位置。

（6）纵向和横向均有中心定位装置。

（7）控制把手带制动和锁定功能，带自动缩光器，自动缩光和断层显示。

（8）带有灯光指示的缩光器：标准、手动（选件：自动）。

高压电缆二条，长度取决于现场；安装电缆，长度取决于现场。一套天轨用于携带天吊球管做纵向移动，长度 4.3m。

（四）DICOM 打印

（1）DICOM 打印功能用于在 DICOM 兼容的打印机上打印 Digital diagnost 图像。

（2）提前定义胶片格式。

（3）手动和自动打印。

（4）多个打印机和多种胶片尺寸打印。

（5）打印预览覆盖提前定义的格式和设定。

（五）高级图像输出

（1）DICOM 灰度等级标准显示功能是一个基于测量功能之上、同数字图像和显示亮度相关联的软件，将 DICOM 标准 14 作为自定义，从而将人眼对亮度的感知范围扩大到一个更宽的范围。

（2）高级图像输出滤过装置为软拷贝阅读器提供最优化图像的密度映射曲线（look - up table，LUT）。

高级图像输出滤过通过校正曲线进行校正，再传输到接收工作站上，利用线性查找可以从 DICOM 灰度瞬变标准显示功能的 LUT 曲线找到对应的曲线，从而优化图像，包括软件许可证。该系列 DR 结构实物如图 3－32 所示。

图 3－32　PHILIPS DR 组成结构

三、电路原理分析

飞利浦 Digital diagnost TH/VR 系统主要由摄影控制系统（optimus generator）、数字化诊断床（digital diagnost TH）和平板检测系统（measuring chamber）、悬吊装置 CS（bucky diagnost CS）、胸片架系统 VE/VT 和数字化软件系统（digital diagnost workstation system）构成。

（一）摄影控制系统

系统控制电路原理如附图 1 和附图 2 所示，主要以下几个功能模块组成：中央控制单元模块和操作面板、电源组模块、仟伏高压控制模块、电流控制模块、基本接口组件、球管系统、通用接口模块；TH（CS）主要床电路和悬吊装置。

1. 中央控制单元模块（function units CU and DRC）和操作面板（operating panel）　主要由主计算机（main computer）、系统接口电路（system interface）和剂量率控制接口（dose rate control DRC）组成，其详细电路原理如附图3所示。

在计算机系统软件和应用软件作用下，通过数据总线和系统总线及相关的控制器件，完成了数字化成像的基本功能的操作、处理和显示。

操作面板由三部分组成：操作面板 C100、操作面板电源电路 C200 和接口电路 C300。C100

主要是键盘功能键及指示；C200 电源主要是 2V、4V、40～44V、15V、5V 直流电源；C300 接口主要包括键盘存储器和键盘输出控制电路，其详细电路原理如附图 4 所示。

2. 电源组模块　主要由电源供电组件（power supply）和低压供电组件（low voltage supply）两部分组成。主电源供电电路原理图如附图 5、附图 6 所示，其原理是当按下开关 ON 则 K1 继电器得电，K1 继电器工作并自锁，指示灯 H1 灯亮，K2 继电器得电工作，其接点闭合则系统得电。MEX 输出三相 380～400V 电源，并分别提供旋转阳极电源（EYA）、球管扩展电源（WG，可选项）、到低压电源接口（EZ102）、扩展低压电源接口（EWN，可选项）、电源控制接口（EZ119）、中央控制单元模块电源接口（EZ139）、仟伏控制电源接口（EZ130）；其主电源线路采用防电涌装置及星型、三角型接法，所有控制具有良好的保护装置，其原理如附图 7 所示。

低压供电组件：来自主电源 230V 输入电压，通过电感和桥式整流，滤波电容得到直流 325V 电源，为中央控制单元模块供电；通过 T2 变压器及桥式整流获得直流 VB 电压，通过频率和振荡电路获得大于 30kHz 高频的直流电压，通过 T1 变压器、频率及电源调整器得到 +26V、+5V、+15V、-15V，分别为设备所有的控制电路供电，其详细电路如附图 8 所示。

3. 仟伏控制（kV control）电路　主要由四部分组成，kV 主控模组（kV brain）、kV 调整电路（PWM）、外围端口（deciupling and level matching）。完成高频高压的控制和反馈，完成对高频逆变器的驱动，详细原理如附图 9 所示。

4. 仟伏电源模组（kV power unit）　主要由三部分组成：kV 控制与 IGBT 驱动信号电路、IGBT 电路、高频逆变器（H. V generator）电路，其原理图参阅附图 10，其元件结构参阅附图 11。kV 控制电路的控制信号由 EZ130 获得，通过光电耦合元件驱动 T1、T2 开关变压器，产生开关信号驱动四个 IGBT 产生高频高压给球管供电，其检测由 EQ T1（E2Q）完成。热保护功能控制和检测由 EZ102 获得 +24V 通过滤波为散热风扇电机供电，当球管温度升到保护温度时电机启动，50kW 和 65/80kW 不同在于高压控制电路是双重控制的。

高频逆变器高频高压通过硅桥的整流，通过 K1、K2 继电器切换球管，L2 电流检测、L3、L4 高压控制检测，球管灯丝变压器为 T2、T3 分别为两球管提供灯丝电流，其原理如附图 12 所示。

5. 灯丝电流控制（mA control）电路　主要由三部分组成：主控模组（mA brain）灯丝驱动电路、高频逆变驱动电路（PWM driver），如附图 13 所示，主控模组和计算机控制系统相连，完成全部的控制和显示；灯丝电路从主电源获得 230V 电压，通过滤波器和整流电路控制驱动电路，V20/V21 驱动灯丝小焦点，V22/V23 驱动灯丝大焦点；逆变控制驱动和高频逆变控制组件共同完成了 X 射线的产生。

6. 基本接口（basic interface）电路　主要由主控制电路（Main controller）、检测腔和冷却系统接口（Room and cooling unit interface）、旋转阳极低速接口（Low speed rotor control interface）、剂量测量和控制接口（AMPLIMAT interface）等组成，其结构如附图 14 所示。主控电路从计算机系统中获得控制信息完成对其他接口的控制，并将状态进行显示；检测腔和冷却系统主要完成大平板的温度控制和相关的剂量显示；低速旋转阳极接口电路将控制电路的旋转阳极信号按指令控制球管或扩展球管，通过平板腔内剂量的检测和控制完成所有医学摄影检查。

7. 旋转阳极控制电路　分为两种情况：一种是旋转阳极低速控制电路（EYA：Low speed rotor control）；另一种是旋转阳极双速控制电路（EY：Dual speed rotor control）。

（1）旋转阳极低速控制电路（EYA）　三相交流 400V 通过桥式整流，通过开关管 V18、V38、V22 及双向可控硅 V12，使旋转阳极线圈按时序得电，其速度的改变由控制逻辑电路获得，并同时将控制信号传递给基本控制电路，其原理图如附图 15 所示。

（2）旋转阳极双速控制电路（EY）　三相交流 400V 通过 K1 继电器接点，通过桥式整流及 L2 滤波，为后继电路提供 DC 560V，同时通过 T2 变压器为 M1 风扇电机提供电流；DC 560V 电压施加到 IGBT 模组，通过 L1、L2、L3 为球管旋转阳极电机提供电源，其转速能使逻辑控制模组来驱动 IGBT，控制状态通过 H1 显示，球管的切换及控制由逻辑控制完成，其原理图如附图 16所示。

8. 球管控制电路　DR 通常有单管、双管和三管，在主机控制电路信号控制下完成选择和切换。双球管的控制电路如附图 17 所示，通过 K1、K2、K3、K5 接点进行切换控制，其控制信号来自于仟伏控制电路、基本接口电路、高速旋转阳极控制电路，三球管的控制在双球管的控制基础上增加了同样的一组控制，结构和控制原理是一样的，扩展了一组相同的控制功能。

控制连接及原理如附图 18 所示，控制部分球管控制继电器 K1、K2、K5，检测室控制 K3. 2/3 定子控制 K4. 1 定子 K11/K12，所有这些控制完成了球管的定子、冷却、球管检测等运行和保护。

三球管适配工作控制原理如附图 19 所示，主要由双向输入/输出接口（Bidirectional I/O intertace）、EXON 逻辑接口电路（EXON Interface Logic）、主控输入/输出接口（I/O brain）、释放控制电路（Release control）及相关控制总线。

（二）数字化诊断床和平板检测系统

1. 数字化诊断床　所有控制功能是通过控制软件和自动控制部件完成，具有床面自动升降及前伸和收缩等功能，满足临床的拍片需要，图 3－33为数字化诊断床控制部件的示意，其中，SCH 为手闸开关（可选项）；SC 为脚闸；SZ2 为床控制板；SA 为横向移动刹车继电器；SAC 为平向支架；SNV 为电机控制开关；SZ1 为平向控制板；SN1 为直流 26V 电源；SN2 为交流 24V 电源；SN3 为直流 24V 电源；STS N1（N2）为交流 9. 6V 电源；SD 为纵向刹车继电器；SAE 为脚闸锁（可选项）；SAB 为平向数字控制单元；SF1 为电机保护开关；SL1 为主过滤器。

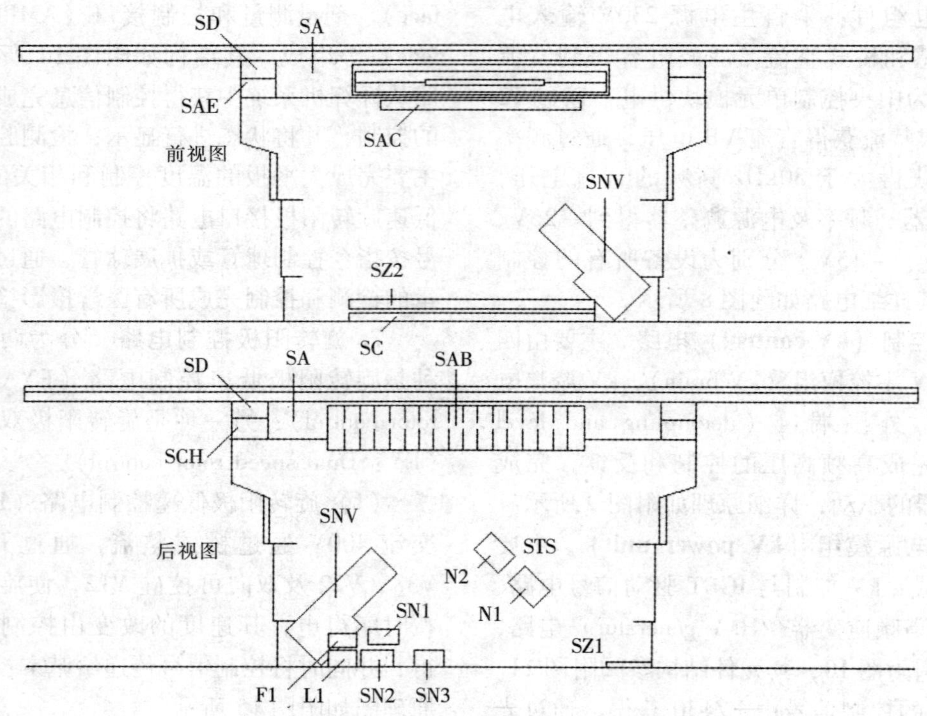

图 3－33　数字化诊断床控制部件示意

图 3－34 所示为数字化诊断床的控制结构框图，电源和刹车控制如附图 20 所示，其工作原理：230V 交流电源从主控电路中获得，通过电源开关 SF1、主滤过器 SL1，通过 SX51 和 SN1 为床控制电路提供 DC24V 电源、SX50；K7（3，4），K1（4，5），K2（3，4），K3（4，5），C1，

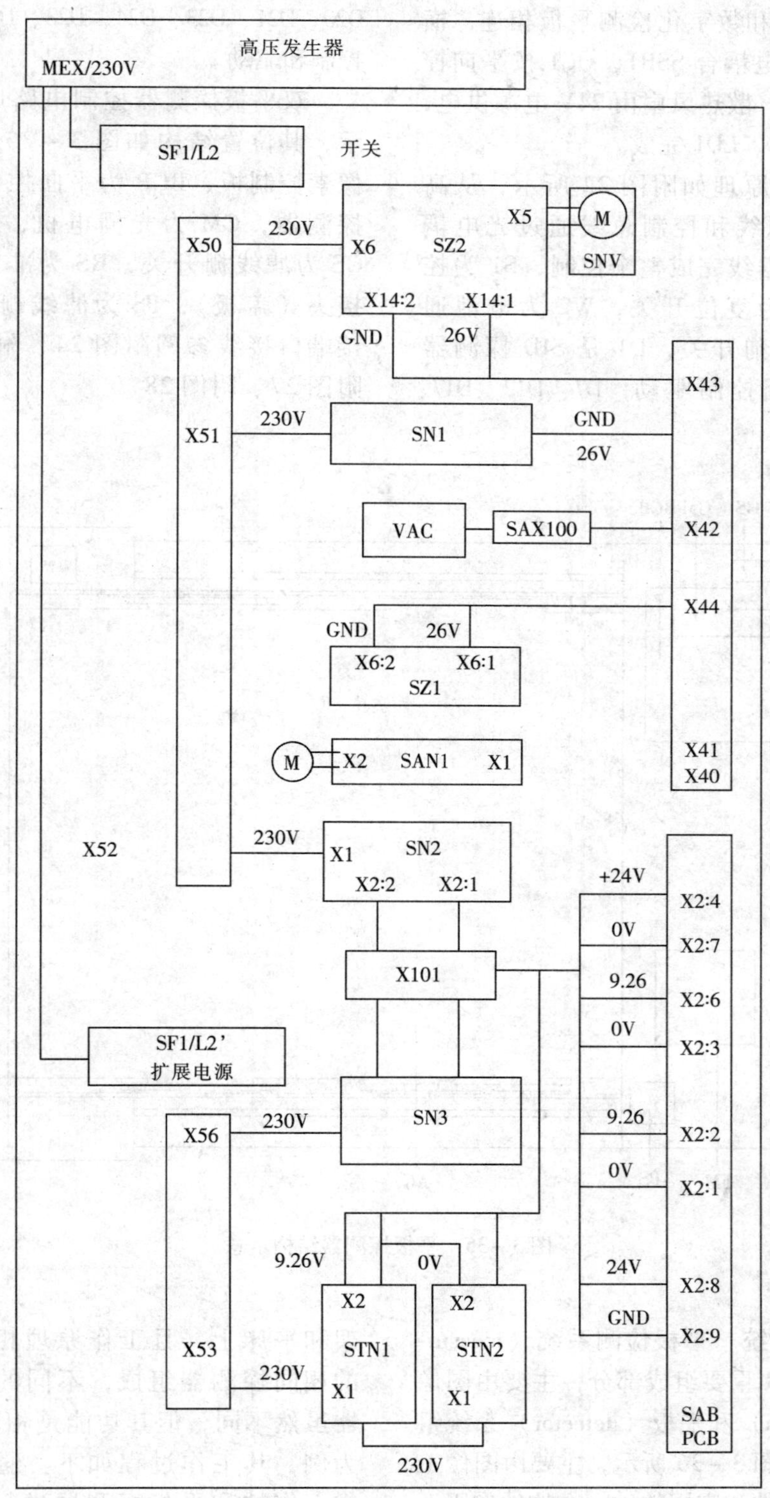

图 3－34　数字化诊断床控制结构

C2 控制电机实现床的升和降，通过 SN1 为床控制电路提供 DC24V 电源；而控制继电器 K1、K2、K3、K4、K5、K6、K7，通过操作控制键控制刹车继电器，在控制指令控制下实现基本功能。

平板探测器控制原理如附图 21 所示，高压控制部件通过 X60 和数字化检测平板相连，横向电机 GM 通过光电耦合 SSR1，OC1 按平向控制指令实现其功能，散热风扇由 24V 电源供电，工作指示由 D1、D2、LD1 完成。

横向控制 SZ1 原理如附图 22 所示，从高压部件来的数据总线和控制总线通过光电耦合、通过 16bit 数据线完成整个控制，S1 为控制选择开关，S2 为复位开关，W2 为电池通开关，W1 为看门狗开关，D1 是 SID 探测器的转换，D28 光圈控制驱动，D7、D12、D17、D20、D21、D23、D24、D28、D29 完成了功能的控制和驱动。

双平板探测器控制电路原理如附图 23 所示，其位置结构如图 3－35 所示，其中 PCB 像素控制板、BCB 为平向控制板，AC 为平板探测器，GM 为光栅电机，FM 为风扇电机，GS 为滤线栅开关，RS 为准备开关，ES 为插接头（盖板），PS 为滤线栅导轨，其电路连接端口接线参阅附图 24、附图 25、附图 26、附图 27、附图 28。

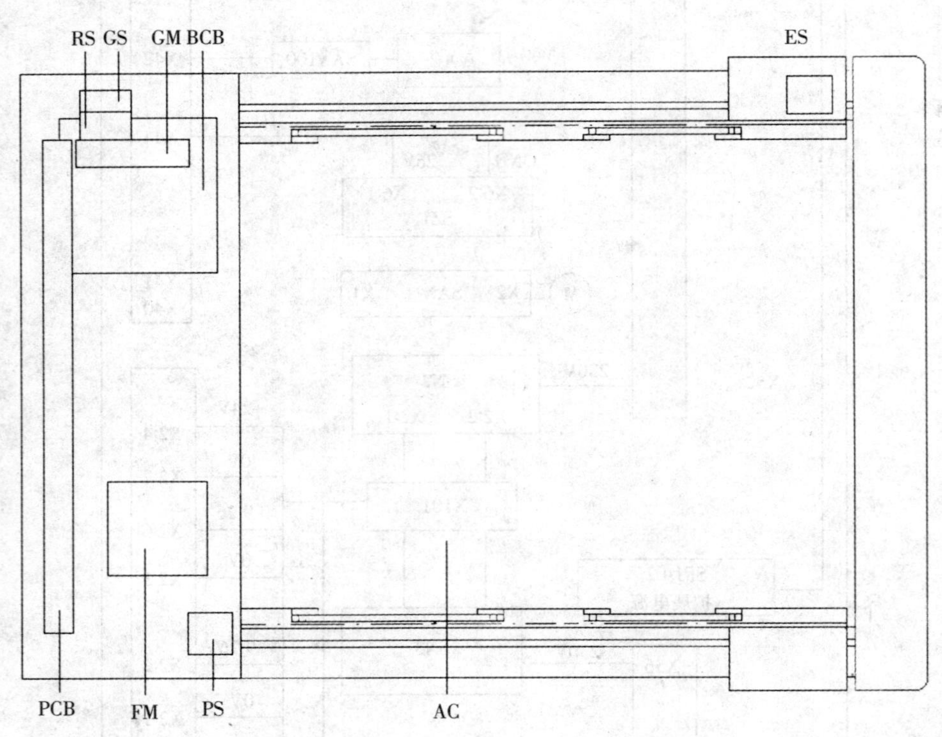

图 3－35　平板探测器结构示意

2. 平板检测系统　平板检测系统（measuring chamber）是 DR 重要组成部分，主要由图像工作站（workstation）和平板（detector）系统组成，其结构示意如图 3－36 所示，主要由图像工作站，装有系统软件和应用软件，在软件作用下完成图像数据的采集和处理，并进行输出或打印。

平板检测系统主要由两个分别安置于胸片架和平床上，且工作原理相同、型号和性能的相同探测器组成，不同的厂家采用的检测器虽然不同，但其功能是相同的。以 PHILIPS 为例，其工作过程如下：通过数据传输将图像工作站和平板探测器进行信息互递，平板检测主要由三个检测位置决定，分别为左测试区域、中心测试区域和右测试区域，如表 3－1所示。

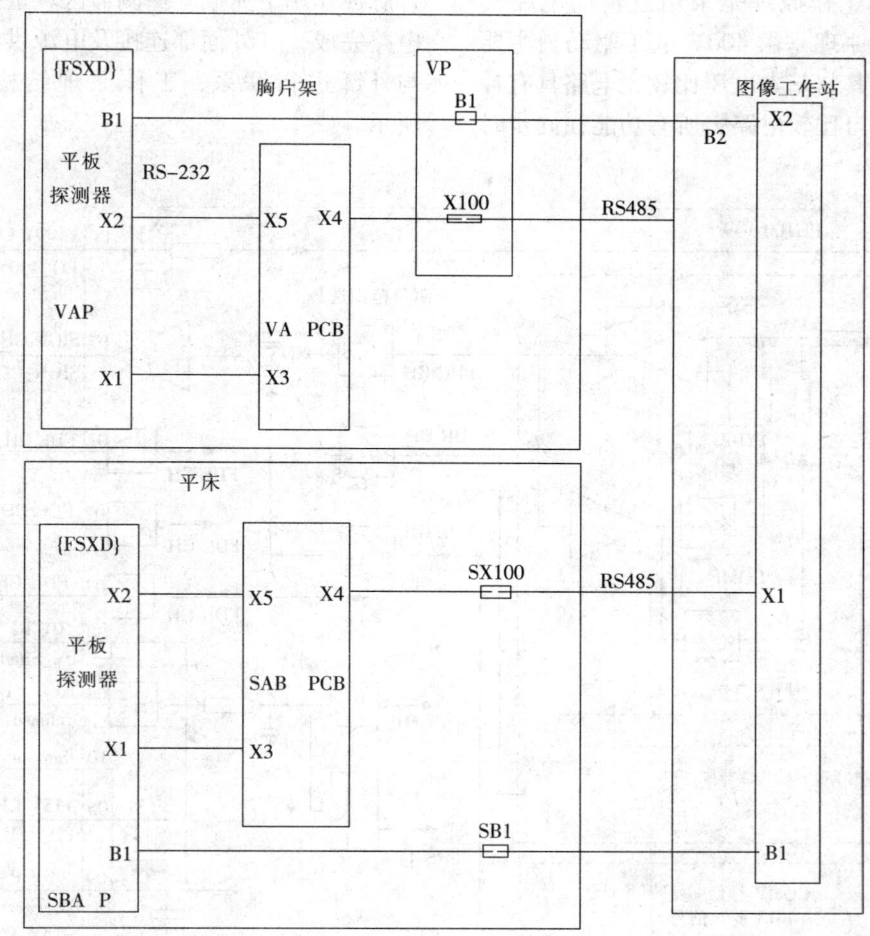

图 3－36 DR 平板检测系统结构示意

表 3－1 探测器结构

探测器	检测区域描述	测量区域	插接连接 PH X1
数字探测器正面		1. FDL CH 左测试区域 2. FDR CH 右测试区域 3. FDC CH 中心测试区域	B5 B6 B8
数字探测器背面		FDL CH 左测试区域 FDR CH 右测试区域 FDC CH 中心测试区域	B5 B6 B8

探测器内部工作原理是采用逻辑门电路实现，检测区工作原理是由 400V 电压驱动，主要为比较放大器，其与基本电压比较，电路具有补偿功能，信号来自比较电路，所有功能在同步时钟脉冲作用下完成。探测器区域选择由驱动选择电路完成，其外面部连接及电源供给，由 PH X1 与外部进行联系，工作原理结构如图 3－37 所示。

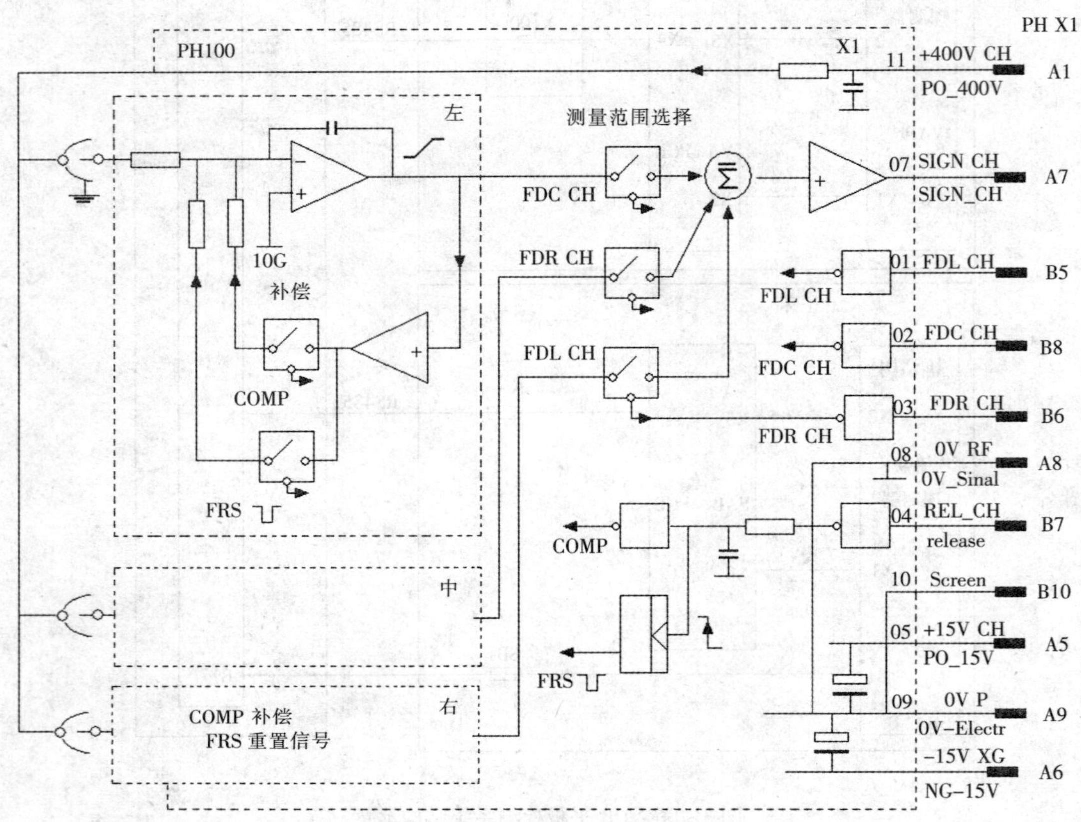

图 3－37 探测器原理结构

（三）数字化软件系统

1. 概述 数字化软件系统（digital diagnost workstation system）主要由两部分组成：硬件和软件系统。PHILIPS DR 计算机系统采用 SUN 图像工作站，它控制了整个系统单元、数据采集系统及相关控制单元（如胸片架及控制 CPU 系统等），所有的硬件采用 RS485/RS232. CAN、DICOM 进行通讯接口，网络采用 10/100Mbit/Sec。

软件系统主要分为基本软件和应用软件。软件主要包括诊断软件、图像获取软件、错误诊断软件、日志文件、备份和存储系统、软件安装、定制和配置软件、图像处理软件、探测器的控制诊断和校准及相关应用软件，图 3－38 是放射线控制面板图示。

图像处理系统主要包括图像采集、传输（图像接收器到图像工作站）、处理、存储、打印、预览、患者例表、RIS/PACS 连接、工作序列的管理等组成。

应用软件主要是患者管理及医院管理系统（RIS/BWLM 等）、图像管理（存储和传输等）、图像获取和检查控制。

2. 软件功能的实现 所有得到软件屏幕窗口都是范例，并且屏幕窗口的布局都是相同的，可以使用界面控制键来替代键盘按键。

（1）患者列表 窗口上方显示被检查患者名字和数据、医生姓名、患者的 ID 及状态，这些选择，可由设计部门依照你的要求设定。

窗口的下部主要是功能键，正常情况下是绿

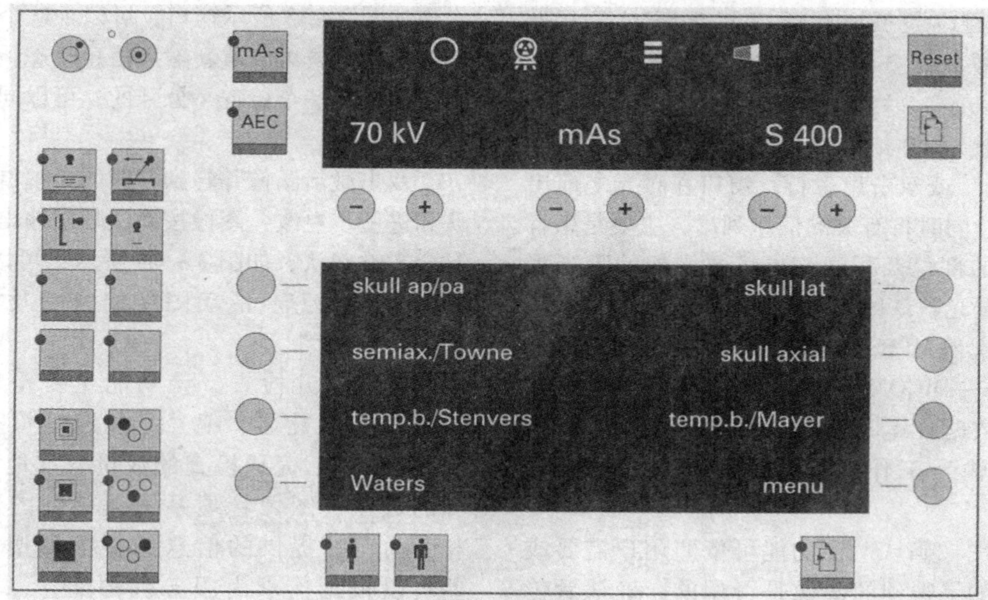

图 3－38　放射线控制面板示意

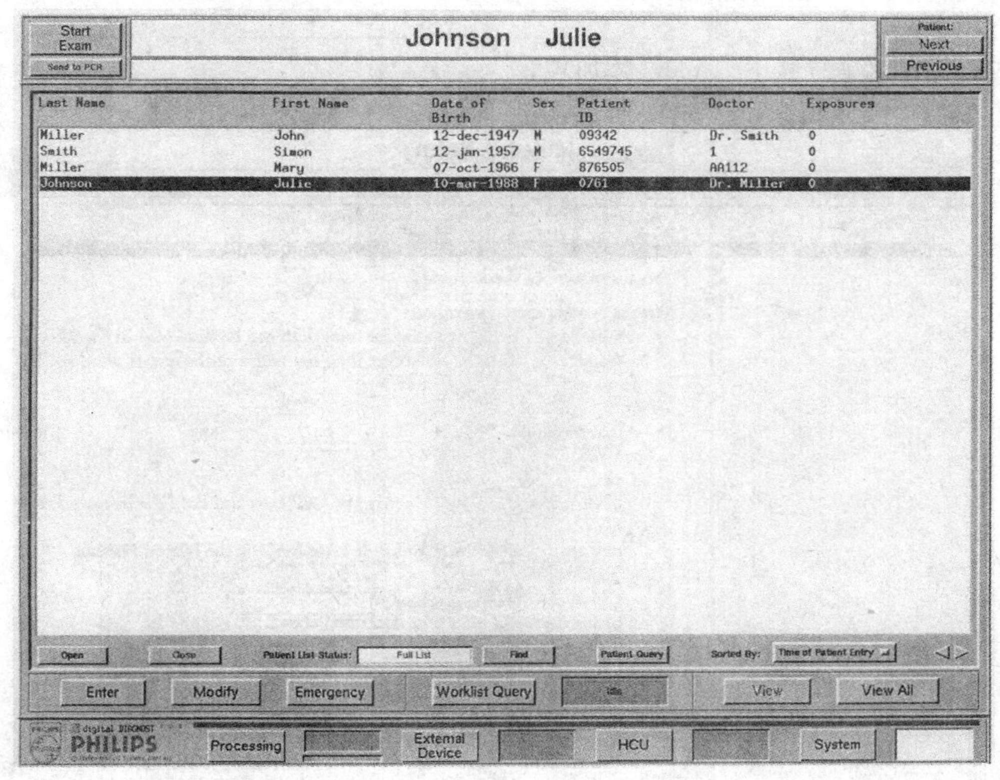

图 3－39　患者列表界面示意

色的，如果变红意味着需要检查运行，按相应的选择获得更多信息，图 3－39 是患者列表的界面示意。

（2）DICOM 患者信息查询　该功能只有在 DICOM 工作列表管理安装后生效，应用这个功能可以从 RIS 查询患者信息，但必须在域中填充相应数据，此窗口和查询方法由服务机构配置，图 3－40 为 DICOM 患者信息查询界面。

（3）检查列表　如果按下患者列表中的“开始检查”或双击患者行，窗口在曝光之前出现该界面，同时将有关的信息列出。主要是患者所要检查的部位及程序，或将要增加的曝光程序，如果曝光默认值不能满足实际要求，可以设置 PPS 状况（MPPS 可选），PPS 状况可为检查设置 MPPS－DICOM 消息；确认滤线栅的状态；显示图像数据及其状态；显示比例状态，并确认图像的传输及工作状态，其界面如图 3－41 所示。

（4）图像确认　该功能可依照用户需要或被移除，如果得到的图像是可用的，确认后传给图像工作站，如果不满意则删除，重新曝光，其界面如图 3－42 所示。如果需要，用文本填充图像检查曝光参数，确认图像是否符合医学诊断。

（5）选择辅助检查　按下“Add（添加）”，出现如图 3－43 所示窗口，可以为这个患者安排额外的检查，可以重新输入信息状态，这个编号和之前最后一个检查是分开的，可以同样保留新检查的号码。

双击激活图像并转到右侧的大视口中以便确认和进一步更改，图像按确认顺序输出，旋转工具会影响确认，如图 3－44 所示，可以确认 DICOM 相关信息、活动图像的位置及相关打印模式。

（6）打开检查　该功能主要是显示被选择检查人的姓名、编号、预定的检查日期和（或）时间、完成检查的数量、本地磁盘上图像的数量、图像管理系统提交的图像数量及相关由 RIS 提供的信息的特征类型，所有这些可以根据需求由服务机构配置，其界面如图 3－45 所示。

DR 软件功能十分强大，其他功能如选择、分类、传输及三维成像等，由于篇幅关系不过多讨论。

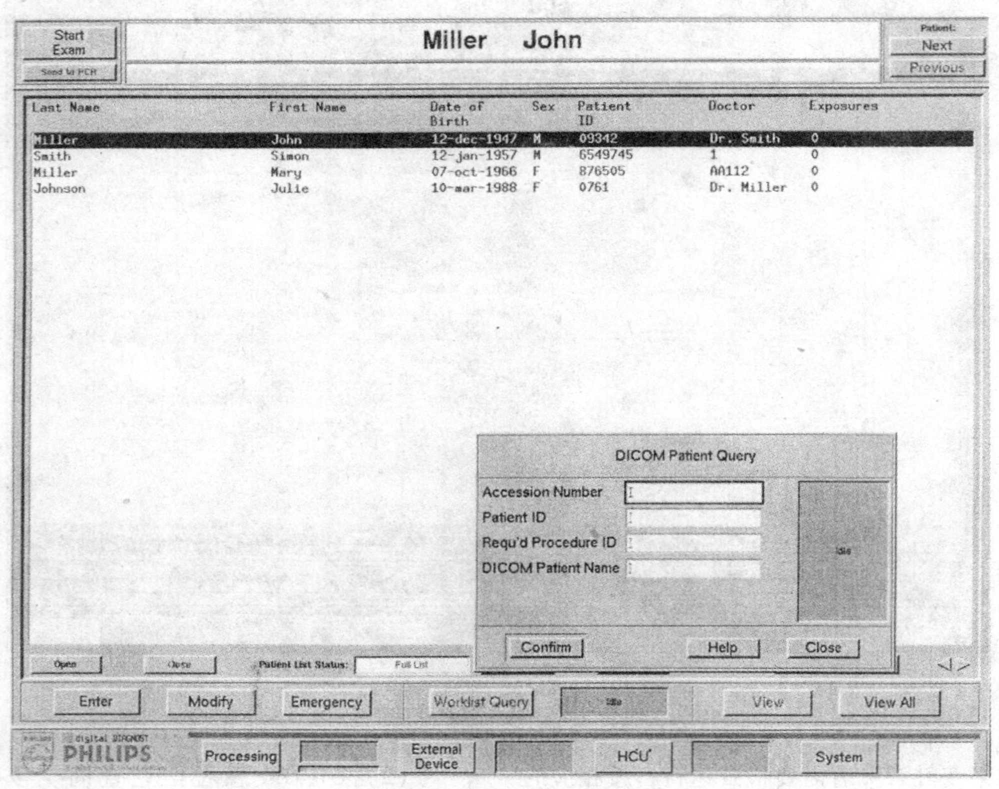

图 3－40　DICOM 患者信息查询界面示意

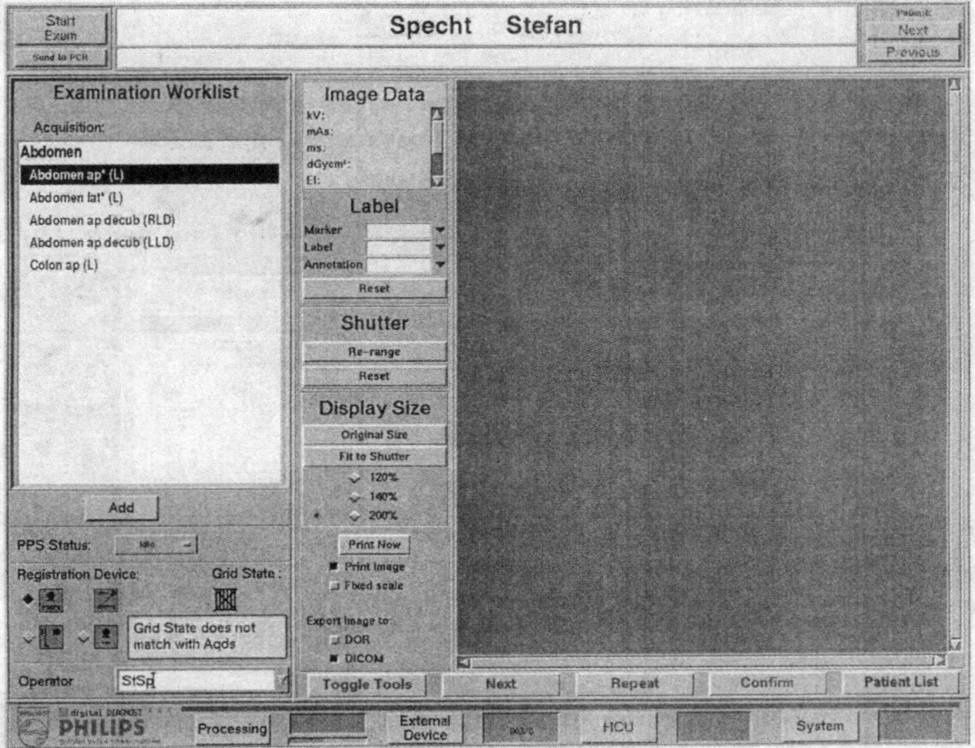

图 3－41　患者检查界面示意

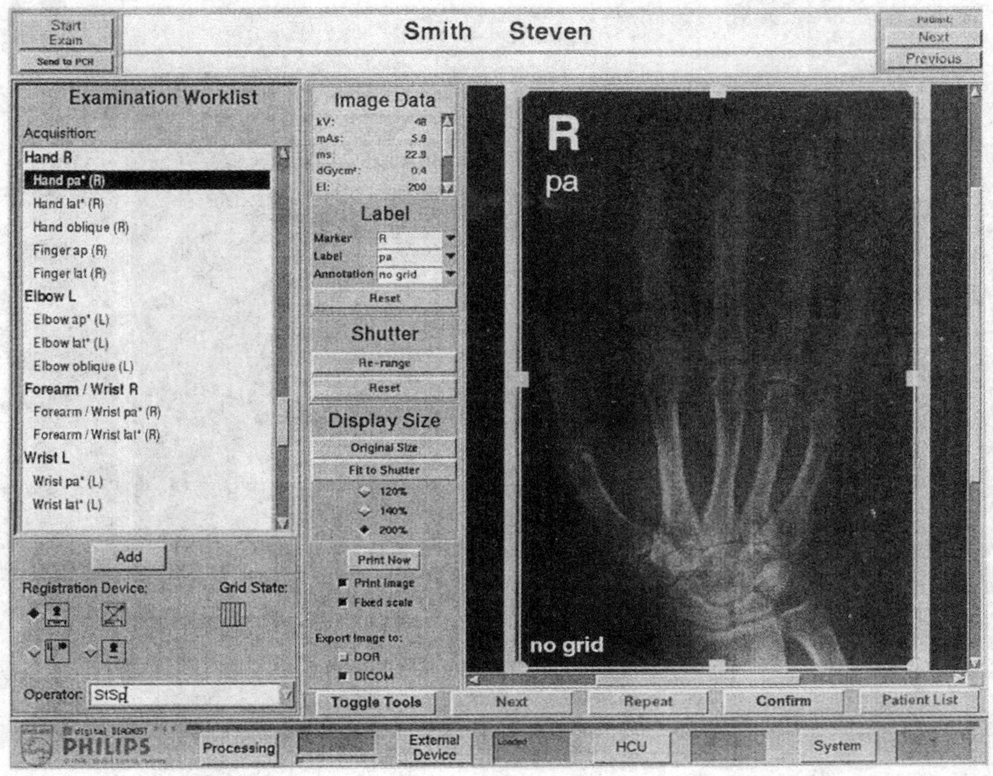

图 3－42　图像检查界面示意

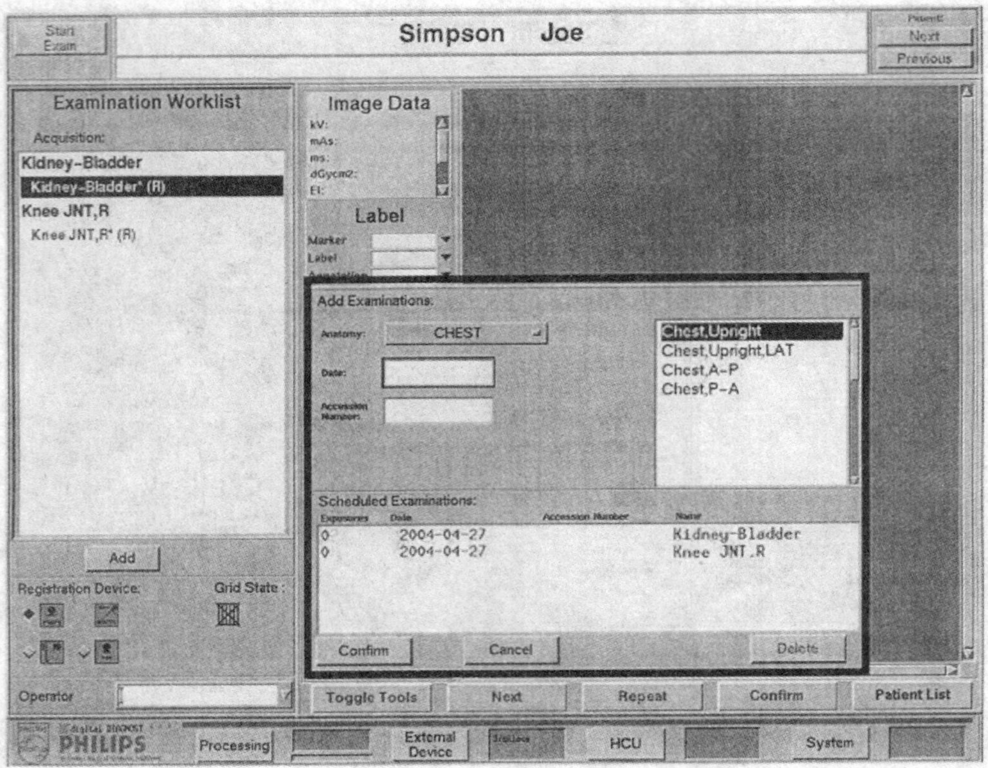

图 3－43 图像辅助检查界面示意

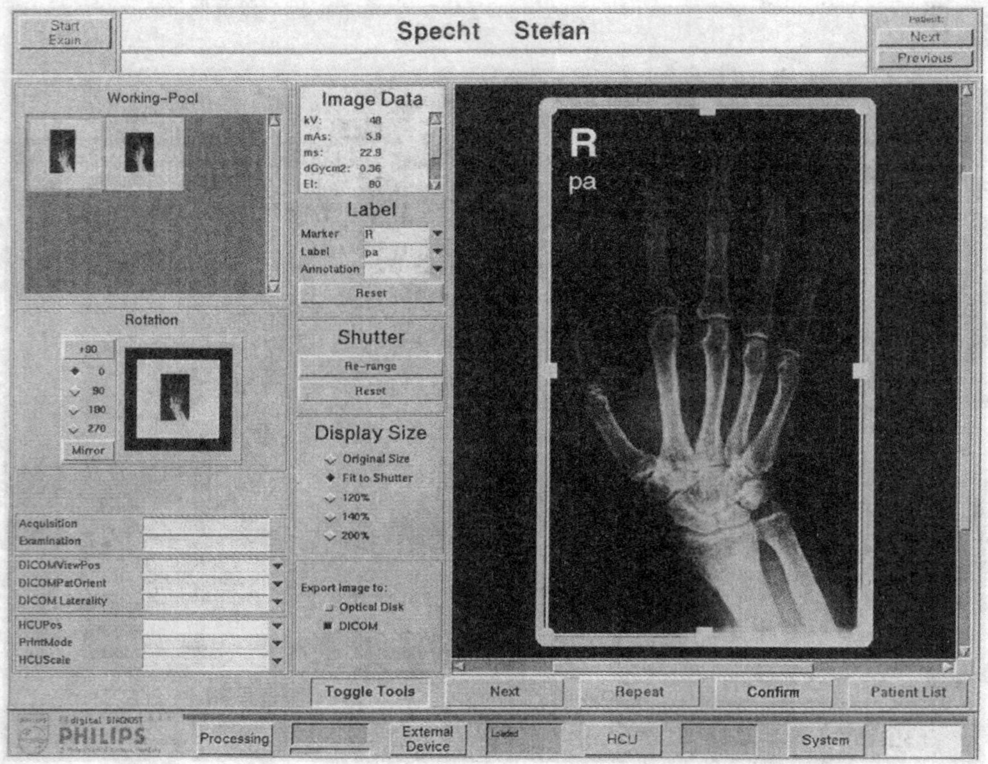

图 3－44 活动图像辅助检查界面示意

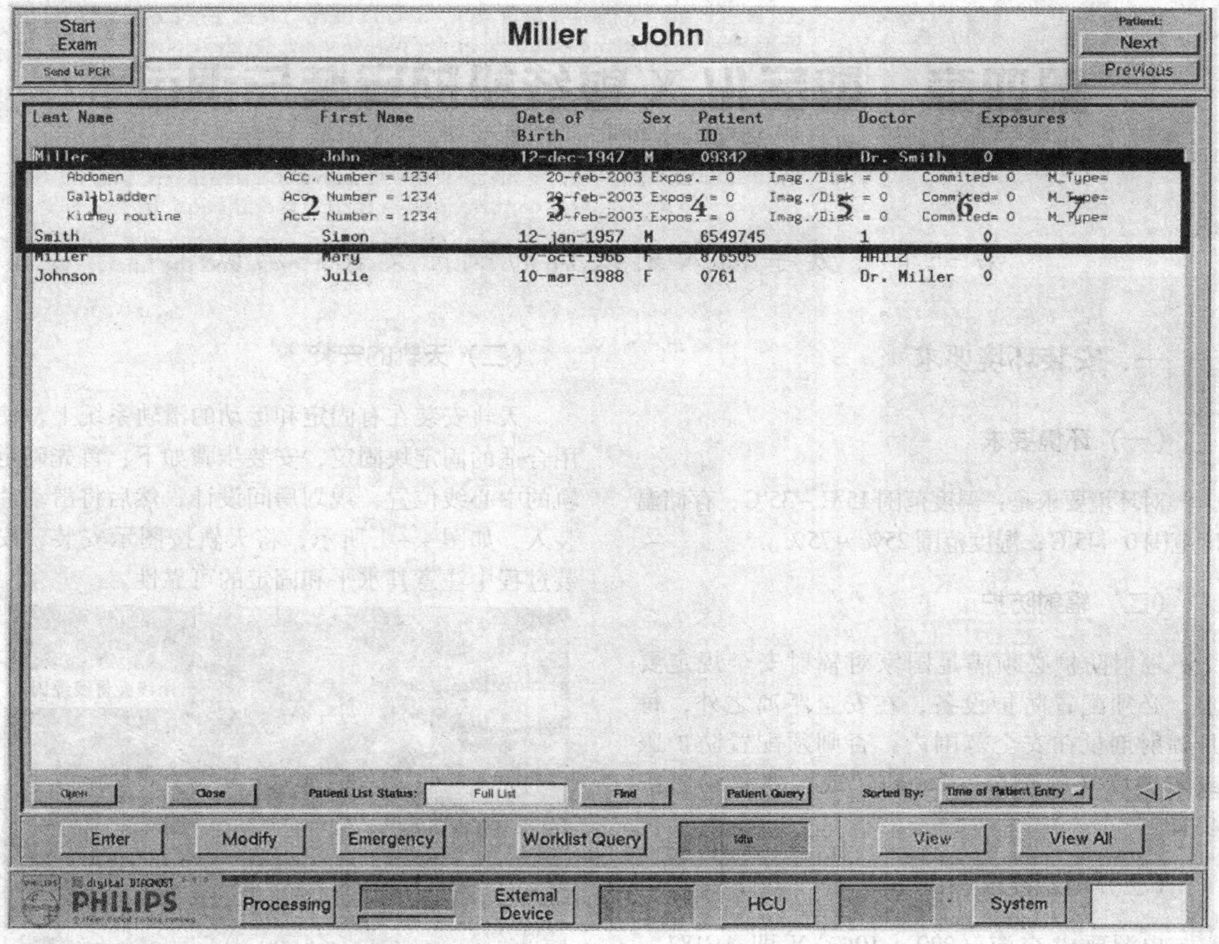

图 3-45　患者检查列表图像界面示意

第四章　数字化 X 射线机的安装与调试

第一节　数字化 X 射线机的硬件安装和调试

一、安装环境要求

（一）环境要求

对环境要求是：温度范围 15℃ ~35℃；存储温度范围 0 ~45℃；湿度范围 25% ~75%。

（二）辐射防护

辐射防护必须满足国家对辐射安全规定要求，必须配置防护设备，在安全距离之外，每月辐射剂量在安全范围内，否则须配置防护服或防护墙（等价层 >1mm），或配置移动防护装置。

（三）电源要求

电源要求交流（220 ± 10%）V 即 AC187 ~265），频率 50/60Hz（±10%），电源电流要不小于 75A（其比率 >0.95），接地电阻≤0.01Ω，功率范围 0.1kW ~80kW。

二、机械安装

机械安装包含以下部分：天轨及悬吊装置、OPTIMUS 高压组件、控制面板、数据化系统组件（VE/TV）、断层技术（可选）。电气安装包含以下部分：OPTIMUS 高压组件、操作台、数字化处理组件及计算机系统，以 PHILIPS DR 系统为例。

（一）开箱检查

在开箱以前，请检查包装箱的编码以及内容物，开箱后检查是否所有的安装用物品都齐备，确认设备没有在运输过程中损坏，如有损坏，请连带包装一起进行损坏声明。

（二）天轨的安装

天轨安装在有固定和运动的滑轨系统上，使用合适的固定块固定，安装步骤如下：首先确定轨的中心线位置，规划房间设计，然后将滑动片装入，如图 4 -1 所示，将天轨按图示安装，安装过程中注意其水平和固定的可靠性。

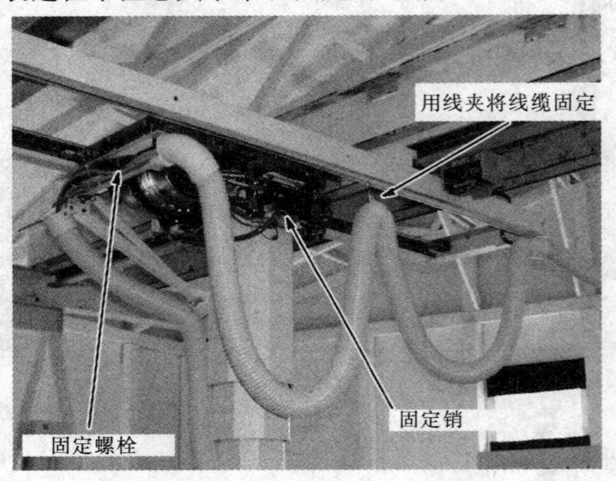

图 4 -1　天轨组装示意

依照墙或中心线的位置，把轨定位在与操作者相反的方向拧紧固定，检查轨在纵向和横向是否平整，精确度 <1mm，在导轨连接处用固定螺栓固定，将固定销插到滑轨有凹槽的一面，把装好的部分滑向轨的另一端，拧紧所有的螺丝。

用准直工具调整天轨的水平，把工具放在中央，依照两条激光束调整轨的位置，其延长轨按同样的方式安装和调整。

（三）悬吊（CS2/CS4）的安装

1. 机械安装　一般情况下，需要两位工程师，最多 5d 时间来进行数字诊断系统的安装。悬吊装置的预安装以及电源线需要安装完成并检测，通常配两种型号：CS2（2356mm 纵向支架）和 CS4（4076mm 纵向支架），由于 CS2 和 CS4 的不同，安装过程会略有差异，其外形如图 4－2 所示。

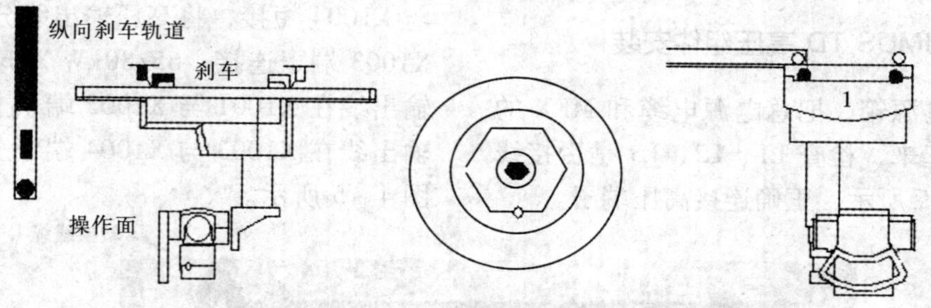

图 4－2 CS2/CS4 结构示意

CS 系统主要包括纵向移动组件和上下伸缩组件两部分，在没有运输支架时，不要移动或举起 CS，要用特殊的 CS 提升工具；纵向移动和上下伸缩是分开运输的，在将 CS 和天轨连接之前，应将二者的连接线接好并在支架安装时固定，包括球管和瞄准仪。

2. 接线盒的安装 将墙面接线盒和底座的固定装置用钉子固定在墙面上，如图 4－3 所示，依照固定底座和螺旋胶管的位置切除多余的盖，把盖装到底座上，并良好接地。

3. 数字化诊断床的安装 将包装箱打开，松开固定螺钉，用运输棒将床面安装在相应位置，将 220V 电源接好，把床面上升到操作位置，并连接好保护线，如图 4－4 为机械安装示意。

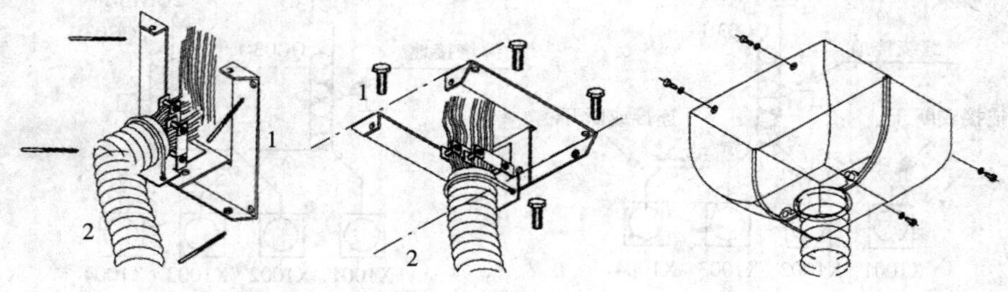

图 4－3 接线盒安装示意

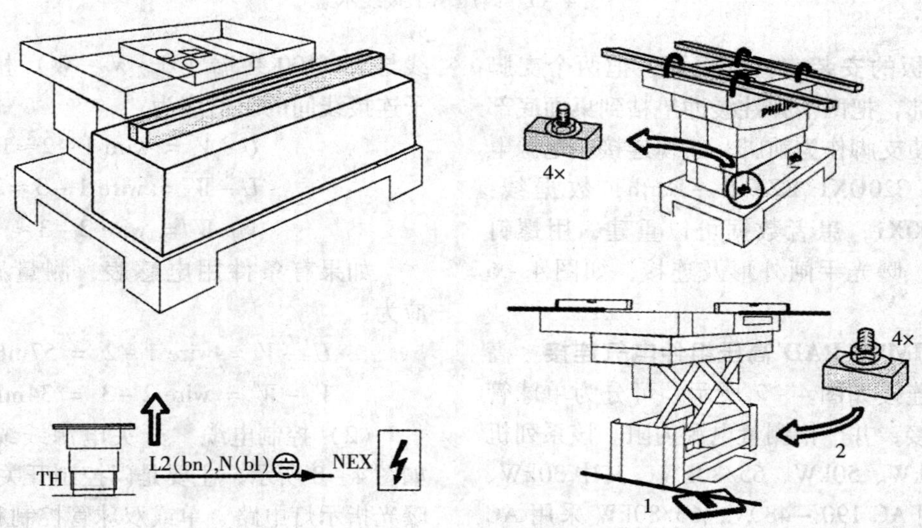

图 4－4 机械安装示意

三、电气安装

（一）OPTIMUS TD 高压组件安装

安装外接电源箱，把总电源电缆和 MEX 的终端电源连接起来，检查 L1、L2、L3 是否接线正确。如图 4－5 所示，正确连接高压端子。

1. H. V. 高压变压器的电源连接方式　50kW 单球管连接是 X1001 与 X1003、X1002 与 X1004 短接，将高压输出线分别在 X1002 与 X1003 端子连接；65/80kW 双球管连接是一组输出线在 X1001 与 X1002 端子上连接，另一组输出线在 X1003 与 X1004 端子上连接，方式如图 4－5 所示。

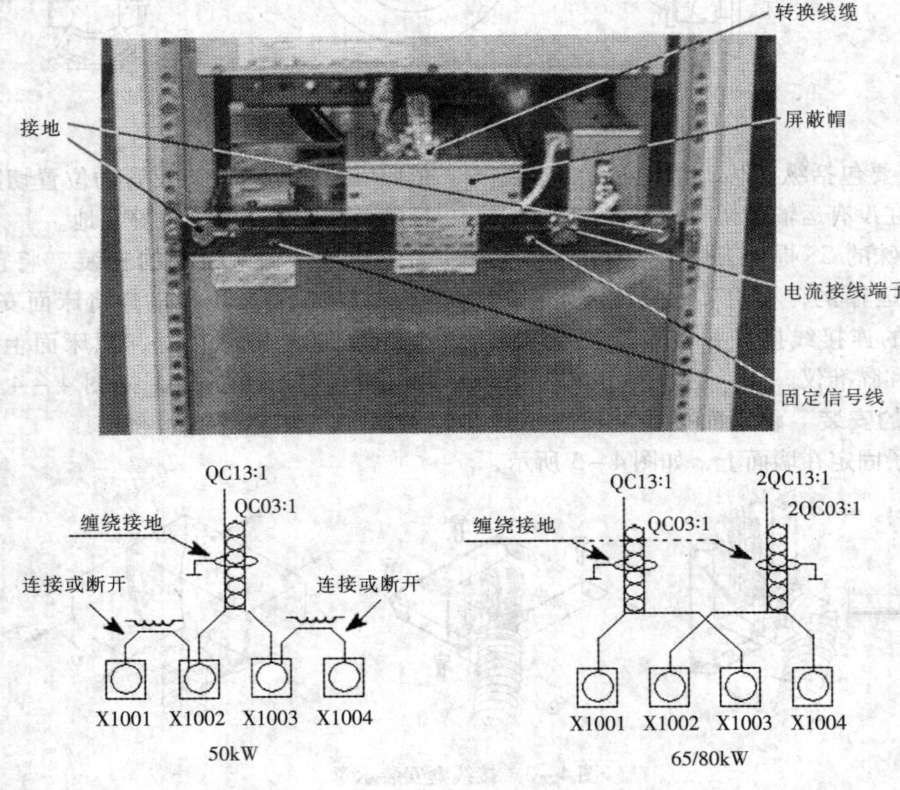

图 4－5　高压端子接线示意

2. 操作板的安装　打开桌面，把两个支脚拧到桌面底部，把两个弹性缓冲垫粘到桌面底部的前边缘，使支脚作为前脚。线缆连接：电源电缆 EZX2O－C20OX1 EZX46－Earth，数据线：EZX46－C300X1，患者数据可以重建，用螺钉固定电缆帽，曝光手闸外形及连接，如图 4－6 所示。

3. OPTIMUS RAD 高压组件电气连接　高压组件电源连接如图 4－7 所示，可分为单球管和双球管连接，并严格测量电源内阻。该系列机型可分为 30kW、50kW、65/80kW，其中 30kW、50kW 可采用 AC 190～480V，65/80kW 采用 AC 380～480V 供电。

（1）定子连接　在发生器末端将定子连接线与 EX1100 终端（U－V－W）相连，测量定子连接线间的阻值应为：

$$U-V = \text{wire } 1-2 \approx 11\Omega$$

$$U-W = \text{wire } 1-3 \approx 20\Omega$$

$$V-W = \text{wire } 2-3 \approx 9\Omega$$

如果有条件用电感表，测量感应系数值，应为：

$$U-V = \text{wire } 1-2 = 57\text{mH} \pm 10\%$$

$$V-W = \text{wire } 2-3 = 34\text{mH} \pm 10\%$$

（2）控制电缆　开关电源线缆和球管连接如图 4－8 所示，主要是门控制开关、墙控制盒、曝光指示灯电路、单或双球管控制和指示、主电源供电变压器。

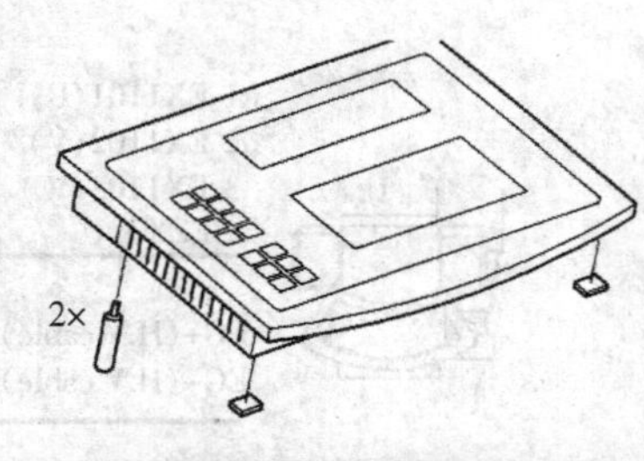

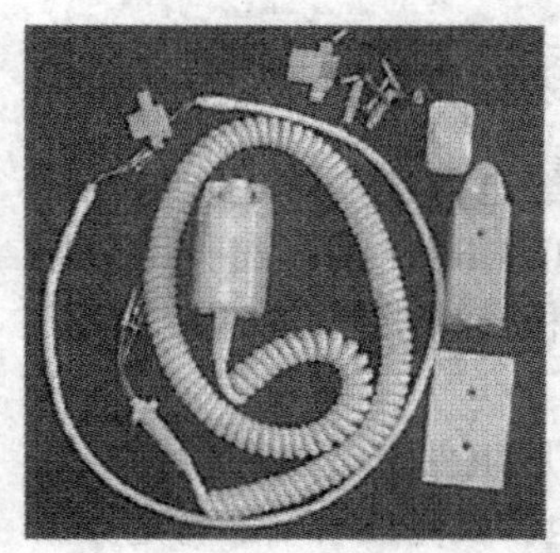

适配器接线端子	<-->	D-SUB接线端子
1	<-->	6
2	<-->	9
3	<-->	7

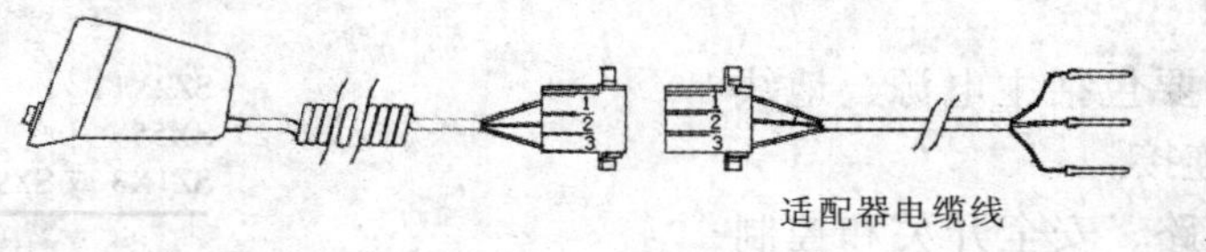

图 4－6　操作板外形结构

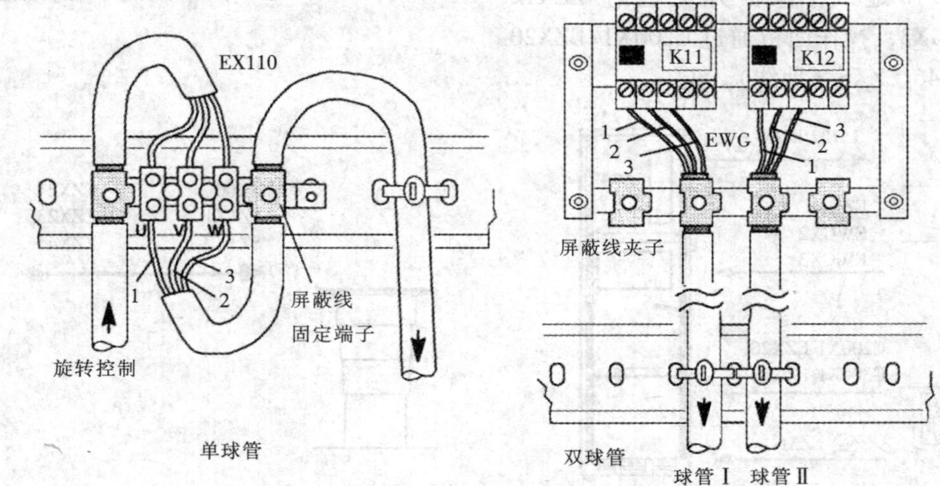

图 4－7　电源连接实物

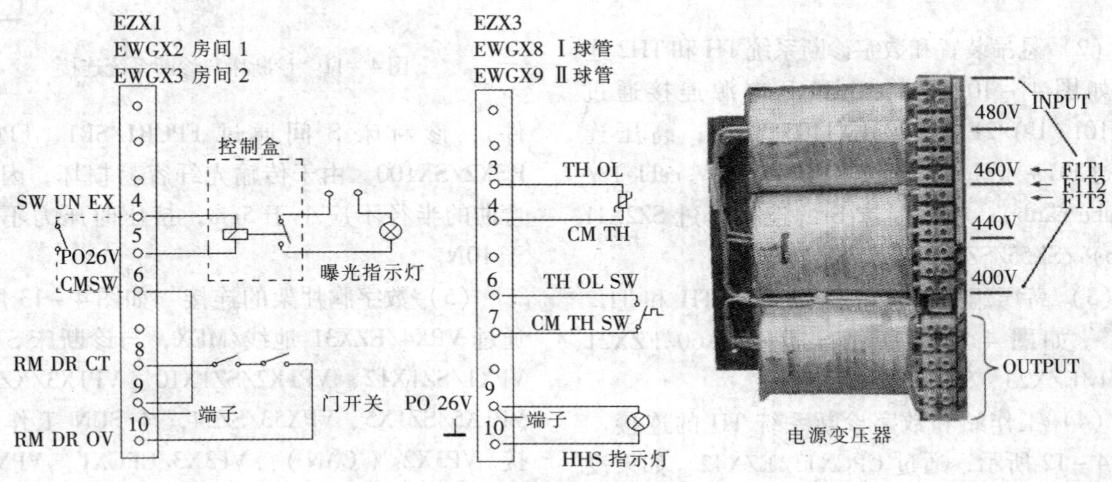

图 4－8　控制电缆接线

（二）数字化诊断系统安装

1. 数字化诊断系统电气连接 主要包括悬吊装置（CS）、OPTIMUS RAD 高压组件、数字诊断系统TH、静态平板探测器（FSXD）之间电气连接及安装。

OPTIMUS RAD 高压组件安装主要包括高压线缆及内部的连接，也涉及高压发生器特定数据处理系统（planning reference data：PRD）详细数据和电气连接，如与操作面板、手闸及主逆变器等的连接。

2. 系统电气连接 主要包括主电源、地线及数字诊断系统间的电气连接。

（1）高压组件和主电路、安全开关和控制面板的连接 如图4－9所示，与主电路连接通过L1/L2/L3/N/地线；保护开关通过EZX1/EWGX2/EWGX3；操作面板通过C200X1/EZX20 C300X1/EZX46 EZX6（地线）。

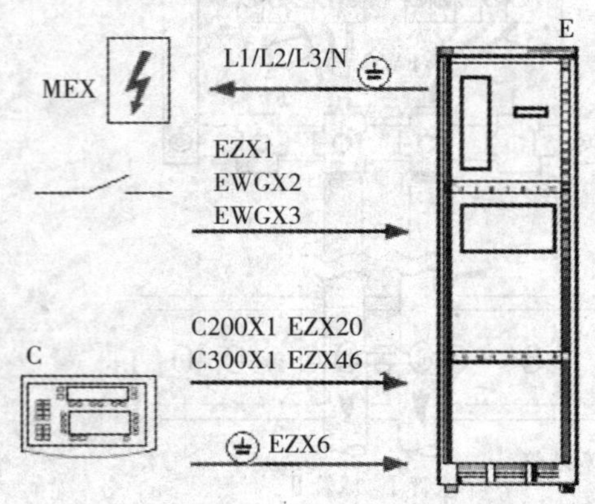

图4－9 主电源及控制面板连接示意

（2）悬吊装置和数字诊断系统TH和TH2连接 如图4－10所示，U和E电源连接通过1EX1101（U）/2EX1102/3EX1103/EZX3；高压连接通过EG＋（H. V. cable）/EG－（H. V. cable）/E（tube earth）；与诊断床S的连接通过SZ2X11（tomo）/SX55/SZ1X3或SX90（tomo）。

（3）高压组件和数字诊断系统TH和TH2连接 如图4－11所示，通过SX60/EZX21 SZ1X1/EZX23、SZ1X2/EZX43。

（4）工作站和数字诊断系统TH的连接 如图4－12所示，通过CPCX11/EZX42，如果没有胸片架，电缆CAN连接到CPCX1（TH2可选

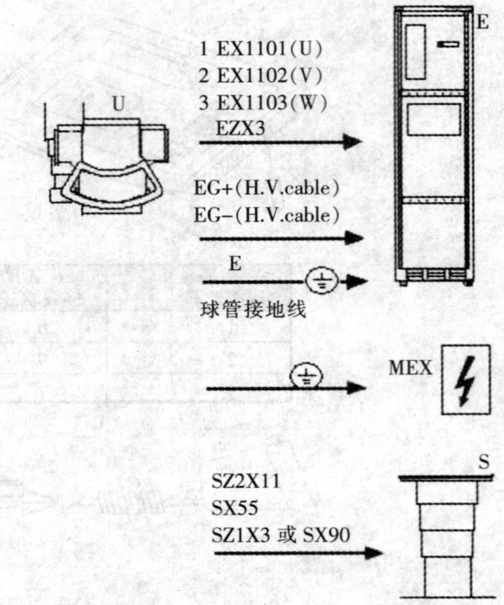

图4－10 悬吊装置与数字诊断系统连接示意

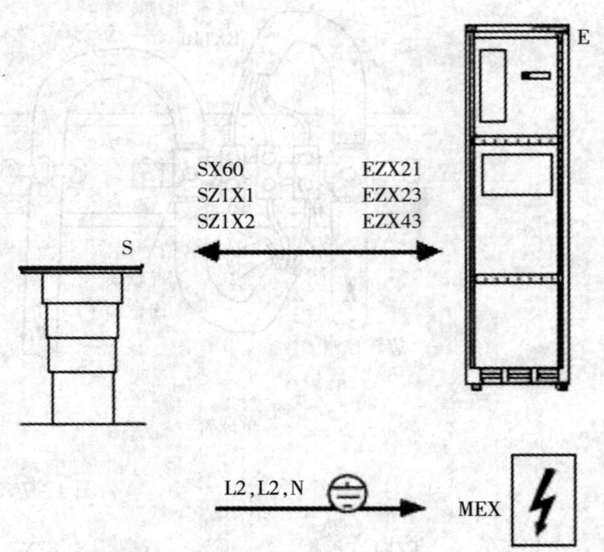

图4－11 诊断床与诊断系统连接

件），诊断床S间通过FPCB1/SB1、FPCX1/RSX2/SX100。由于传输光纤容易损坏，因此其弯曲的半径不应小于5cm，挤压时压力不能大于10N。

（5）数字胸片架的连接 如图4－13所示，通过VPX4/EZX31地线/MEX，与诊断床S连接VPX1/SZ1X12、VP1X2/SZ1X10、VP1X3/XZ1X11 VP1X5/SZ1X5、VPX53/SZ54，与SUN工作站连接 VP3X2（CAN）、VP3X3/CPCX1、VPX100/RSX2/FPCX2。

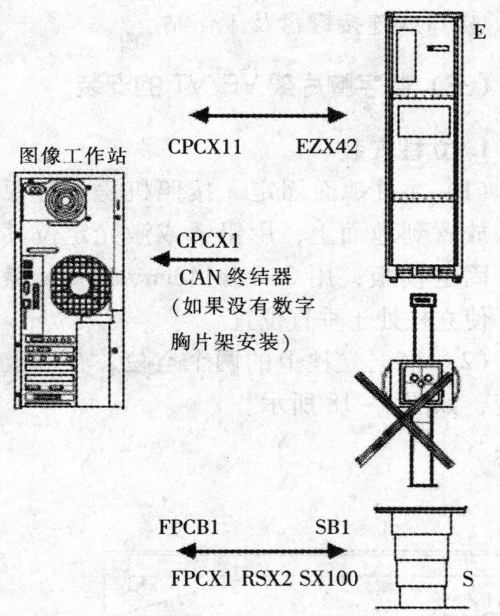

图 4－12　工作站与数字诊断系统连接

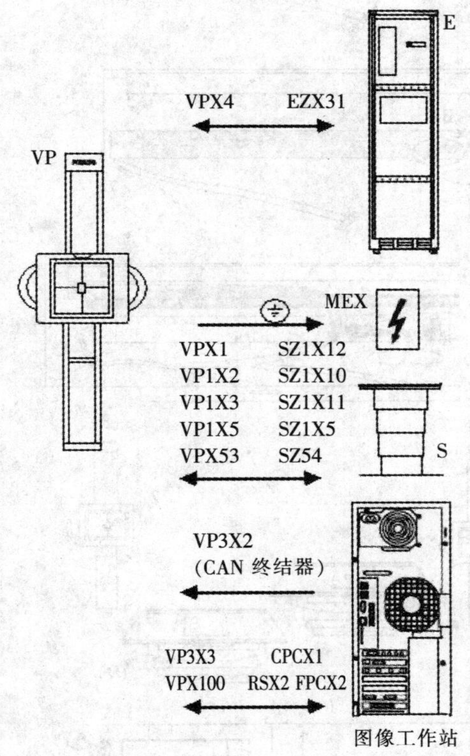

图 4－13　数字胸片架连接示意

（6）常规胸片架连接　如图 4－14 所示，通过 VPX4/EZX31 地线/MEX，与诊断床 S 连接 VPX1/SZ1X12、VPX2/XZ1X10、VPX3/SZ1X11 VPX5/SZ1X5、VPX53/SX54。

3. 平板探测器的安装　平板探测器的安装主要分为拆卸和安装。

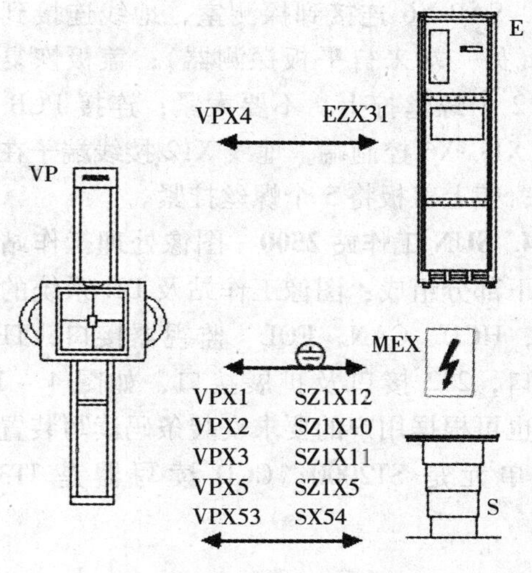

图 4－14　常规胸片架连接示意

（1）拆卸　如图 4－15 所示为拆卸过程：松开在诊断床或胸片架片盒背面的 3 个及侧面的 2 个螺丝，将背板取下；拆开平板探测器的盖板，断开 PCB 控制板上 X1…X6 控制端子，X12 接线端子在背面，松开 2 个固定螺丝，取下连接控制板；断开 X3 和 X12，松开连接电缆线，松开滤线栅驱动电机固定螺丝，取下该电机；从位置 1 断开暗盒上 SAB X6，松开固定件将其取出；将刹车更换成新的，将平板插入一半时，将 4 个导轨分别插入到左右 2 个导向轨内；在探测器上地线接在 SAB P X11，电源与 SAB P X1 连接并固定，通讯电缆与 SAB P X2 连接并固定，同时将电缆线固定在上面的线夹子中；将平板探测器放入盒中，连接 FOL（fiber optic link）SAB P B1；将平板探测器盒插入到背板单元内固定；测量区域在左边或右边，取决于胸片架方向和患者朝向。如果胸片架在左边，A 面在上，如果在右边，则 B 面在上，更详细的信息参考附图 29 所示；固定角位，暗盒和探测器前面板的电缆必须放在后面的位置。

（2）安装　平板探测器的安装如图 4－16 所示。将滤线栅电机放到适当位置，用短螺丝固定，不要拧紧，旋转滤线栅电机外面的发兰，然后旋转滤线栅电机进入暗盒中顶到黑色颜料凸起与发兰连接，拧紧上面的螺丝，固定下面的螺丝；连接电缆：BUD 控制板将 BCB X3 和 X12

连接，SAB X6 连接到探测室，地线连接到 SAB X11（另一端来自平板探测器）；盖板恢复，将两侧 2 个螺丝拧上，不要太紧；连接 PCB 控制板上 X1…X6 控制端，地线 X12 接线端子在盖板背面；盖上盖板将 5 个螺丝拧紧。

4. SUN 工作站 2500 图像处理工作站主要由以下部分组成：图像工作站及 DR 系统的连接接口，HCU、CAN、FOL、监视器接口，TPE 网络接口，232 接口及扩展接口，如图 4－17 所示，也可根据用户的要求安装条码读写装置，解码器单元是 ST2000，CCD 读写器是 IT3800，“Y”接口线连接键盘及工作站。

（三）数字胸片架 VE/VT 的安装

1. 立柱安装

（1）主柱地面固定 按照机房设计要求将模板放置到地面上，用铅锤或激光定位其垂直度，固定模板；用 3 个 ø14mm、95mm 螺钉固定，使立柱处于垂直位置。

（2）根据立柱上的两个空位，在墙上将其固定，如图 4－18 所示。

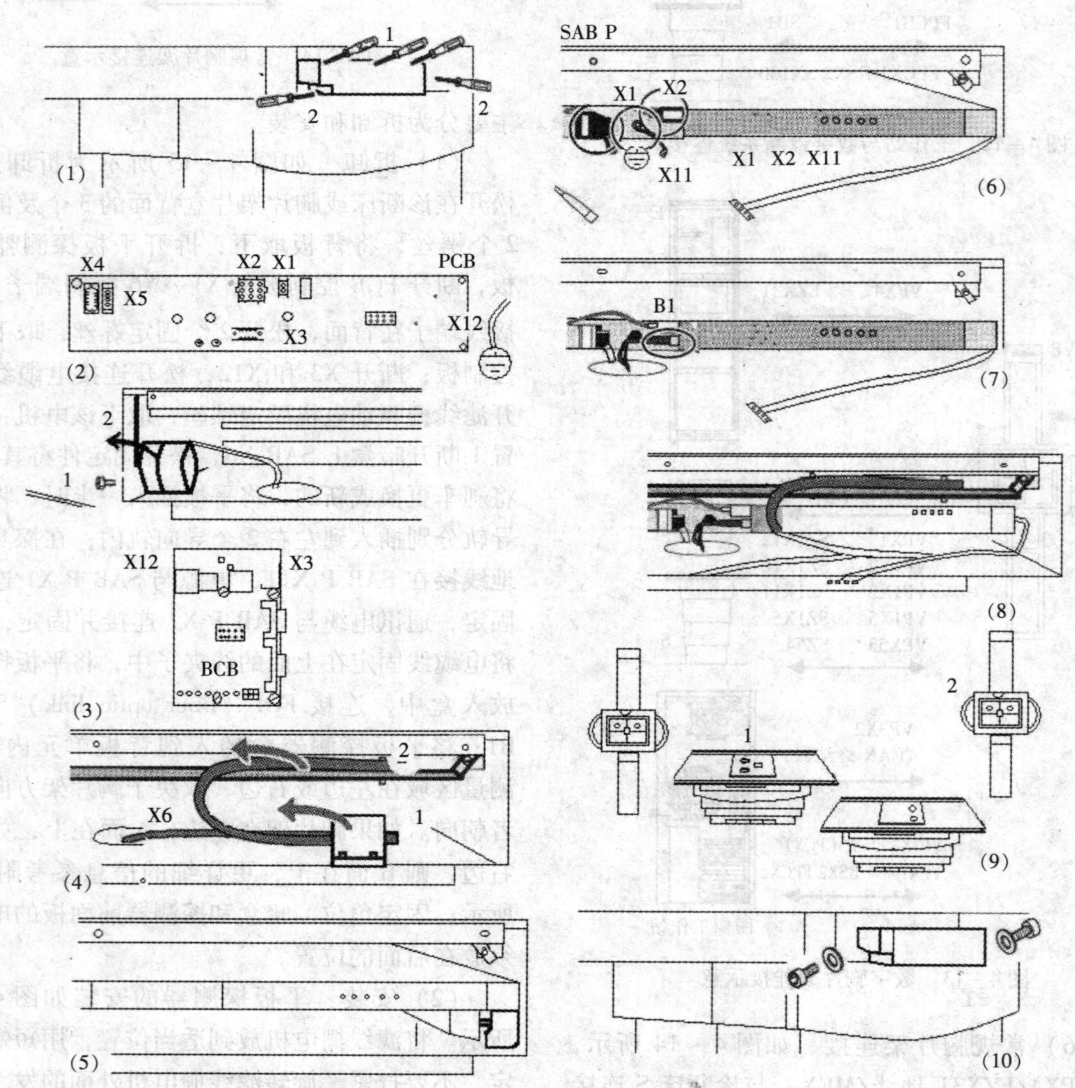

图 4－15 平板探测器拆卸示意

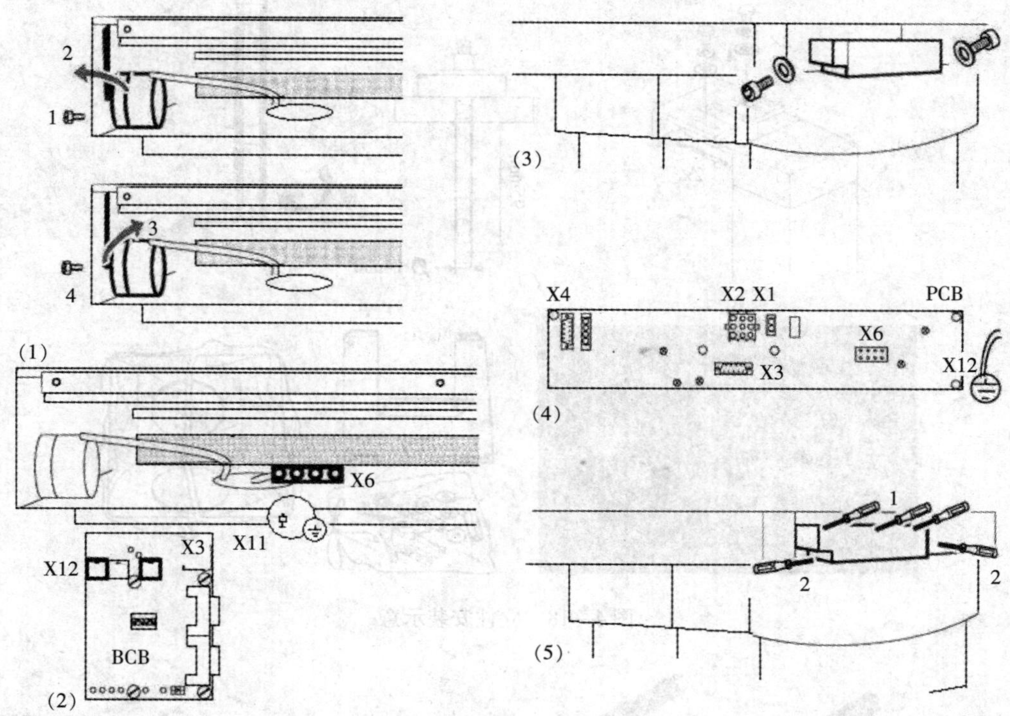

图 4－16　平板探测器安装示意

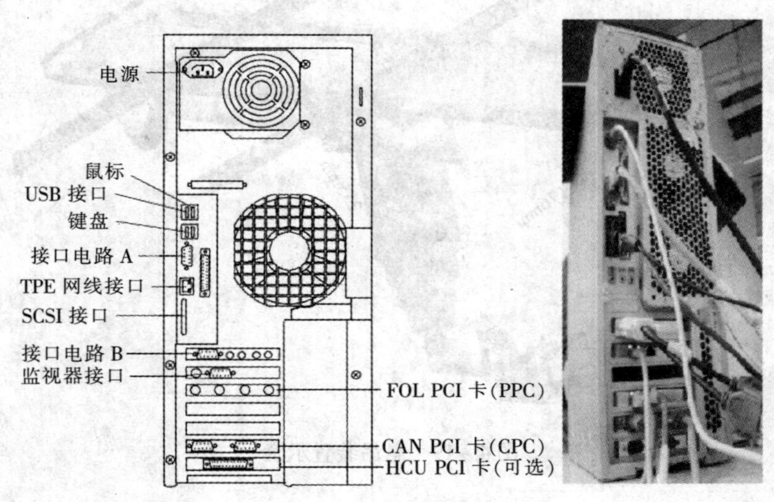

图 4－17　图像工作站实物

2. 悬吊装置的安装　如图 4－19 所示，依导轨上的三孔位将其固定，导轨的高度离地约 2480mm，导轨要比滑轨长 700mm，导轨一端一定要用挡销锁定，将 T 型档销放入导轨槽内，并将配重调到合适的位置，然后将固定档销固定好，最后将配重调整好并固定好。

3. 胸片固定架的安装

（1）松开六角螺丝，将支架放到最低位置，如图 4－20(1) 所示；松开立柱固定螺丝，如果有条件可以有 250mm 的间隙，在背模侧面采用 4 个 M10×25mm、2 个 M6×20mm 螺丝固定，其背面的固定如图 4－20 所示。

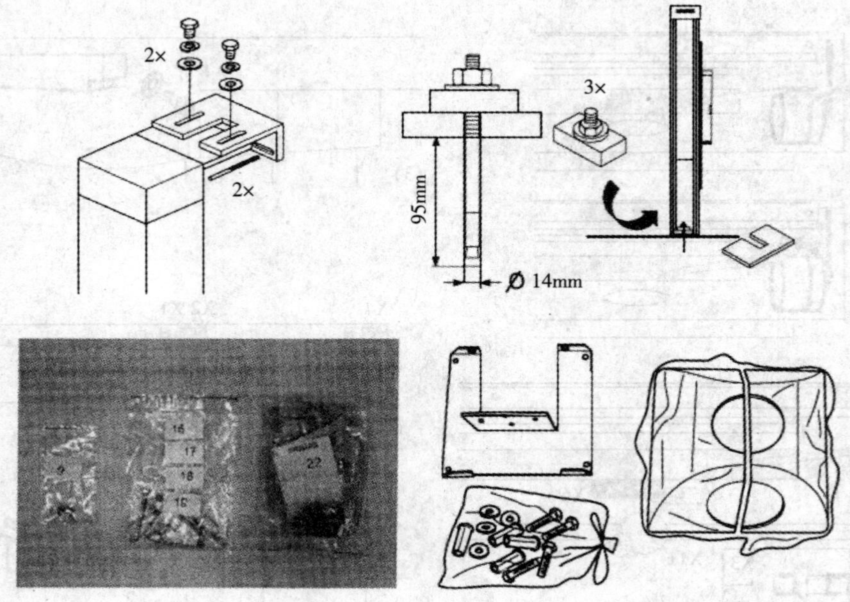

图 4－18　立柱安装示意

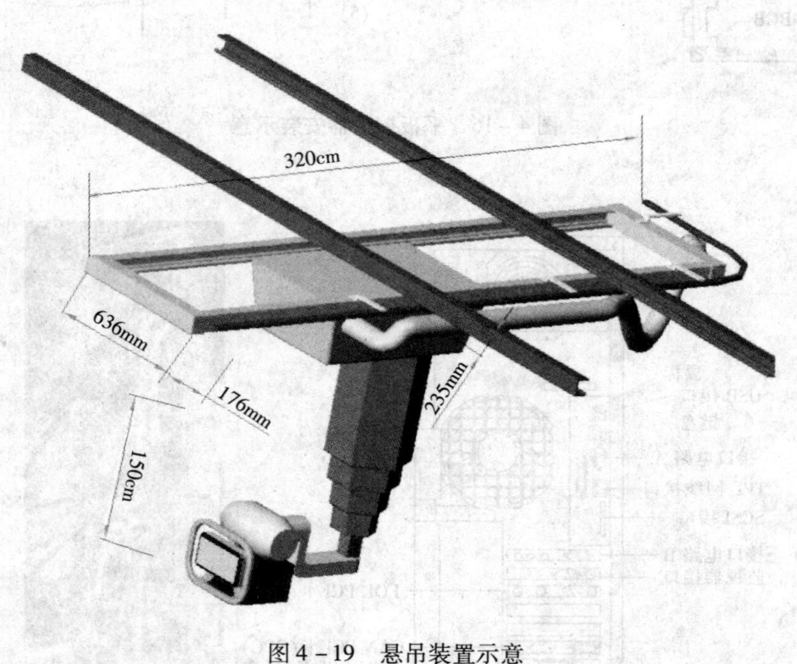

图 4－19　悬吊装置示意

（2）控制板安装（适用于数字诊断 VR）

用 ø8mm × 40mm 3 个螺丝固定背板，将控制板的设置开关 DIP 在 S1 位置，如图 4－21 所示。

4. 电缆连接

（1）部件与 SCU 连接（适用于数字诊断 VR）悬吊装置、高压组件与 SCU 连接，如图 4－22a 所示，通过 SF1、SX55、SZ1、X1、X2 和 X3，地线与 SX13 连接。

胸片架与 SCU 连接，如图 4－22b 所示，通过 SX54、SZ1 X5、X10、X11 和 X12，并将所有线缆固定。线缆的固定如图 4－22c 所示。

（2）胸片架、控制部件和操作面板的连接

立柱背面的控制板与控制电路板连接，如图 4－23a 所示，VP X53、VP1 X2、VP1 X3、VP1 X5 与 VP3X3 连接；电源线 VP X53 用金属线夹固定；接地线与 VP X11 连接；先用夹子固定线缆，

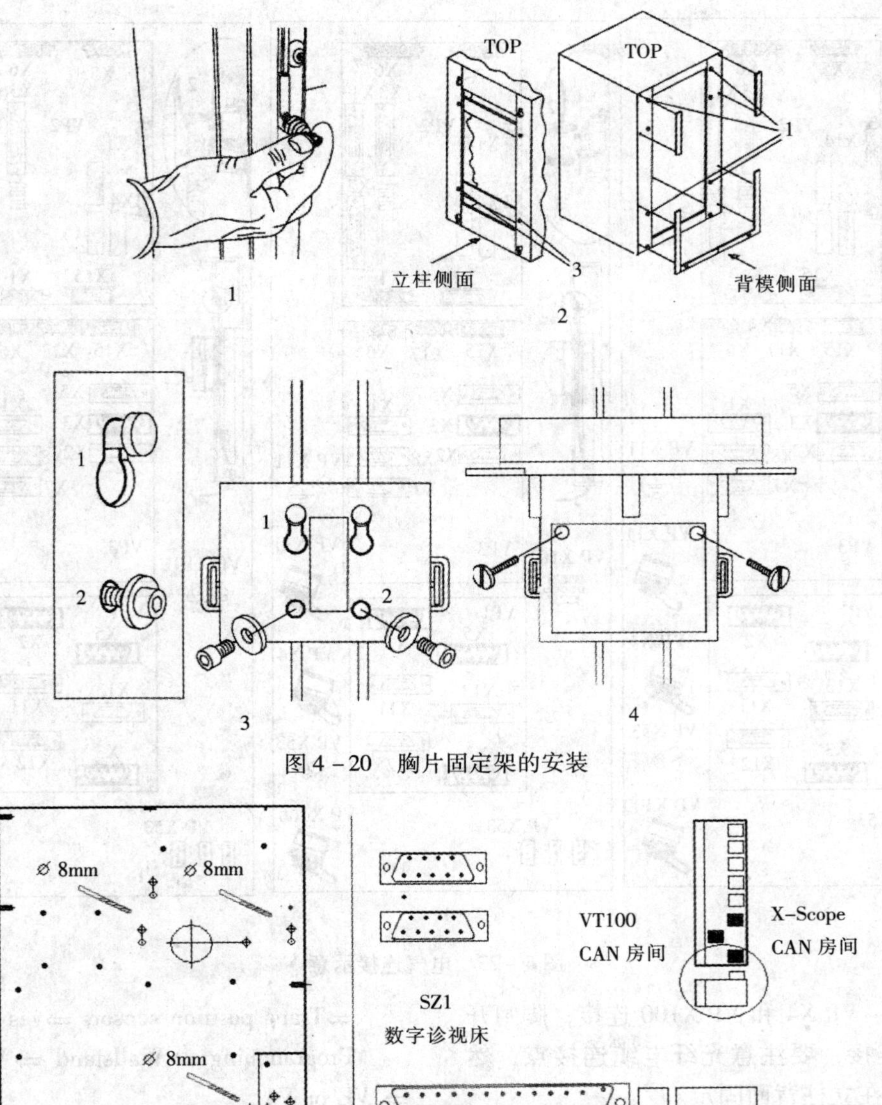

图4-20 胸片固定架的安装

∅ 8mm
∅ 8mm
∅ 8mm
VT100
CAN 房间
X-Scope
CAN 房间
SZ1
数字诊视床

图4-21 控制板示意

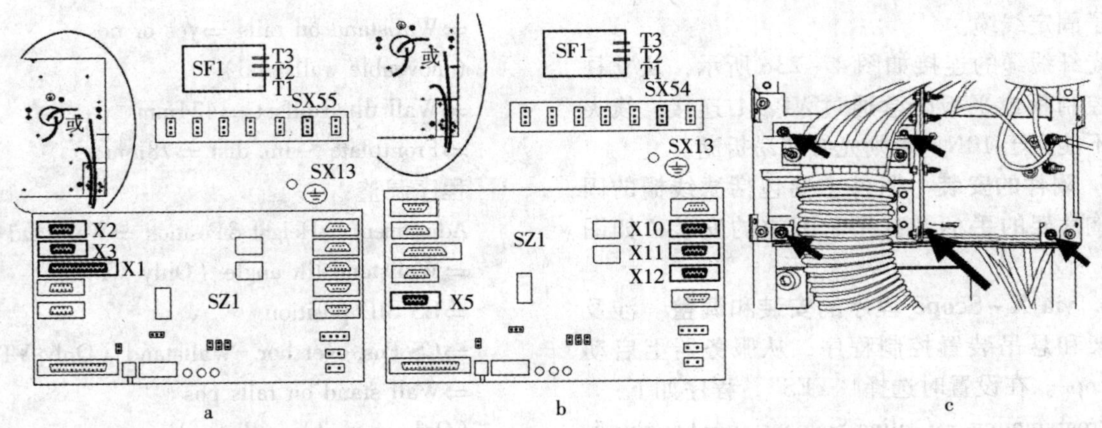

图4-22 电缆间的连接示意

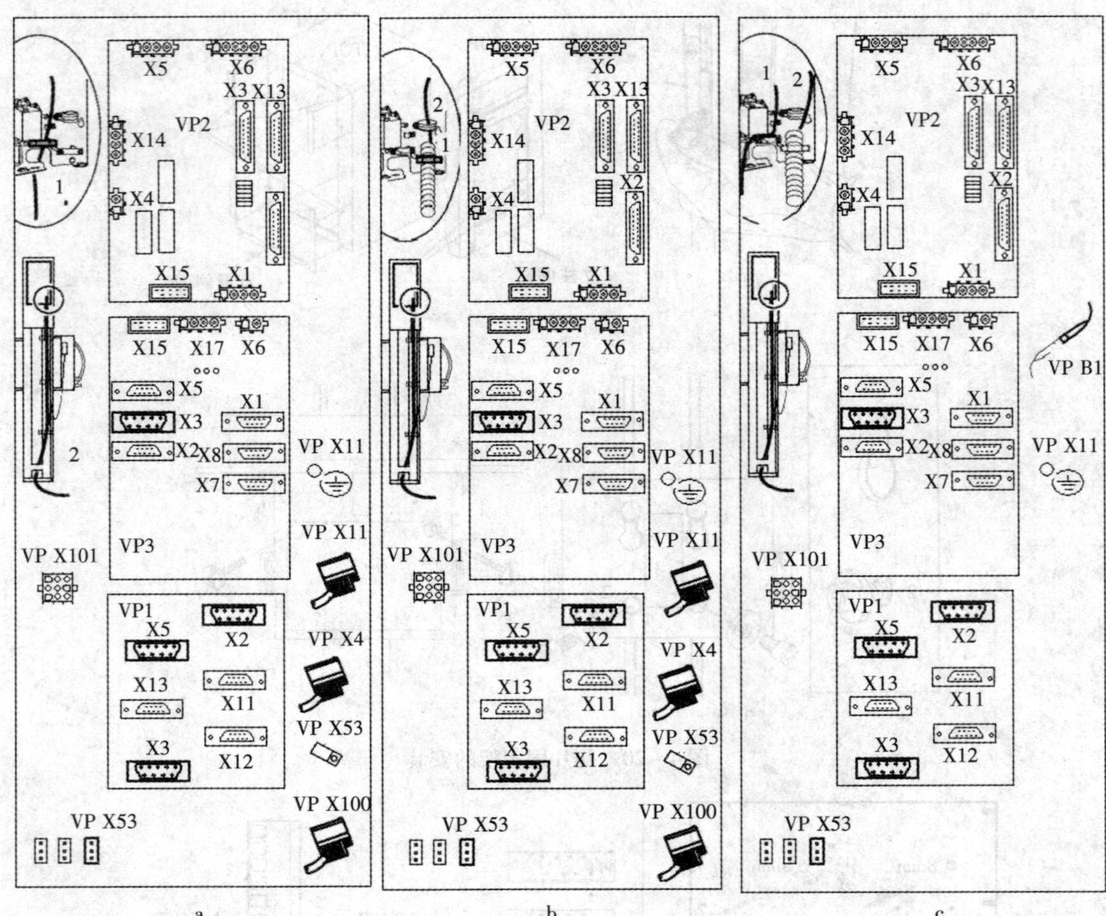

图 4－23 电气连接示意

然后将 VP X1、VP X4 和 VP X100 连接；脚闸开关与 VP X6 连接，要注意光纤电缆连接点，然后用 3 个夹子在立柱背面固定。

控制电路与暗盒间的连接如图 4－23b 所示，VP X101、VP1 X11、VP2 X3、VP X11、VP X4 和 VP X100 的连接；接地线与 VP X11 连接；先用夹子固定线缆。

光纤线缆的连接如图 4－23c 所示，从立柱背面控制板或平板暗盒通过 VP B1 连接，线夹压力不能大于 10N，否则光纤容易折断。

5. 附件的安装 附件主要包括滤线栅的固定、胸片架的手柄及扶手、配重的安装，如图 4－24 所示。

6. via X－Scope 程序的安装和调整 涉及胸片架和悬吊装置控制程序，从服务器上启动 X－Scope。在设置时选择“YES”，程序如下：

Programming ⇒Ceiling Suspension⇒Long position sensors⇒yes

⇒Trans position sensors ⇒yes

Programming ⇒ Wallstand ⇒ Wall stand type ⇒ VE or VT

⇒Bucky device type ⇒Dig. Detector

⇒Wallstand position ⇒Transverse or longitudinal

⇒Wallstand on rails ⇒yes or no (moveable wallstand)

⇒Wall tilted offset ⇒424mm

⇒Frontplate －im. dist ⇒78mm

程序调整：

Adjustment ⇒Height &Position ⇒Wallstand height

⇒Wallstand tilt angle (Only VT)

⇒CS SID position

⇒CS Pos. over hor. Wallstand (Only VT)

⇒Wall stand on rails pos (Only moveable wallstand)

Adjustment ⇒Tracking Cs Offsets

图 4 – 24　附件安装示意

调试完成后，将控制板的前盖板盖好固定，然后将立柱的前盖板盖好，将立柱后盖板固定，将电缆盖板复原，如图 4 – 25 所示。

7. VT/VE（VT2/VE2）、FS、CS 2/4 调试

（1）固定滑块的安装　其固定过程如图 4 – 26 中 1 ~ 6 的步骤完成。

（2）DIAGNOST CS2/CS4 安装调试　按照图 4 – 27a 所示，将 CS2/CS4 的位置按照程序进行位置的调整，如图 4 – 27 所示 1 ~ 8 位置。其中位置 1 为立柱，位置 2 为 X 射线断层探测器，位置 3 为 X 射线断层左边安全位置，位置 4 为机架线缆固定夹，位置 5 为结束位置，位置 6 为固定位置，位置 7 为安全位置，位置 8 为数字化胸片架。

在程序控制下，胸片架、悬吊装置和诊断床的位置进行调试，如图 4 – 27b 所示。

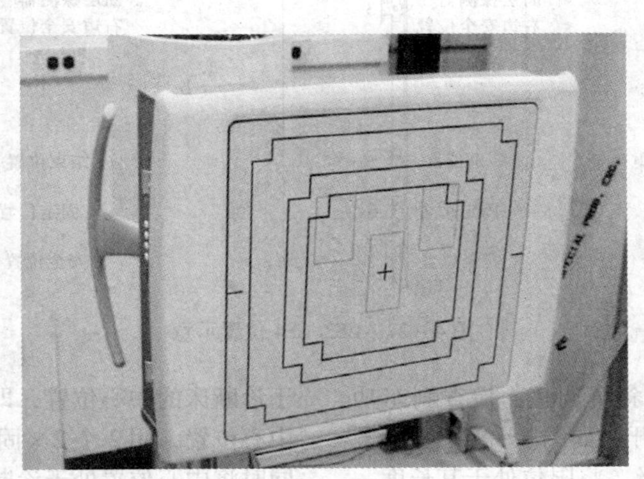

图 4 – 25　安装完成示意

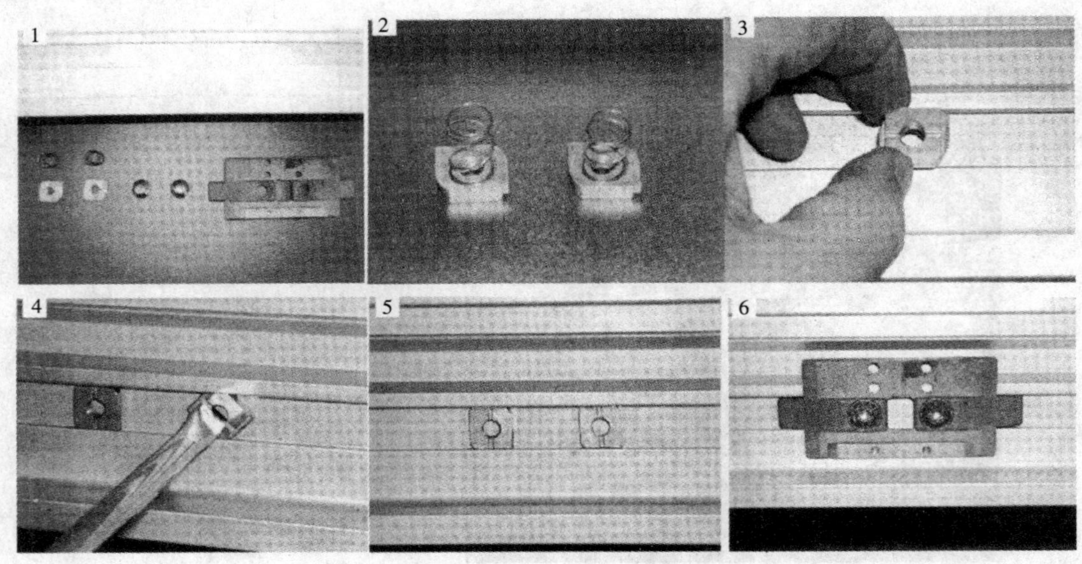

图 4－26　滑块的安装过程示意

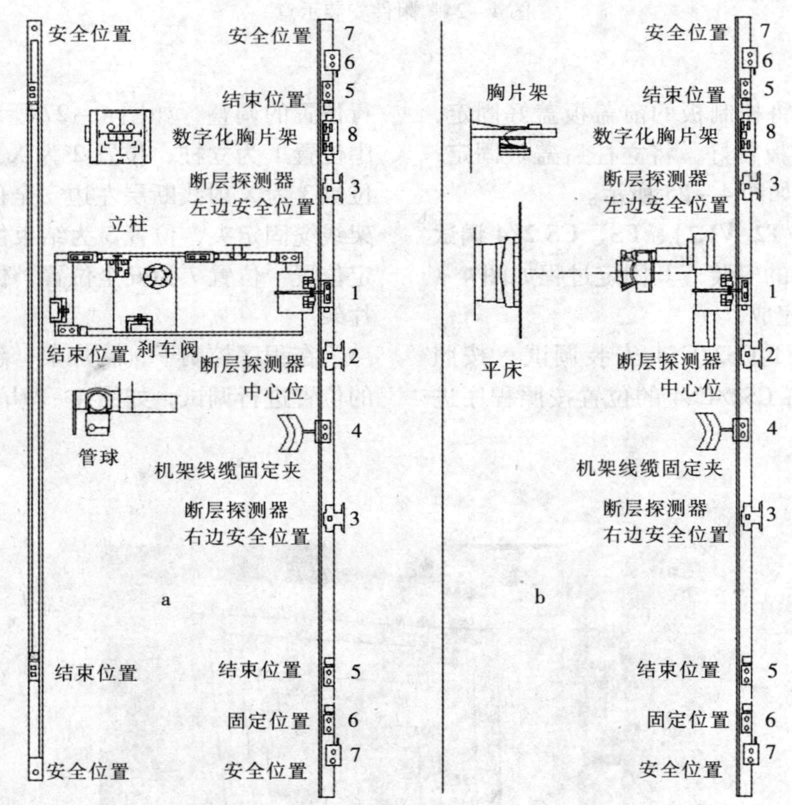

图 4－27　CS2/CS4 位置示意

（3）导轨的调整　刹车调整：检查刹车功能，如果需要调整则松开。如图 4－28a 所示支架上的导轨刹车固定螺丝，将限位处于其长度一半的位置。

悬吊中心的调整：启动程序，将悬吊装置位于诊断床的中心位置，即悬吊中心装置是系统的中心位置，用 2 个 2×固定块将悬吊位置位于 1，同时将中心位置处于诊断床的位置 3，悬吊处于纵向位置 4。启动电源悬吊运动到中心位置，否则重新调整，打开手动激光准直器，可以清晰地显示其位置，无误后固定其固定块，如图 4 - 28b 所示。

导轨限位的调整：纵向和横向的导轨都是相同的，调整导轨限位使悬吊装置有 0.5 ~ 1mm 间隙，调整方法是松开 4 颗固定镙丝，使金属销在适当位置后固定螺丝拧紧，如图 4 - 28c 所示。

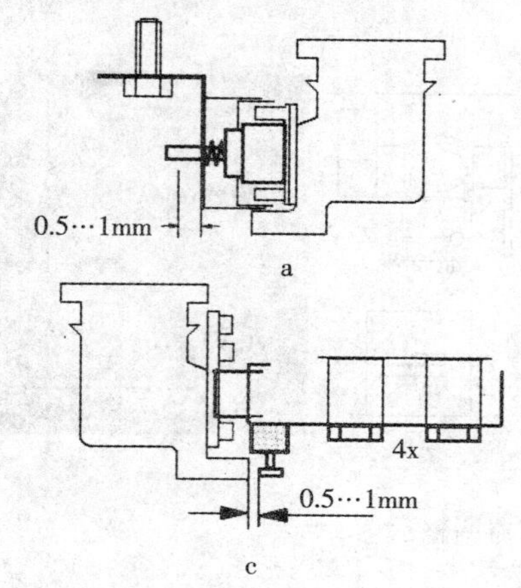

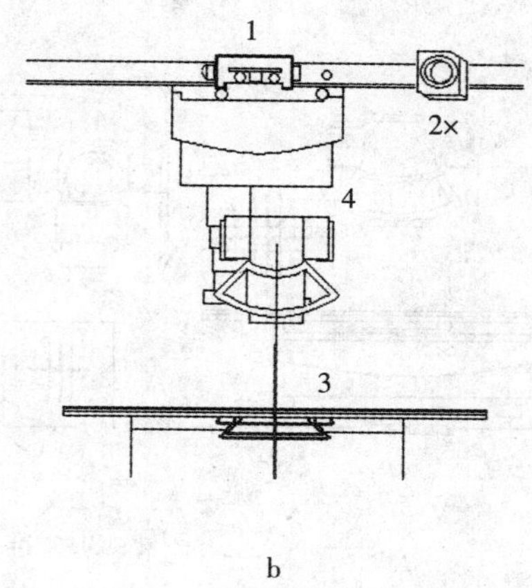

图 4 - 28　导轨调整示意

8. 准直器的调整　定位线由红外激光器通过两边的孔隙发出，如图 4 - 29a 所示，其控制由束光器上的手动控制开关完成。

（1）系统中心定位　启动系统，将诊断床处于最低位，将平板固定于中心位置，将悬吊装置调至横向位置 1 和纵向位置 2，打开束光器上的手动控制开关，使激光十字中心与滤线栅的十字中心重合，如果没有重合，调整接受平板位置，如图 4 - 29b。

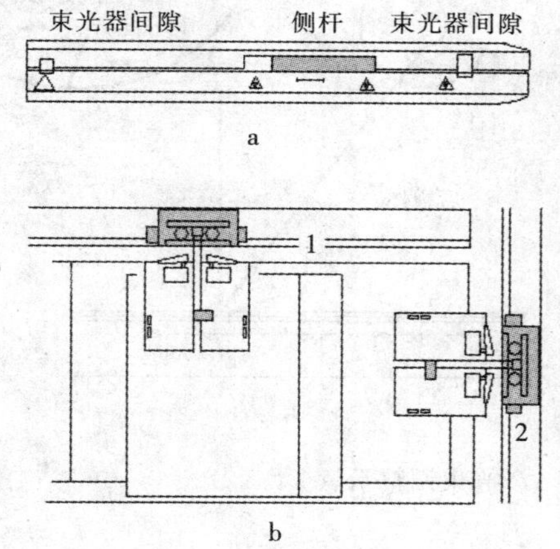

图 4 - 29　准直器位置示意

诊断床中心位置的调整，将一面镜子放在如图 4 - 30a 位置，检查中心点的位置，将床面降低到最低点和将床面上升到最高点，记录中心点的偏移位置，如果在 SID 1m 状态下误差 ±2mm 为合格，否则以上程序重新调整。

悬吊装置伸缩位置的调整：将悬吊降低到最低点和将床面上升到最高点，记录中心点的偏移位置，如果在 SID 1m 状态下误差 ±2mm 为合格，否则，调整 CS2/4 上面的悬吊位置，如有必要也要调整缩光器，如图 4 - 30b 所示。

激光线束中心位置的调整：按下束光器上的按键 1，指示灯处于 ON 状态，升、降床面，其中心位置和偏离情况如图 4 - 31a 所示，如果有偏离则进行调整。

激光线束 SID 的调整：选择 X - Scope 程序中 SID 状态 1，选择 SID 为 1，100mm，将诊断床上升 SID = 900 ~ 1，200mm；按下键 2，激光中心、SID 激光脉冲光束处于 ON 状态，当诊断床上升至最高位置时观测激光束中心位置，如果有误差，松开如图 4 - 31b 所示位置 3 螺钉和调整 4 的位置，调整好后紧固位置 3 的 2 个螺钉。

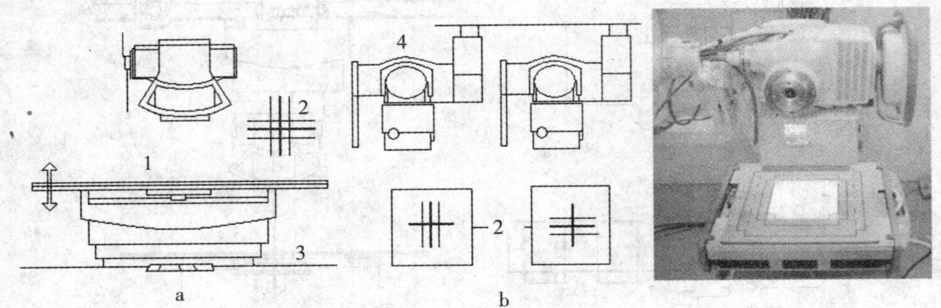

图 4 - 30　准直器调整示意

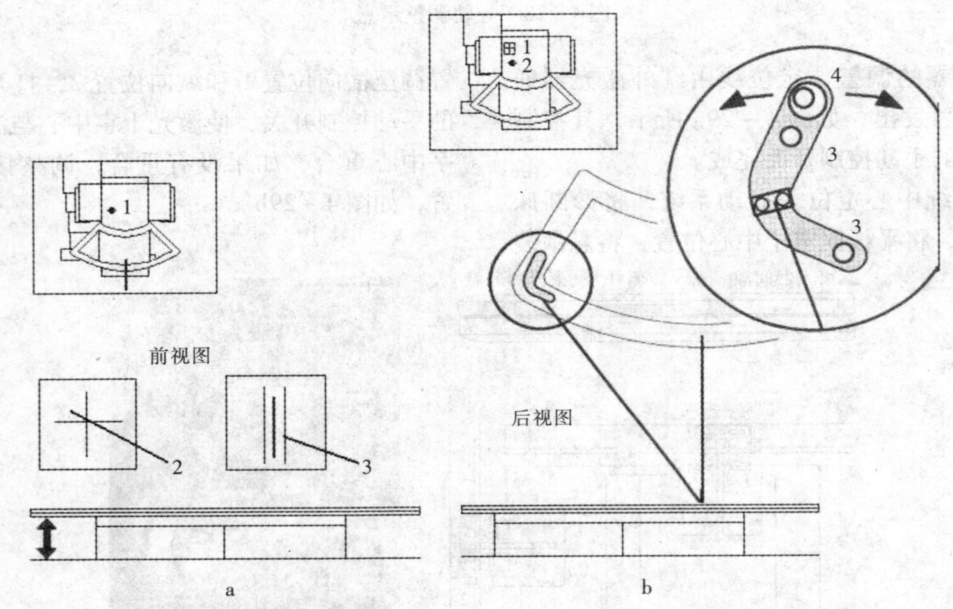

图 4 - 31　激光束调整示意

（2）操作　激光的功能：根据 X - Scope 程序中的存储程序，有开关 1 和激光中心 2，SID 激光束 3，脉冲如图 4 - 32a 所示；其正常操作是按下开关 1，其显示如图 4 - 32b 所示。

9. 断层的调试

（1）断层工作位置的调试（选配件）　踩下脚闸将平板暗盒由一端移动到中间位置，诊断床通常处于中间位置，高度约 750mm，当松脚闸时，诊断床处于锁定状态，悬吊装置灵活移动，其 SID 正常距离为 1100mm，如图 4 - 33 所示。

（2）限位滑动开关的安装　在确定限位开关的位置时，首先确认平板中心位置，并考虑到纵向滑轨的距离，有必要调整固定滑块，其距离左端大于 1400mm，右端小于 1000mm，如图 4 - 34a 所示。安装和调试过程：限位滑动开关位于 1 的位置，并和机头距离为 400mm，如图 4 - 34b 所示；其安全位置的确认如图 4 - 34c 所示，其间距离为 700 ~ 900mm。

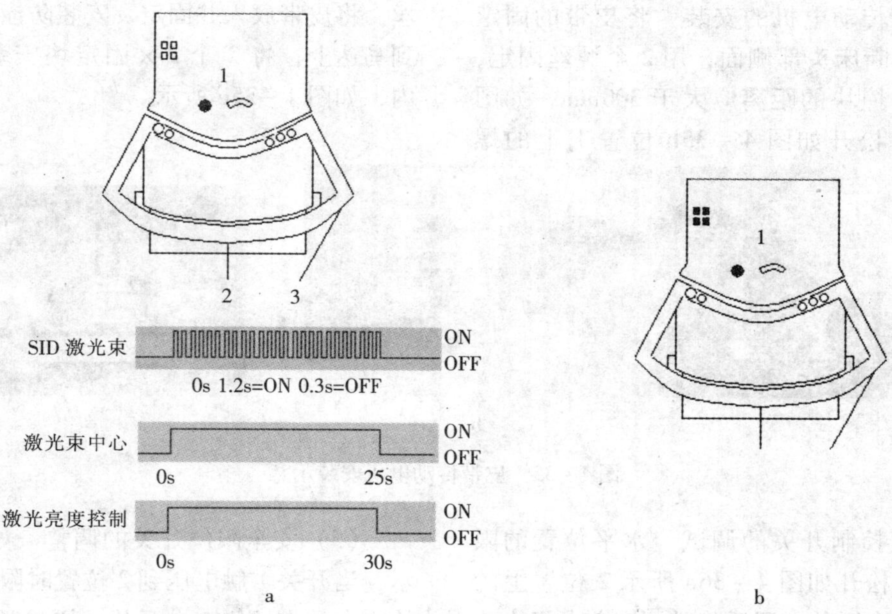

图4－32　激光指示操作示意

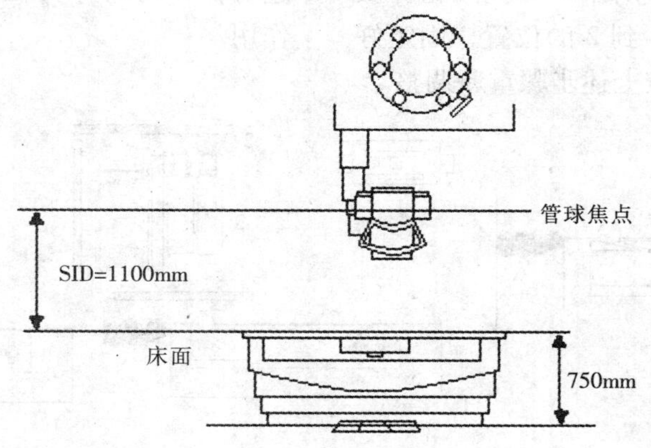

图4－33　断层工作位置示意

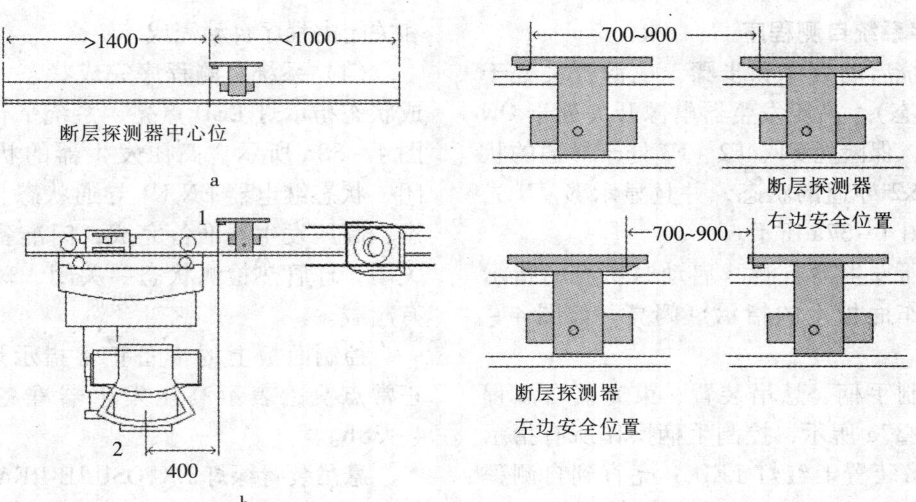

图4－34　限位滑动开关示意

(3) 皮带传动电机的安装 将皮带的固定部件安装到诊断床头部侧面，用2个螺丝固定，固定部件和防撞块的距离应大于300mm，如图4-35a所示；松开如图4-35b位置1上的螺丝，将皮带放入并固定，安装防撞块，将皮带放到马达上，将2个2×固定块安装到纵向轨道内，如图4-35c所示。

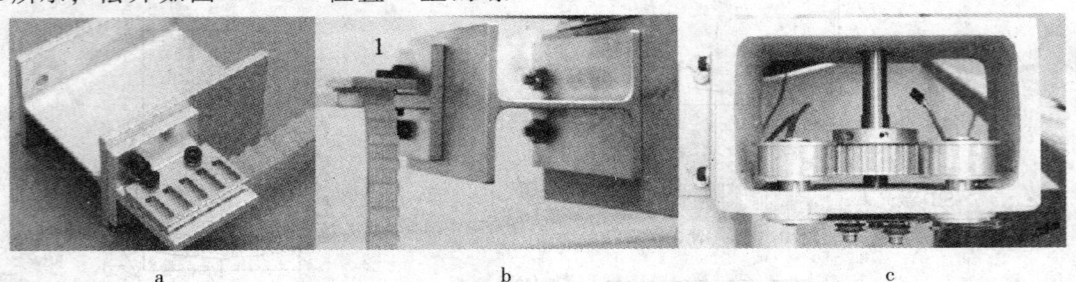

图4-35 皮带传动电机安装示意

(4) 电机控制开关的调试 水平位置的限位开关调整，松开如图4-36a所示2位置上的螺丝，调整到合适的位置后将其固定。电机中心位置开关如图4-36b中1所示，开关凸轮2及开关中心位置3，调整使3到2的位置，固定好5的2个螺钉，如有误差按上述步骤重新调整。

(5) 安全限位开关的调整 如图4-36c所示，当开关1触电压到2位置时限位起作用，并检查左和右两侧安全开关，如需调整按上面步骤进行，不同的开关在不同的位置起相应的限位作用。

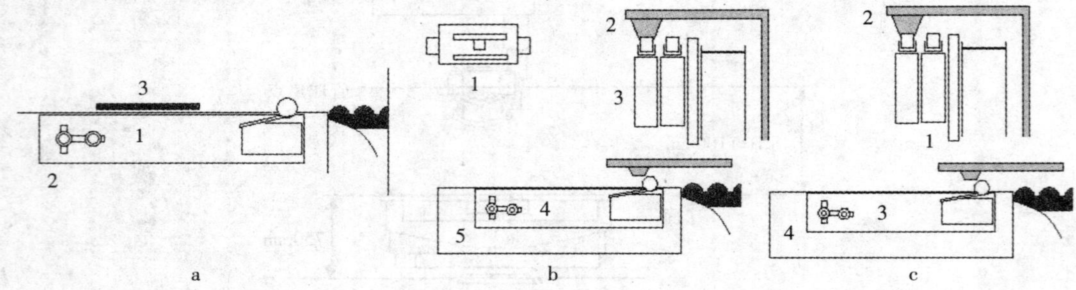

图4-36 电机控制开关示意

10. 数字系统自测程序

(1) 系统启动程序和步骤 电源开关处于ON（通电状态），高压发生器电源开关处于ON（通电状态），保险丝F1、F2、F3处于导通的状态，继电器K2导通的状态，并且显示E，N光亮状态，如图4-37a所示。

(2) 高压发生器自测 启动时所有的指示灯闪亮，操作面板上的指示灯闪亮，如图4-37b所示。

(3) 控制手柄、悬吊装置、束光器自测程序 如图4-37c所示，控制手柄操作所有指示灯闪亮；悬吊装置上红灯LED 1亮直到自测程序完成，黄灯LED 2闪烁至自测程序结束，启动程序完成后绿灯LED 3亮；束光器遮光打开和关闭由程序自动完成。

(4) 系统自测程序完成状态 系统自测完成状态指示灯LED点亮，系统平行运行状态如图4-38a所示。高压发生器的状态指示灯关闭，状态继电器EN K1导通状态，外部正常状态：高压发生器准备完成，门准备完成状态→关闭，球管热检测状态→关闭，球管状态→没有超载。

控制面板上的准备正常指示灯（READY）正常点亮，表示高压发生器准备完成，如图4-38b。

悬吊装置绿灯EXPOSURE READY LED 1点亮，系统准备完成，如果没有准备完成，按下按键2重新测试，如图4-38c所示。

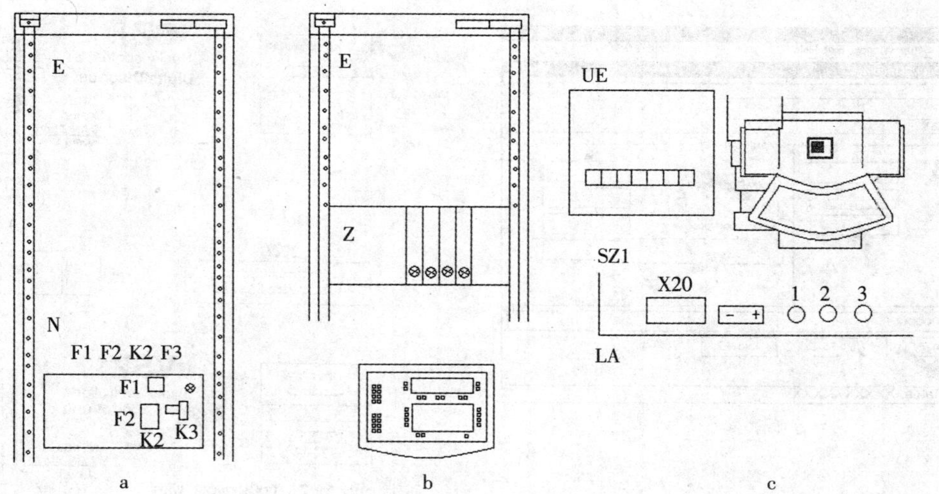

图4－37　数字系统自测程序示意

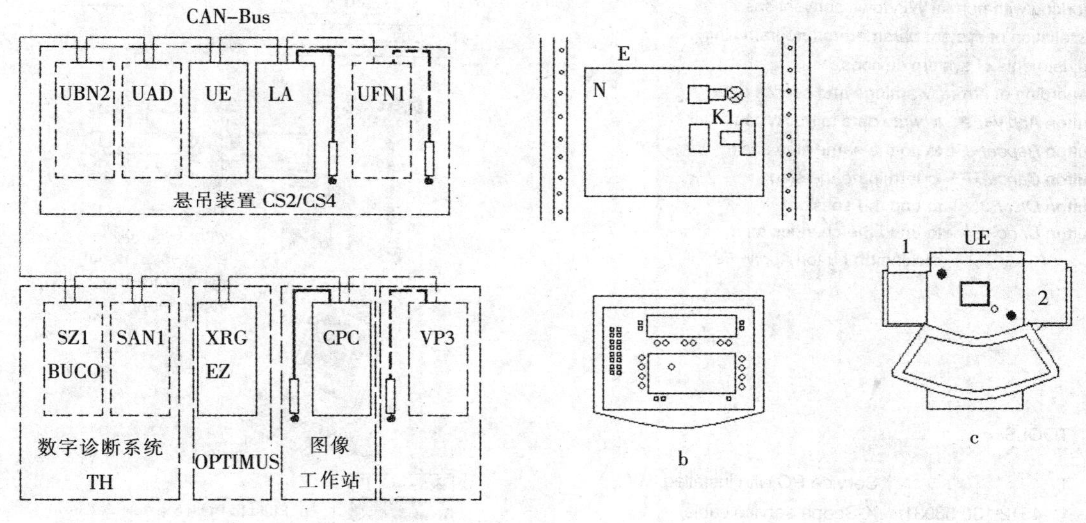

图4－38　自测程序完成状态示意

第二节　数字诊断程序的安装和调试

一、概述

以 PHILIPS X－Scope R1.4.2/R2.1.1 版本 R8.1 为例讨论。

X－Scope 是基于计算机 Windows 系统之上的数字化摄影系统，该程序主要功能是完成摄影系统的控制，并具备完善的服务维修程序，所有的参数都存到控制存储器内。该系统兼容性是 X－Scope R2.1.1 兼容 MS Windows 2000，X－Scope R1.4.2 兼容 MS Windows NT。

X－Scope 系统控制程序的界面如图 4－39 所示，主要包括：①状态显示（Communication Status）：程序执行状态和程序控制进程显示；②指令说明（Instruction bar）：显示帮助管理信息；③执行指令（Status）：X－Scope 操作指令信息；④显示界面（Reference window）：显示所有的动态数据；⑤输入区（Input）：如果有错误的输入显示“＊”，动态输入区是活动页面。

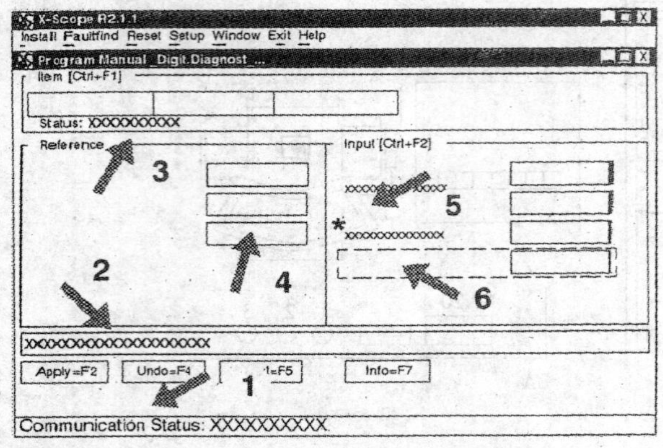

Functions of X-Scope

Working with normal Windows conventions
Installation of system parameters (programming)
Adjustments of system devices
Recording of errors, warnings and service data
Button *Apply=F2* to write data to Bucky controller
Button *Repeat=F4* to do the same step again
Button *Cancel=F5* to terminate the step
Button *OK=F3* to end the session
Button *Undo=F4* to undo the changes after clicking on button *Apply=F2*

TOOLS

1		Service PC with installed SW
1	4512 130 56931	X-Scope service cable

图 4－39　X－Scope 系统控制程序的界面示意

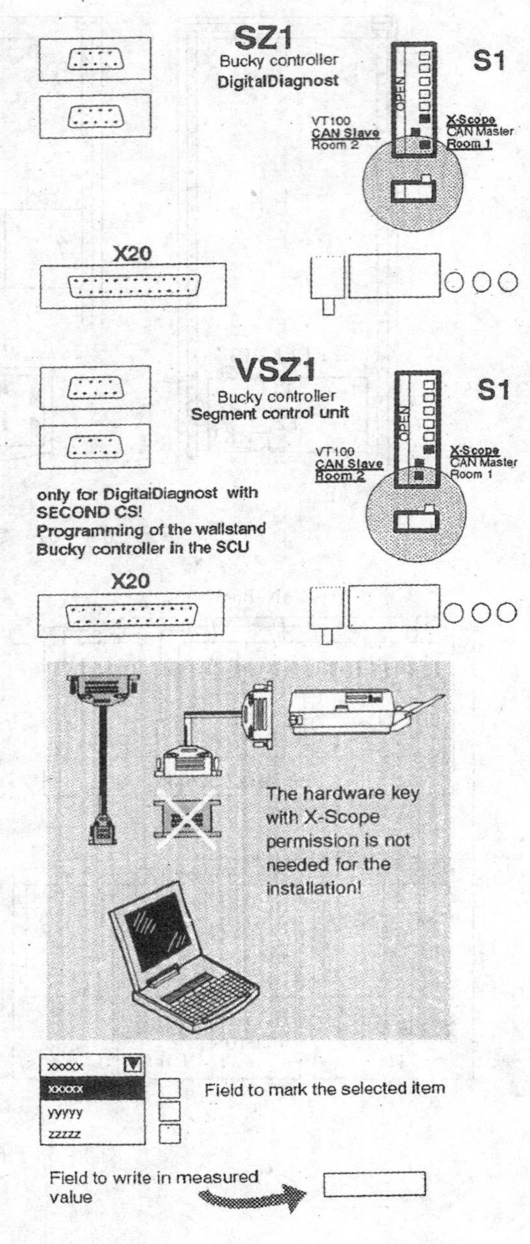

图 4－40　X－Scope 安装示意

二、程序安装和调试

（一）计算机系统的基本安装

关闭计算机，检查悬吊控制部件 SZ1 右上方的 S1，检查 COM1…COM4 与 SZ1 X20 数据线连接，无误后打开计算机，启动 Windows 系统，按照 X－Scope 安装程序进行，如图 4－40 所示。安装过程按照安装手册的步骤进行，所有的设置参数存入存储器中。

（二）X－Scope 启动

（1）启动 X－Scope 程序 Window 版本，当进入程序时界面如图 4－41 所示。

（2）选择 OK 或 EXIT，如果出现错误，重新进行。

（3）选择 OK 或 确认（Enter），进入到步骤（5）Set－up of communication Part。

（4）选择 OK 或 确认（Enter），进入到步骤（6）Programming。

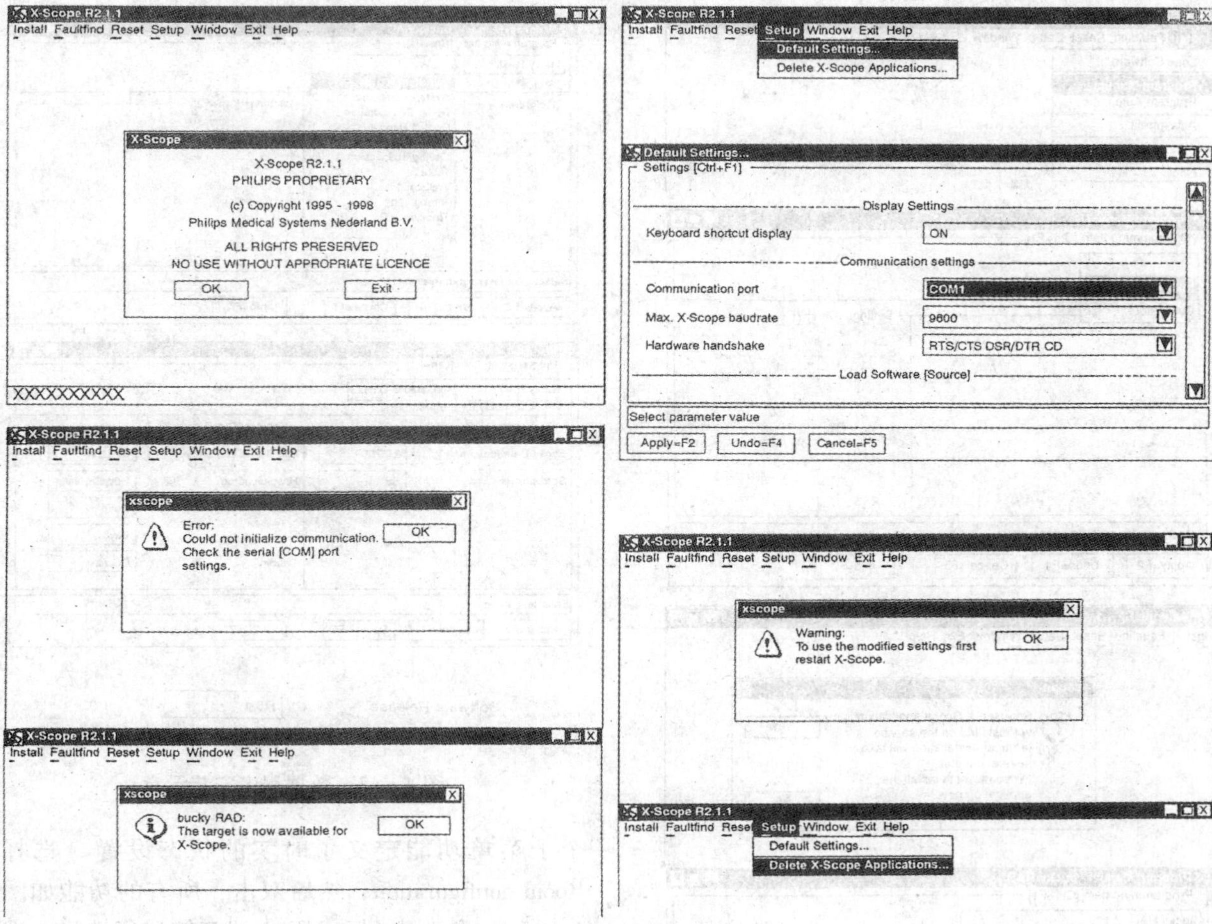

图 4-41 X-Scope 启动示意

（5）Set-up of communication Part 选择 Set-up；然后选择 Default settings；按下▼键，可以改变交流信息；Highlight 表示你确认了正确的交流信息。

（6）系统程序（Programming） 如果删除则按下面步骤进行：Select Setup；Select Delete X-Scope Applications。

（三）系统主程序（Manual Programming）

1. 安装 安装子菜单如图 4-42 所示。

Load Software

Program Automatic

Performance Test

Copy

选择安装（Select Install）；选择 Program Manual 按下回车键（Enter key）；选择 Bucky RAD 并按下回车键（Enter key）（注：如果有准直器则要进行程序安装。）

选择 Yes 则进行该应用程序安装，系统按安装程序进行。

X-Scope 程序可根据主菜单选择相关项目进行。

（1）数据安装（Installation data）主要包括医院相关信息如医院名称和地址、数据、时间及相关数据的输入和软件版本的信息，数据安装时双击该菜单，操作如图 4-43 所示，在相应的对话框中输入相关信息，用功能键 Apply = F2 保存，选择相应的功能子菜单完成所需功能。

（2）系统设置（System configuration）这个子菜单下所有参数是对整个系统的设置，如语言的选择、系统时间设置。

选择 System configuration，然后双击所有的功能如图 4-44 所示；其中系统类型选 1 DIDI 按常规选择安装，用鼠标或用▲或▼键进行选

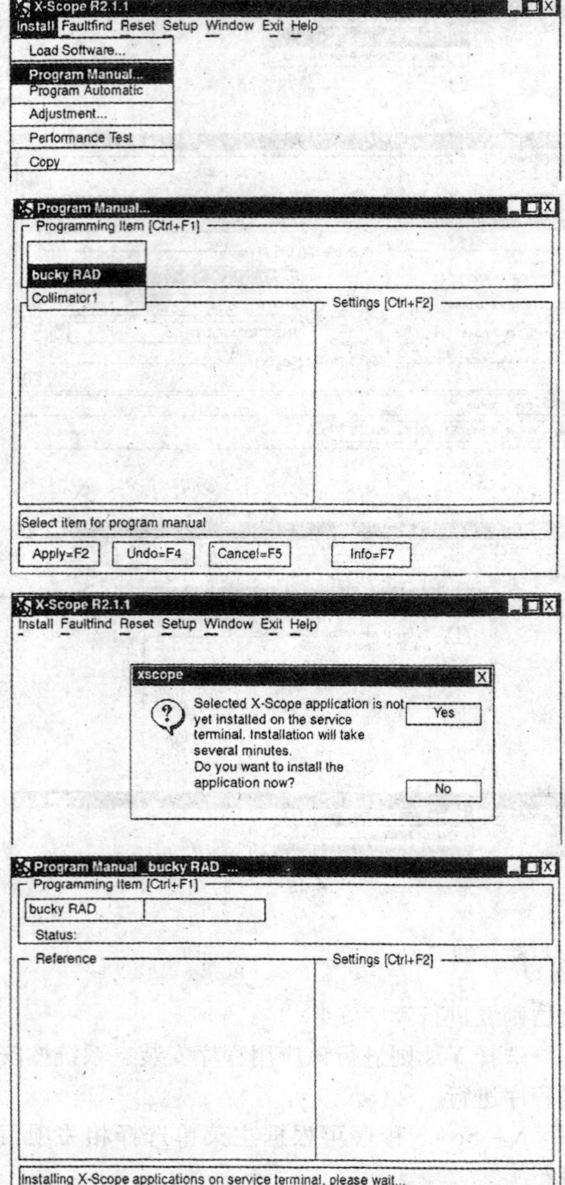

图 4－42 系统程序安装示意

择，选择哪个条目哪个为高亮状态。

通常情况下，系统采用英制单位，但也可以设置为公制单位，其设置在板 VA2 上 INALFA 设置单元中：设置为：S1. 1 = OFF = inch（英寸）= Imperial（英制）；S1. 1 = ON = metric（公制）。

通过 Apply = F2，功能键实现，点击系统设置打开所选的功能菜单。

（3）工作状态设置（Room configuration）这

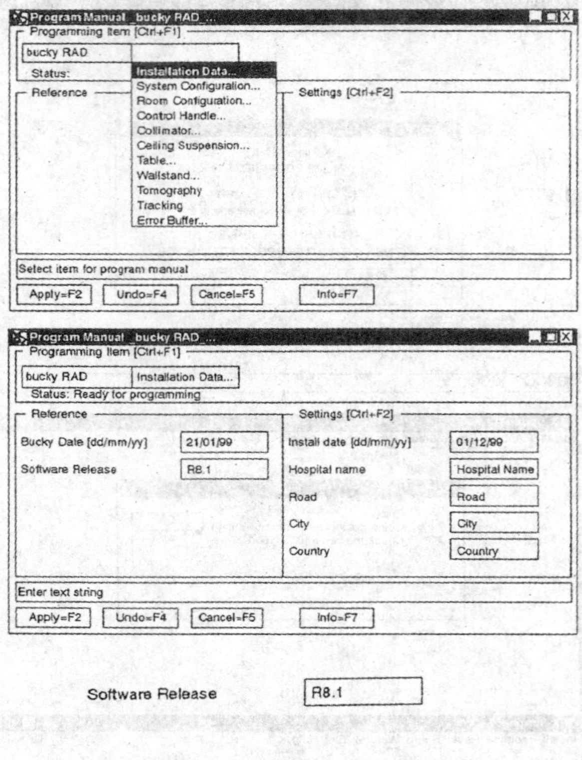

图 4－43 数据程序安装示意

个子菜单功能定义了时实的状态设置 选择 Room configuration，然后双击，所有的功能如图 4－45 所示；用鼠标或用▲或▼键进行选择，选择哪个条目哪个为高亮状态。

通过 Apply = F2 功能键实现，点击系统设置打开所选的功能菜单，其功能按实际状态设置。

（4）球管参数手动设置（Control handle）该功能定义了球管状态参数的设置 选择 Control handle 然后双击，所有的功能如图 4－46 所示；用鼠标或用▲或▼键进行选择，被选中者为高亮状态。

通过 Apply = F2，功能键实现，点击系统设置打开所选的功能菜单，其功能按实际状态设置。

（5）准直器设置（Collimator configuration）该功能定义了准直器动态参数的设置。

选择 Collimator configuration，然后双击，所有的功能如图 4－47 所示；用鼠标或用▼键进行选择，被选中者为高亮状态。

通过 Apply = F2 功能键实现，点击系统设置

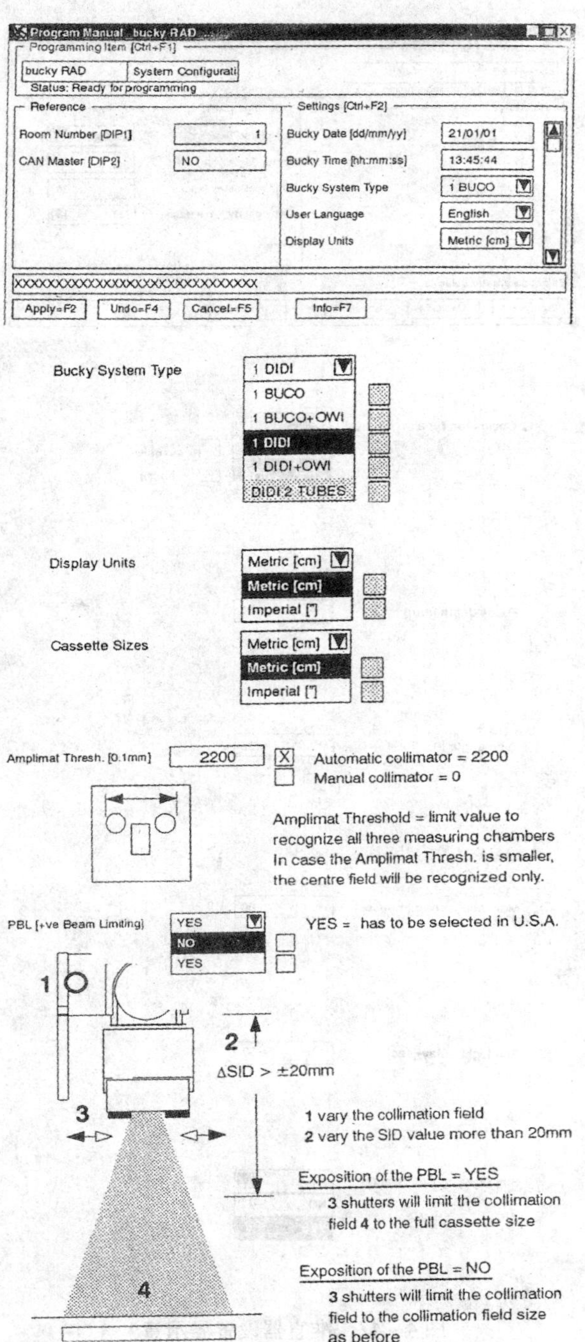

图 4－44　系统设置界示意

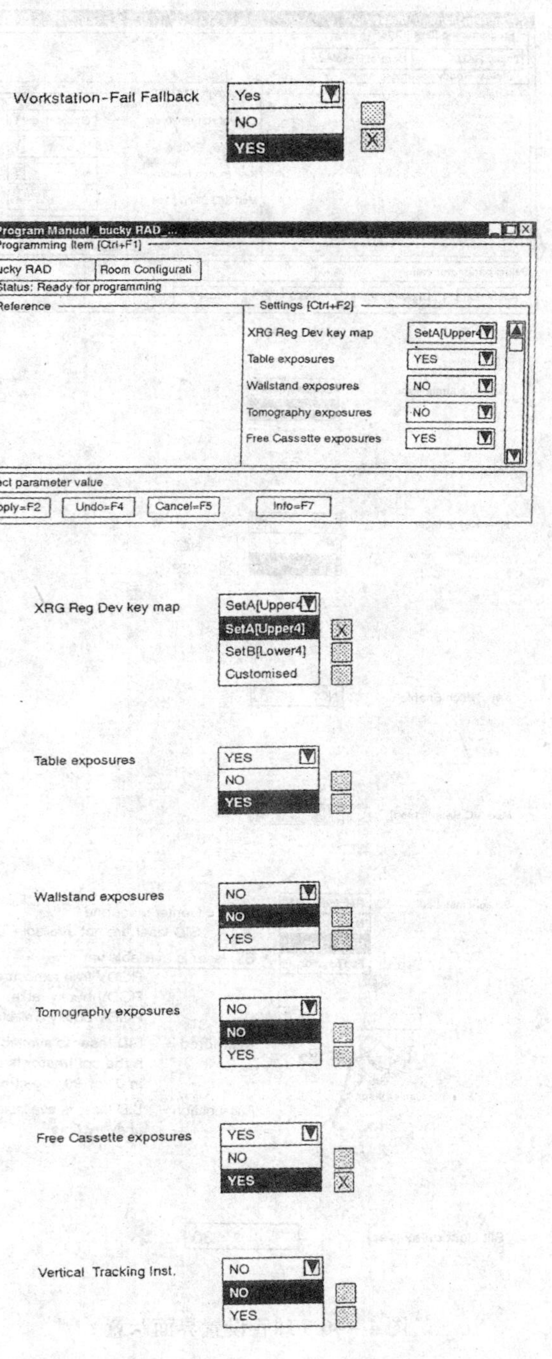

图 4－45　工作状态设置界示意

打开所选的功能菜单，其功能按实际状态设置。

（6）悬吊设置（Ceiling suspension）该功能定义了悬吊装置参数的设置。

选择 Ceiling suspension，然后双击，所有的功能如图 4－48 所示；用鼠标或用▼键进行选择，被选中者为高亮状态。

通过 Apply = F2 功能键实现，点击系统设置打开所选的功能菜单，其功能按实际状态设置。

（7）诊断床设置（Table configuration）该功能定义了诊断床全部参数的设置。

选择 Table configuration 然后双击，所有的

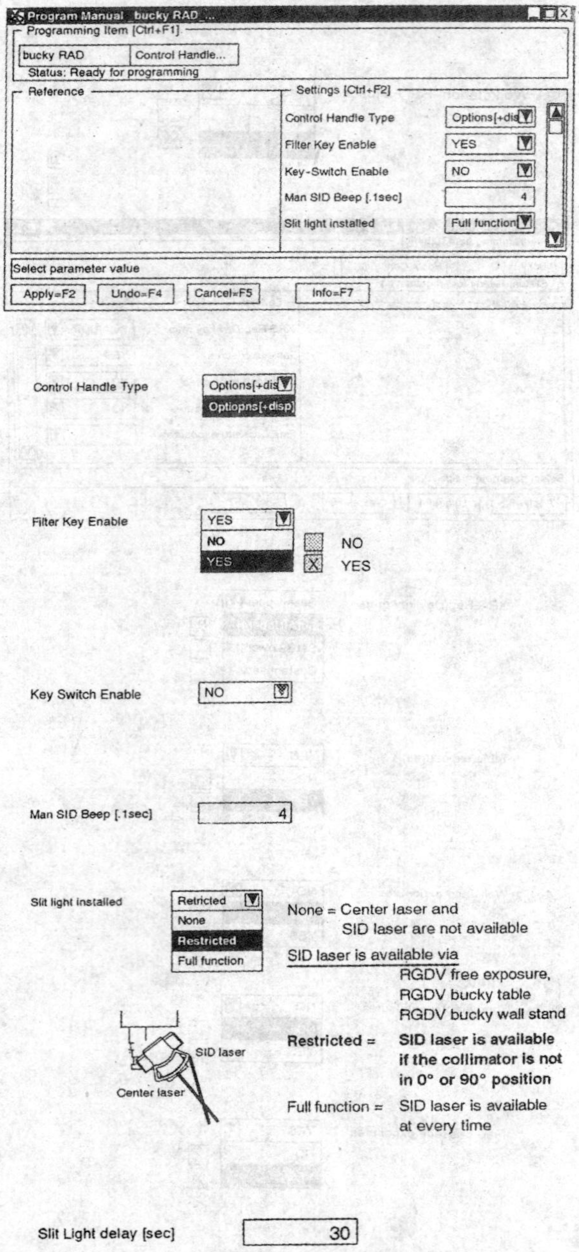

Program Manual _bucky RAD _...
Programming Item [Ctrl+F1]
bucky RAD
Control Handle...
Status: Ready for programming
Reference
Settings [Ctrl+F2]
Control Handle Type
Options[+dis
Filter Key Enable
YES
Key-Switch Enable
NO
Man SID Beep [.1sec]
4
Slit light installed
Full function
Select parameter value
Apply=F2
Undo=F4
Cancel=F5
Info=F7
Control Handle Type
Options[+dis
Optiopns[+disp]
Filter Key Enable
YES
NO
YES
NO
YES
Key Switch Enable
NO
Man SID Beep [.1sec]
4
Slit light installed
Retricted
None
Restricted
Full function
None = Center laser and
SID laser are not available
SID laser is available via
RGDV free exposure,
RGDV bucky table
RGDV bucky wall stand
Restricted =
SID laser is available
if the collimator is not
in 0° or 90° position
Full function =
SID laser is available
at every time
SID laser
Center laser
Slit Light delay [sec]
30

图 4－46 球管设置界面示意

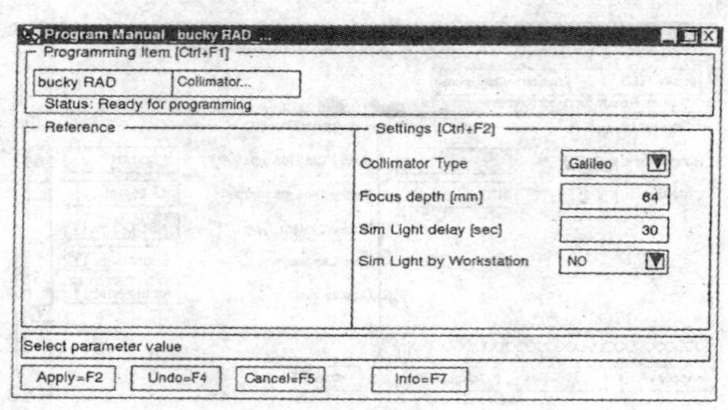

Program Manual _bucky RAD _...
Programming Item [Ctrl+F1]
bucky RAD
Collimator...
Status: Ready for programming
Reference
Settings [Ctrl+F2]
Collimator Type
Galileo
Focus depth [mm]
64
Sim Light delay [sec]
30
Sim Light by Workstation
NO
Select parameter value
Apply=F2
Undo=F4
Cancel=F5
Info=F7
Collimator Type
Galileo
Galileo
Nicol
Galileo
Nicol
Focus depth [mm]
64
Tube angle [0.1°]
125
Man. coll. speed [mm/sec]
60
Sim Light delay [sec]
30
Sim Light by Workstation
NO
NO
YES

图 4－47 准直器设置界示意

功能如图 4－49 所示；用鼠标或用▲和▼键进行选择，被选中者为高亮状态。

通过 Apply = F2 功能键实现，点击系统设置打开所选的功能菜单，其功能按实际状态设置。

（8）胸片架设置（ Wallstand ）该功能定义了胸片架全部参数的设置。

选择 Wallstand，然后双击，所有的功能如图 4－50 所示；在 Room Configuration 设置中要将 Wallstand exposures = YES 设置，用鼠标或用▲和▼键进行选择，被选中者为高亮状态。

通过 Apply = F2 功能键实现，点击系统设置打开所选的功能菜单，其功能按实际状态设置。

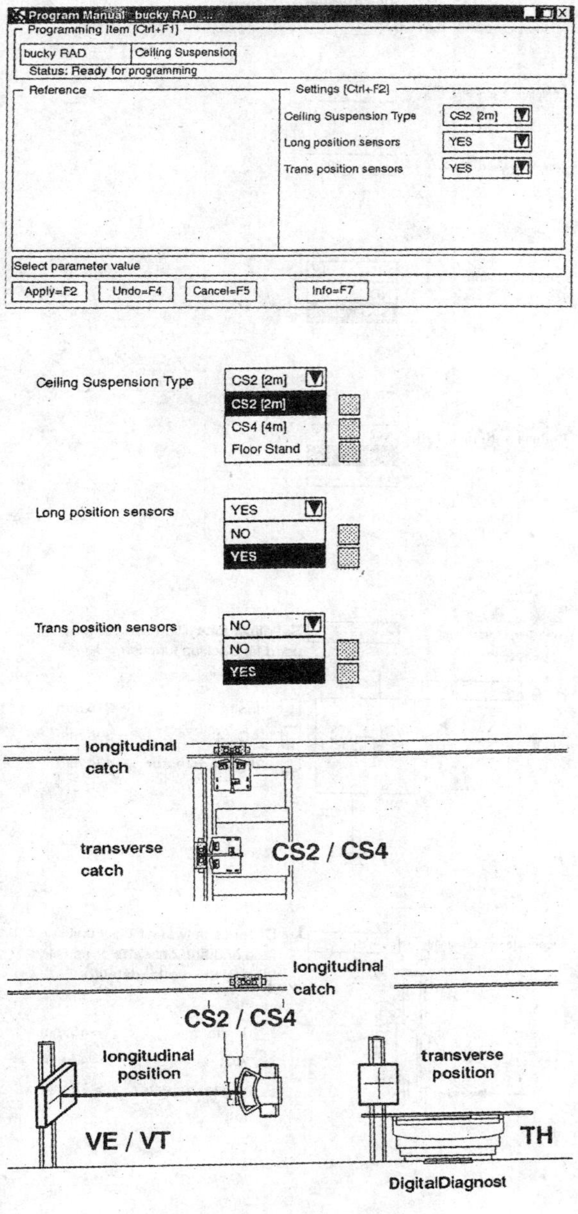

图 4-48　悬吊设置界面示意

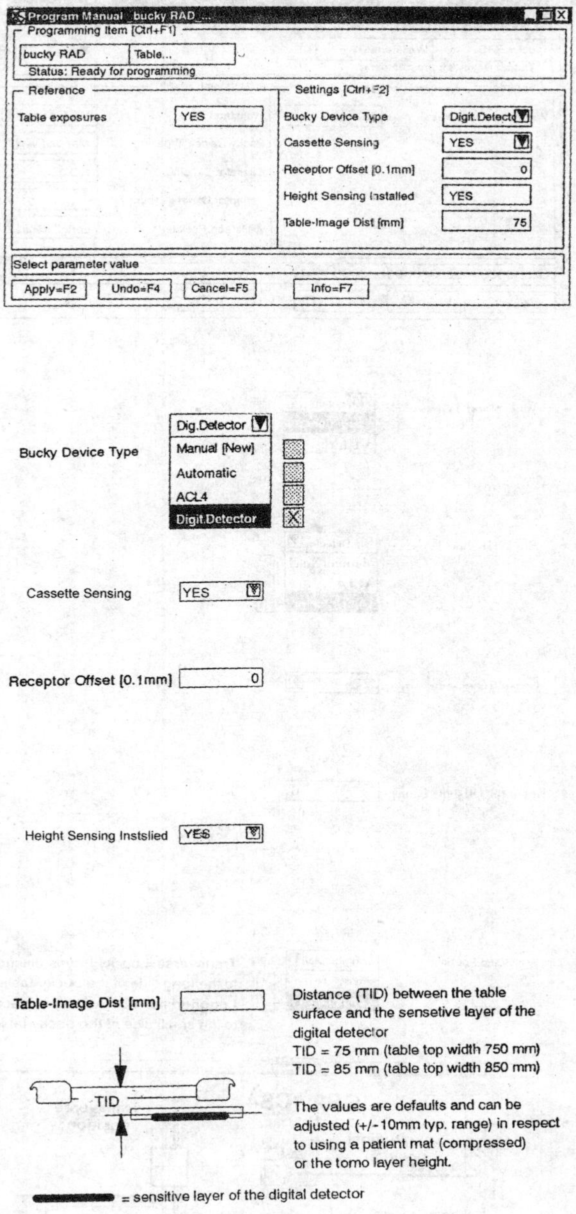

图 4-49　诊断床设置界面示意

（9）断层摄影设置（Tomography configuration）该功能定义了断层摄影所有参数的设置。

选择 Tomography configuration，然后双击，所有的功能如图 4-51 所示；在 Room Configuration 设置中要将 Tomography exposures ＝YES 设置，用鼠标或用▲和▼键进行选择，被选中者为高亮状态。

通过 Apply＝F2 功能键实现，点击系统设置打开所选的功能菜单，其功能按实际状态设置。

检查断层的延时状态，如图 4-52 所示，层高 90mm（80～100mm），断层角度 40°，1.2s；确认平板的中心位置，曝光如图 4-52 A 位置开始，图形曲线如图 4-52（1）所示为

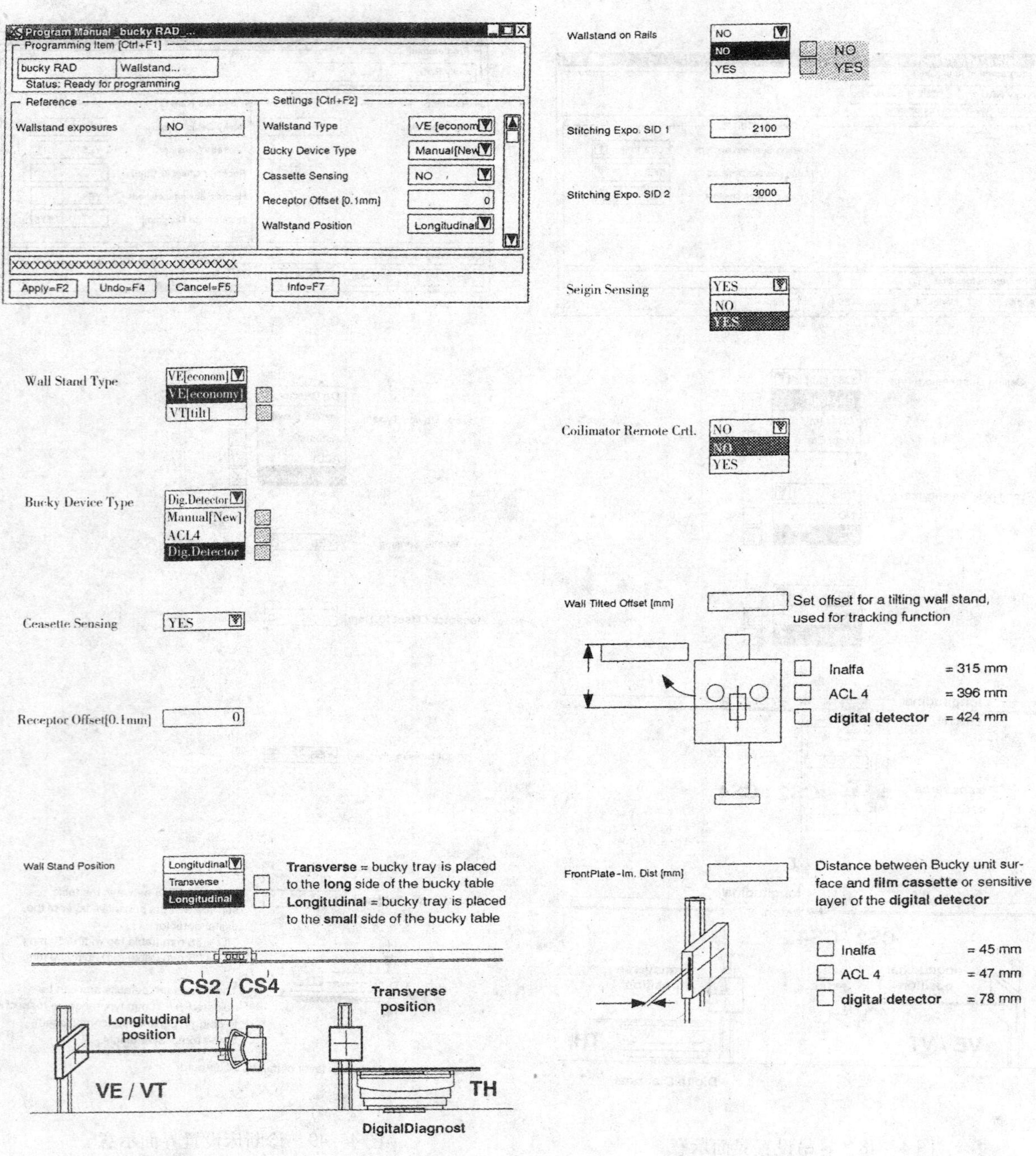

图 4 – 50　胸片架设置界面示意

剂量减少的延时状态，如图 4 – 52（2）所示为剂量增加的延时状态；曝光如图 4 – 52 B 位置开始，图形曲线，如图 4 – 52（2）所示剂量减少的延时状态，如图 4 – 52（1）所示剂量减少的断延时状态；理想的曝光曲线是如图 4 – 52（3）所示。

所有的存储设置可以动态重置，系统开关先关（OFF），然后重新开（ON），其状态如图4 – 53 所示。

（10）曝光设置（Program bucky RAD）该功能定义了曝光所有参数的设置。

Program Manual　bucky RAD
Programming Item [Ctrl+F1]
bucky RAD　Tomography
Status:　Setup...
Reference　Programs...　ngs [Ctrl+F2]

Program Manual　bucky RAD
Programming Item [Ctrl+F1]
bucky RAD　Tomography　Setup...
Status: Ready for programming
Reference
Tomography exposures　YES
Settings [Ctrl+F2]
CS Servo Assistance　100
Alpha Servo Assistance　60
Tray Servo Assistence　100
Tray Reference Switch　NO
Tray Delay Correction　0 ms
XXXXXXXXXXXXXXXXXXXXXXXXXXXXXX
Apply=F2　Undo=F4　Cancel=F5　Info=F7

CS Servo Assistance　100　Value in range 3…250
Alpha Servo Assistance　60　Value in range 3…250
Tray Servo Assistance　100　Value in range 3…250

NO
NO　NO
YES　YES

Tray Delay Correction　0 ms　Value in range−15ms…+15ms
Determine the value by qualification of
the tomo image，use images quality tool.

图 4－51　断层摄影设置界面示意

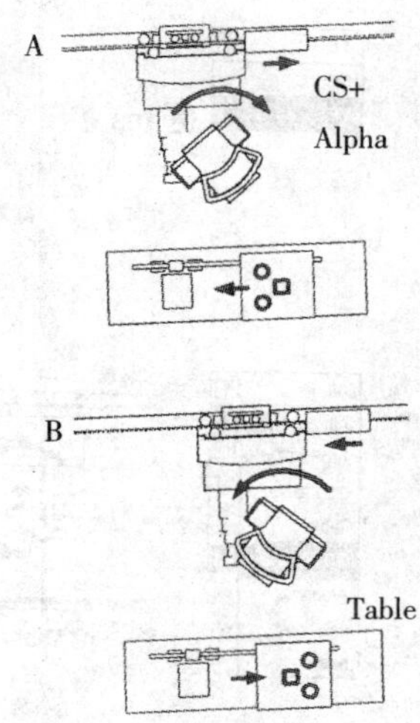

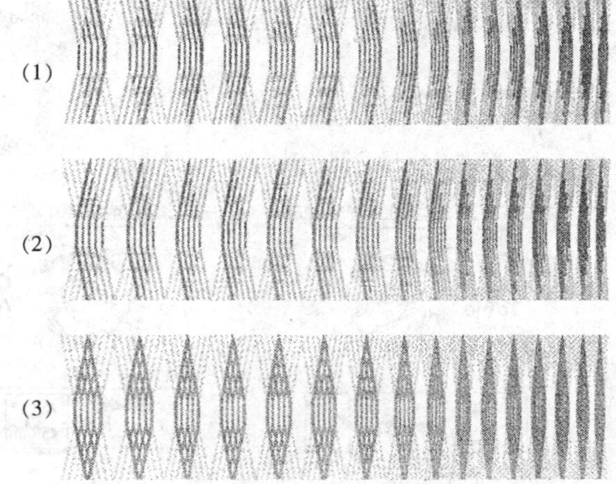

图 4－52　断层延时状态曲线

选择设置（Setup）子菜单，功能如图4－54所示，选择并确认，有 4 个标准曝光程序，16 个活动程序，最大曝光时间为 2s。用鼠标或用▲和▼键进行选择，被选中为高亮状态。

通过 Apply＝F2 功能键实现，点击系统设置打开所选的功能菜单，其功能按实际状态设置。

（11）运行轨迹设置（Tracking）该功能定义了悬吊、床面或胸片架所有运行轨迹参数的设置。

选择 Tracking 然后双击，所有的功能如图 4－55 所示；设置时用鼠标或用▲和▼键进行选择，被选中者为高亮状态，最低点和最高点的调整在下节中讨论。

通过 Apply＝F2 功能键实现，点击系统设置打开所选的功能菜单，其功能按实际状态设置。

（12）缓冲器设置错误（Error buffer）该功能定义错误缓冲器参数的详细说明。

选择 Error buffer 然后双击，所有的功能如图 4－56 所示；用鼠标或▼键进行选择，被选中者为高亮状态。

通过 Apply＝F2 功能键实现，点击系统设置打开所选的功能菜单，其功能按实际状态设置。

程序设置的完成用 Apply＝F2 确认，取消用 Cancel＝F5 完成。

（13）调试一　进行程序调试前应取消所有的程序操作，选择 Install 子菜单，选择 Install 子菜单下 Adjustment 双击或按下 Enter 键，选择 Adjustment 下 Bucky RAD 双击或按下 Enter 键，其显示界面如图 4－57 所示。

诊断床高度的调整（adjustment of table height）：该调试主要是对诊断床的高度和运行范围进行校准，对其最高位置和最低位置进行设

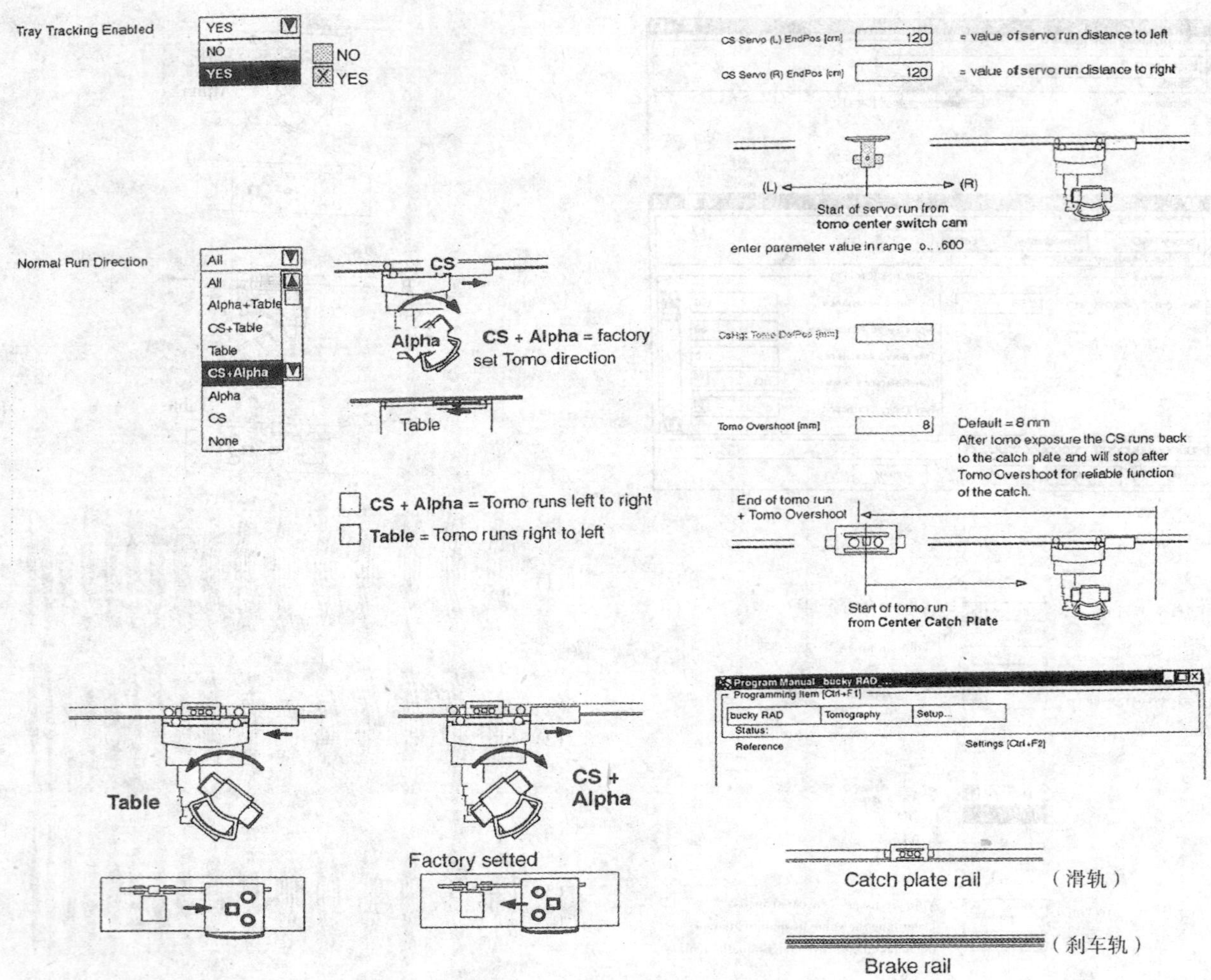

图 4－53　断层延时状态曲线示意

置，并计算出其最高点线性参数，其调试程序如下：选择 Table Height，确认界面如图 4－58 所示，在 Input 项目下选择单位，输入测量值；用 Apply = F2 键进行保存，重新设置用 Repeat = F4 完成，按照安装程序，采用 OK = F3 进行下面的步骤，输入所需的测量数据。

CS/FS 高度的调整（adjustment of CS/FS height）：该调试主要是对悬吊装置的高度和运行范围进行校准，对其最高位置和最低位置进行设置，并计算出其最高点线性参数，且准直器类型选择自动状态，即 Collimation type = Automatic，其调整程序如下：选择 Ceil Susp Height，确认界面如图 4－59 所示，在 Input 项目下选择单位，输入测量值；用 Apply = F2 键进行保存，重新设置用 Repeat = F4 完成，按照安装程序，采用 OK = F3 进行下面的步骤，输入所需的测量数据。

胸片架高度的调整（adjustment of wallstand height）：该调试主要是对胸片架的高度和运行范围进行校准，并对其最高位置和最低位置进行设置，计算出其最高点线性参数，且曝光模式为 YES，即 Wallstand exposures = YES，其调整程序如下：选择 Wallstand Height，确认界面如图 4－60 所示，在 Input 项目下选择单位，输入测量值；用 Apply = F2 键进行保存，重新设置用 Repeat = F4 完成，按照安装程序，其顺序是 1→4，采用 OK = F3 进行下面的步骤，输入所需的测量数据。

胸片架倾斜角度的调整（adjustment of wall-stand tilt angle）：该调试主要是对胸片架倾斜角度（0°～90°）进行校准，其调整程序如下：选择 Wallstand tilt angel，确认界面如图 4－61 所

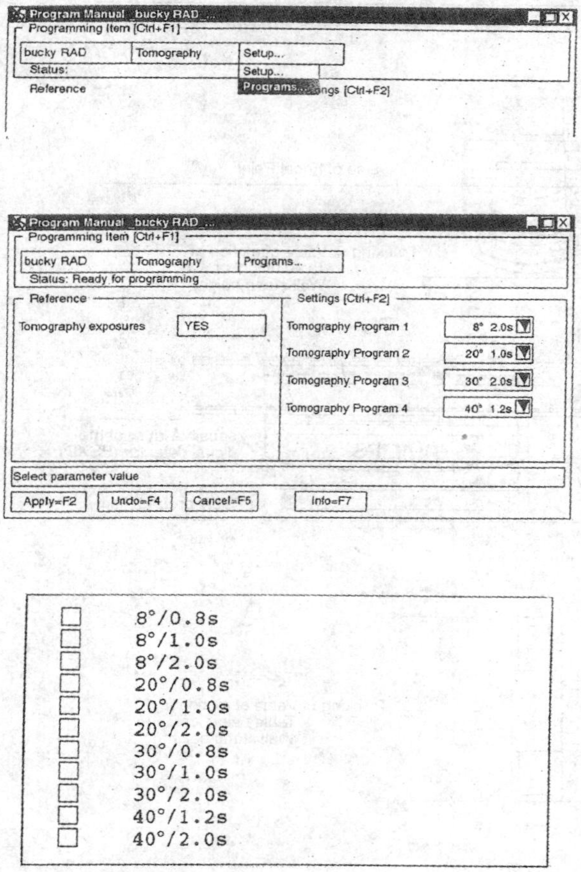

8°/0.8s
8°/1.0s
8°/2.0s
20°/0.8s
20°/1.0s
20°/2.0s
30°/0.8s
30°/1.0s
30°/2.0s
40°/1.2s
40°/2.0s

图4－54　曝光设置界面示意

示，在 Input 项目下选择单位，输入测量值；用 Apply = F2 键进行保存，重新设置用 Repeat = F4 完成，按照安装程序，采用 OK = F3 进行下面的步骤，输入所需的测量数据。

断层床高度的调整（adjustment of tomography table height）：该调试是对断层床的高度默认值的校准，并考虑 750mm 开关的磁滞影响，其调整程序如下：选择 Tomo table Height，确认界面如图 4－62 所示，在 Input 项目下选择单位，输入测量值；用 Apply = F2 键进行保存，重新设置用 Repeat = F4 完成，按照安装程序，其顺序是 1→4，采用 OK = F3 进行下面的步骤，输入所需的测量数据。

断层床起始位置的调整（ adjustment of tomo working position ）：该调整是对断层床起始位置默认值的存储，踩下脚闸让诊断床从最低位置升至中间位置；并且床面自动保持在中间位置，通常悬吊装置从位于最低位置到起始位置（通常 110cm），并在控制板上显示正确的 SID（通常 110 cm），断层床位置开关处于关的状态，如果不在此位置要调节到正确的位置，检查轴开关调节到正确关位置。

选择 Tomo Working Position，确认界面，如图4－63 所示，在 Input 项目下选择输入测量值；用 Apply = F2 键进行保存，重新设置用 Repeat = F4 完成，按照安装程序，采用 OK = F3 进行下面的步骤，输入所需的测量数据。

CS/FS SID 的调整（adjustment of CS/FS SID positions ）：该调整是对固定 SID 探测器的位置校准，选择 CS SID Pos 确认界面，选择 1→6 合适的值；用滚动条按顺序 1→4 进行调整，如图 4－64 所示：移动悬吊装置到所需要的正确 SID 位置（在系统配置数字诊断系统 Digital Diagnost VR－E 和悬吊装置 Bucky Diagnost FS Fix 中只有惟一 SID 位置）；Apply = F2 保存数据值；重复上面的步骤调整全部的 SID 位置；用 OK = F3 确认并进行下面的步骤。

胸片架水平 CS 位置调整（position over horizontal wallstand adjustment）：该调整主要是对胸片架倾斜（水平）角度进行调整：选择 CS Pos. over Hor. WS，确认界面如图 4－65 所示，在 Input 项目下选择单位，选择 1→6 合适的值；用 Apply = F2 键进行保存，重新设置用 Repeat = F4 完成，按照安装程序，采用 OK = F3 进行下面的步骤，输入所需的测量数据。

胸片架导轨位置调整（position adjustment for the wallstand on rails）：该调整校准是悬吊装置和胸片架活动导轨位置的确认。选择“WS on Rails Pos”确认界面如图 4－66 所示，在 Input 项目下选择单位，选择 1→3 合适的值；用 Apply = F2 键进行保存，重新设置工作位置，按照安装程序，采用OK = F3 进行下面的步骤，输入所需的测量数据。

SECOND CS 位置的调整（adjustment of the parking position of the SECOND CS）（仅限于有第二探测器）：调整方式与第一探测器的方法是一样的，如图 4－67 所示，选择“bucky RAD” Height & Pos 子目录下的 CS Park Pos，按照程序调整。

Catch plates for SID position as delivered
SID position x
SID position x+1
CS2 / CS4
Line of Focal Point
VE / VT
Tracking = Value of motion of Table height or Wall stand height
SID = constant distance
Pick-up Band ± 150mm = 300mm
Pick-up Band ± 150mm = 300mm
TH
Film surface
PHILIPS
sensitve layer of the digital detector (FSXD)
Table ground, floor
Pick-up Band ± 400mm = 800mm
Tracking = Value of motion of Table height or Wall stand height

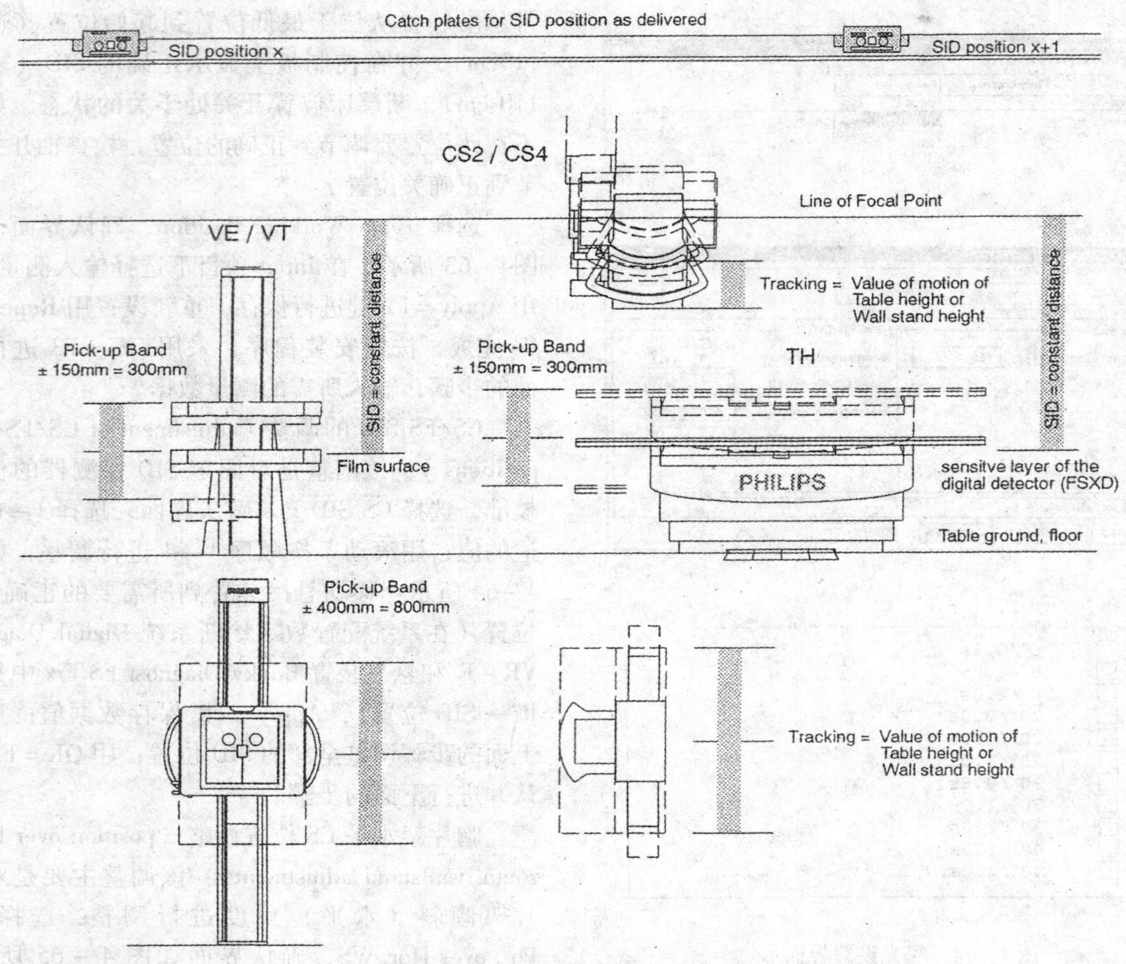

图 4－55 运行轨迹设置示意

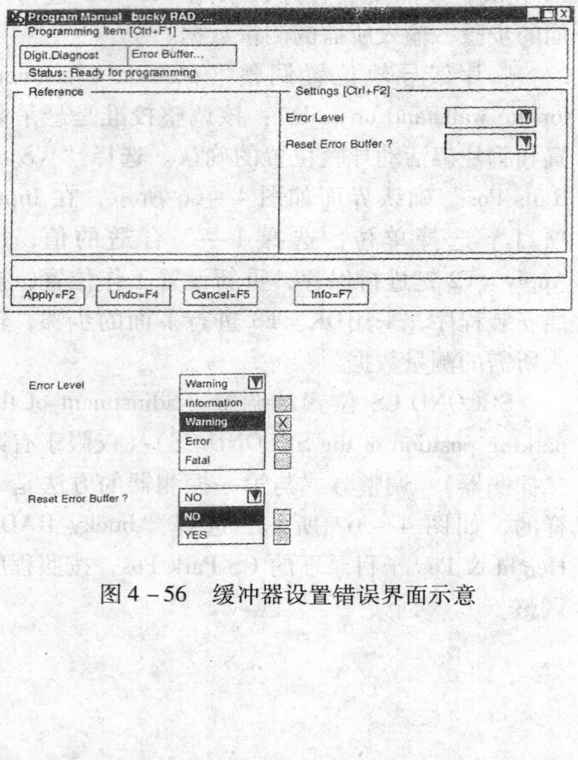

Program Manual bucky RAD
Programming Item [Ctrl+F1]
Digit.Diagnost
Error Buffer...
Status: Ready for programming
Reference
Settings [Ctrl+F2]
Error Level
Reset Error Buffer ?
Apply=F2
Undo=F4
Cancel=F5
Info=F7
Error Level
Warning
Information
Warning
Error
Fatal
Reset Error Buffer ?
NO
NO
YES

图 4－56 缓冲器设置错误界面示意

X-Scope R1.4.2
Install Faultfind Reset Setup Window Exit Help
Load Software...
Program Manual...
Program Automatic
Adjustment...
Performance Test
Copy
X-Scope R1.4.2
Install Faultfind Reset Setup Window Exit Help
Adjustment bucky RAD
Programming Item [Ctrl+F1]
bucky RAD
Collimator1
Preset [Ctrl+F2]
Adjustment bucky RAD
Adjustment Item [Ctrl+F1]
bucky RAD
Status:
Height & Pos ->
[Program APR Data...]
[Cassette Loader...]
Tracking CS Offsets...
Reference
Preset [Ctrl+F2]
Select item for adjustment
Apply=F2
Undo=F4
Cancel=F5
Info=F7

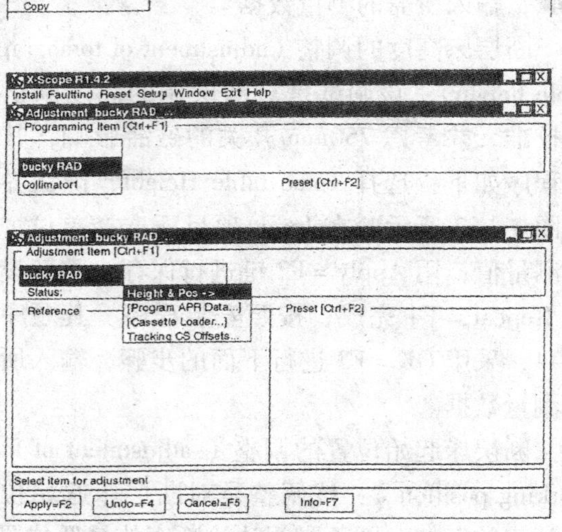

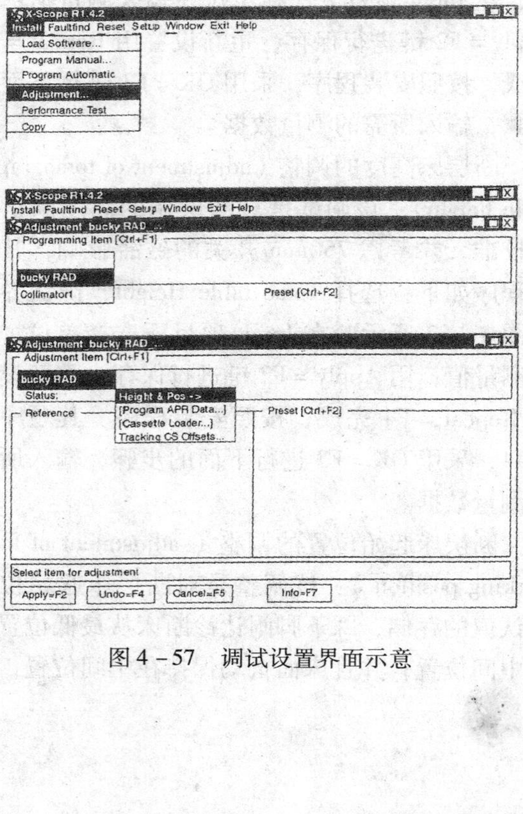

图 4－57 调试设置界面示意

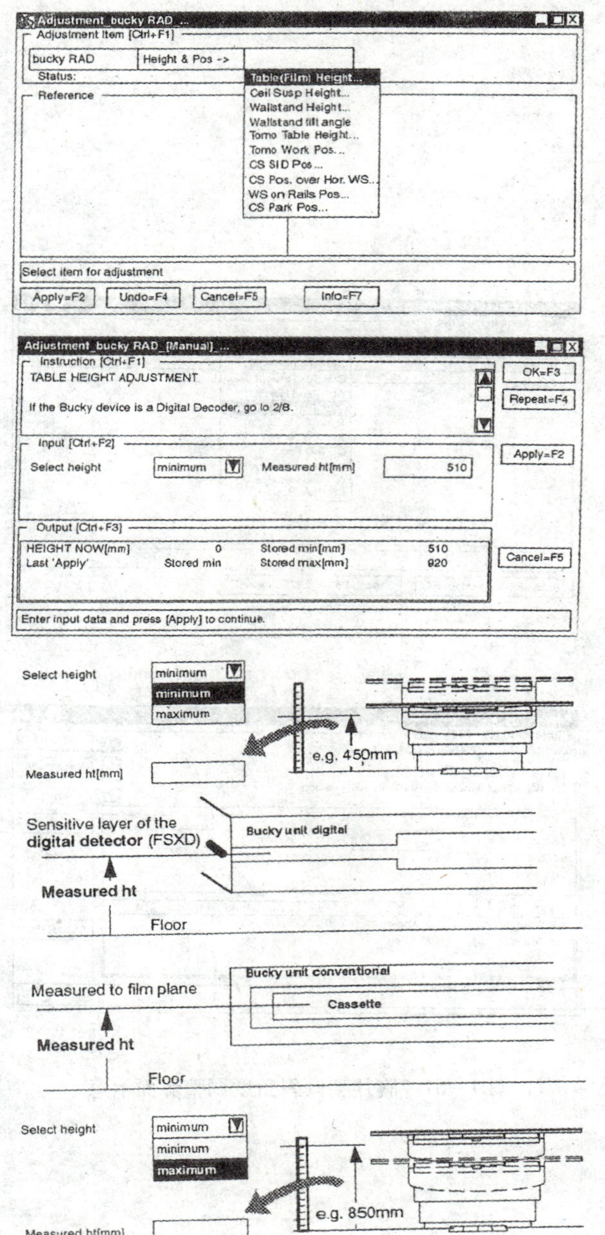

图 4－58　诊断床高度调整界面示意

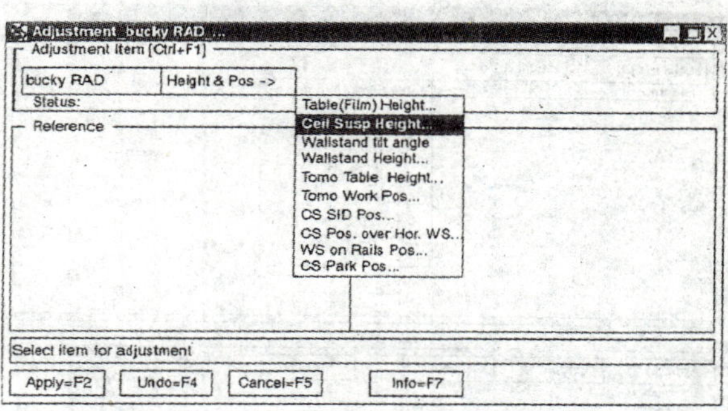

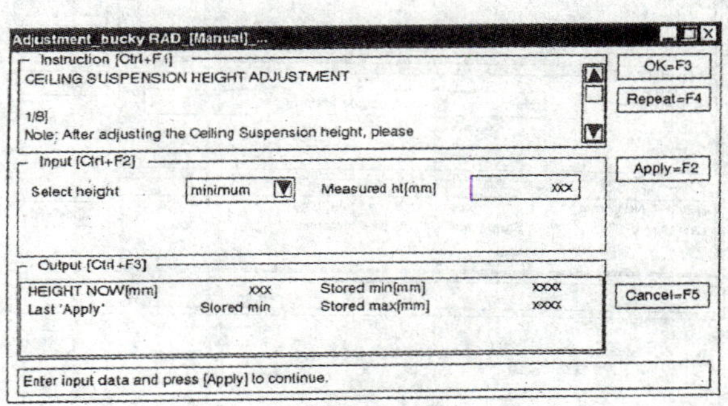

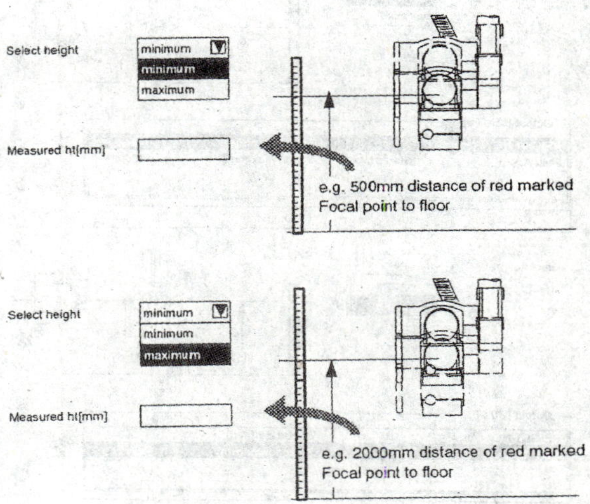

图 4－59　CS/FS 高度调整界面示意

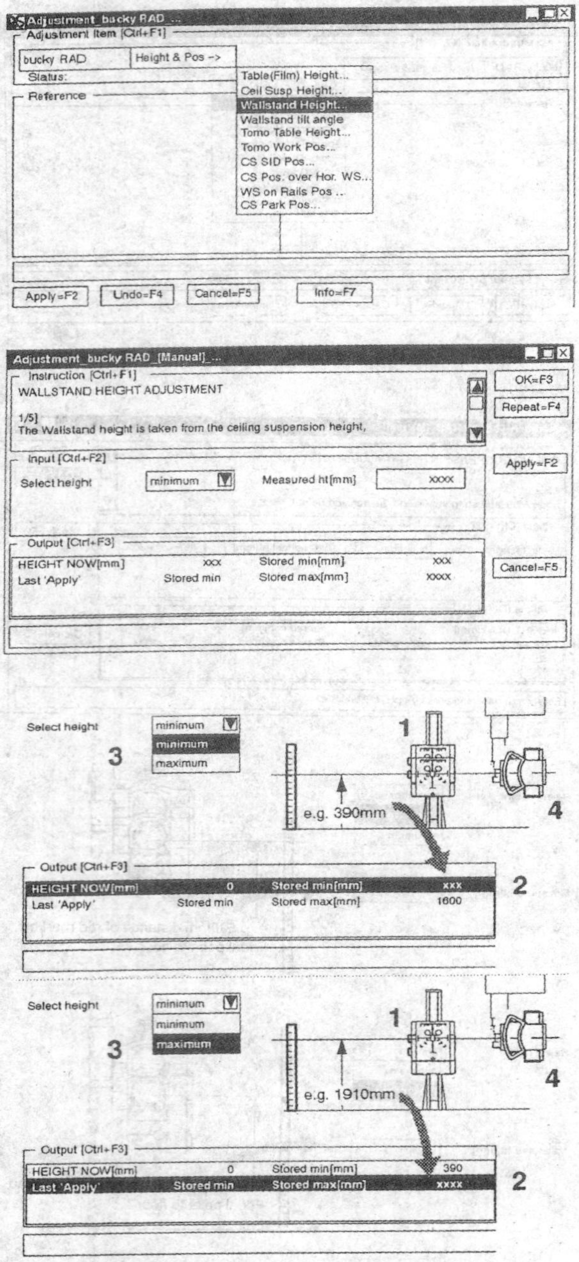

图 4－60　胸片架高度调整界面示意

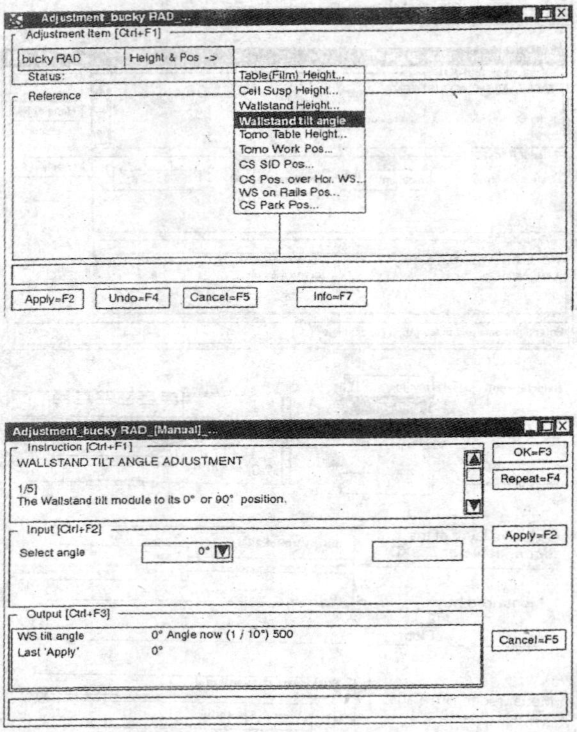

图 4－61　胸片架倾斜角度调整界面示意

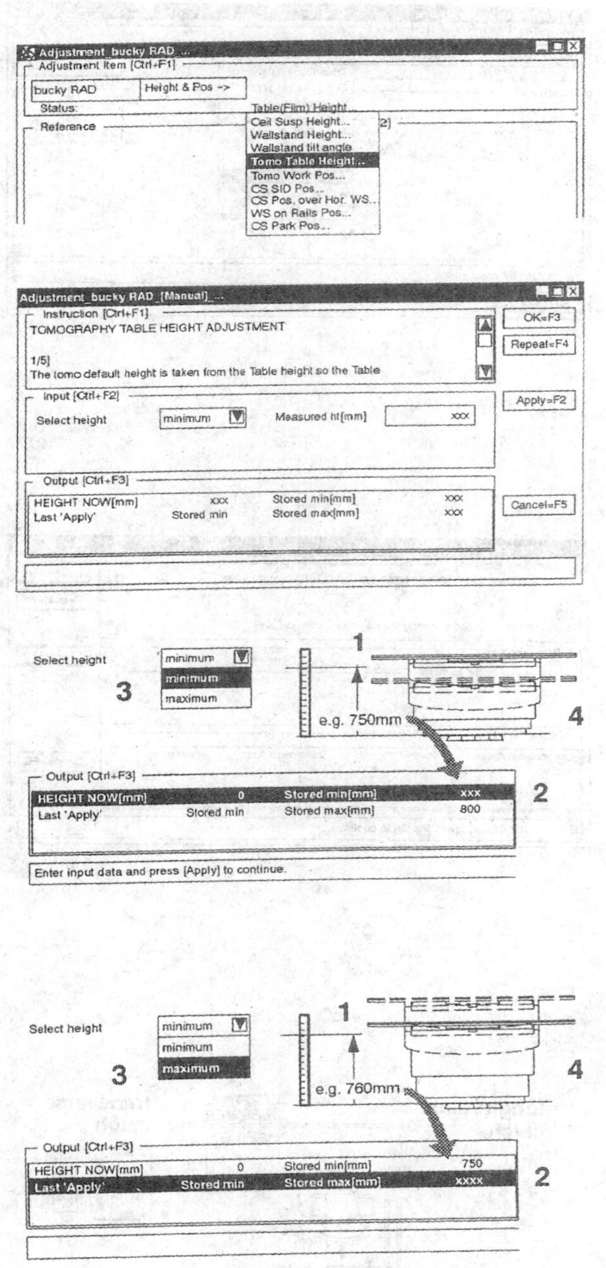

图 4－62 断层床高度调整界面示意

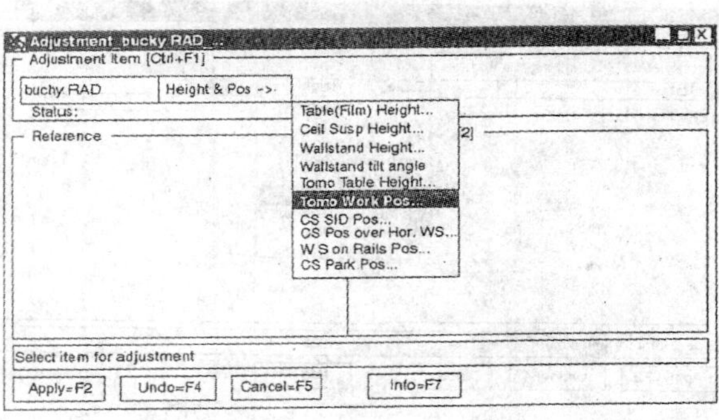

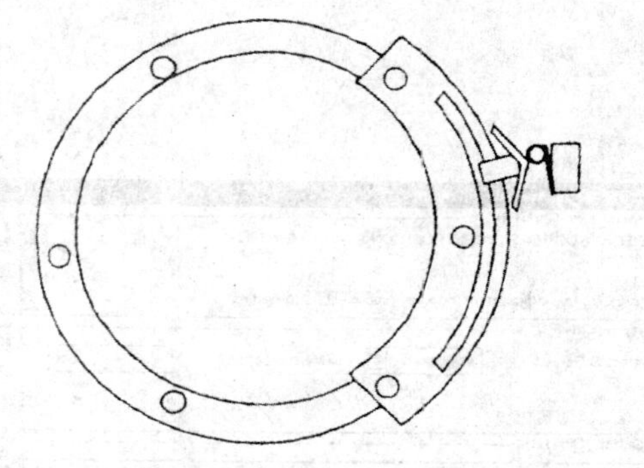

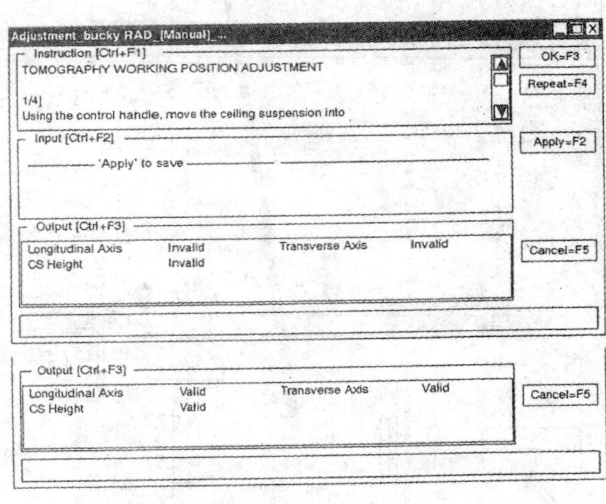

图 4－63 断层床起始位置调整界面示意

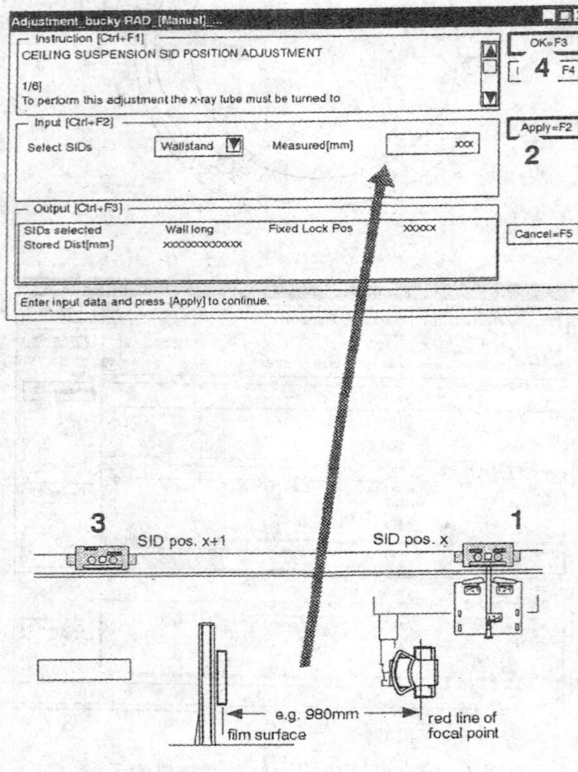

图 4－64 CS/FS SID 调整界面示意

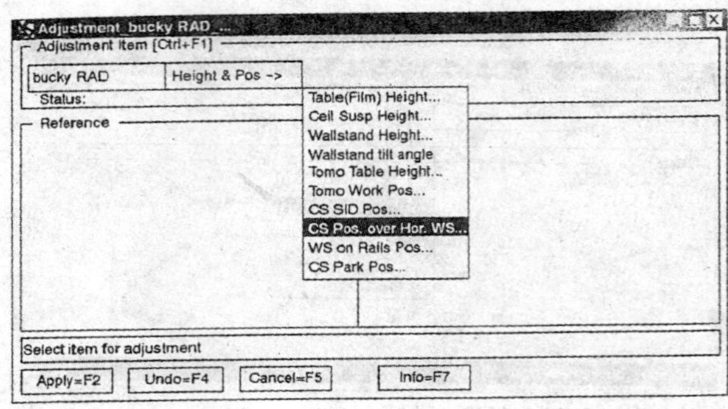

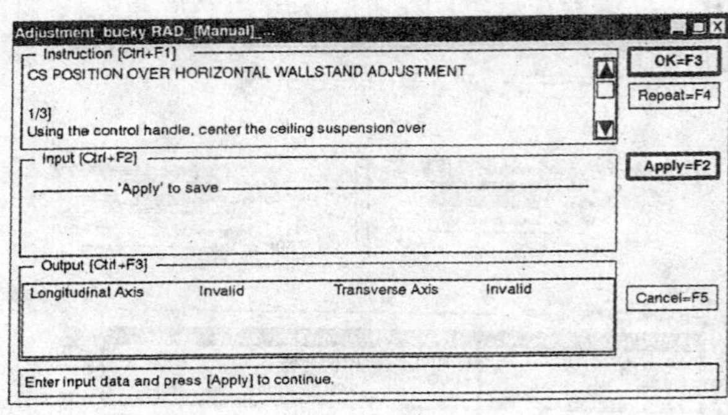

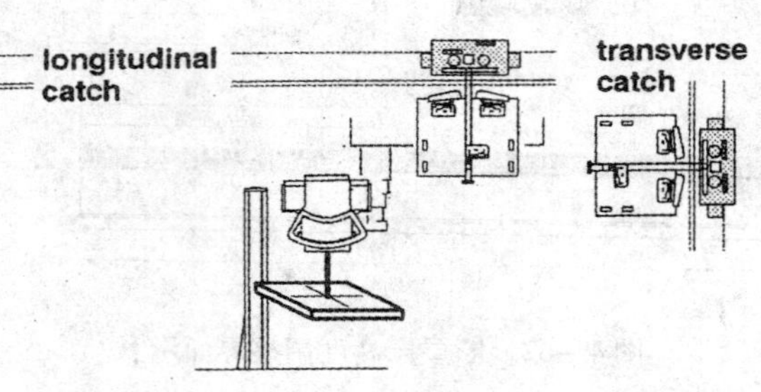

图 4－65 胸片架水平 CS 调整界面示意

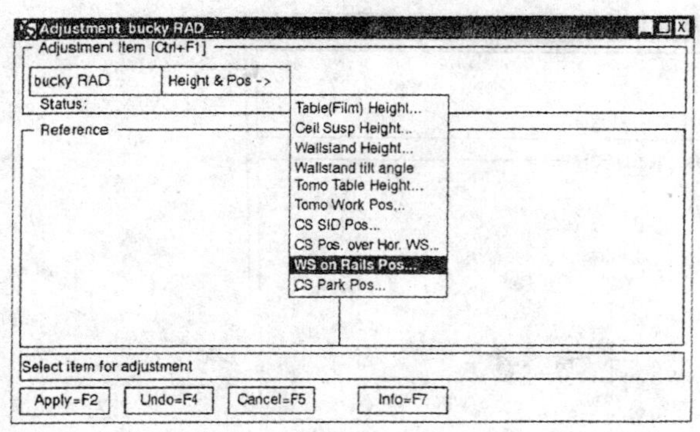

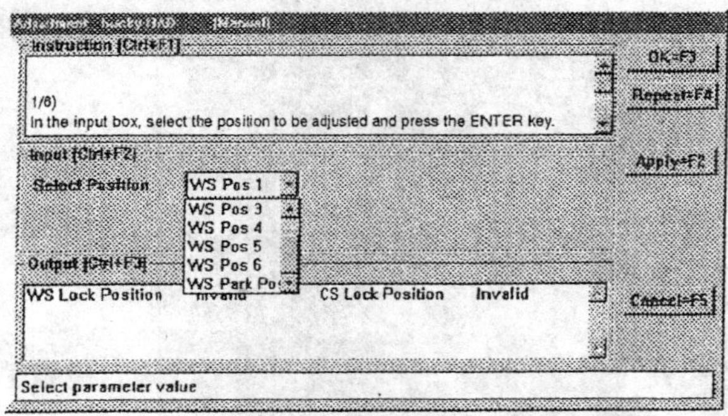

图 4-66　胸片架导轨位置调整界面示意

(14) 调整二

程序 APR 数据的调整（adjustment of program APR data）：该功能不适用于数字诊断系统，其调整如图 4-68 所示，选择“bucky RAD” Program APR Data，按照程序调整。

探测器 X 射线中心设置（centering of the X-Ray field to the detector（X-Ray area））：设置条件是确认诊断床与悬吊导轨平行；移动悬吊装置位于探测器的正确位置；确认准直器-球管位于0°位置；移动探测器位于诊断床的中心；确认 SID 为 110cm 到床面或到胸片架屏片距为 150cm。其设置如图 4-69 所示，选择 Service tool 子目录：System ⇒ Service（enter the service password）⇒ Acceptance⇒ Image Quality；选择 service-patient “X-Ray area”；选择 the registration device table or wall；确认曝光并释放；返回到患者列表界面（Patientlist）；点击“X-Ray area”，并点击视窗（View），双击曝光图像（stamp image），其界面如图 4-70 所示。

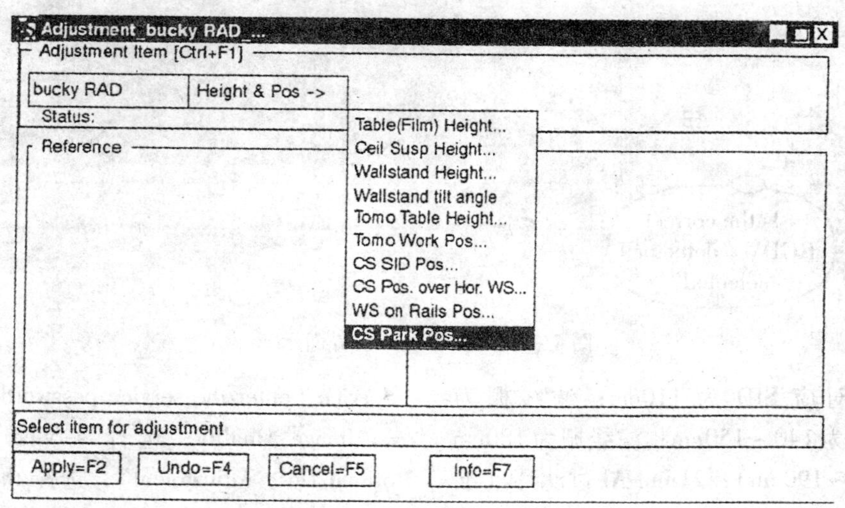

图 4-67　SECOND CS 位置调整界面示意

其中线 1 表示系统设置的曝光区域（探测器），线 2 和线 3 为预警范围，距离线 1 为 1cm，灰色区域为“真实”的 X 射线接收区域。

检查诊断床和胸片架探测器上获得图像中心和图像区域是否正确，如果 X 射线区域不能和线 1 所示相重合，通过移动纵向和横向中心点进行调整，重新曝光按上述步骤进行调整。

射线剂量的调整（adjustment of the “switch off dose” of the amplimat）：设置条件，球管中心位置和探测器中心位置相一致，确认诊断床与悬吊导轨平行；SID 与所用滤线栅相一致（通常滤

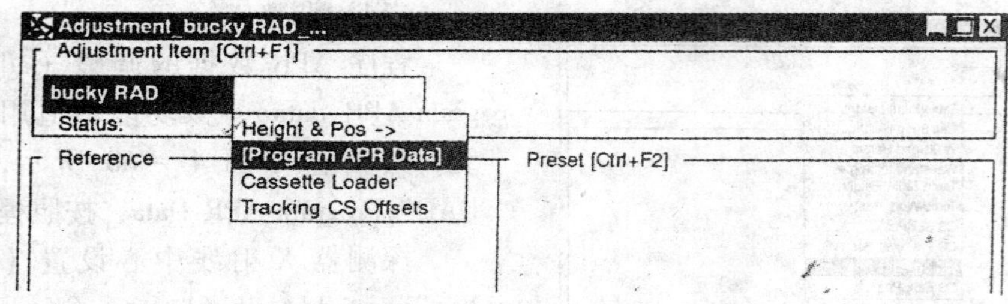

图 4-68 程序 APR 数据的调整界示意

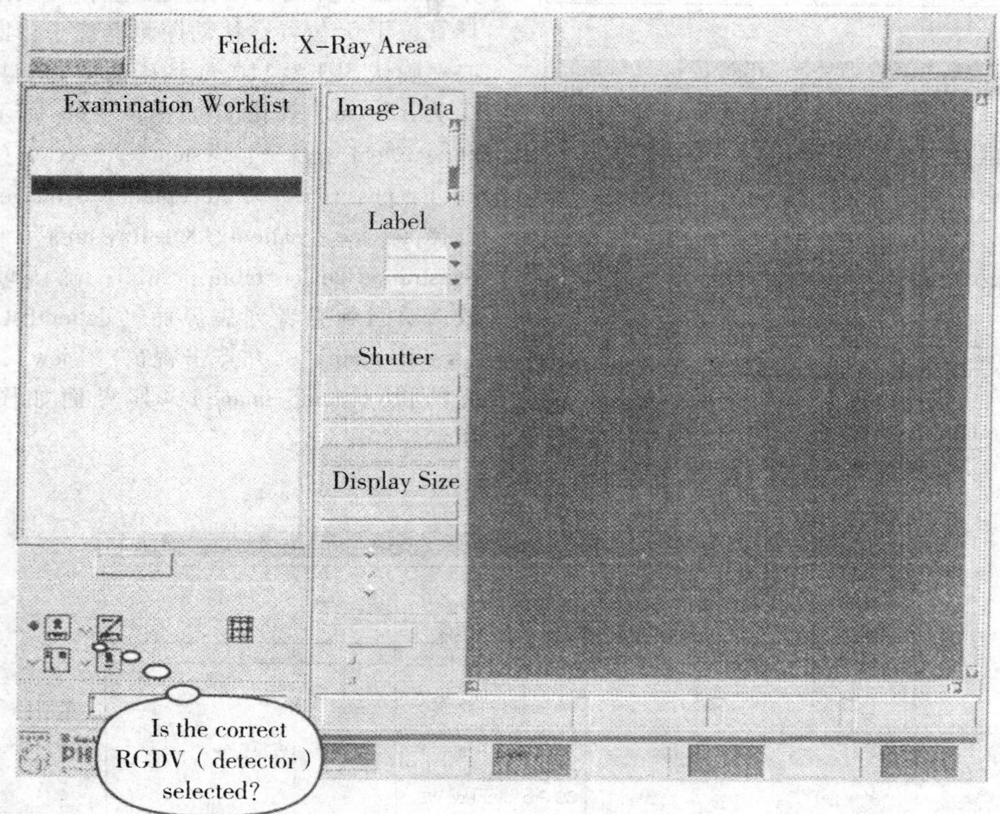

图 4-69 X-Ray area 界面示意

线栅为 110cm 对应 SID 为 110cm；滤线栅为 140cm 对应 SID 为 140~150cm；滤线栅为 180cm 对应 SID 为 180~190cm)；21mm Al 过滤片（准直器的附件)；X 射线滤线栅；剂量测试仪（放置于诊断床面或胸片架的前面)。其设置如图 4-71 所示，选择 Service tool 子目录：System ⇒ Service (enter the service password) ⇒ Acceptance ⇒ Image Quality；选择 service - patient "Amplimat Dose Adjustment"；选择 the registration device (RGDV) table or wall；第一次曝光结束 (S200) 并检查预设剂量值和真实的剂量值，其值如表 4-1 所示。

表 4-1 S200 预设剂量值和真实剂量值

床面/悬吊中心	预设剂量值 (μGy)	真实剂量值 (mR)	预测剂量值 (μGy)	真实剂量值 (mR)
S200/Data Set1	10，40	±20μGy	1，20	±0，20mR
S200/Data Set2	5，20	±10μGy	0，60	±0，10mR
S200/Data Set3	2，60	±0，5μGy	0，30	±0，05mR

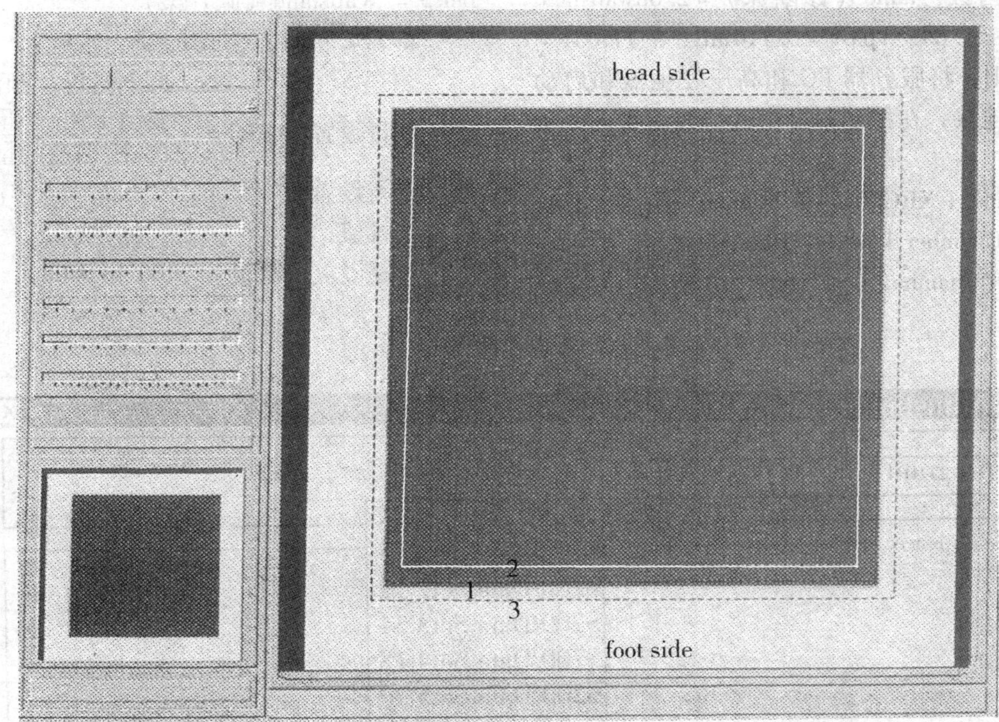

图 4－70 X 射线 视野界面示意

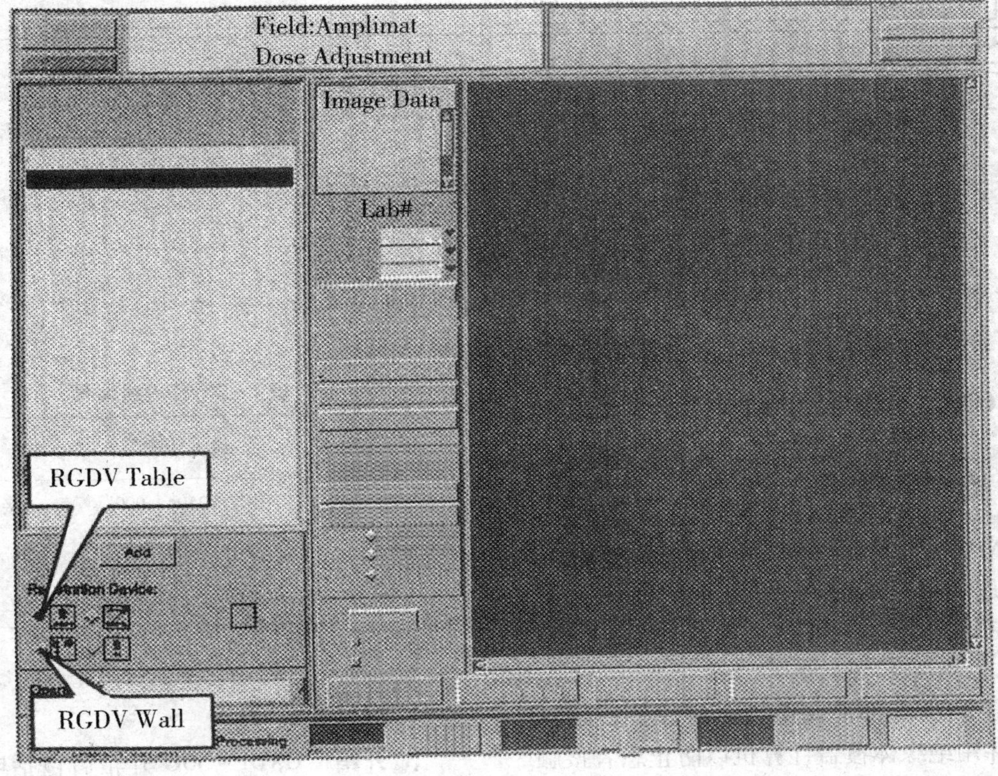

图 4－71 X 射线剂量的调整界面示意

衰减因数，table（诊断床）= 2.08wallstand（胸片架）= 1.84；1μGy = 0.114mR，8.77μGy = 1mR，否则，将服务器 PC 和高压发生器和启动控制进行连接，在控制程序中进行如图 4 – 72 所示操作。

Optimus（XRG90）→ Program → Dose Rate Control→ Chamber 1 or 3→ Data Set 1

其中，Chamber 1 = Table（诊断床）Chamber 3 = Wallstand（胸片架）。

新 FSC 值计算公式：

$$剂量设置值\ FSC = \pm \frac{原剂量设置值\ FSC \times 预测剂量值}{实际测量剂量值}$$

按下重新设置键（Repeat – Button）多次曝光以检查设置值；

重复以上步骤设置 S400 和 S800。

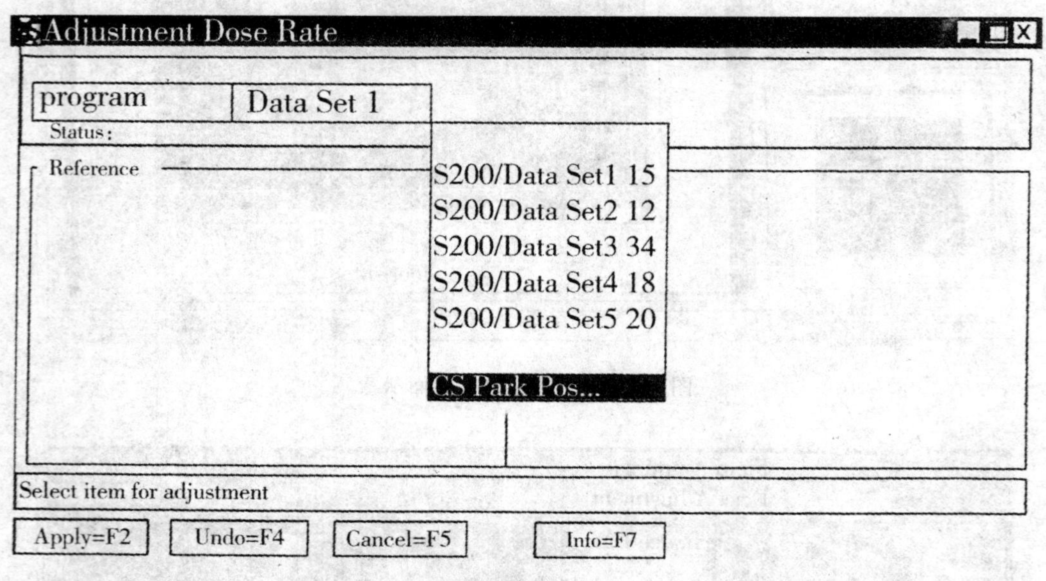

图 4 – 72　X 射线剂量的测量界面示意

第三节　数字化 X 射线摄影 CXDI – 50G 的安装与调试

一、CXDI – 50G 的硬件安装

（一）安装环境要求

1. CXDI – 50G 的安装必须远离患者环境，所谓患者环境指患者在检查期间所处的环境，包括患者进入和离开时，如图 4 – 73 所示。

2. 为了减少外部泄漏电流，应保持机器良好接地，并用绝缘体覆盖计算机以防止患者接触到。接线方法如图 4 – 74 所示，其接线编号参阅表 4 – 2 所示。

表 4 – 2　接地线编号

名　称	编　号	备　注
保护接地线	BG7 – 2594 – 000	5m，接地线终端
M4 螺钉	XB1 – 2400 – 606	M4 ×6mm
锯齿垫片	XD1 – 4100 – 402	

（二）机械安装

1. 开箱　CXDI – 50G 开箱后包括电源箱和图像箱两部分，打开后取出其中部件即可。如图 4 – 75 所示。

2. 系统接线与通电　系统连接图如图 4－76 所示。

（1）CXDI－50G 的连接　系统连接如图4－77 所示。

（2）Power box 的连接　①打开 POWER BOX，取下后侧 5 个螺钉及两侧各 2 个螺钉，如图 4－78 所示；②检查 Power box 内部 PCB－50 板上的跳线，该跳线用于平板电缆线 7m 和 3m 不同长度的设置，如图 4－79 所示。其中，7m 电缆线连接端子 JP16，3m 电缆线接线端子 JP17；③Power box 电缆的固定与连接，松开固定螺母，将每个线缆连接电源接线盒，将固定螺母拧紧，然后用夹子将探测视频线固定并用 M4 ×6mm 固定，如图 4－80 所示。

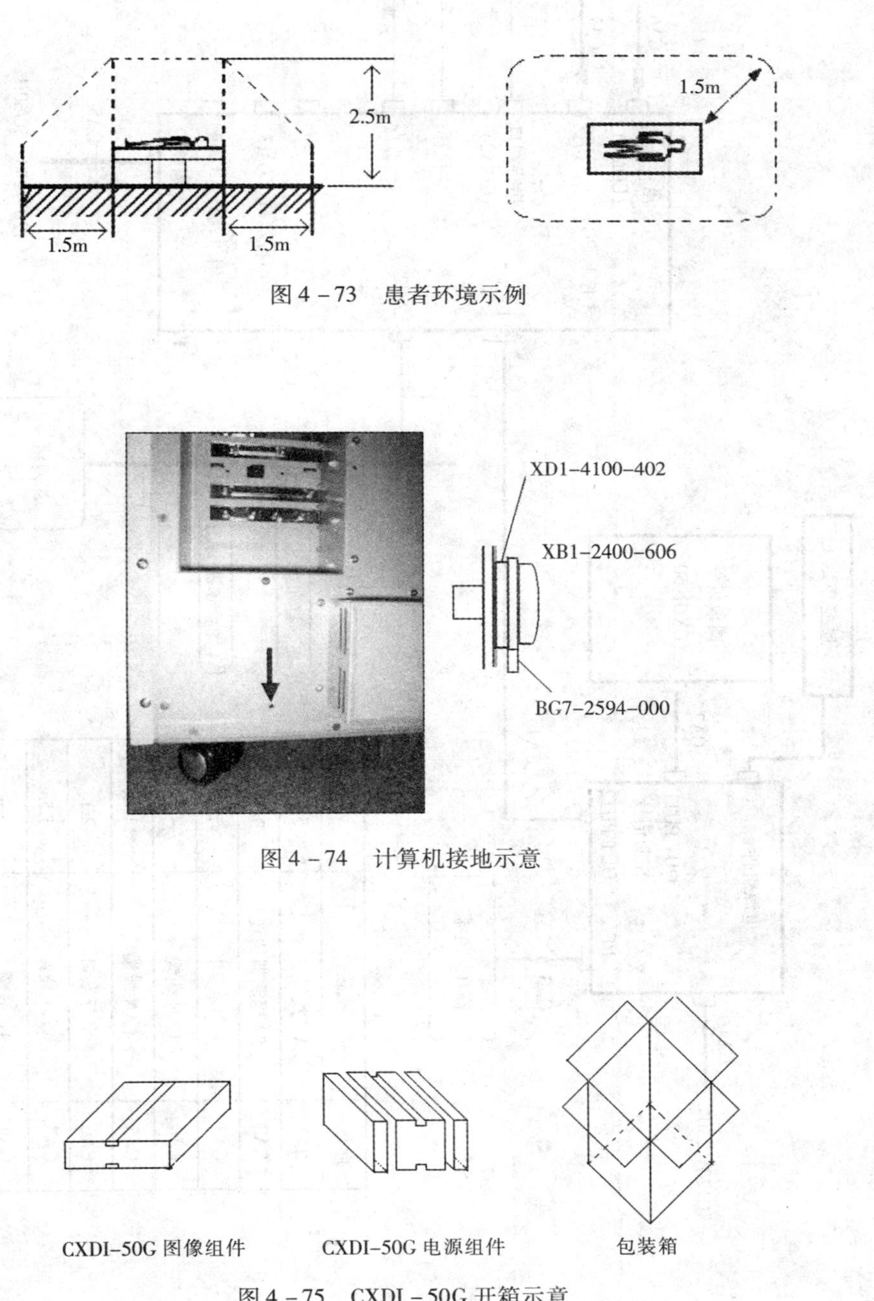

图 4－73　患者环境示例

图 4－74　计算机接地示意

图 4－75　CXDI－50G 开箱示意

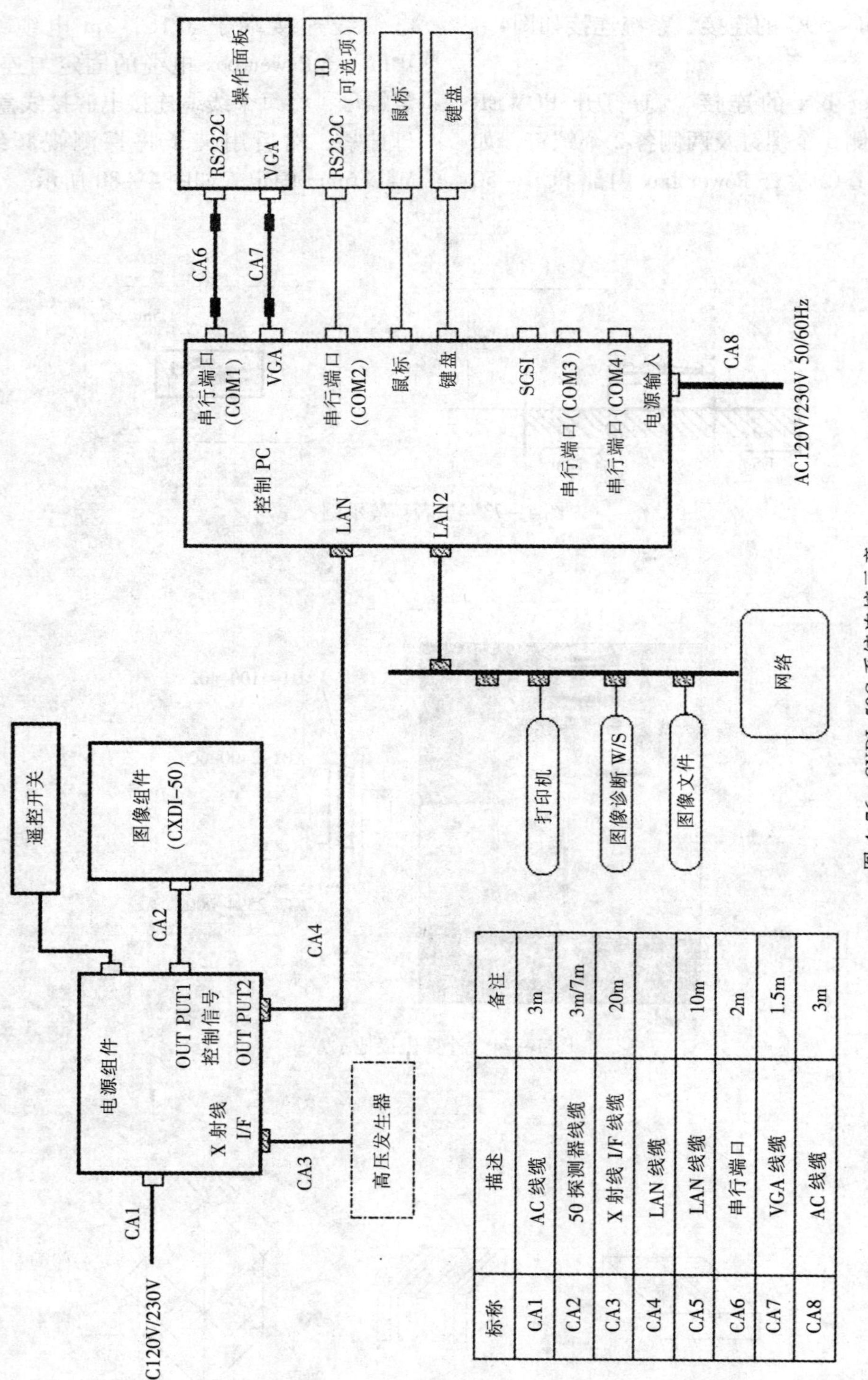

标称	描述	备注
CA1	AC 线缆	3m
CA2	50 探测器线缆	3m/7m
CA3	X 射线 I/F 线缆	20m
CA4	LAN 线缆	
CA5	LAN 线缆	10m
CA6	串行端口	2m
CA7	VGA 线缆	1.5m
CA8	AC 线缆	3m

图 4-76 CXDI-50G 系统连接示意

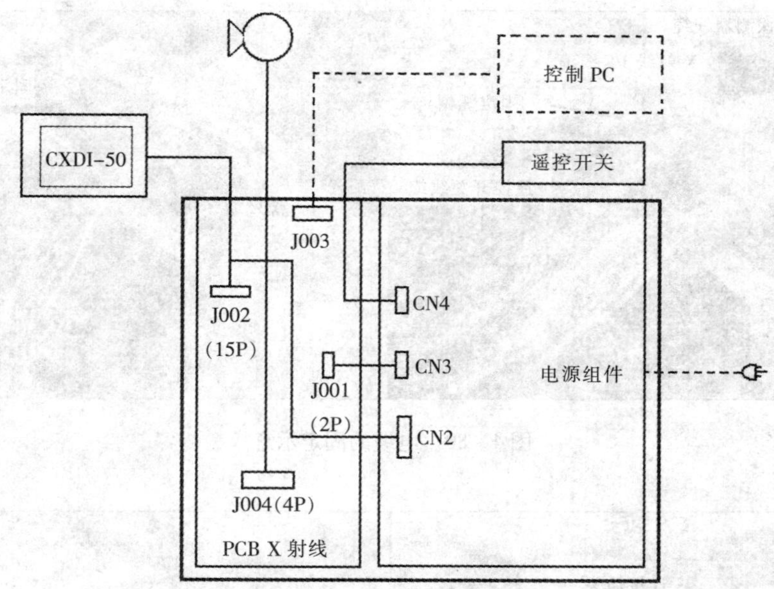

图 4－77　CXDI－50G 连接示意

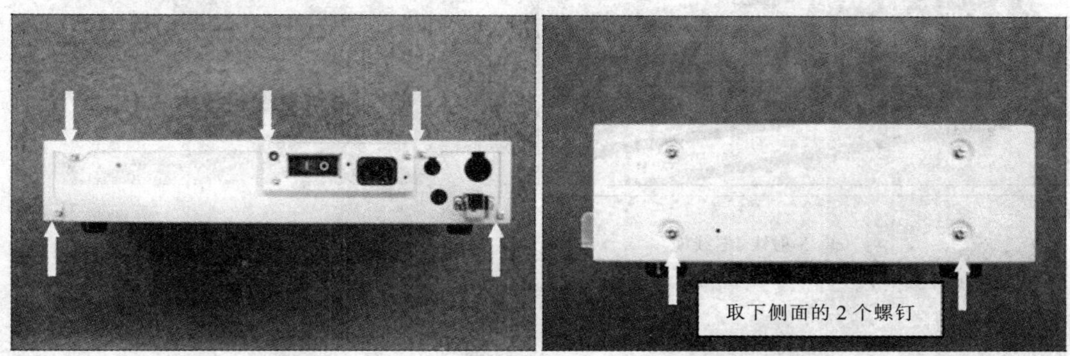

图 4－78　Power box 的螺钉位置

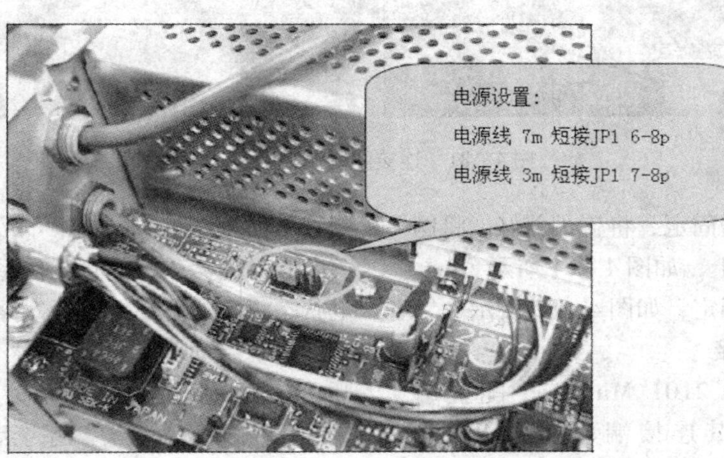

图 4－79　PCB－50 板的跳线设置

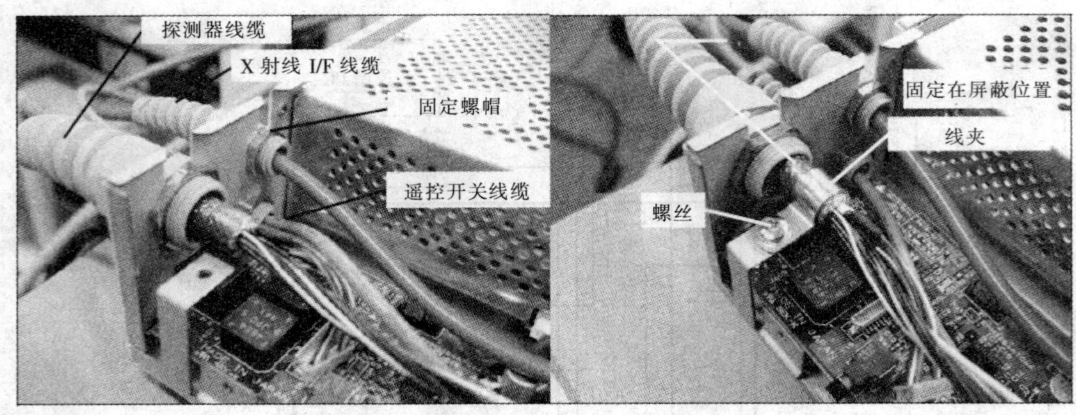

图 4－80 电缆的固定示意

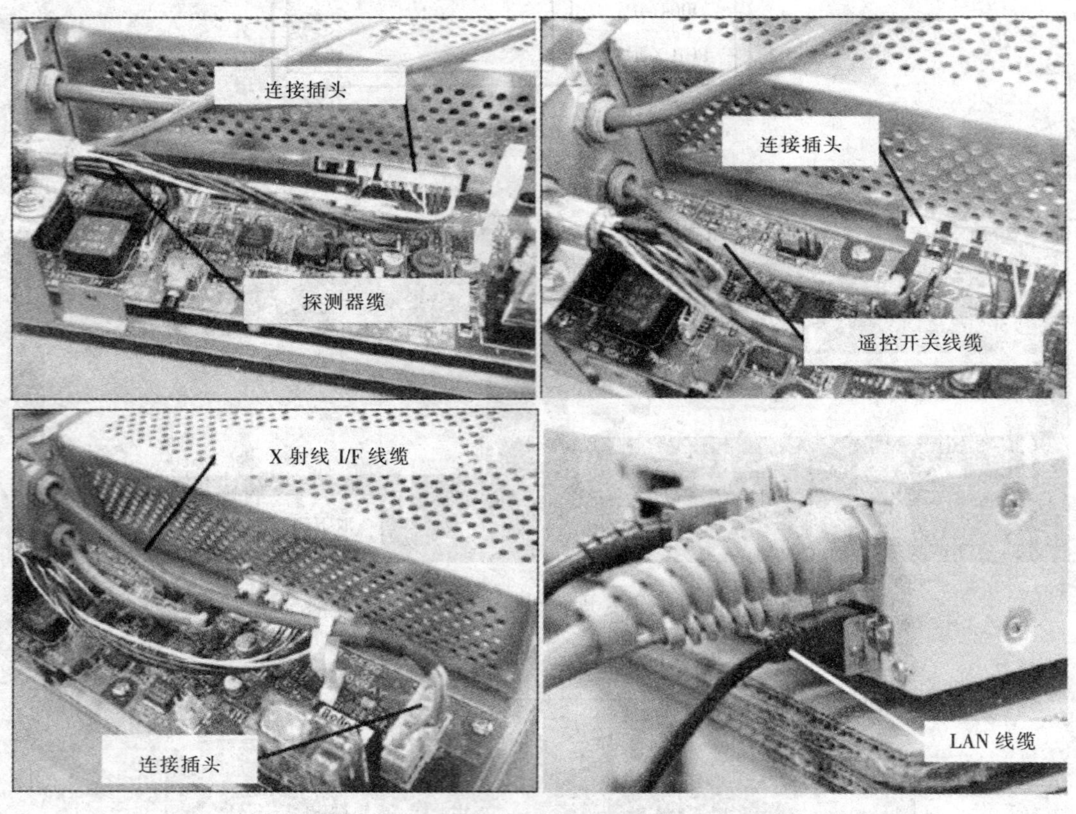

图 4－81 连接网线实物示意

连接完成后将后盖固定，将盖子盖好，将网线 LAN 连接到电源盒上，如图 4－81 所示。

连接电源插头并固定，如图 4－82 所示。

3. 控制 PC 的连接

（1）Dell OptiPlex 210L Minitower 配置结构如表 4－3 所示，其连接端口如图 4－83 所示。

（2）系统的启动和关闭 系统的启动和关闭按下面程序进行，如果不按正常的程序启动或关闭，可能会丢失信息或使系统出现错误，在通电状态时不能对系统进行线路的连接。

系统启动：①打开 50G 主电源开关；②打开 50G 电源控制盒微动开关；③打开控制计算机（PC）开关，计算机系统启动。

系统关闭：① 从 OPU 选择 SYSTEM →［SHUTDOWN］或［SHUTDOWN after transfer］

系统会自动关闭；②关闭电源控制盒微动开关；③关闭主电源控制开关。

（3）X 射线控制接口　控制接口信号程序如图 4－84 所示。

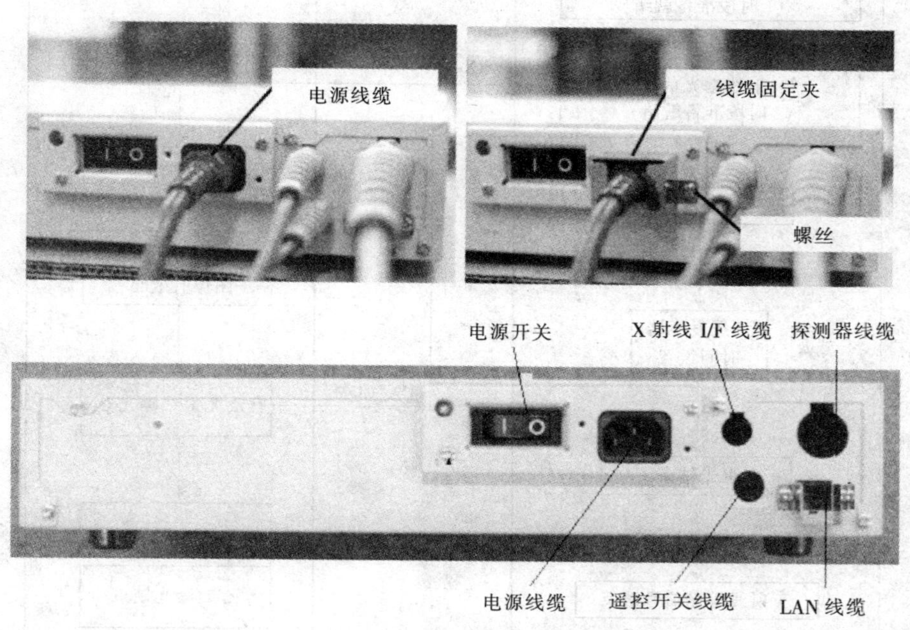

图 4－82　电源连接实物示意

表 4－3　计算机系统配置

名称	型号
CPU	英特尔（R）酷睿（TM）2 双核处理器
主板	T5670 BPR－120－1.8GHz、2MB L2 缓存、800 MHz 前端总线
内存	1GB（2×512MB）800MHz DDR2 SDRAM
显卡	VGA Matrox Millennium G450 Dual Head PCI 32MB
硬盘	WDC WD800JD－75MSA3 80G SATA（7200RPM－8MB 缓存）
LAN	集成 10/100 以太网卡
显示器 1	Dell E156FP 液晶显示器
显示器 2	Dell 1907FP 液晶显示器
键盘	DELL USB 键盘（简体中文）
鼠标	DELL 新 USB 光学鼠标带滚轮

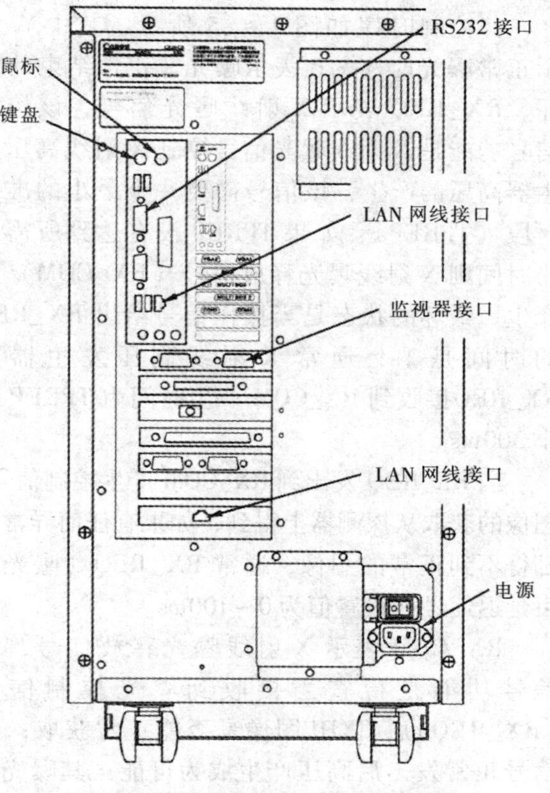

图 4－83　控制计算机的连接端口示意

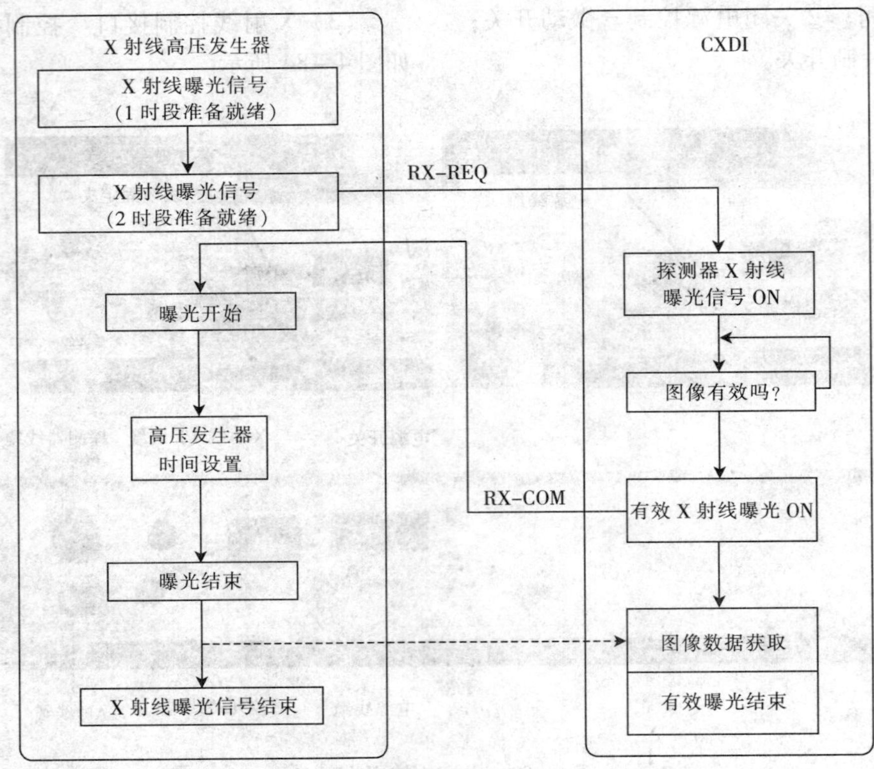

图 4－84　X 射线控制接口信号示意

其控制时序如图 4－85 所示，其中 A 表示正常曝光时序，B 表示曝光非正常结束的时序，RX_REQ 表示 X 射线曝光信号，该控制信号功能是 X 射线曝光信号控制 X 射线高压发生器高压的产生，该信号需要一个最小的准备时段（TPREP），如果 TPREP 没有达到所需最小时间则 X 射线曝光释放信号（RX_COM）不产生，最坏的状态是当操作信号给出 RX_REQ 的时间是 1s，通常 X 射线高压发生器从 RX_REQ接收到 RX_COM 产生时间为 TPREP 最小 300ms。

当 RX_REQ 发出到 RX_COM 产生控制信号，图像的获取从探测器上得到，如果有任何异常则都得不到正常的图像，通常 RX_REQ（曝光结束延迟信号）设置值为 0～100ms。

RX_COM 表示 X 射线曝光释放信号，该信号功能是检查当接收到曝光控制信号（RX_REQ）后 CXDI 图像是否能正常获取；该信号正常发出后高压产生成为可能；其曝光延迟时间 TPRE_DELAY 设置值为 0～100ms；其曝光结束延迟时间 TPOST _ DELAY 设置值为 0～100ms。

4. X 射线 I/F 线缆与高压发生器的连接　X 射线 I/F 线缆连接到发生器 XCONT 端子板，其连接如图 4－86 所示，端子的对应关系为表 4－4 所示，并要求高压电缆接地电阻小于 100Ω，其控制信号的电压最大是 AC250V 或 DC30V，电流为 10mA～2A。

表 4－4　X 射线 I/F 线缆与高压发生器连接

CXDI－50G	端子 XCONT
A1	1B2
A2	1B22
B1	1B1

二、CXDI－50G 的软件安装与设置

（一）Windows XP 安装

（1）安装选项　如图 4－87 所示，国家选中国，语言选中文（或简体中文）。

（2）安装选项如图 4－88 所示，姓名：C3S（可任意）；单位：（可任意）。

(A)正常曝光时序

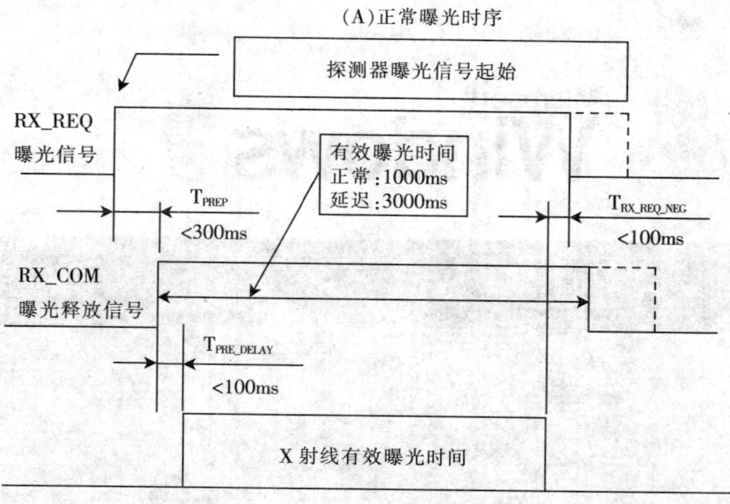

(B)曝光非正常结束时序

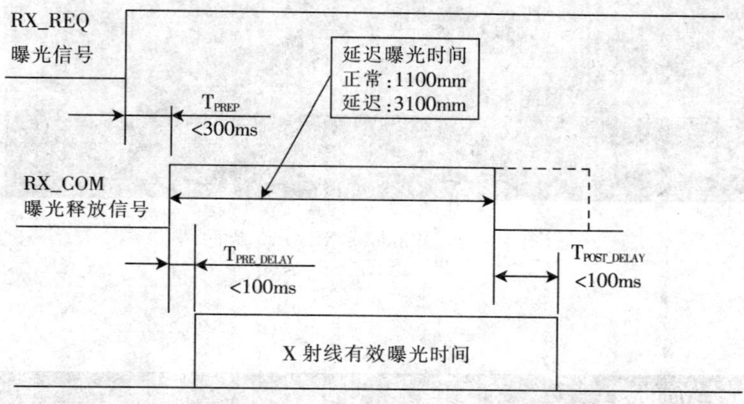

图 4－85　X 射线控制接口信号示意

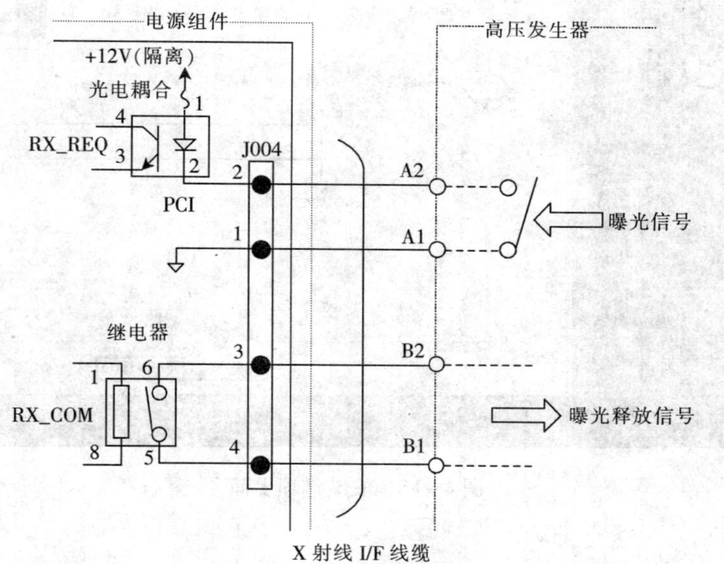

图 4－86　X 射线 I/F 线缆与高压发生器连接

图 4－87　Windows XP 安装界面

图 4－88　安装选项界面

（3）安装选项如图 4－89 所示，计算机名：（任意）；管理员：（不要填写）；密码：（不要填写）。

（4）安装选项如图 4－90 所示，谁会使用这台计算机：CXDI←（系统指定 CXDI）；第二用户：←（不要填写）；……←（不要填写）。

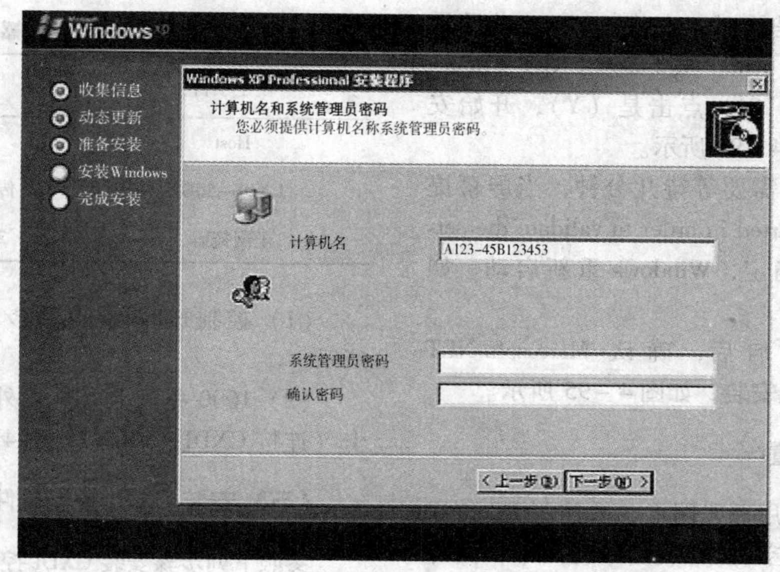

图 4－89　安装选项界面（1）

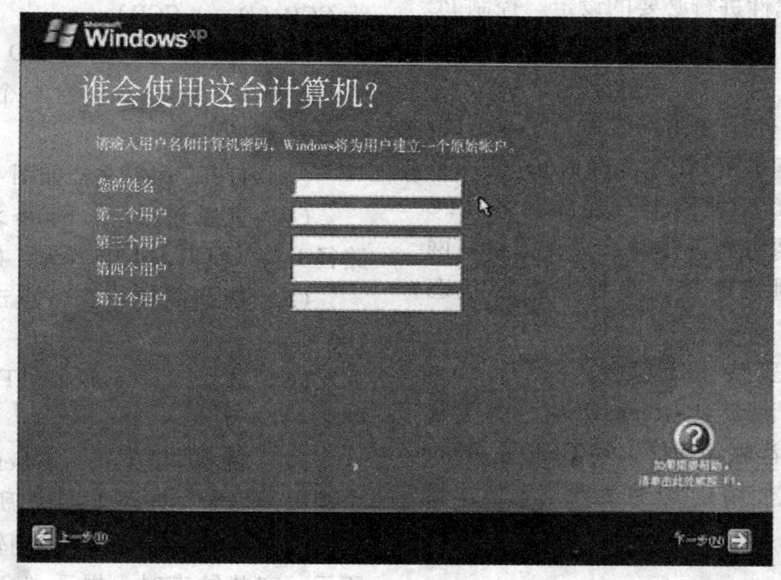

图 4－90　安装选项界面（2）

（二）DELL OptiPlex 210L 台式电脑驱动安装

驱动程序包括：①Intel PRO/100 VE 网卡最新驱动 A01 版 For Win2000/XP；②SIGMATEL STAC 92XX C－Major H 声卡最新驱动 A04 版 For Win2000/XP；③Intel 82915G/GV/910GL 显卡最新驱动 A09 版 For Win2000/XP；④1000 兆 PCI 网卡 D－Link DEG－530T 自适应网卡驱动 6.23 版 For Win98SE/ME/2000/XP。

（三）安装 NET Framework 1.1 网络构架软件

1. 安装 CxdiEnv

（1）打开 CxdiEnv 文件夹，如图 4－91 所示。

（2）双击 CxdiEnv. bat，选择 English，点击 OK，如图 4－92 所示。

（3）当显示“Are you sure you want to start the installation?”提示时，点击 确定，当显示“Would you like to install Microsoft . NET Framework 1. 1 Package?”时，点击是（Y），开始安装，安装过程如图 4－93 所示。

（4）以上安装需要等待几分钟，当屏幕提示“PC will be restarted in order to validate the settings.”时，点击确定，Windows 重新启动，如图 4－94 所示。

（5）系统重启后，确认 Microsoft. NET Framework 1. 1 已经安装，如图 4－95 所示。

（四）网络设置

CDXI－50G 利用百兆网卡，向控制 PC 传送 X 射线影像数据；控制 PC 利用千兆网卡，向外部工作站或打印机传送 Dicom 格式图像，因此要对网络的 TCP/IP 属性进行必要的设定。控制 PC 网卡 TCP/IP 设置；将网络设置保存到 CXDI－50G 传感器中。

1. 网络连接 使用交错网线连接 Power box 与控制 PC 的百兆网卡（PC 下部网口）；使用平行网线连接控制 PC 千兆网卡与外部网络（PC 上部网口），外部网络为百兆时，只支持百兆网速。设置时检查网络连接，并观察连接状态 LED 指示。

2. 网卡驱动的安装

（1）百兆 PCI 网卡 D－Link DEG－530T 驱动程序的安装（推荐驱动程序：DEG530T_driver_winxp_623），建议使用：“从列表或指定位置安装（高级）（D）”的安装方法，如图 4－96 所示。

（2）选择“从列表或指定位置安装（高级）（S）”，点击 下一步，如图 4－97 所示。

（3）选择“不要搜索。我要自己选择要安装的驱动程序（D）”，点击“下一步”，如图 4－98 所示。

（4）查找路径 ［我的电脑］→［属性］→［硬件］→［设备管理器］→［网络适配器］→［D－Link DEG－530T］→netn4cx，点击打开。

3. 网卡 TCP/IP 属性的设置 CXDI 所提供的 Host PC 与 CXDI－50G 传感器的 TCP/IP 属性如表 4－5 所示。

表 4－5 PC 与 CXDI－50G 传感器的 TCP/IP 属性

设定项目	TCP/IP 属性
Host	PC
CXDI－50G	传感器的 IP 地址
子网掩码	255. 255. 255. 0

（1）控制 PC 网卡的 TCP/IP 设置如图 4－99 所示。

（2）1000 兆网卡（连接外部网）、100 兆网卡（连接 CXDI－50G）如图 4－100 所示。

（五）安装 CXDI 控制软件

参照下列步骤安装 CXDI 控制软件 CDXI－RD：

（1）首先在 PC 的 D 盘新建一个文档，命名为 CCR（D：\ CCR）。

（2）打开 CDXI－RD 软件文档（以 Ver. 6. 44. 03 为例），包含 6 个 disk 文档，如图 4－101 所示。

（3）打开 disk1 文档如图 4－102 所示。

（4）选择和点击 <Setup> 界面，指定安装路径 D：\ CCR，点击 Next，如图 4－103 所示。

（5）选择简体中文，点击 Next，如图 4－104 所示。

（6）选择 No（syslog OFF），点击 Next，如图 4－105 所示。

（7）选择 XP C3S ［Ethernet］，点击 Next，出现提示界面，如图 4－106 所示。

（8）开始安装 CXDI 控制软件，如图 4－107 所示，安装结束时，提示“CXDI need to reboot the system”，选择“Yes”，点击 Finish。

（六）CXDI－50G 的序列号登记

（1）启动 CCR 双击 D：\ CCR \ ccrstar 文档，CXDI 初始化过程中，如图 4－108 所示，屏幕提示：

“Please enter A/D Board Serial Number for Sensor ID#（1－>7）”

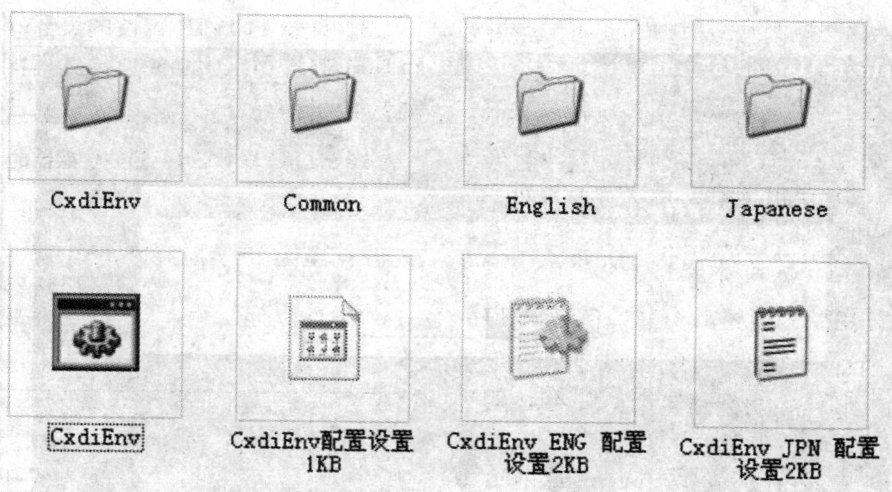

图 4－91　CxdiEnv 安装选项界面示意 1

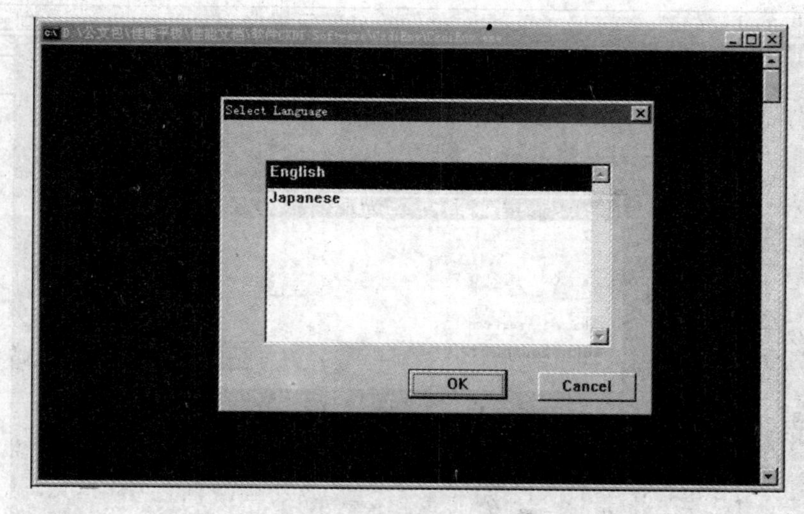

图 4－92　CxdiEnv 安装选项界面示意 2

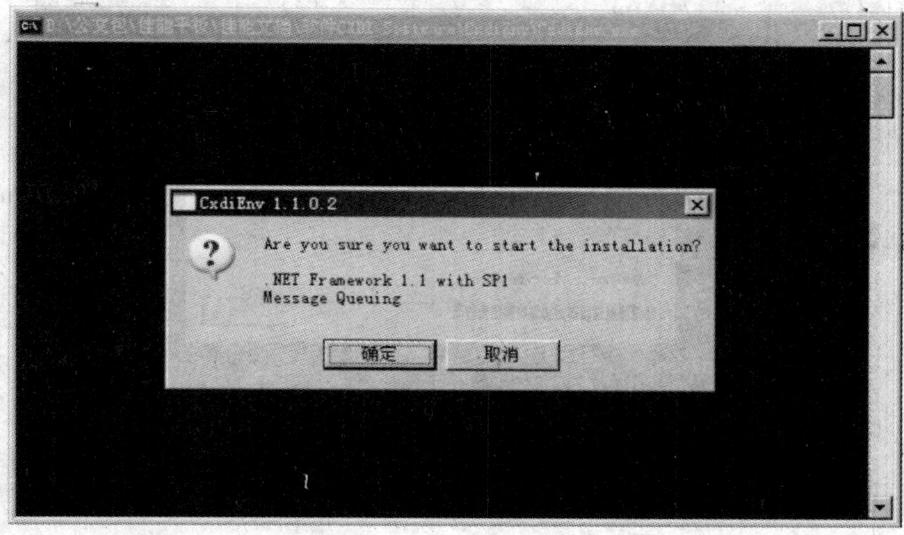

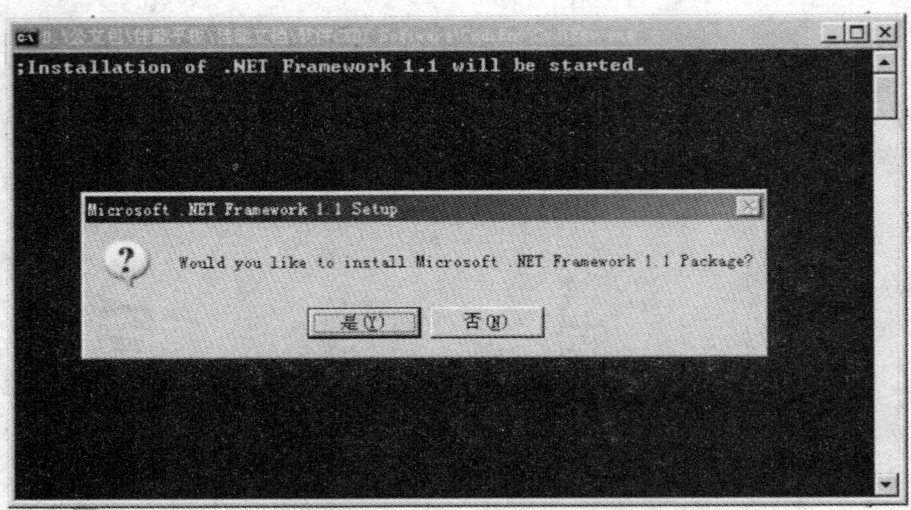

图 4－93　CxdiEnv 安装选项界面示意 3

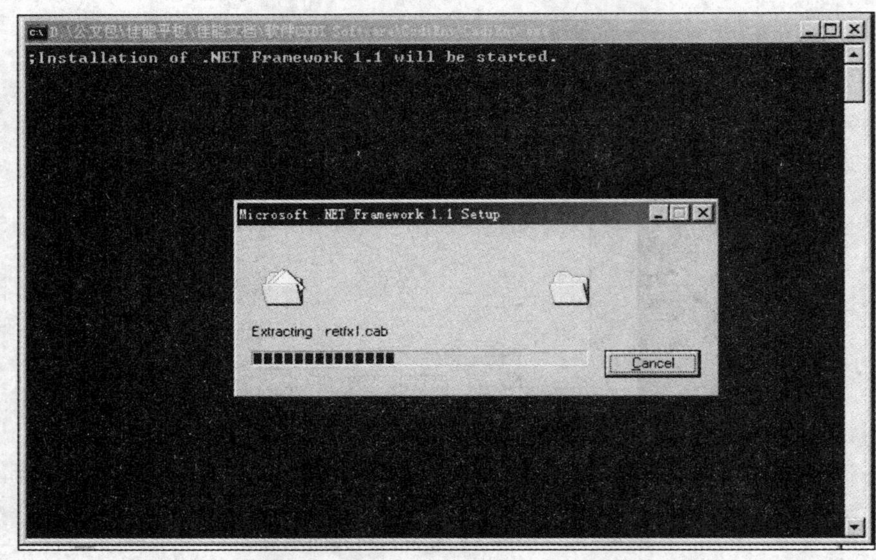

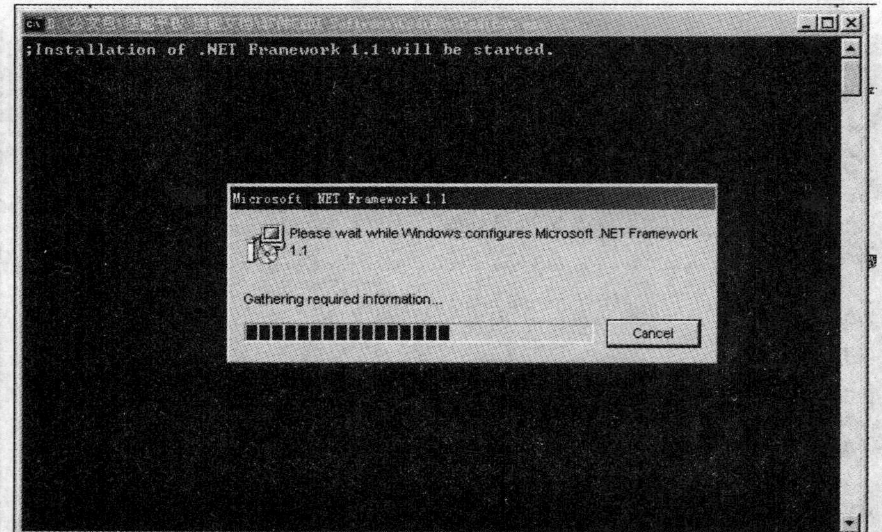

图 4－94　CxdiEnv 安装选项界面示意 4

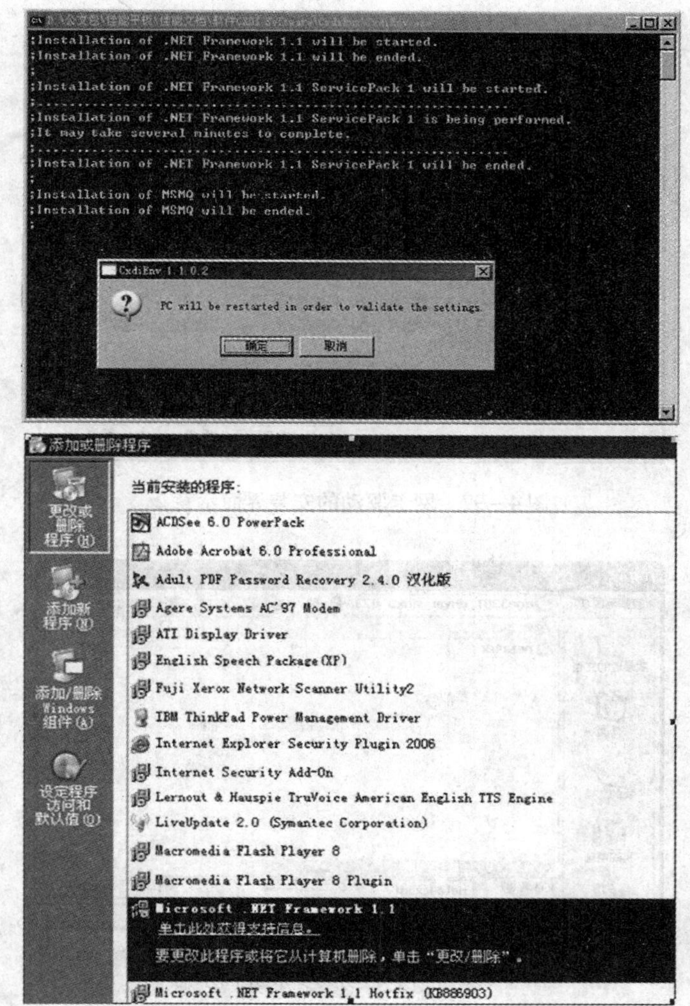

图 4－95　CxdiEnv 安装选项界面示意 5

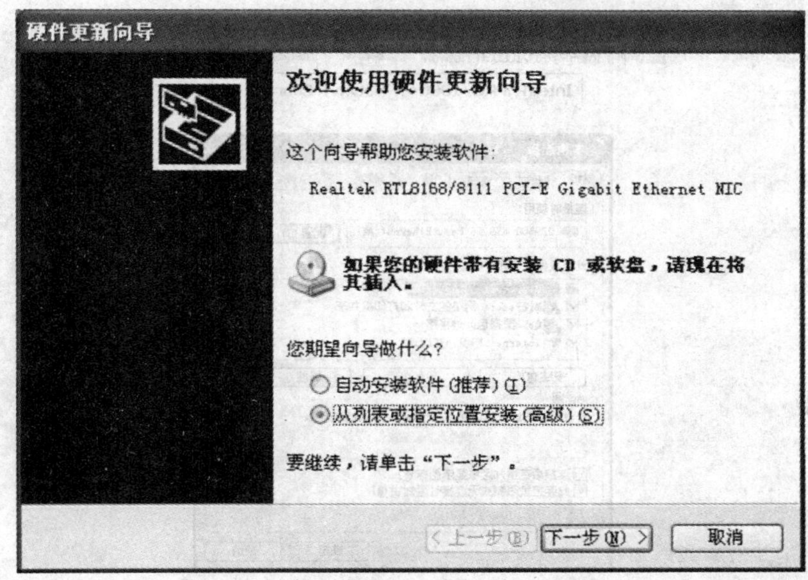

图 4－96　网卡驱动的安装界面示意 1

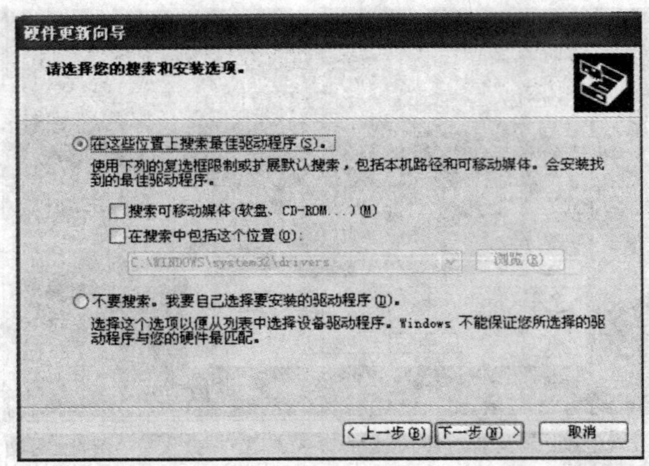

图 4－97　网卡驱动的安装界面示意 2

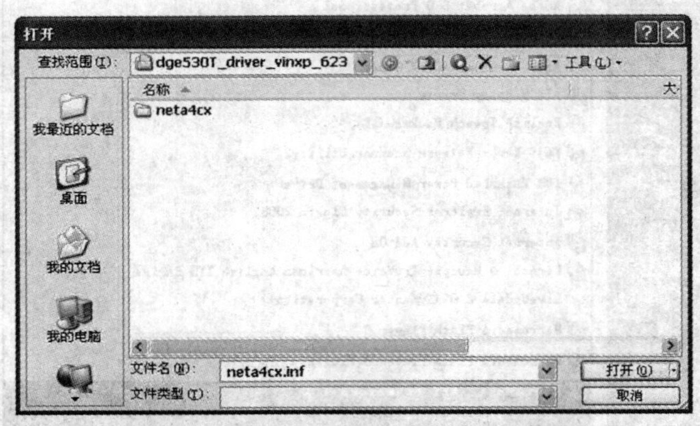

图 4－98　网卡驱动的安装界面示意 3

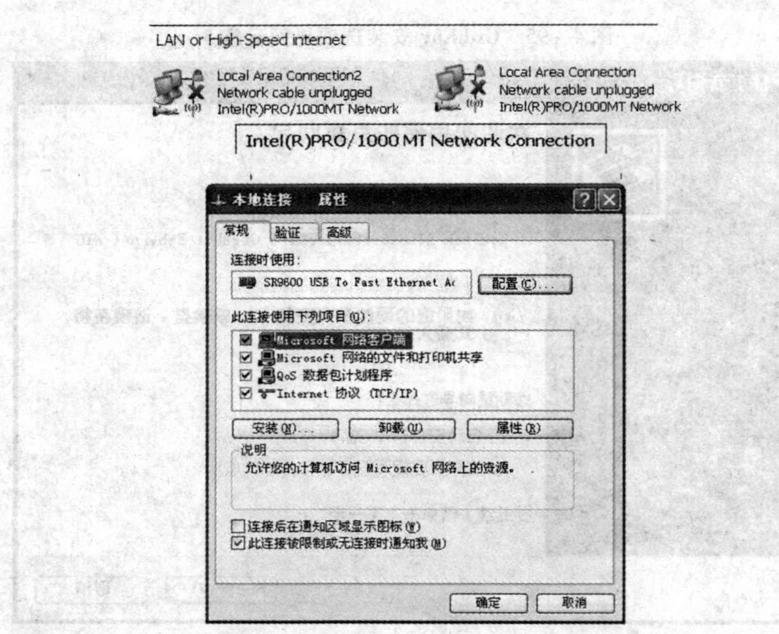

图 4－99　TCP/IP 设置界面示意

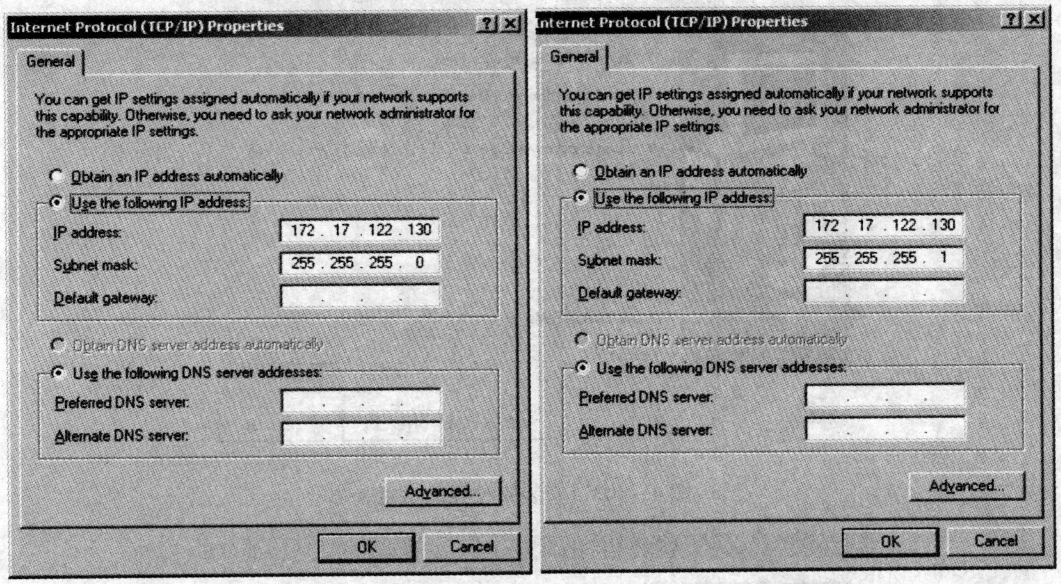

Internet Protocol (TCP/IP) Properties
General
You can get IP settings assigned automatically if your network supports this capability. Otherwise, you need to ask your network administrator for the appropriate IP settings.
Obtain an IP address automatically
Use the following IP address:
IP address:
172 . 17 . 122 . 130
Subnet mask:
255 . 255 . 255 . 0
Default gateway:
Obtain DNS server address automatically
Use the following DNS server addresses:
Preferred DNS server:
Alternate DNS server:
Advanced...
OK
Cancel
Internet Protocol (TCP/IP) Properties
General
You can get IP settings assigned automatically if your network supports this capability. Otherwise, you need to ask your network administrator for the appropriate IP settings.
Obtain an IP address automatically
Use the following IP address:
IP address:
172 . 17 . 122 . 130
Subnet mask:
255 . 255 . 255 . 1
Default gateway:
Obtain DNS server address automatically
Use the following DNS server addresses:
Preferred DNS server:
Alternate DNS server:
Advanced...
OK
Cancel

图 4－100　网卡连接设置界面示意

Ver64403
disk1
disk2
disk3
disk4
disk5
disk6

图 4－101　软件包文档示意

INST32I EX_文件285KB
DAT 文件
1 kB
ISDEL Installshield
Self-Extracting ...
Microsoft Corpor...
ieakcust.dll
8.0.6001.18702
IEAK Installer f...
sys1 winzip file
200KB
WinRAR 压缩文件
user1
WinRAR 压缩文件
10 kB
data1
WinRAR 压缩文件
10 kB
iesetup.cif
CIF 文件
3 kB
iesetup
配置设置
1 kB
setup
Win32 Cabinet Se...
Microsoft Corpor...
filelist
DAT 文件
1 kB
setup
Internet 通讯设置
7 kB

图 4－102　disk 1 文档示意

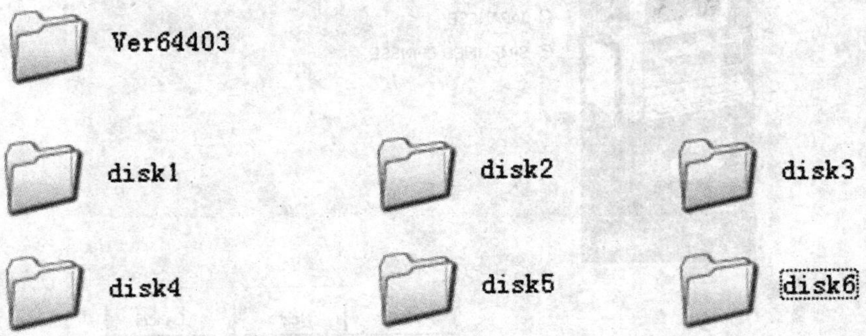

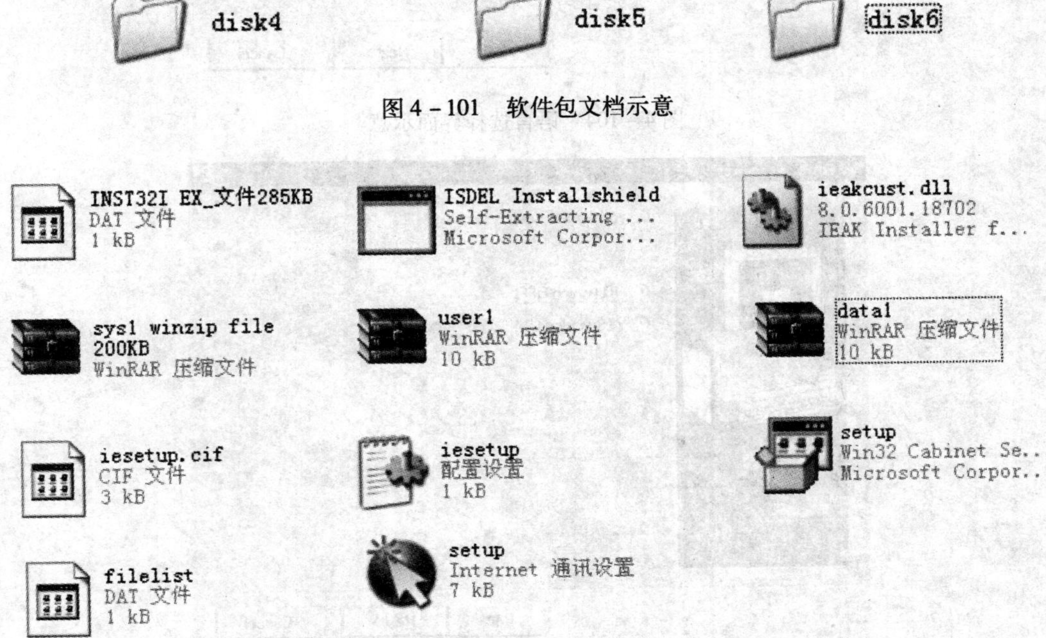

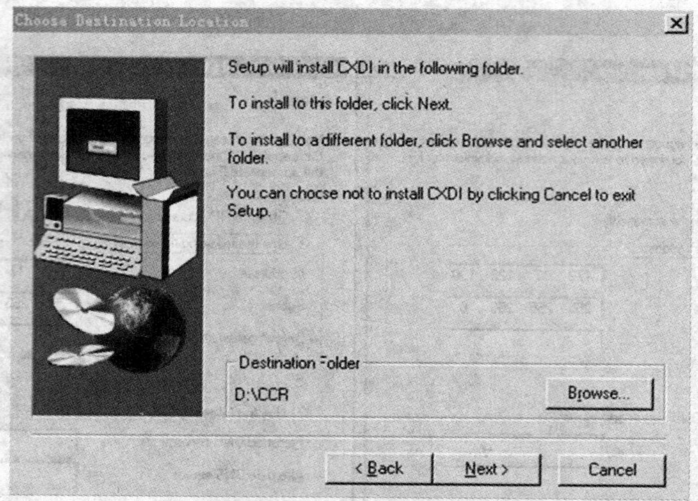

图 4－103　安装路径界面示意

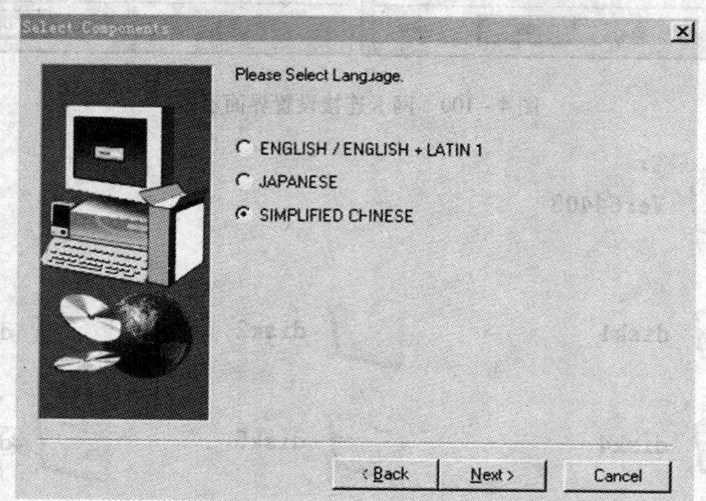

图 4－104　语言选择界面示意

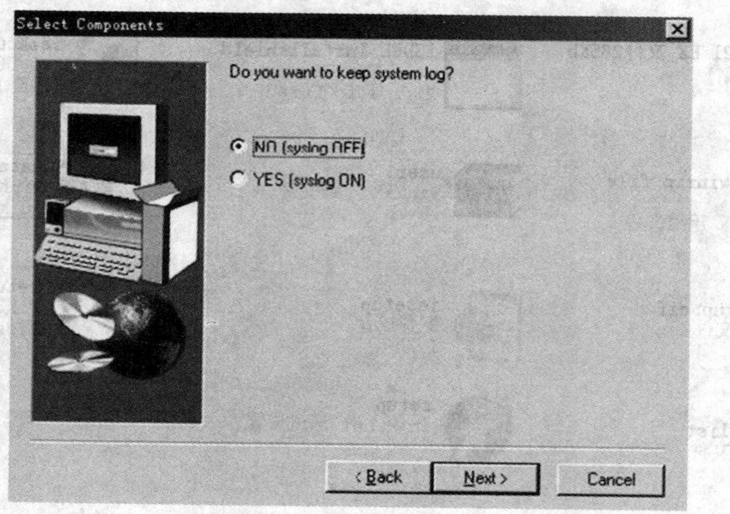

图 4－105　系统选择界面示意

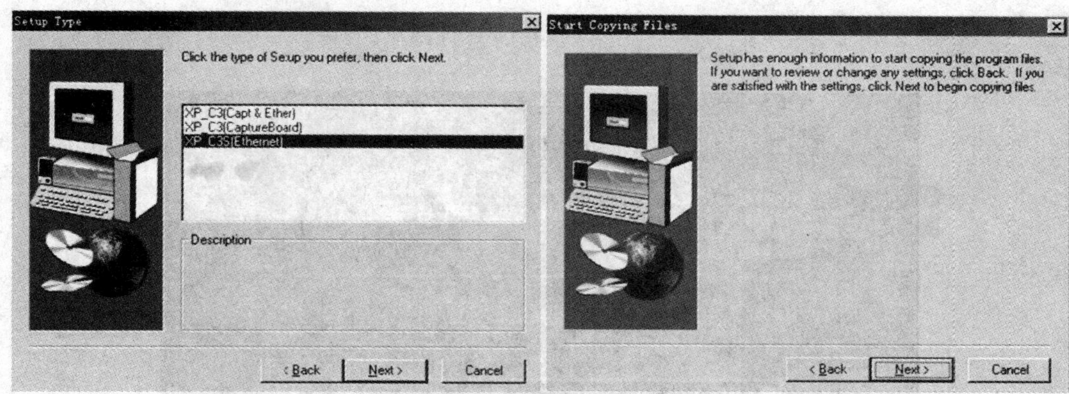

图 4－106　XP C3S 选择界面示意

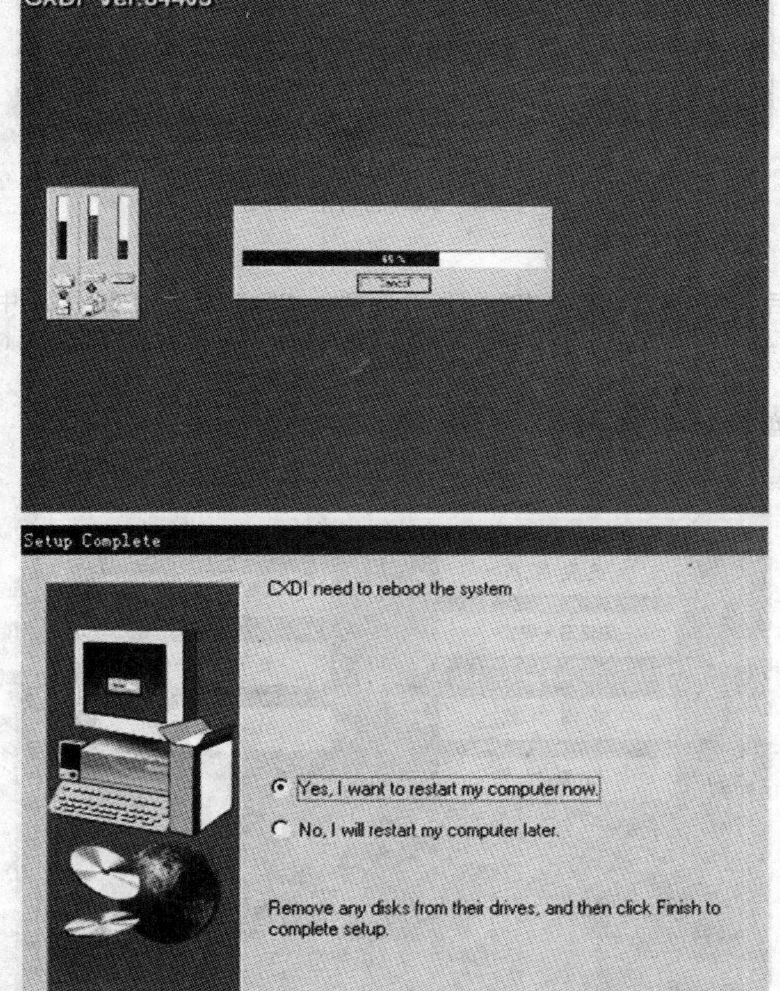

图 4－107　CXDI 安装界面示意

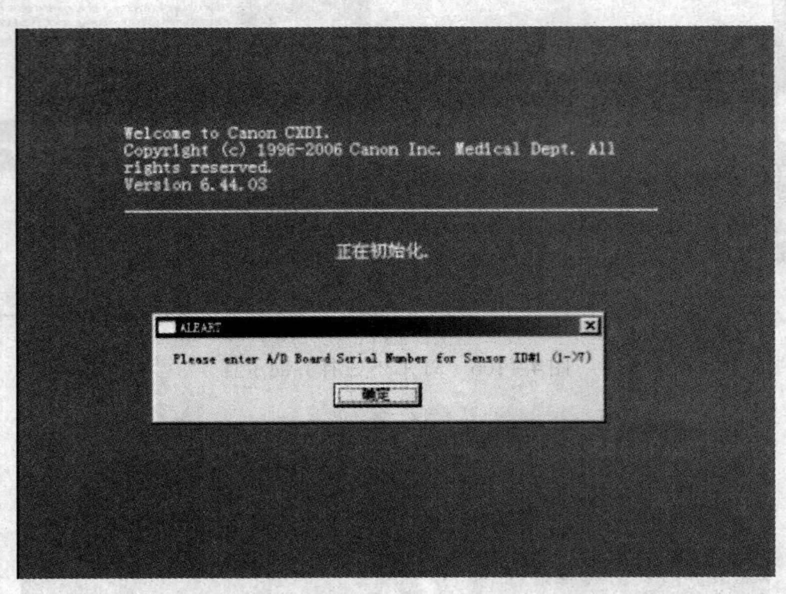

图 4－108 CXDI 初始化界面示意

（2）点击确定后，屏幕显示如图 4－109 所示。

（3）同时按［Alt］＋［Tab］键，进入 ccr console Menu 设置，如图 4－110 所示。

（4）将随机软盘“Sensor Information file FD”插入 PC 软驱，复制软盘中的文档（例如：1000049c. dp），粘贴到 D：\ CCR 文档中，如图 4－111 所示。

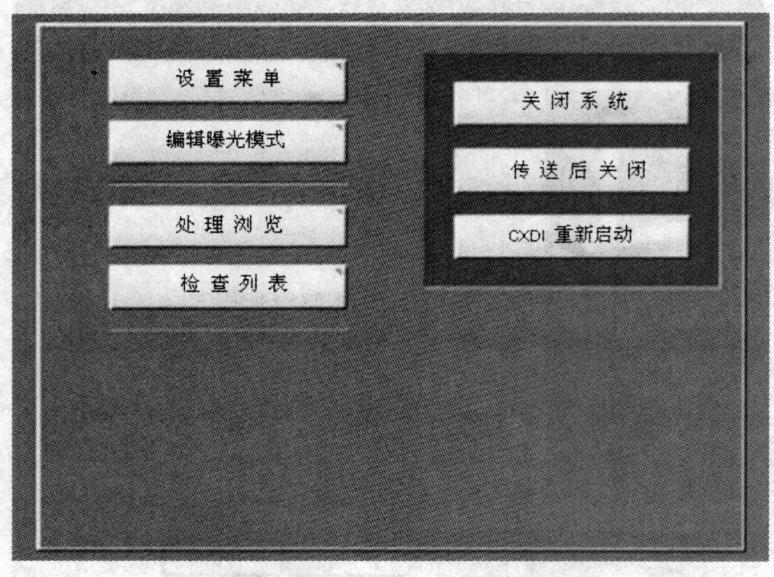

图 4－109 CXDI 设置界面示意

```
******* Welcome to CCR *******
1 Set-Up...           5 -
2 Display Set-Up      6 - Utilities...
3 Image Util...       7 - Debug...
4 -                   8 - Exit
Enter item: 1
Setting Mode (0:Normal, 1:Expert) [0 - 0x0] : 0

******* CCR SETUP MENU (Esc to go back) *******
1 System Setup              6 Counter Setup
2 OPU Control Info Setup    7 Scan Sensor Setup
3 IP Setup                  8 -
4                           9 -
5 Transmit Setup            10 -
Enter item: 7
@@@@@@@@ Capture Device Cofigration Table @@@@@@@@
Max Capture Devices [1 - 0x1] : 1
@@@@@@@@ Capture Device Configration No.0 (SensorID#1 OPU)@@@@@@@@
  ------A/D Board Serial Number 0-0 ->  -2 : 0x0
  A/D Board Serial Number for SensorID#1     [0x1000049C = 268436636] : 0x100009C

  Custom Type[0:NO CUSTOM 1:STAND 2:TABLE 3:UNIV 4:CASSETTE 5:CASSETTE 14X17] [0
 - 0x0] : 0
  Field of View Rotation(0:No 1:Yes)        [0 = 0x0] : 0
  Constant for Exposure Index               [-1.000000] : -1.000000
        ---- Need to re-start program to validate this change.

******* CCR SETUP MENU (Esc to go back) *******
1 System Setup              6 Counter Setup
2 OPU Control Info Setup    7 Scan Sensor Setup
3 IP Setup                  8 -
4                           9 -
5 Transmit Setup            10 -
Enter item:     Esc

******* Welcome to CCR *******
1 Set-Up...           5 -
2 Display Set-Up      6 - Utilities...
3 Image Util...       7 - Debug...
4 -                   8 - Exit
Enter item: 8
```

图 4－110　ccr console Menu 设置界面示意

（七）CXDI－50G Telnet 连接与平板 IP 地址的设置

（1）通过使用 Telnet 工具 Hyper Terminal，可以完成 CXDI－50G 成像单元（PCB－50Di）IP 地址的设置，界面如图 4－112 所示，选择“超级终端”（Super Terminal）。

（2）在新建连接中输入名称，点击“确定”，其界面如图 4－113 所示。

点击“连接时使用（N）”的▼，选 TCP/IP（Winsock），输入要呼叫的主机地址“192.168.100.11”，端口号“23”，点击确定，当 login：提示符显示时，键入：canon；当 password 提示符显示时，键入：drsystem。

当 pcb－50di > 提示符显示时，表明 Host PC 与 CXDI－50G 的 Telenet 连接完成，其信息如下：

Login：canon

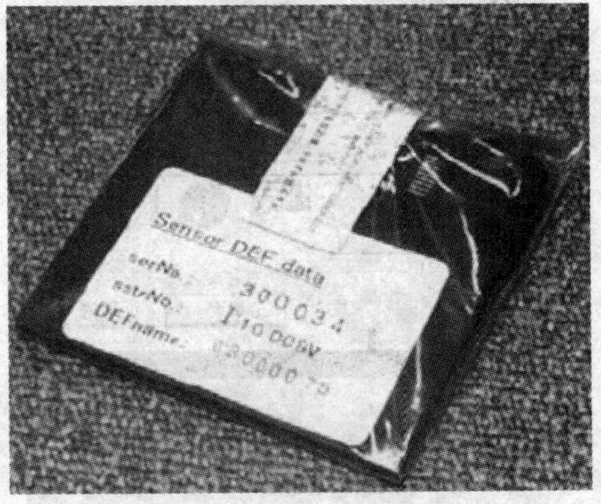

图 4－111　软件设置界面示意

Password：＊＊＊＊＊＊＊

CXDI－50G firmware Ver. 1.01.00

Build at Jul 2 2003 16：13：45

Normal boot

HUB50 Ver. 5010 product code：0701

Pcb－50di >。

（八）安装和设置 G－COM（CXDI 与发生器通讯）软件

CXDI 与高压发生器通讯如图 4－114 所示，使用 RS－232C 口，电缆使用 D－sub 9pin（母，双头），接线为交叉线。

G－COM（CXDI 与发生器通讯）软件支持岛津发生器种类如下：UD150B－30、UD150L－30、UD150B－40、UD150L－40、XUD150－30、XUD150L－30、Mobile DaRt（MUX－100HSeries）＊1。

安装方法：将 <cgbig3. dll>、<cgbig3. ini>、<cgstrtbl. ini> 3 个文件夹复制后粘贴到 D：\ CCR 文档中，CXDI 与高压发生器通讯软件安装完毕。

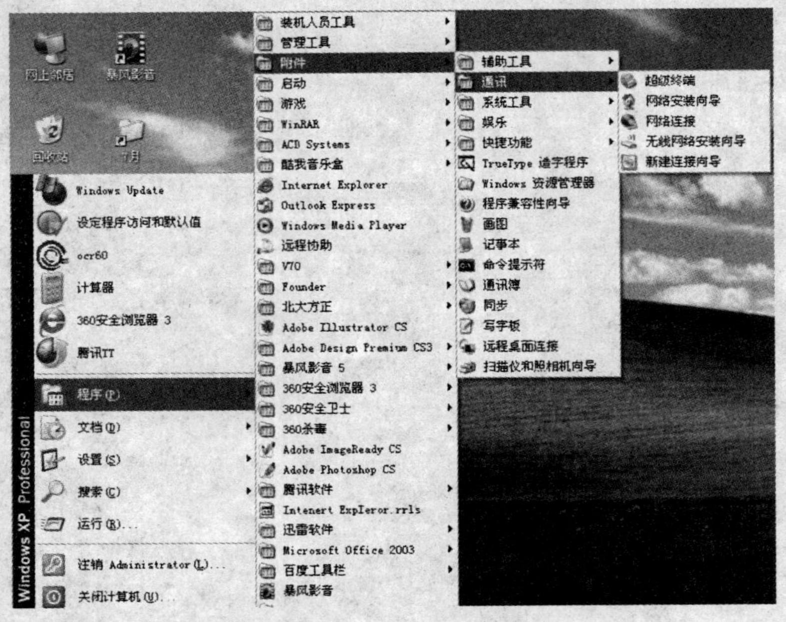

图 4－112　Telnet 工具设置界面示意

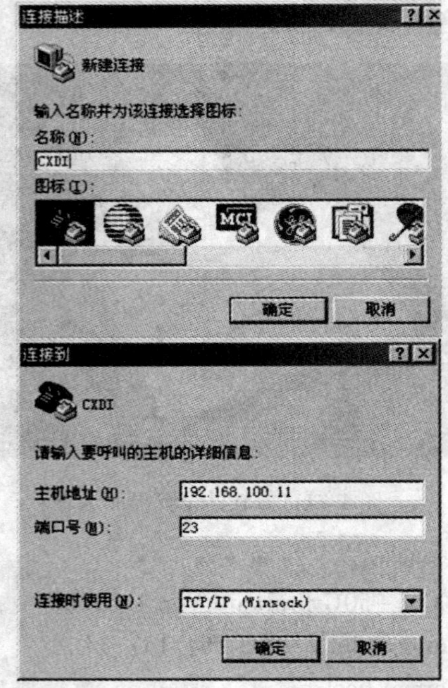

图 4－113　网络连接界面示意

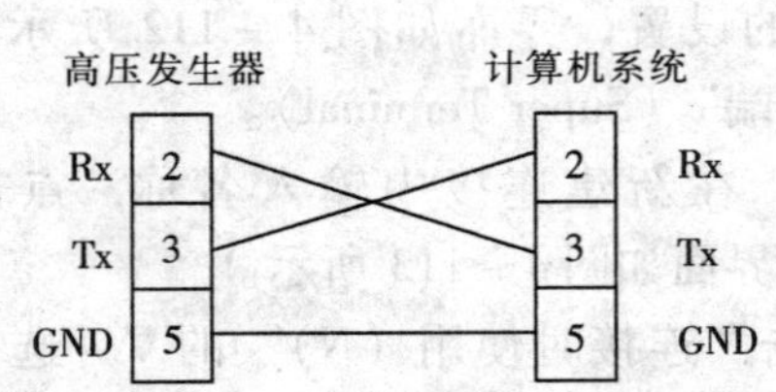

图 4－114　CXDI 与发生器通讯连接示意

（九）外部存储器设置

（1）点击 D：\ CCR \ ccrstar 文档，启动 CCR，同时按［Alt］＋［Tab］键，进入 ccr console Menu 设置，其界面如图 4－115 所示。

（2）外部存储器参数设置，其界面如图 4－116 所示。

（3）如果外部存储的图像格式为 JPEG 格式，设定其界面如图 4－117 所示。

```
C:\WINDOWS\system32\cmd.exe
******* Welcome to CCR *******
1 Set-Up...          5 -
2 Display Set-Up     6 - Utilities...
3 Image Util...      7 - Debug...
4 -                  8 - Exit
Enter item: 1
Setting Mode (0:Normal, 1:Expert) [0 = 0x0] : 0

******* CCR SETUP MENU (Esc to go back) *******
1 System Setup               6 Counter Setup
2 OPU Control Info Setup     7 Scan Sensor Setup
3 IP Setup                   8 -
4                            9 -
5 Transmit Setup            10 -
Enter item: 5
Max QA Process Images? (0:Unlimited) [20 = 0x14] : 20
Store Recovery MB [1500 = 0x5dc] : 1500
```

图 4－115　外部存储器界面示意

启动 CCR：双击 D：\CCR \ ccrstar 文档，［系统］→［设置菜单］→［管理设置］→［用于外部存储的 JPEG 格式］。

（十）安装 MLT－M 软件

将 cdr2mltm. dll 复制、粘贴到 D：\ CCR 文档，其界面如图 4－118 所示。

（十一）高分辨率监视器设置

以 OPU 监视器连接显卡模拟口，高分辨率监视器连接 G450 DVI 口为例（注：如果在［菜单］→［程序］→［启动］中已经登记了 ccrstart. bat，请先将其删除）。

```
@@@@@@@@ External Storage Configuration @@@@@@@@
Disc－store files in a dir? (0: No 1: Yes) [1 = 0x1] : 1
Disc－store Output Directory (Full Path is also OK) [F: \ ] : F: \
Do QA Disc－store Image? (0: No 1: Yes) [1 = 0x1] : 1
UseDICOMMeta info when Non－JPEG? (0: No 1: Yes) [1 = 0x1] : 1
Customize character convert rule? (0: Default 1: Customize) [0 = 0x0] : 0
DCM PN TRANS RULE#1: 'Multi－Space' to 'One－Space'? (0: No 1: Yes) [0 = 0x0] : 0
DCM PN TRANS RULE#2: 'Comma＋Space' to 'One－Comma'? (0: No 1: Yes) [0 = 0x0] : 0
DCM PN TRANS RULE#3: 'Comma' to 'Caret'? (0: No 1: Yes) [0 = 0x0] : 0
DCM PN TRANS RULE#4: 'Space' to 'Caret'? (0: No 1: Yes) [1 = 0x1] : 1
DICOM Modality Type? (0: CR 1: DX) [1 = 0x1] : 1
Use VOI LUT (0028, 3010) in DICOM? (0: No 1: Yes) [0 = 0x0] : 0
Window Center (0028, 1050) in DICOM? (－1: No or 0～65535) [－1 = 0xFFFFFFFF] : －1
```

图 4－116　外面存储器参数设置界面示意

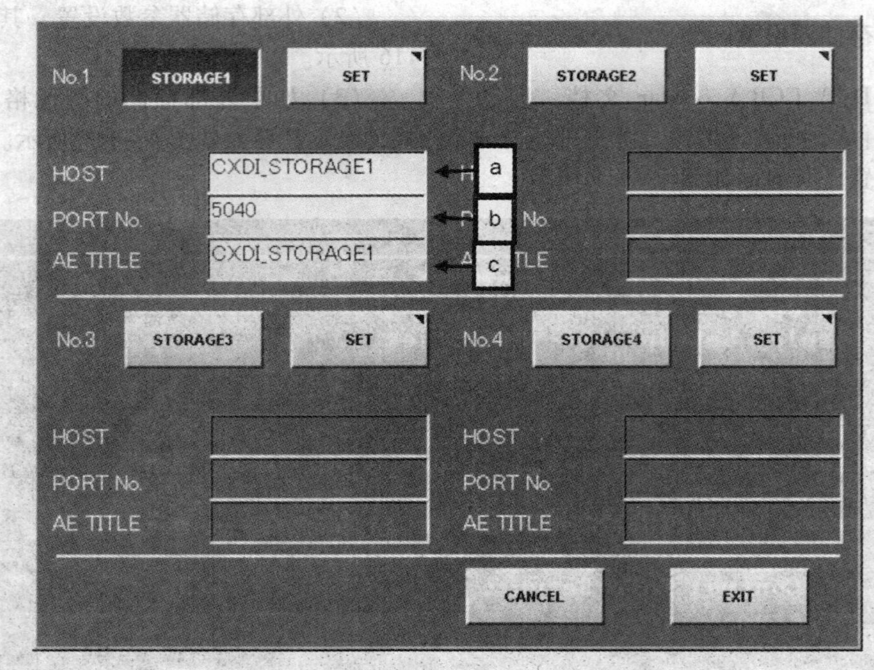

图 4 – 117 外面存储器格式设置界面示意

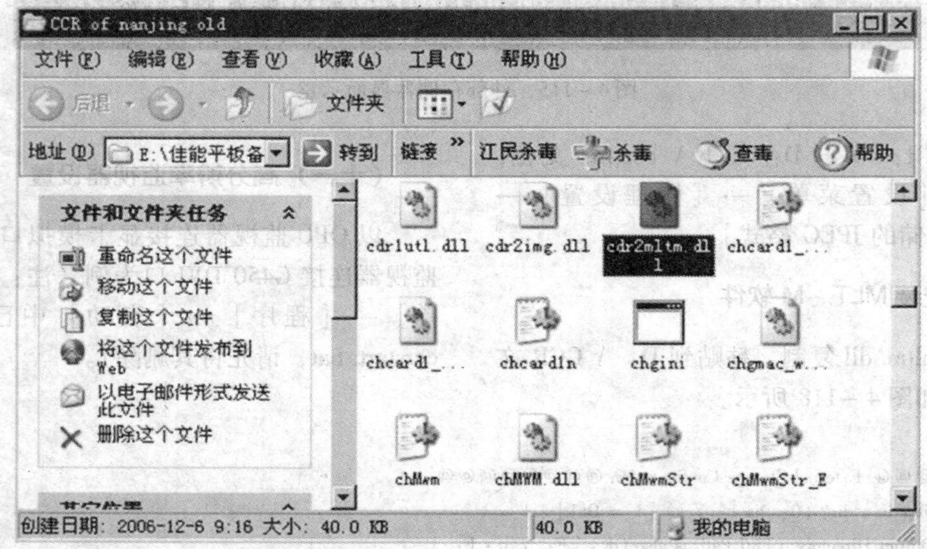

图 4 – 118 MLT – M 软件安装界面

（1）首先安装 Matrox Millennium G450 Dual Head PCI 32MB 显卡驱动（省略）。

（2）重启后，进行 Dual Head 显示属性设置。分别选中显示器 1 和 2，拖带图标，其界面如图4 – 119 所示，所示位置排列，错位可能显示异常。

选择显示器 1：选中☑Extend my Windows desktop onto this monitor；点击［Advanced］进入 Dual Head Muli Display 设置，点击［Change Setting］；选中☑ Use Dual Head Muli Display；⊙Separate resolution and color palettes for both displays；然后重启 Windows。

（3）重新启动后，确认 Dual Head 显示属性：显示器 2 为 OPU：Display：2. Plug and Play Monitor（具体内容由显卡决定），显示分辨率：640 × 480，☑ Use this device as the primary monitor；☑ Extend my Windows desktop onto this monitor，设置界面如图 4－120 所示。

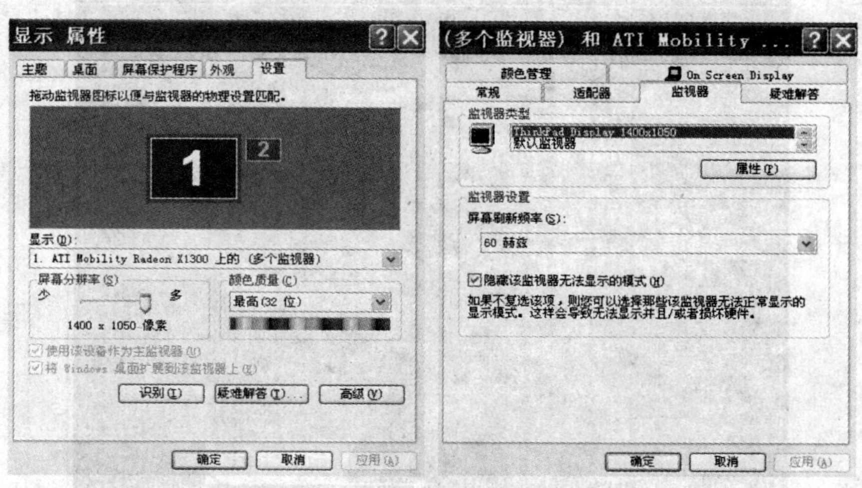

图 4－119　显示器设置界面示意

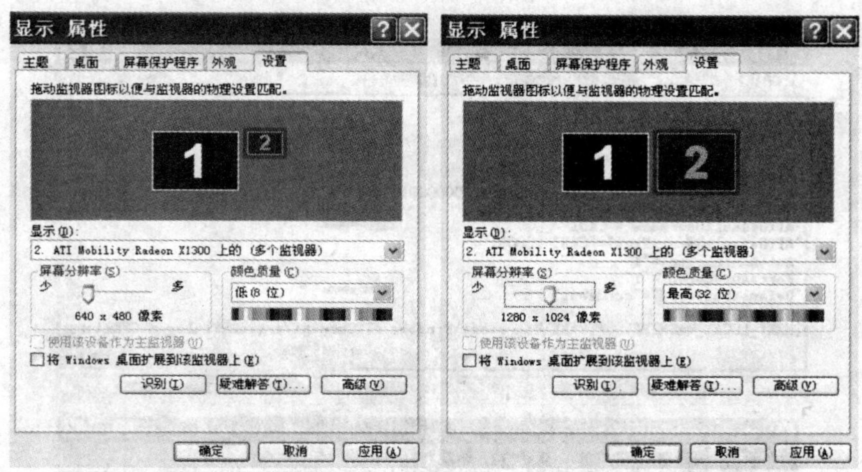

图 4－120　显示器设置界面示意

显示器 1 为高分辨率监视器：Display：1. Plug and Play Monitor on Matrox G400/G450，显示分辨率：1280×1024，☑ Use this device as the primary monitor；☑ Extend my Windows desktop onto this monitor。

显示器 3 为高分辨率监视器：（未连接）Display：3. Dfault Monitor on Matrox G400/G450，显示分辨率：（任意）☐Use this device as the primary monitor；☐Extend my Windows desktop onto this monitor。

（4）ccr console Menu 设置　进入控制程序，界面如图 4－121 所示，箭头所示项，不要更改，否则需要重新安装 CXDI 控制软件。

（十二）AutoLogon 设置

设置 AutoLogon 时，要使用 C3/C3S Drivers 中的 Reg 文档，打开 Reg 文档，单击 AutoLogon 文件，单击鼠标右键，选择“编辑”打开，其界面如图 4－122 所示。

需确认和修改的内容如下：

“AltDefaultUserName” = “CXDI”；

“DefaultPassword” = “ccrdebug”←将密码内容删除；

“DefaultPassword” = “…”；

选择［文件］→［保存］；

关闭 AutoLogon 记事本窗口；

```
DemoStartbat
C:¥v410-dicom>echo off
chgini Ver.1.0.0.0 Copyright (c) 2000 Canon Inc. All rights reserved.
Welcome to Canon CXDI.
Copyright (c) 1996-2000 Canon Inc. Medical Dept. All rights reserved.
4.10.07, Jul  5 2001, 21:29:03
argment "np" set!
24-172921[70]ERR:###### 2001/07/24 V4.10.07 STARTED (This is not ERR) ######

******* Welcome to CCR *******
1 Set-Up...          5 -
2 Display Set-Up     6 - Utilities...
3 Image Util...      7 - Debug...
4 -                  8 - Exit
Enter item: 1
Setting Mode (0:Normal, 1:Expert) [0 = 0x0] : 0

******* CCR SETUP MENU (Esc to go back) *******
1 System Setup              6 Log Setup
2 OPU Control Info Setup    7 Scan Sensor Setup
3 IP Setup                  8 -
4 Image Attribute Setup     9 -
5 Transmit Setup           10 -
Enter item: 1
CCR Serial Number [1 = 0x1] : 200001      <-- Enter here
```

图 4 – 121　控制面板设置界面

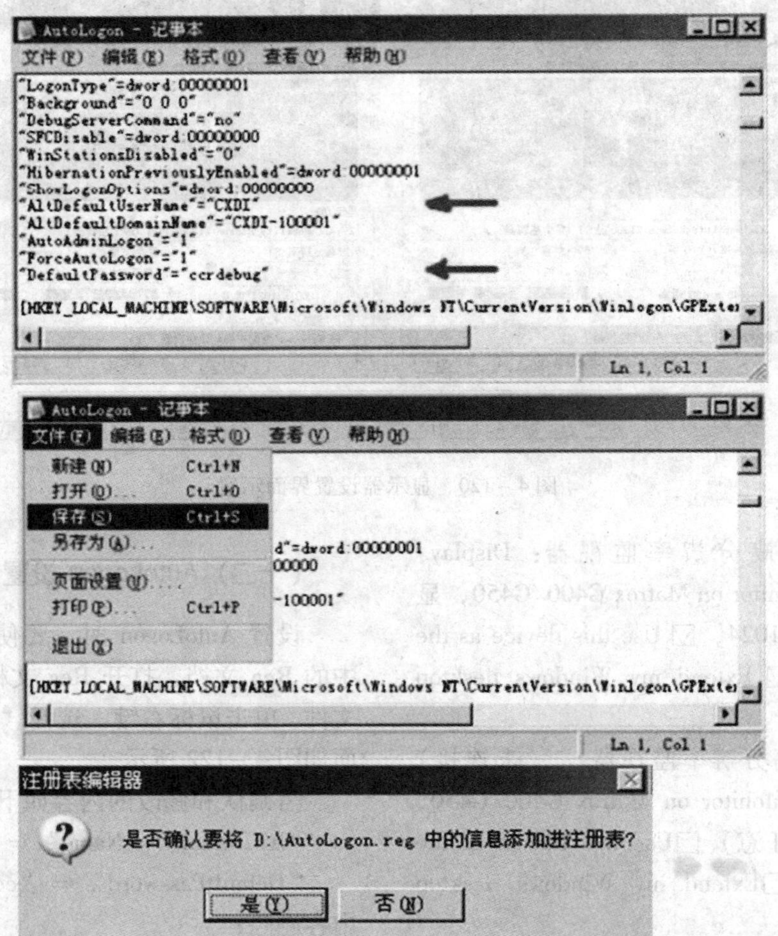

图 4 – 122　AutoLogon 设置界面示意

双击 AutoLogon 文档；

点击是（Y），将 AutoLogon. reg 中的信息添加进注册表；

再将 ccrstart 文档用鼠标拖入［开始菜单］→［程序］→［启动］；

完成 AutoLogon 设置后，重新启动系统。

（十三）校正

1. 球管老化训练。

2. 校正　校准功能用来调整传感器单元的 X 射线灵敏度，在以下情况下要执行校准程序：显示警告信息时，当曝光条件明显改变时，显示图像的相对密度不理想时。

（1）显示校准屏幕　［系统］→［校准］，屏幕右上角显示的是最后一次校准曝光的时间和日期（初次安装除外），如图 4－123 所示。

曝光参数的选择，依照实际曝光条件而定，表 4－6 提供三种曝光参数（供参考），曝光次数选 4 次或 5 次。

表 4－6　曝光参数

	仟伏（kV）	毫安秒（mAs）	时间（ms）	SID（m）
1	75	1.40	14.00	1.1
2	80	3.20	8.00	1.8
3	100	0.71	7.10	1.1

（2）开始校准　在校准屏幕上设置参数后，点击［开始］，其界面如图 4－124 所示，按［曝光］按钮，按 X 射线［曝光］按钮，开始处理数据，如果处理数据成功，进行下一次曝光。

如果数据处理出错，将自动打开一个窗口，如图 4－125 所示，显示错误信息，检查完错误详细信息后，点击［确定］关闭窗口，点击［退出］取消校准，或［重新拍摄］再次执行校准。

（3）曝光完成　上一次曝光完成后，显示信息“请稍候”，然后开始数据处理。

（4）校准后显示结果　校准完成后，显示信息“校准成功”，如图 4–126 所示，点击［检查］返回初始屏幕。

（十四）自校验

该步骤用来检查 CXDI 系统的图像数据传输路径以及传感器中各传感器的性能。

（1）显示自校验屏幕　在曝光屏幕中，点击［系统］→［自校验］，如图 4－127 所示。

（2）选择传感器　如果可以使用多个传感器，则首先点击传感器按钮，选择一个传感器。

（3）取下滤线栅　如果在步骤（2）中选择了带有可拆除滤线栅的传感器，请取下滤线栅；如果未取下滤线栅时，点击［测试开始］，则会显示错误且不能执行自校验。

（4）开始自校验　点击［测试开始］，如图 4－128 所示，显示上一次校准的曝光参数，设置 X 射线发生器的曝光参数，使其与显示的参数一致。

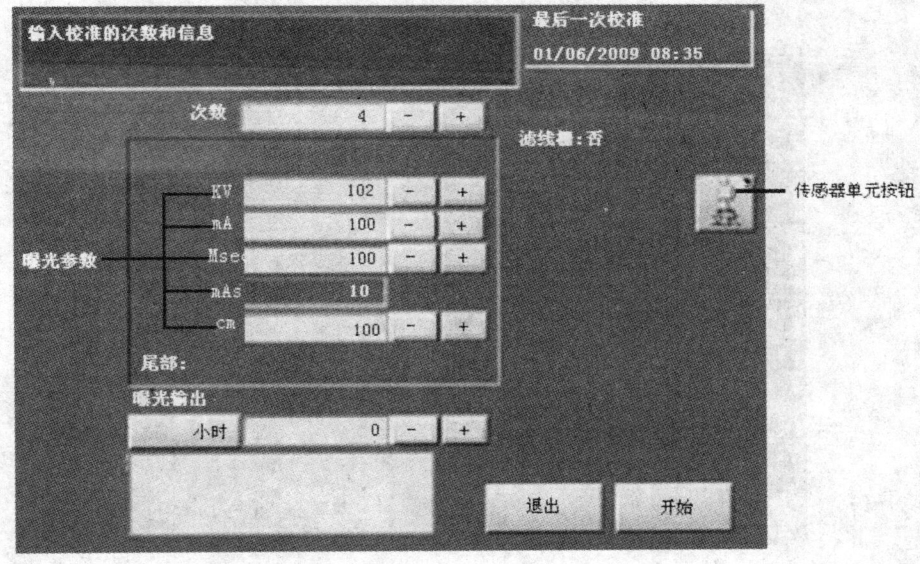

校 准 屏 幕

图 4－123　校准界面示意

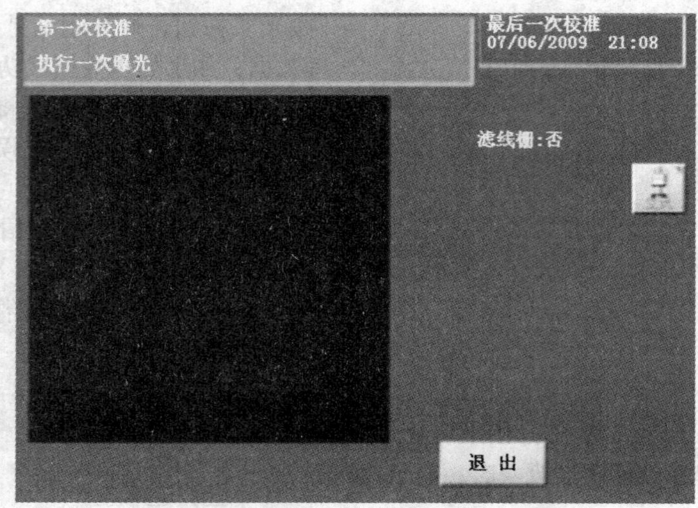

图 4－124 校准界面示意

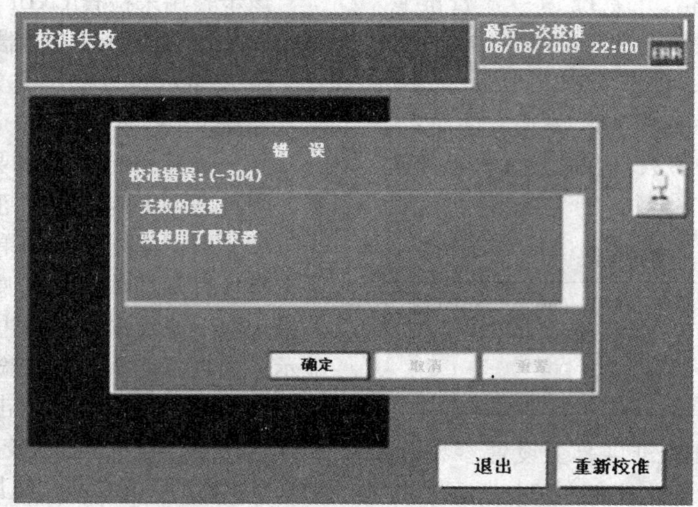

图 4－125 校准出错界面示意

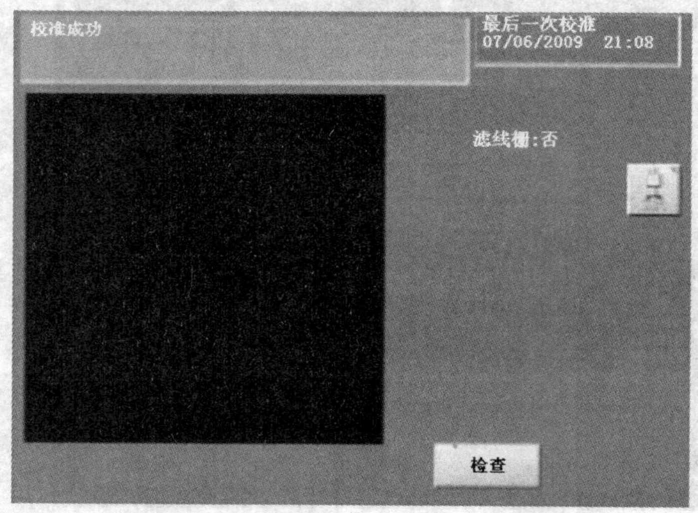

图 4－126 校准成功界面示意

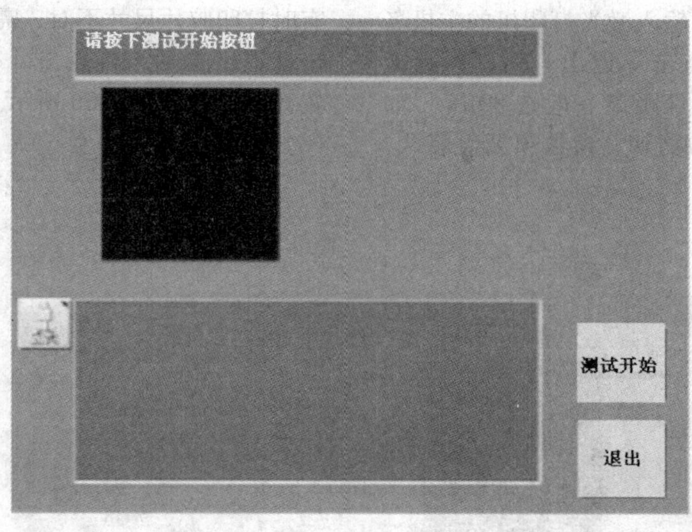

图 4－127　自校验界面示意

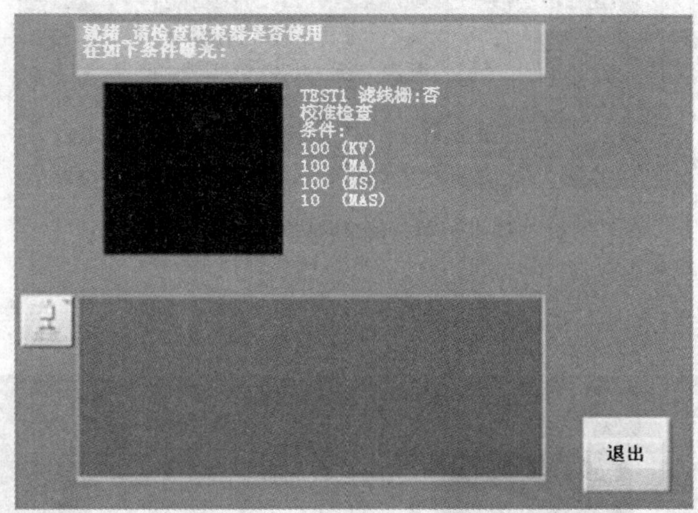

图 4－128　校验就绪界面示意

按［曝光］按钮：按 X 射线［曝光］按钮，开始自校验。自校验由 TEST1 到 TEST5 五部分组成，当 TEST5 结束后，自校验完成。如果所有测试成功完成，从 TEST1 到 TEST5 将显示 TEST Passed，其界面如图 4－129 所示。

如果测试失败，会自动打开一个窗口并显示错误代码，记录错误代码后点击［确定］关闭窗口，如图 4－130 所示，记下错误代码。

（十五）安装 DMW－PS 软件（Worklist）

（1）打开 DMW V3.02，其界面如图 4－131 所示。

（2）双击 DmwCnf2 文件，CR/DR 的选择用于 Worklist 工作站对 Modality 的识别，如图 4－132 所示（注：Mobile DaRt 时选 Mobile）。

（3）设定 TODAY TO TODAY 时，只传送当天登记的患者列表，如图 4－133 所示。

（4）输入对方 AE TITLE/IP 地址/端口号，如图 4－134 所示，点击 YES，完成。

（十六）Dicom 存储和打印机设置

（1）Dicom 存储的设置［系统］→［目的文件］，如图 4－135 所示，点击［存储器］，输入 PACS 工作站的主机名/端口号/AE TITLE，参数项无需输入，存储器名必须输入。

（2）打印机设置，输入激光打印机的主机名/端口号/AE TITLE，点击［退出］后，再点击［确定］保存参数。像素距离一般选 80μm，如果选择不当，图像会被剪切，参数项无需修改，有时打印胶片尺寸不对，需要调整胶片大小，点击［退出］后，再点击［确定］保存参数，设置完成，如图 4－136 所示。

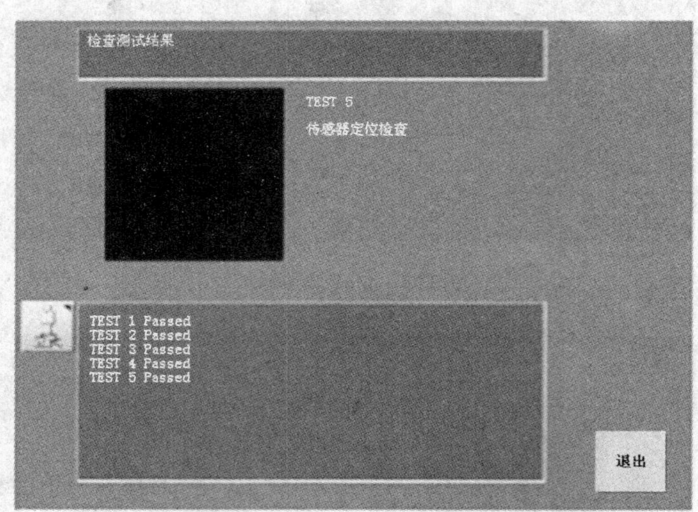

图 4－129 校验成功界面示意

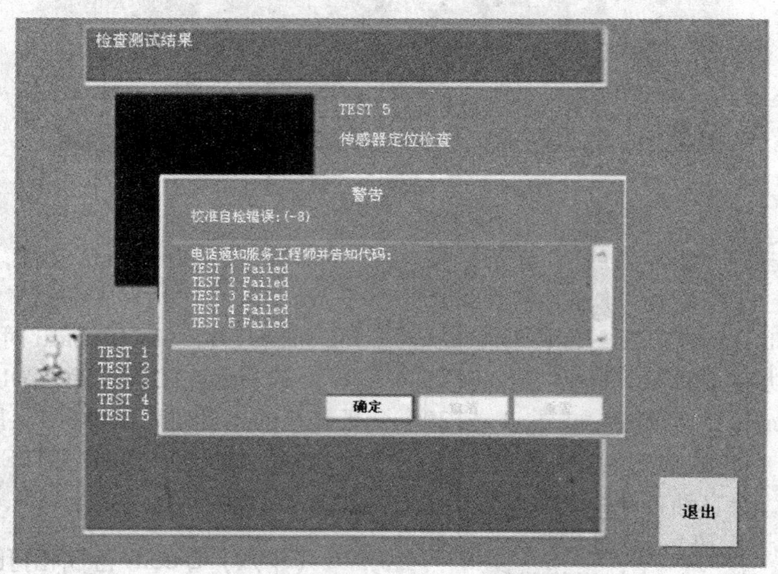

图 4－130 校验不成功界面示意

图 4－131　DMW V3.02 界面示意

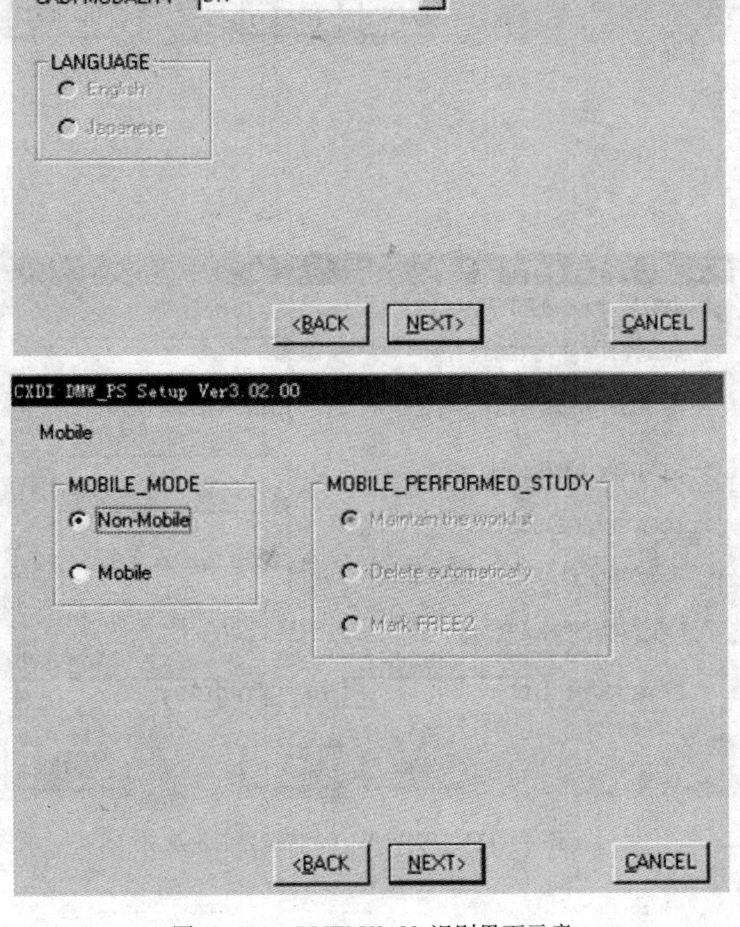

图 4－132　DMW V3.02 识别界面示意

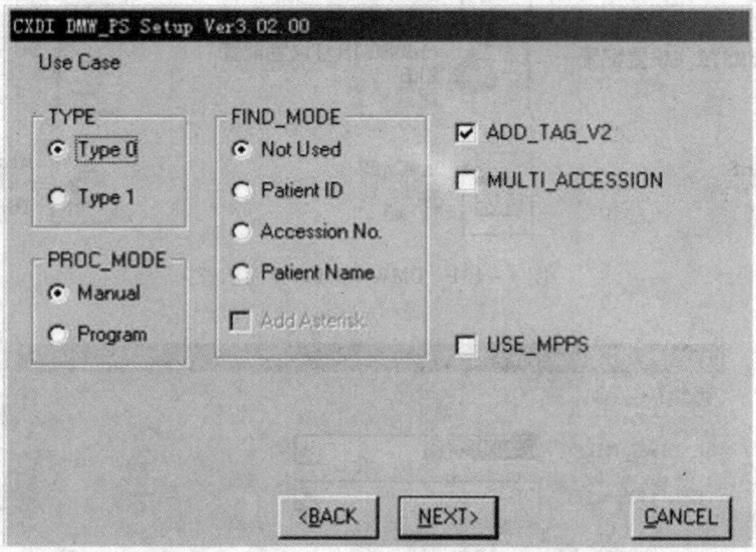

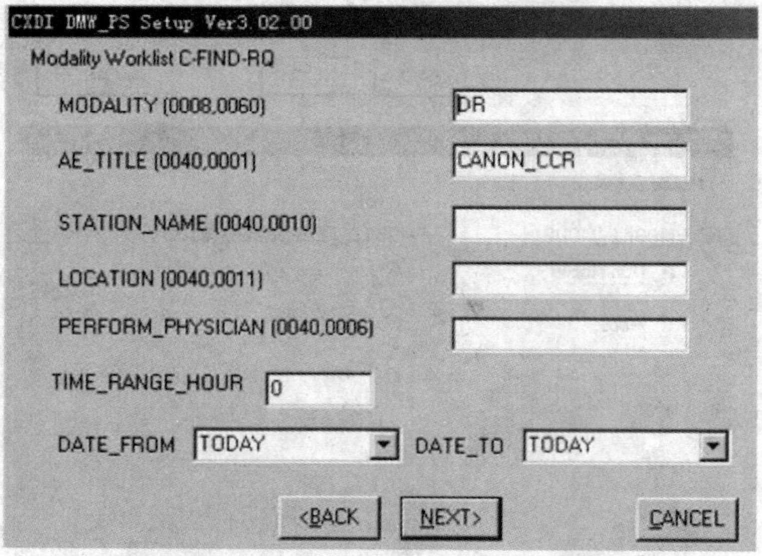

图 4－133　DMW V3.02 传送界面示意

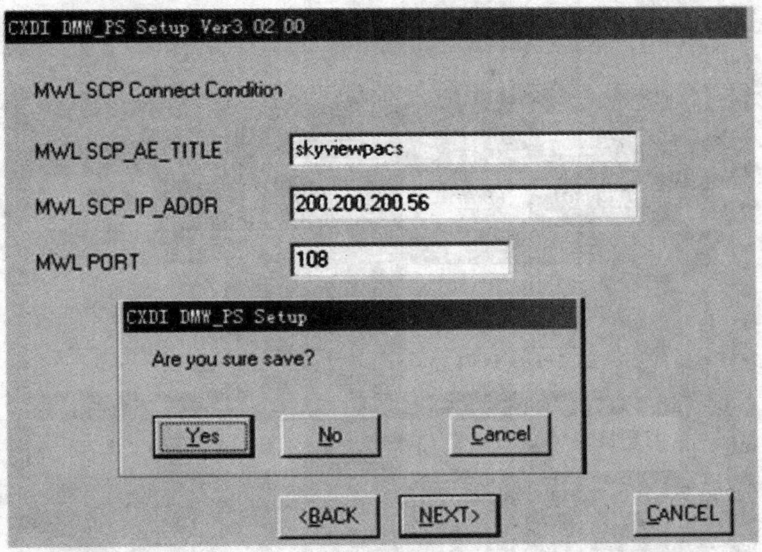

CXDI DMW_PS Setup Ver3.02.00
MWL SCP Connect Condition
MWL SCP_AE_TITLE
skyviewpacs
MWL SCP_IP_ADDR
200.200.200.56
MWL PORT
108
CXDI DMW_PS Setup
Are you sure save?
Yes
No
Cancel
<BACK
NEXT>
CANCEL

图 4－134　DMW V3.02 端口地址界面示意

系统信息
自定义显示
目的文件
系统设置
管理设
图像文件夹
存储器
打印机
取消
确定
NO.1
YAPACS
设 置
NO.2
存储器2
主机名
192.168.0.3
端口号
104
AE TITLE
YA
NO.3
存储器3
NO.4
存储器4
退出
参数
存储器名
YAPACS

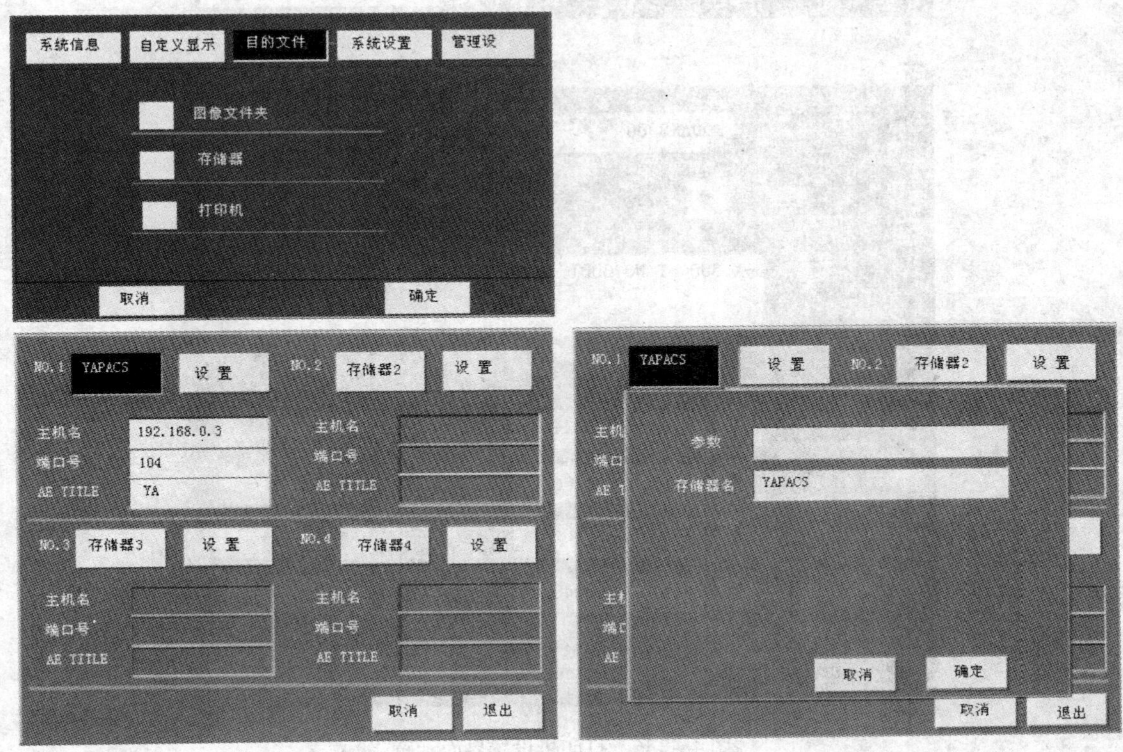

图 4－135　DICOM 设置界面示意

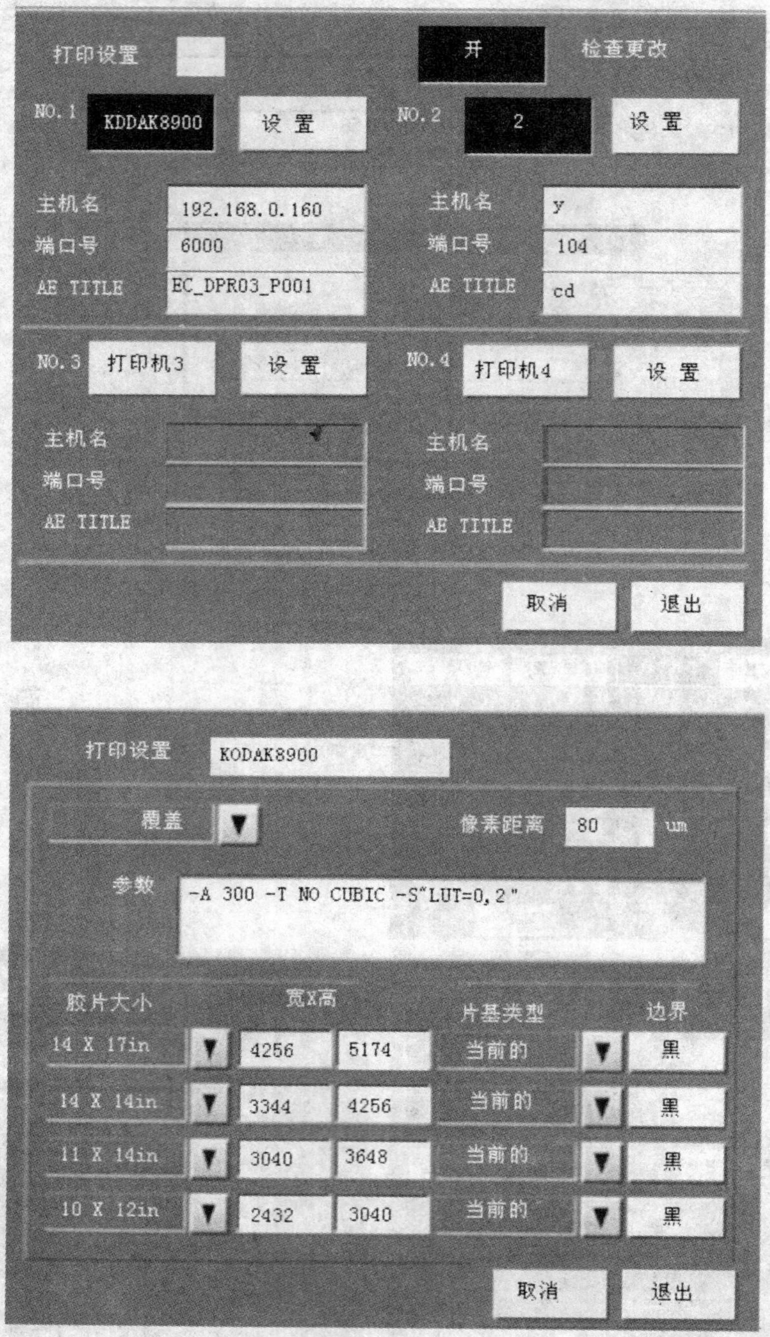

打印设置　　开　检查更改

NO.1 KDDAK8900 设 置　NO.2 2 设 置

主机名 192.168.0.160　主机名 y

端口号 6000　端口号 104

AE TITLE EC_DPR03_P001　AE TITLE cd

NO.3 打印机3 设 置　NO.4 打印机4 设 置

主机名　主机名

端口号　端口号

AE TITLE　AE TITLE

取消　退出

打印设置 KODAK8900

覆盖　像素距离 80 um

参数 -A 300 -T NO CUBIC -S"LUT=0,2"

胶片大小	宽X高		片基类型	边界
14 X 17in	4256	5174	当前的	黑
14 X 14in	3344	4256	当前的	黑
11 X 14in	3040	3648	当前的	黑
10 X 12in	2432	3040	当前的	黑

取消　退出

图4-136　打印机设置界面示意

第五章　数字化 X 射线机的故障与维修

数字化 X 射线机是放射设备中的重要组成部分，由于数字化 X 射线机的自身特点，因此其维修也不同于常规 X 射线设备，如何运用科学的方法提高对数字化 X 射线机的检修能力，是临床工程技术人员亟待解决的问题，为了有效、快捷地进行故障的检修，需要具备一套通用故障寻找和维修的思想方法与手段，由于数字化 CR、DR 具有智能自测系统，使检测的工作简单并程序化，但仍需要我们有对具体问题作具体分析的能力，因此，要求临床维修工程师掌握物理、化学、机械、计算机、测量理论及仪器操作等多方面的知识，这些知识不仅需要通过理论学习，还需要大量的实践积累。

本章将从数字化 X 射线机的通用维修方法入手，通过对典型故障的诊断和维修，系统地阐述故障现象的判断与分析、故障的定位与隔离、故障的测试技术及故障修复技术等问题，达到抛砖引玉的效果。

第一节　维修方法

一、故障检修的方法

为了顺利地排除故障，恢复设备的正常运行，需要熟悉机器的结构及设计数据，熟悉各类故障的特点及产生原因，按照检修原则、注意事项合理地运用检修方法，这是做好维修工作的重要保证。

数字化 X 射线机由其智能水平和精密程度很高，故障通常可分硬件故障和软件故障两大类。

（一）硬件故障

硬件故障分为两类：机械故障和电气故障。

1. 机械故障　是机械部件所发生的故障，由该类机型的活动性质所决定，通常有四种情况。

（1）机械转动件失灵或卡死　这是一种常见的故障，大多是因为机件受潮而生锈、润滑不及时、杂物侵入未及时处理等原因造成。轻者增加磨擦，降低灵活度，使操作变得笨重，重者致使机件锈死或卡死而不能活动。

（2）机械精度改变　由于机械磨损，机件在长期使用后，会出现机械稳定度降低、运动过程中晃摆等现象。

（3）机件弯曲、变形、破碎及断裂　主要由力不均及位置不正而引起。

（4）机械连接固定件松动或松脱　如连接件、螺钉、螺母等在机械活动中受力松动或脱落。

后两种故障不仅影响机械的正常运行，还很可能导致严重后果，造成机器损坏，甚至出现危险，应特别注意检查和及时维修。

2. 电路故障　是由电气线路所发生的故障，同时要注意的是由于在数字化 X 射线机中采用了计算机及网络技术，因此全部硬件所导致故障也归类为电路故障。因此按故障性质可分为开路故障、短路故障和损坏故障；按故障所在系统的部位可分为低压电路故障和高压电路故障。

（1）开路故障　开路有完全与不完全之分，完全开路（如断线）是指电路中没有电流，不过这种故障多半是某些部件损坏导致完全开路；不完全开路包括因接触不良、元件变质等原因引起的电路开路，而使电路中电流明显低于正常值的现象。开路故障将会造成所控电路工作不正常，进而使某一局部甚至全部电路停止工作。

（2）短路故障　指由于导线绝缘被破坏或因绝缘强度降低而击穿，各种原因造成不该连接的导线、元件间的碰接，元件变质漏电使电路中电流大大超过正常值等。这类故障危害极大，不仅会使局部电路工作不正常，而且会使导线、元件过热甚至烧毁，保险丝熔断，造成局部或整机停止工作。

（3）损坏故障　元件在长期使用中，由于质量和自然寿命所致会发生损坏，造成开路或短路等现象，如电阻烧断、集成电路损坏、计算机软件被破坏、电容器或晶体管击穿等。此外，也要注意元件老化问题，即其参数发生改变，器件并没有完全损坏，它可能只表现为电阻的增大或减小、电容器漏电、晶体管参数变化等。这种故障使电路参数发生不同程度的变化，造成某电路或整机工作异常，具有较强的隐蔽性，不太容易判断，只有通过细心检查、逐级测量、分析比较方能找出故障所在。

（4）低压电路故障　指发生在电源电路、灯丝初级电路、高压初级电路、控制电路等电路中各元件及电路上的故障，如电源变压器、集成电路、旋转阳极启动器、继电器等工作在低电部分的部件。

（5）高压电路故障　指发生在高压次级侧的电路或元件的故障，如高压逆变器、组合 X 射线机头或球管等工作在高压的部件。

在检修时，应先根据故障现象判断是开路还是短路故障，是高压电路故障，还是低压电路故障，而后进行逐级检查，以减少试验次数，缩短检查时间，实践证明这是一种行之有效的方法。

这类故障在数字 X 射线机中通常由计算机软件完成，按照代码进行检修，如果是板路故障，通常无法修复，这是因为所有的电路集成度很高，电路板多为多层板，如果损坏通常更换。

（二）软件故障

数字化 X 射线机最重要的部分是软件部分，软件分为基础软件和图像处理软件。

基础软件是常规 X 射线机的控制软件，主要是由计算机处理器或工作站完成，它能完成 X 射线的检查，所有的功能和所有软件的故障自检。

图像处理软件是数字化的最重要的标志，该软件能完成数字图像处理，并能数字化输出、数字化存储及传输。

二、故障发生的原因及故障特征

（一）故障产生的原因

1. 正常损耗　是由机械和电气元件的使用寿命所决定的。比如，X 射线球管长期使用后，灯丝发射电子的能力会逐渐降低，阳极会由于老化而产生龟裂，使 X 射线输出量大幅度下降；平板探测器使用到一定的次数后会老化，降低图像质量。这些机械部件或电子元件的使用寿命难以用一确切的时间来衡量，主要取决于使用是否正确和维护是否得当，正确的使用和合理的维护就能延缓它们的老化过程，也就提高了使用寿命。

2. 使用不当　会造成 X 射线机直接损坏或间接损坏（如缩短寿命等），从而影响工作。比如，当 X 射线机选择的曝光条件超过了其能够承受的最大容量时，就能导致一次性过载而损坏机器。或机械运动过程中机械损坏，或在移动中将脚踏开关的连接线压断等，当连续工作造成的阳极累积热量超过其能够承受的最大值时，导致灯丝烧断或导致机器过负荷而损坏，因此正确地使用 X 射线机是设备安全的重要保证。

3. 维护　维护不当和维修不及时。日常的维护和定期的检修能及时地发现隐患，防患于未然。数字 X 射线机的机架不能定期润滑或检查。导致其锈蚀或失灵；组合机头定期检查是否漏油等；机房是否潮湿、电机变速器、轴承等均需定期维护，进行清洗，并添加润滑剂，否则就可能会影响活动的灵活度，甚至不能正常工作。

4. 调整不当　数字 X 射线机的调整参数很多，因此无论是在常规模式，还是在服务模式下正确的设置和调整都至关重要，如果机器调整不当就投入使用，不但不能充分发挥效用，甚至会造成机器的损坏。

5. 机器质量不佳　可能是某些元器件工艺不良或质量不佳导致使用时损坏，也可能是设计不合理或元器件的电性能及机械性能不符合使用要求而损坏。是否因质量问题引起元件的损坏应根据具体情况作细致的分析，因为有时是机器内部潜在故障未能及时发现所引起，对这一点应特别加以注意，以防止故障的进一步扩大。

6. 软件系统影响 数字化X射线机中采用的计算机系统是基于多数UNIT或Windows，在使用过程中会有大量的数据运行，由于各种原因系统会出现错误或死机，该类型错误是该类设备最常见的。

（二）故障特征

X射线机发生故障的程度不同，其特征就不同。硬故障表现得比较绝对，故障特征明显，比如短路、开路及损坏等；而软故障表现得比较模糊，故障特征就不很明显，比如元件老化、变质但未完全失效、接触不良等。熟悉故障的特征及表现形式，对于故障的判断和查找是很有帮助的，但对整机的系统原理的理解是至关重要的。

1. 突发并且现象持续的 有些故障突然发生后，现象明确。例如图像中出现波浪型条纹，或机械电机不能工作，X射线机高压部分绝缘材料被击穿时，会出现电流突然显著增大，这个现象始终持续，只是程度会逐渐加重。对这类故障，应尽可能少做试验，以免扩大故障，造成更大损失，此类故障多为损坏性故障。

2. 偶发并且时有时无的 有些故障是偶然发生的，表现为时有时无，没有规律性，这类故障是最难判断和维修的，其原因主要是由于接触不良，或软件的不稳定造成的，经常发生在接插件、开关、接触器、系统软件等器件上，接线或电路板的虚焊也会产生这种现象，软件类故障在数字化X射线机上经常出现。

3. 规律性的 有些故障是在某些特殊条件下发生的，表现为有一定的规律性。例如X射线机低仟伏时工作正常，但到某仟伏以上时球管就发生放电，降低条件后又能正常工作，这表明管套内的绝缘油耐压不够，需要更换。还有些在透视时工作正常，但切换到摄影时不产生射线；还有正常工作几个小时后，系统死机，重新启动正常，主要是由于软件的原因导致；还有遇热或受潮时出现故障现象等。

4. 渐变性的 有些故障现象的程度随着时间加长和条件加大而加剧，直至完全不能工作。这主要是器件的老化所致，系统软件受到计算机病毒的感染所致，尤其是电子器件或导线的绝缘降低时。

总之，数字化X射线机的故障特征有多种，抓住这一表面现象，从电路的原理去分析判断、检查、测量，就能找出问题的实质，从而避免故障的扩大并得到及时检修。

（三）检修原则

（1）检修人员应具有维修的专门知识和一定的维修经验，应能有效地利用数字X射线机的相关技术资料和数据，并应具有严肃认真的工作作风。

（2）应注意仔细观察，全面详细地弄清发生故障时的表现和工作状态，并能根据故障特征进行综合分析，制定出合理的检修计划，切忌盲目检修。

（3）检修后对机器进行必要的试验和调整，并填写较为详细的维修记录。记录中应包括检修对象、故障现象、检查结果及处理方法等。

（4）要按检修计划进行检查，并视具体情况灵活掌握，遇新的情况，应先从电路原理上认真分析，修订计划，而后继续检查。

（5）检修时应注意拆卸的顺序，记录编号，以避免复原时增加不必要的麻烦，甚至造成新的故障。卸下的东西应分别放置，检修后及时装上，以免遗留机内引起电路短路，甚至高压放电，损坏X射线球管和其他部件。

（6）检修相对精度高的电路时，必须注意接地，以防发生电击事故，测试高压时，除使用专用的测试设备，绝不允许在高压电路内进行测试或检查。

（7）软件的问题在解决时，应根据严格的程序进行，并不能修改系统的参数，以防损坏软件的完整性，同时要对程序和相关数据及时进行备份。

（8）重视防护，必须进行曝光试验时，要有应有防护措施。

（9）短路故障时，应避免重复试验，如高压击穿、机器漏电、电流过大等，如非试不可，应选择低条件，一次将故障现象观察清楚，若反复试验，则会造成故障扩大或损坏器件。

三、故障检查的常用方法

当设备出现故障时，所有的设备都有自检程

序，应按程序错误代码来进行检修，首先要做的就是明确机器的哪部分出现故障，是什么类型的故障以及引起的原因，要迅速地查明故障并加以排除，要有合理有效的检查手段，切忌只顾分析线路图，纯理论地寻找故障，也要避免盲目进行测试，而应从系统的角度分析和维修故障。

（一）直观法

直观法也称感触法，即利用人的感官通过看、听、嗅及触摸等手段来确定故障的所在，该方法适用于表面故障的检查，如用眼观察X射线球管灯丝是否点燃，电路中有无打火与放电，元件及连接线有无损坏或脱落等；听系统工作有无异常声响，旋转阳极启动运转是否正常，高频发生器或球管内有无异常等；闻有无烧焦时的糊味；在机器断电后，用手触摸某些元件，如电阻、变压器、X射线球管，应从其温度升高可以判断出电路是否正常，事实表明，绝大部分故障可以通过直观法，并运用一般知识初步分析确定。

（二）短接法

当断定某些控制回路应通但未导通时，可以用导线短接某段线路或某些控制接点，借以判断故障发生位置，此法简单易行，只需一条夹子线，即可通过逐点短路的方法查出故障，是检查数字化设备开路故障极为有效的手段。该法的运用应当注意，是在对整个系统的工作原理非常清楚的情况下，由有经验的工程人员采用，否则可能会导致故障的扩大。

（三）隔离法

隔离法即将电路分段，分成几部分逐个进行检查，以排除相互的影响，该法适用于短路故障的检查，也是对一些疑难故障进行定位的有效方法。现在许多数字化X射线系统是计算机控制的系统，因此故障的显示及解决的方法可从计算机中获取，因此智能化数字化的射线系统完全可采用隔离法迅速加以查明。

（四）替代法

替代法又称为置换法，一般指的是用型号相同或数值相近的元器件及电路板替代可疑部件进行检查的方法，这是工程人员最常采用的方法，这种方法适合于对电路中的某些元器件或电路有怀疑，又无其他更好的方法鉴别其好坏的情况下使用。但要注意，进行替代之前，必须对电路中的电路参数进行测定，只有在电路参数正常的情况下才能进行替代，避免损坏替代件，甚至扩大故障。

替代法是工程人员维修最有效的方法，由于现在集成化程度的提高，许多系统可能都由控制功能部件完成，因此传统的维修到器件的方法已不能完成故障判断和维修，而某些系统由于技术保密的原因，生产商不提供技术只提供配件进行置换。

（五）测量法

测量法也称仪器仪表法，是借用测试仪器仪表，如万用表、在线测试仪、示波器等进行故障的检查。因为人的感觉器官只适用于检查具有比较明显表面现象的故障，而无法确定一些故障发生的原因、性质及位置，更无法对故障作出“定量”判断，所以在很多较复杂的系统要通过测试仪器仪表来检查，即使是具有计算机自检功能的X射线设备也不能例外。作为维修人员，必须熟悉常用测试仪器仪表的使用，测试中正确测试数据，并能根据测试结果作出分析，根据测量结果判定故障。

上述五种故障检查法，只是许多维修方法的一部分，还有许多的维修方法，但所有的方法并非是孤立的，一个故障的检修，可能用到其中的一种或几种甚至全部方法，只有在实际工作中灵活运用，理论结合实际，才能准确、快捷地排除故障。

第二节 数字化X射线机的故障分析和维修

数字化X射线机的故障分析和维修与其他设备有很大的不同，由于其计算机化程度高，因此在使用的过程中，出现一些故障都有错误代码显示，可根据代码做相应的处理，甚至有些有解决方案或程序。许多故障可能是由于简单的原因或误操作造成，另外重要的故障可能是软件性故障，因此处理该类故障时可重新安装软件，当出现故障时可以对照以下故障现象及处理方法进行检查，无法处理的问题，请与维修工程师联系。

常见的故障主要是操作性故障、X射线安全和自动增益系统故障、高压系统及电源系统故障、探测器和开关故障、计算机系统故障等，不同的生产厂商的机型会有不同的错误代码，而维修的具体步骤也不相同，本节以岛津公司CXDI－50G为例，详细讨论数字化X射线机的维修步骤，从而讨论数字化X射线设备的维修方法和过程。

一、CXDI－50G数字探测器的拆装

1. 探测器的把手拆卸　松开把手两边的两颗螺丝，将把手拆下，如图5－1所示，注意在操作时要细心，有许多小的垫圈。

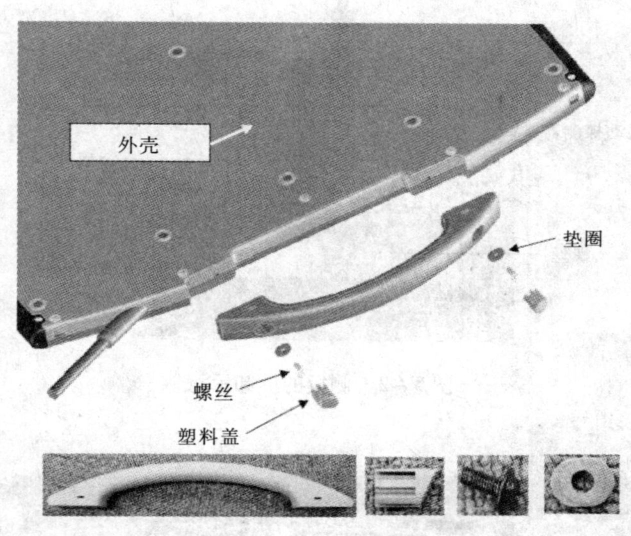

图5－1　探测器把手拆卸示意

2. 侧板的拆卸

（1）松开固定侧板（L）和（R）螺丝，小心的将盖板取下，主要因为盖板在卡槽内。

（2）左边的侧板（C）稍稍活动取下。

（3）松开螺丝将压板取下，然后将红色的振动探测器取下，其拆卸如图5－2所示。

3. 探测器外壳的拆卸

（1）松开螺丝上的盖板。

（2）松开螺丝M3×8mm和M3×12mm。

（3）取下绝缘板，如图5－3所示。

4. 传感器线缆的更换

（1）松开并取下固定线缆的2个螺丝M3×10mm。

（2）松开并取下固定线缆压片的2个螺丝M3×6mm。

（3）松开并取下线缆夹子的2个螺丝，M3×6mm，注意不要丢失垫片。

（4）取下与PCB－40 LED和CB－50Di的连接端子。

（5）取下50G传感器线缆单元，取下时注意将来安装时的合适位置，如图5－4所示。

5. PCB－50 LED板的拆卸

（1）断开PCB－50LED连接器后，松开并取下固定滤线格栅传感器的固定螺丝。

（2）松开固定PCB－50 LED螺丝，取下PCB板，如图5－5所示。

6. PCB－50Di的拆卸

（1）轻轻地将平板线缆取下，取时要注意连接端子的方向。

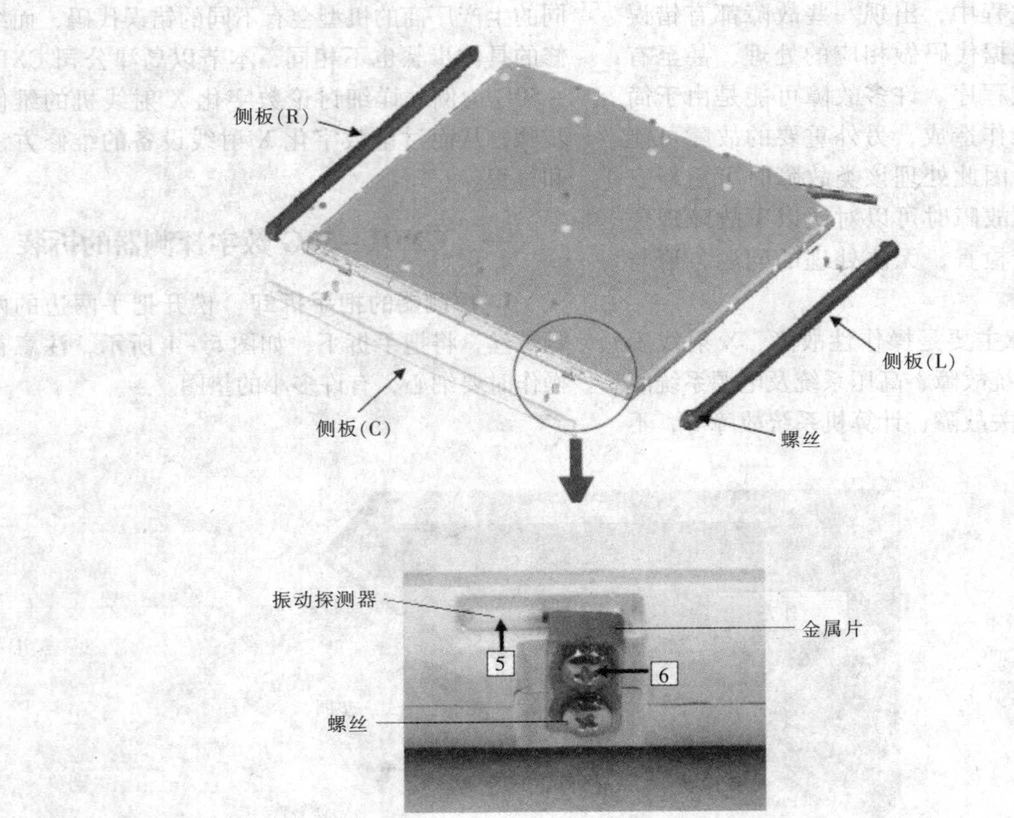

图 5－2 侧板的拆卸示意

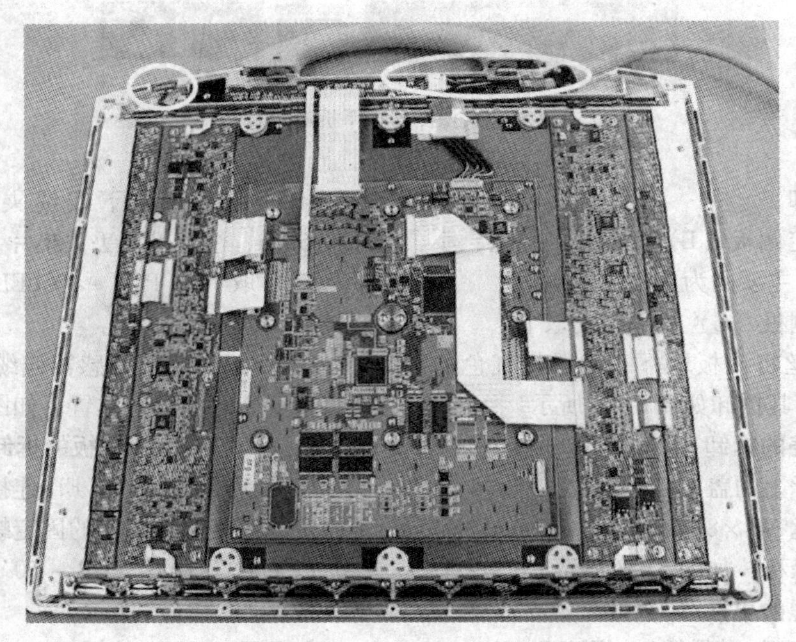

图 5－3 平板外壳拆卸示意

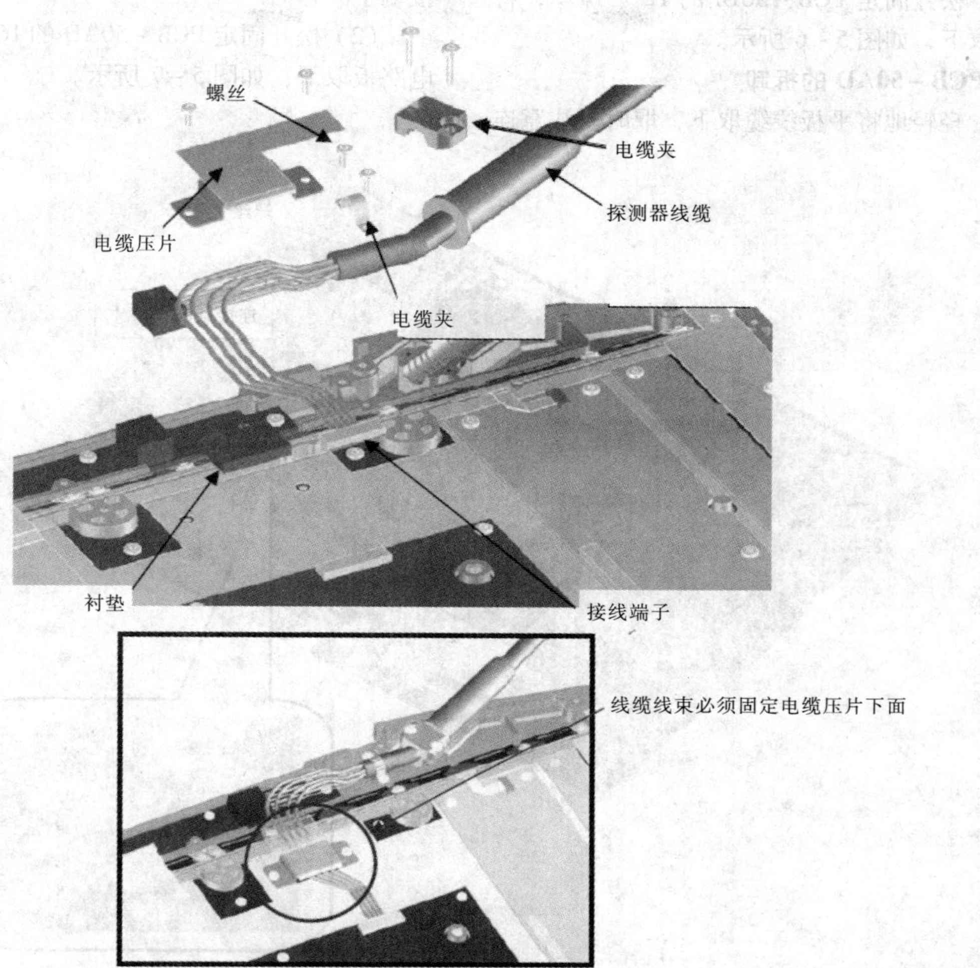

图 5－4　传感器线缆更换示意

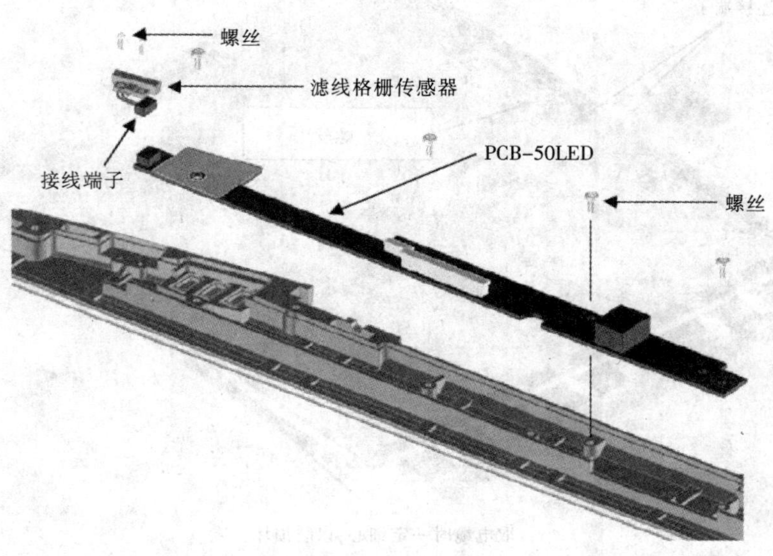

图 5－5　PCB－50 LED 板拆卸示意

（2）松开固定 PCB－50Di 的 12 个螺丝，将电路板取下，如图 5－6 所示。

7. PCB－50AD 的拆卸

（1）轻轻地将平板线缆取下，取时要注意连接端子的方向。

（2）松开固定 PCB－50AD 的 16 个螺丝，将电路板取下，如图 5－7 所示。

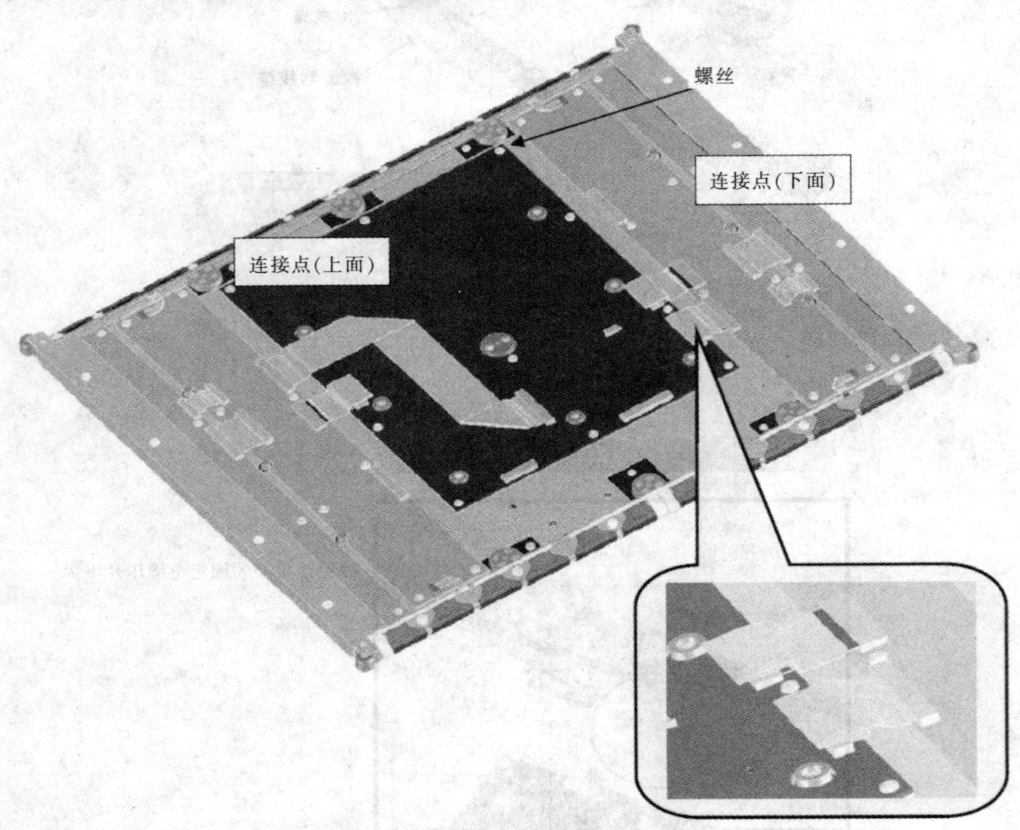

图 5－6 PCB－50Di 的拆卸示意

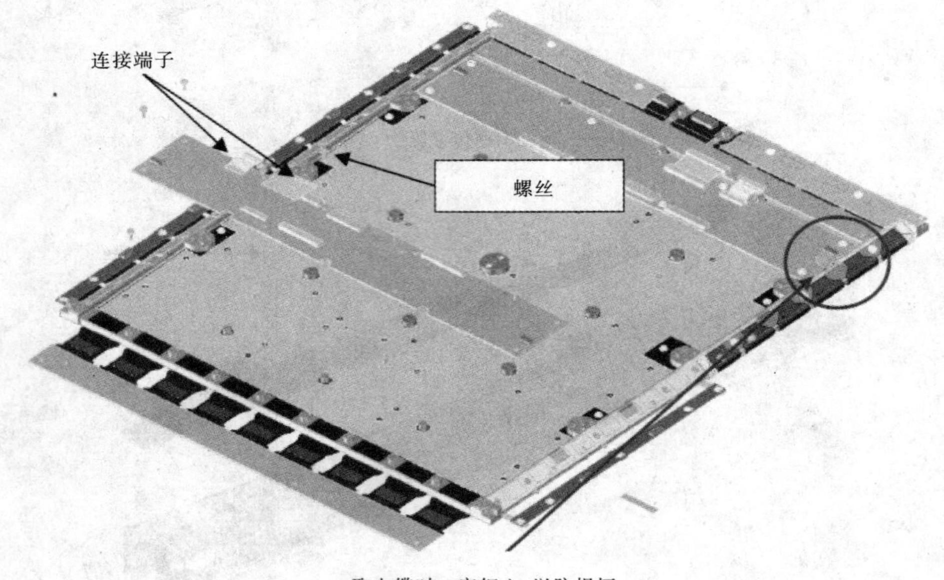

图 5－7 PCB－50AD 的拆卸示意

8. PCB－50的拆卸

（1）断开每个线缆的连接传感器线（J002/CN2）、X射线I/F线（J004）、遥控开关线（CN4）、PCB－50/50电源线（J001/CN3）。

（2）松开固定PCB－50的螺丝，将电路板取下，如图5－8所示。

二、CXDI－50G PCB设置

1. 传感器的设置

（1）PCB－50Di（BG7－2766）　其实物如图5－9所示，SW1、SW2和SW4位置如图所示，SW1、SW2和SW4功能如表5－1所示。

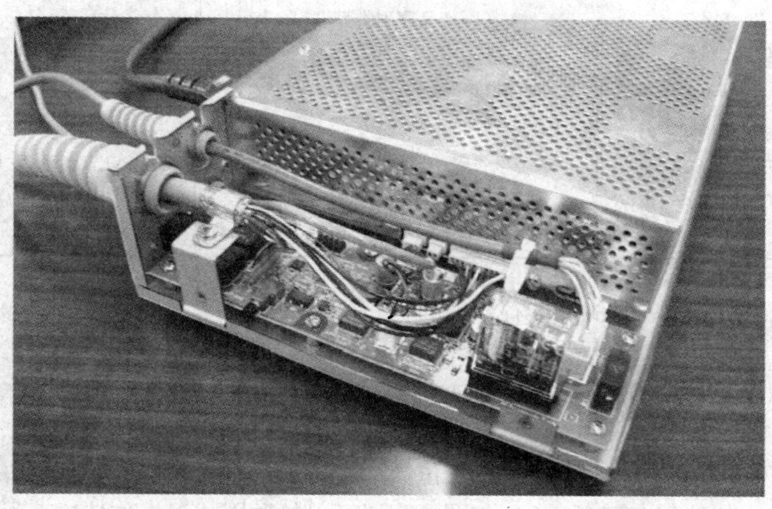

图5－8　PCB－50拆卸示意

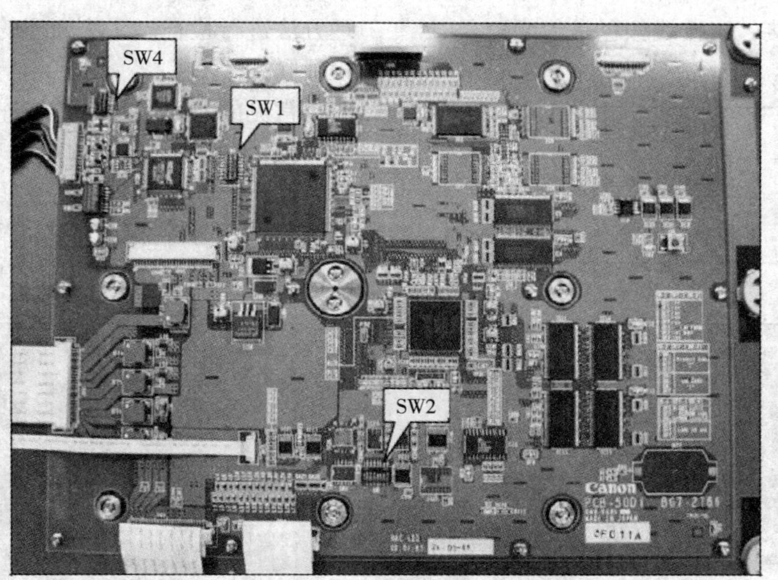

图5－9　PCB－50Di开关位置

表5－1　SW1、SW2和SW4功能表

SW1		功　能	SW2		功　能	SW4		功　能
1	OFF	未用	1	OFF	产品类型序列号	1	OFF	LANC I/O 地址
2	OFF	初始化启动显示 ON：Yes OFF：No	2	ON	当传感器改变时设置会改变，同时分辨率也会变化	2	OFF	
3	OFF	SW1－2 ON状态设置参数从FlashROM中读取：ON：Yes OFF：No	3	ON		3	OFF	
4	OFF	未用	4	OFF		4	ON	EEPROM ON：Disable OFF：Enable
5	OFF	未用	5	OFF	产品序列类型“7”表示是CXDI－50G	5	OFF	未用
6	OFF	未用	6	OFF		6	OFF	H－UHI ON：采用（Use）OFF：未用（No use）
7	OFF	自动检测线缆长度，ON：Disable OFF：Enable	7	OFF				
8	OFF	SW1－7 ON，ON：3m OFF：7m	8	ON				

（2）PCB－50LED（BG7－2767）没有特殊的设置。

（3）PCB－50AD（BG7－9061）没有特殊的设置。

2. 电源电路　根据电源要求短接JP1，其位置如图5－10所示，其功能如表5－2，如果6和8短接则采用7m（BG7－2857）连接，连接线颜色是白颜色；如果7和8短接则采用3m（BG7－2858）连接，连接线颜色是粉颜色。

表5－2　JP1功能表

JP1	功　能
6－8	50电源单元7m（BG7－2857）
7－8	50电源单元3m（BG7－2858）

三、故障分析和维修

在CR、DR系统中，故障分析和维修都有错误代码或错误指示信息显示，可根据代码或错误指示信息做相应的处理。许多故障可能是由于简单的原因或误操作造成，另外严重的故障可能是软件性故障，因此处理该类故障时可重新安装软件。当出现故障时可以对照以下故障现象及处理方法进行检查，无法处理的问题，请与维修工程师联系。

常见的故障通常是系统连接或安装过程中设置导致的故障、电气和机械系统失效、图像故障、噪波、通讯及软件等方面的故障。CR、DR系统不同厂家或相同厂家有不同版本，出现的故障也会显示不同的错误信息，不同类型的设备

图5－10　电源电路实物

显示方式不同，下面我们以 CXDI 系列为例介绍故障维修的方法。

在 CXDI 系统中，所有的错误信息在计算机内以日志形式存放，并存在下面的文件内：

C：\ Documents and Settings \ All Users \ Application Data \ Microsoft \ Drwatson \ drwts32. log

事件日志存入于：C：\ WINDOWS \ system32 \ config \ SysEvent. Evt

全部信息存于：D：\ Ccr folder（时时错误信息产生时，图像及相关信息存入到该文件夹下）。

当错误产生时，采用不同操作模式会获得不同的需求信息被用或弃用，如 DMW、高压发生器、通讯模式等系统会显示不同的错误代码，以 CXDI 的报错程序（Error Code List for Version 6. 00）为例，其界面如图 5 – 11 所示，报错说明在表 5 – 3 进行说明。

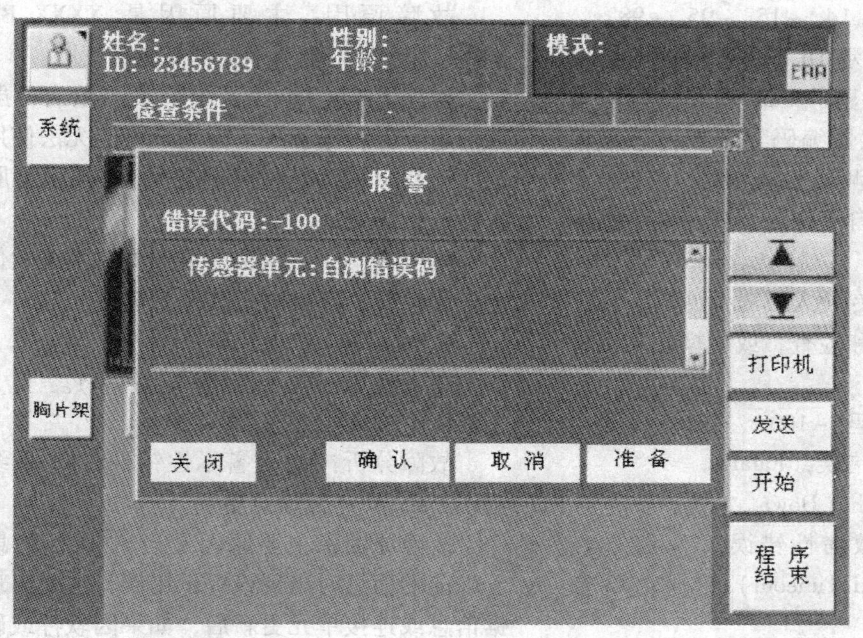

图 5 – 11　错误代码界面示意

表 5 – 3　错误代码说明表

	错误类型（Message Area #1）	自动显示状态	“ERR” 闪烁状态	含义（Meaning）
1	Fatal Error（致命性错误）	Yes	Yes	整个屏幕变红并闪烁，窗口自动出现提示符，系统不能自动恢复，必须通过服务工程师解决
2	Alert（警示性错误）	Yes	Yes	ERR 键红色闪烁，窗口自动出现提示符，曝光不能进行，只有用户进行相应操作后系统恢复正常
3	Error 错误	Yes	No	ERR 键红色显示，窗口自动出现提示符，ERR 键不闪烁，通过更多的提示系统可能恢复正常
4	Warning 警告	No	Yes	ERR 键黄色闪烁，按下 ERR 键警示性错误出现
5	Attention 注意	No	No	ERR 键黄色显示，不闪烁，按下 ERR 键警示性错误出现

1. 故障 1　错误代码　– 100

错误性质：致命性错误（Fatal）。

Reply Keys 状态：OK。

故障分析：#1 是致命性错误，不可恢复；#2 传感器单元自检错误（SelfCheck Error）；#3 探测器单元错误；#4 错误代码形式：ER（n） (xxxx：错误代码)。

故障原因：主要来自于传感器 A/D 板不明原因的错误。

操作 Reply Key：无变化。

解决方案：必须由专业人员对探测器、传感器单元及传感器 A/D 板进行检查，或更换相关部件。

2. 故障 2　错误代码 －102

错误性质：致命性错误（Fatal）。

Reply Keys 状态：－14. －15. －95. －98。

故障分析：－14 显示 DLL 动态链接库启动异常，不可恢复；－15 显示 DLL 动态链接库没有驱动；－95 显示传感器编码异常或传感器单元未连接；－98 显示探测器驱动异常。

故障原因：主要来自于探测器或相关数据库异常。

解决方案：必须由专业人员对探测器、传感器单元及软件进行测试和检查，或更换相关部件或重装系统软件。

3. 故障 3　错误代码 －103

错误性质：致命性错误（Fatal）。

Reply Keys 状态：Shut Down。

故障分析：#1 是致命性错误，不可恢复；#2 读取时间输出（Read Timeout）错误；#3 数据传输失败。

故障原因：图像在网络中传输失败。

操作 Reply Key：该键无显示，但系统自动关闭。

解决方案：必须由专业人员对网络及系统软件进行测试和检查，或更换相关部件或重装系统软件。

4. 故障 4　错误代码 －105

错误性质：致命性错误（Fatal）。

Reply Keys 状态：OK 、－97。

故障分析：#1 是致命性错误，不可恢复；#2 CXDCAP. INI 打开错误；# 3 安装 CXDCAP. INI 文件。

故障原因：OK 状态时，CXDCAP. INI 文件没有安装或已损坏；－97 显示是 CXDCAP. INI 没有被发现。

操作 Reply Key：系统登入错误系统环境，所有传感器工作异常。

解决方案：必须由专业人员对网络及系统软件进行测试和检查，注意须备份相关的图像数据或信息，重装系统软件。

5. 故障 5　错误代码 －522

错误性质：致命性错误（Fatal）。

Reply Keys 状态：OK。

故障分析：#1 是致命性错误，不可恢复；#2 CXDCAP. INI 打开错误：filename；#3 文件未被发现。

故障原因：主要原因是 XXXX. BIN 和 XXXX. DCM 文件不存在或不能被读取。

操作 Reply Key：系统会关闭重启，虽然可能通过服务程序解决，但用户可能无法使用服务程序工具（因为是付费服务），必须根据服务工程师的指导完成。

解决方案：必须由专业人员对系统软件进行测试和检查，必要时重装系统软件。

6. 故障 6　错误代码 －6

错误性质：警示性错误（Alert）。

Reply Keys 状态：OK。

故障分析：#1 是警示性错误；#2 系统信息错误；#3 A/D 板信息更新。

故障原因：主要原因是当 A/D 板信息不同于以前的信息时出现该提示错误，主要出现在数据信息或连接单元更新后，如果因软件或硬件的更新而出现该提示，意味着出现其他的问题，须由专业人员对 A/D 板和软件进行测试和检查。

操作 Reply Key：A/D 板信息自动更新。

解决方案：必须由专业人员对系统软件进行测试和检查，必要时更新系统软件。

7. 故障 7　错误代码 －8

错误性质：警示性错误（Alert）。

Reply Keys 状态：OK。

故障分析：#1 是警示性错误；#2 系统自测错误；#3 专业人员获取错误代码。

故障原因：主要通过自检程序获取。

操作 Reply Key：图像信息可能显示，但质量会很差，需有专业人员进行调试。

解决方案：必须由专业人员对系统软件进行测试和检查，必要时更新系统软件。

8. 故障 8　错误代码 －116

错误性质：警示性错误（Alert）。

Reply Keys 状态：OK。

故障分析：#1 是警示性错误；#2 传感器单元自检（Self#Check）错误；#3 探测器错误；#4 错误代码形式：ER（n）（xxxx）（其中 n：传感器序列 1 到 4，xxxx：错误代码）。

故障原因：主要来自于传感器 A/D 板不明原因的错误。

操作 Reply Key：无变化。

解决方案：必须由专业人员对探测器、传感器单元及传感器 A/D 板进行检查，或更换相关部件。

9. 故障 9　错误代码 －5002

错误性质：警示性错误（Alert）。

Reply Keys 状态：OK。

故障分析：#1 是警示性错误；#2 OPU－CCR RPC 错误。

故障原因：有许多原因，主要是 CCR 软件没有运行。

解决方案：必须由专业人员对系统软件进行测试和检查，必要时更新系统软件。

10. 故障 10　错误代码 －－－

错误性质：错误提示（Error）。

Reply Keys 状态：OK。

故障分析：#1 错误提示；#2 文件打开错误：file#name；#3 文件未被发现。

故障原因：主要原因是文件不存在或被破坏。

解决方案：必须由专业人员对系统软件进行测试和检查，必要时重装系统软件。

11. 故障 11　错误代码 －1

错误性质：错误提示（Error）。

Reply Keys 状态：OK。

故障分析：错误提示。

故障原因：未知错误，该错误表示 CCR 管理器没有被定义，CCR 管理器管理许多进程，如果进程出现而未被定义则错误代码显示为"－1"，这个错误很少发生的原因是几乎所有错误都被定义了，在 CCR 中一个进程会有一个系统文件 log 相对应，OPU 较少的未被定义的错误也在操作系统的管理文件中被定义。

操作 Reply Key：确认后，点 OK。

解决方案：对系统软件进行测试和检查，必要时更新系统软件。

12. 故障 12　错误代码 －2

错误性质：错误提示（Error）。

Reply Keys 状态：OK。

故障分析：#1 错误提示；#2 硬盘空间不足，临时存储程序（tmp）无法运行。

故障原因：临时存储空间小于文件运行的最小空间。

操作 Reply Key：确认后，点 OK。

解决方案：对系统软件进行测试和检查，将数据存储其他存储器或将数据删除，必要时更新系统软件。

13. 故障 13　错误代码 －3

错误性质：错误提示（Error）。

Reply Keys 状态：OK。

故障分析：#1 错误提示；#2 硬盘空间不足，队列请求程序（que）无法运行。

故障原因：存储空间小于临时存储文件运行的最小空间，该错误代码很少出现，原因是临时存储空间错误先发生。

操作 Reply Key：确认后，点 OK。

解决方案：对系统软件进行测试和检查，将数据存储其他存储器或将数据删除，必要时更新系统软件。

14. 故障 14　错误代码 －120

错误性质：错误提示（Error）。

Reply Keys 状态：OK。

故障分析：#1 错误提示；#2 硬盘空间不足，队列请求程序（que）无法运行。

故障原因：存储空间小于临时存储文件运行的最小空间，该错误代码很少出现，原因是临时存储空间错误先发生。

操作 Reply Key：确认后，点 OK。

解决方案：对系统软件进行测试和检查，将数据存储其他存储器或将数据删除，必要时更新系统软件。

15. 故障 15　错误代码 －120

错误性质：错误提示（Error）。

Reply Keys 状态：OK。

故障分析：#1 错误；#2 传感器单元：自检（Self#Check）错误；#3 探测器错误；#4 错误代码形式：ER（n）（xxxx）（其中 n：传感器序列

1 到 4，xxxx ：错误代码）。

故障原因：主要来自于传感器 A/D 板不明原因的错误。

操作 Reply Key：无变化。

解决方案：必须有专业人员对探测器、传感器单元及传感器 A/D 板进行检查，或更换相关部件。

16. 故障 16 错误代码 －122

错误性质：错误提示（Error）。

Reply Keys 状态：OK，0xeff3，0xeff4。

故障分析：#1 错误；#2 传感器单元：控制（Control）错误；#3 探测器控制错误。

故障原因：OK 状态显示主要来自于传感器 A/D 板控制队列错误；0xeff 3，0xeff 4 显示主要探测器单元－电源（n）（eff 3 or eff 4）；0xeff 3 表示电源到 X 射线控制板电缆线长度的选择错误；0xeff 4 表示探测器电源线缆开路；n 表示传感器序列（1～4）。

操作 Reply Key：当 OK 时确认，传感器分离状态（如果没有此模式，系统状态为“abnormal”）。

解决方案：必须由专业人员对探测器、传感器单元及传感器 A/D 板进行检查，或更换相应部件。

17. 故障 17 错误代码 －123

错误性质：错误提示（Error）。

Reply Keys 状态：OK，Cancel，0xeff 8，0xeff 7。

故障分析：#1 错误；#2 传感器单元：PLD 错误；#3 探测器 PLD 错误。

故障原因：OK 状态显示主要来自于传感器 A/D 板 PLD 错误；0xeff 8 表示 PLD 错误，其格式：“PLD err（n）（ eff8）”；0xeff 7 表示 PLD 设置错误，其格式：“PLD Config err（n）（ eff 7）”；n：传感器序列（1～4）。

操作 Reply Key：当 OK 时确认，传感器分离状态（如果没有此模式，系统状态为“abnormal”）。

解决方案：必须由专业人员对探测器、传感器单元及传感器 A/D 板进行检查，或更换相应部件，或重装系统。

18. 故障 18 错误代码 －125

错误性质：错误提示（Error）。

Reply Keys 状态：OK、0xeffb。

故障分析：#1 错误；#2 传感器单元：滤线栅错误；#3 滤线栅错误导致图像质量问题。

故障原因：OK 表示虽然滤线栅有错误，但传感器 A/D 板仍然有图像获得，只是图像质量没有保证；0xeffb 表示曝光其间滤线栅有变动，其格式：“Grid was changed during exposure（n）（effb）”n：传感器序列（1～4）。

操作 Reply Key：当 OK 时确认，则屏幕回到“normal”状态。

解决方案：必须由专业人员对探测器、传感器单元及滤线栅进行检测，或更换相应部件。

19. 故障 19 错误代码 －126

错误性质：错误提示（Error）。

Reply Keys 状态：OK。

故障分析：#1 错误；#2 传感器单元：温度测量错误；#3 探测器内温度高于设置值时，曝光不能进行直到温度降低到设置值以内；#4：测试超范围，其格式：TEMP OVER（n）（effa）n：传感器序列（1～4）。

故障原因：探测器的传感器温度设置为 49℃，当温度超过时系统停止曝光，直到温度降低到该温度以下，曝光才有可能。

操作 Reply Key：传感器自动进入睡眠程序，主机没有什么异常，当系统检测温度超过设置温度时，错误代码会重新出现，当 OK 时确认，系统则自动重启，同时注意当环境温度能够降低时该类故障也会相应减少。

解决方案：必须由专业人员对探测器、温度传感器单元进行检测，或更换相应部件。

20. 故障 20 错误代码 －129

错误性质：错误提示（Error）。

Reply Keys 状态：OK、0 × EFF0，0 × EFEF。

故障分析：#1 错误；#2 传感器单元：数据传输错误；#3 数据传输失效。

故障原因：当 DMA 在数据存取和读写时超时，或全幅图像传输被中断时出现该错误代码。

解决方案：必须由专业人员对探测器、传感器单元进行检测，或更换相应部件。

21. 故障 21 错误代码 －143

错误性质：错误提示（Error）。

Reply Keys状态：OK。

故障分析：#1 错误；#2 校准表错误；#3 校准执行失效。

故障原因：校准表没有准备好，或连接传感器单元的系列编码不一一对应。

操作 Reply Key：系统重新对校准表进行校准。

解决方案：专业人员对系统重启或重新安装。

22. 故障22　错误代码 -144

错误性质：错误提示（Error）。

Reply Keys状态：OK。

故障分析：#1 错误；#2 传感器单元配置；#3 传感器单元配置不正确；#4：序列号 No.（n）（0eff 5或0eff 6）n：传感器序列（1~4）。

故障原因：0xeff 5，原因是具有不同的序列号和DP序列号；0xeff 6，原因是写入了错误的序列号。

操作 Reply Key：当OK时确认，传感器序列不连续。

解决方案：必须由专业人员对探测器、传感器单元检测，更换相应部件，或重装系统。

23. 故障23　错误代码 -302

错误性质：错误提示（Error）。

Reply Keys状态：OK。

故障分析：#1 错误；#2 校准错误；#3 剂量太高或采用了准直器。

故障原因：曝光修正时剂量超出正常值。

操作 Reply Key：图像重新获取。

解决方案：必须由专业人员对探测器及准直器、剂量重新设置，重装系统。

24. 故障24　错误代码 -303

错误性质：错误提示（Error）。

Reply Keys状态：OK。

故障分析：#1 错误；#2 校准错误；#3 剂量太低或采用了准直器。

故障原因：曝光修正时剂量低于正常值。

操作 Reply Key：图像重新获取。

解决方案：必须由专业人员对探测器及准直器、剂量重新设置，重装系统。

25. 故障25　错误代码 -304

错误性质：错误提示（Error）。

Reply Keys状态：OK。

故障分析：#1 错误；#2 校准错误；#3 无效数据或采用了准直器。

故障原因：曝光时获得剂量与实际正常值差别太多。

操作 Reply Key：图像重新获取。

解决方案：重启或重装系统。

26. 故障26　错误代码 -305

错误性质：错误提示（Error）。

Reply Keys状态：OK。

故障分析：#1 错误；#2 校准错误；#3 采用准直器。

故障原因：该故障很少出现。

操作 Reply Key：图像重新获取。

解决方案：重启或重装系统。

27. 故障27　错误代码 -306

错误性质：错误提示（Error）。

Reply Keys状态：OK。

故障分析：#1 错误；#2 程序错误；#3 图像分析错误。

故障原因：图像数据分析失败。

操作 Reply Key：用户手动处理图像。

解决方案：重启或重装系统，调整图像参数。

28. 故障28　错误代码 -310

错误性质：错误提示（Error）。

Reply Keys状态：OK。

故障分析：#1 错误；#2 REX临界值；#3 REX值是999，最小限定值是9999，确认高压发生器曝光条件，如果条件正确，则调整图像参数。

故障原因：REX获得值不在图像限定值范围内，则出现该错误代码。

操作 Reply Key：无变化。

解决方案：重启或重装系统，调整REX参数在999~9999之间。

29. 故障29　错误代码 -311

错误性质：错误提示（Error）。

Reply Keys状态：OK。

故障分析：#1 错误；#2 REX临界值；#3 REX值是9999，最大限定值是999，确认高压发生器曝光条件，如果条件正确，则调整图像参数。

故障原因：REX 获得值不在图像限定值范围内，则出现该错误代码。

操作 Reply Key：无变化。

解决方案：重启或重装系统，调整 REX 参数在 999 ~ 9999 之间。

30. 故障 30　错误代码 －402

错误性质：错误提示（Error）。

Reply Keys 状态：OK。

故障分析：#1 错误；#2 不完整结束错误；#3 最后的图像没有完整的记录下来。

故障原因：最后图像在读写时失效，或最后图像不完整，出现该错误代码。

操作 Reply Key：此前的图像没有保存好将重新存储。

解决方案：重启或重装系统软件。

31. 故障 31　错误代码 －403

错误性质：错误提示（Error）。

Reply Keys 状态：OK。

故障分析：#1 错误；#2 不完整结束错误；#3 存储获取的图像到内存中，以便存取最后的图像。

故障原因：最后图像在读写时失效，或最后图像不完整，出现该错误代码。

操作 Reply Key：选择 OK 时恢复程序启动，选择 Cancel（取消），最后一幅图像被删除；因此通常曝光模式下保存最后一幅图像，CANCEL 选择则进一步确认删除此图像。

解决方案：重曝光，重启或重装系统软件。

32. 故障 32　错误性质：错误提示（Error）。

Reply Keys 状态：OK。

故障分析：#1 错误；#2 外部存储错误；#3 存储图像路径或硬盘异常。

故障原因：存储器存储属性为只读时导致出现该错误代码。

操作 Reply Key：系统回到问题出现前的状态。

解决方案：重新设置存储属性为可读写或重装系统软件。

33. 故障 33　错误代码 －512

错误性质：错误提示（Error）。

Reply Keys 状态：OK。

故障分析：#1 错误；#2 外部存储错误；#3 不认可移动存储器。

故障原因：没有发现移动存储器。

操作 Reply Key：系统回到问题出现前的状态。

解决方案：重试或检查移动存储器是否连接，属性为可读写或重装系统软件。

34. 故障 34　错误代码 －513

错误性质：错误提示（Error）。

Reply Keys 状态：OK。

故障分析：#1 错误；#2 媒体控制错误；#3 因外部存储器忙而取消所有操作。

故障原因：主要是由于外部存储器的控制器出错或读写忙。

操作 Reply Key：确认后点击 OK。

解决方案：重启系统，或检查移动存储器，必要时更换。

35. 故障 35　错误代码 －514

错误性质：错误提示（Error）。

Reply Keys 状态：OK。

故障分析：#1 错误；#2 外部存储错误；#3 由于图像存储空间小而使曝光图像存储失效。

故障原因：当图像大于存储器的容量时而导致图像存储失效。

操作 Reply Key：选择 RETRY，图像重新存储；选择 CANCEL，取消图像存储到外部存储器；如继续选择 CANCEL，图像被删除。

解决方案：重启系统，必要时更换存储器。

36. 故障 36　错误代码 －517

错误性质：错误提示（Error）。

Reply Keys 状态：OK。

故障分析：#1 错误；#2 内存错误；#3 由于内存不足图像存储失效。

故障原因：内存损坏或内存不足。

操作 Reply Key：系统返回到错误之前的状态。

解决方案：重启系统，或更换内存。

37. 故障 37　错误代码 －518

错误性质：错误提示（Error）。

Reply Keys 状态：OK。

故障分析：#1 错误；#2 内存错误；#3 由于

内存不足 DICOM 图像存储失效。

故障原因：内存损坏或内存不足导致 DICOM 图像不能存储。

操作 Reply Key：系统返回到错误之前的状态。

解决方案：重启系统，或更换内存。

38. 故障 38 错误代码 -519

错误性质：错误提示（Error）。

Reply Keys 状态：OK。

故障分析：#1 错误；#2 存储错误；#3 存储容量不足。

故障原因：存储器容量不足，导致图像不能存储。

操作 Reply Key：系统返回到错误之前的状态。

解决方案：重启系统，或更换大容量存储器。

39. 故障 39 错误代码 -520

错误性质：错误提示（Error）。

Reply Keys 状态：OK。

故障分析：#1 错误；#2 内存错误；#3 由于内存不足曝光图像存储失效。

故障原因：存储保留空间不足，导致曝光图像不能存储。

操作 Reply Key：系统返回到错误之前的状态。

解决方案：重启系统，或更换内存。

40. 故障 40 错误代码 -521

错误性质：错误提示（Error）。

Reply Keys 状态：OK。

故障分析：#1 错误；#2 队列打开错误；#3 队列文件没有发现。

故障原因：队列文件打开失败或系统中没有此文件。

解决方案：重启系统，重新拷贝文件或更换硬盘。

41. 故障 41 错误代码 -599

错误性质：错误提示（Error）。

Reply Keys 状态：OK。

故障分析：#1 错误；#2 文件打开错误；#3 文件没有发现。

故障原因：文件传送时，打开失败或系统中没有此文件。

操作 Reply Key：系统返回到错误之前的状态。

解决方案：重启系统，重新拷贝文件或更换硬盘。

42. 故障 42 错误代码 -601

错误性质：错误提示（Error）。

Reply Keys 状态：OK。

故障分析：#1 错误；#2 文件传送错误；#3 文件自动删除。

故障原因：文件传送时，因通讯原因被删除而文件传送失败。

操作 Reply Key：因长时间传输使图像重新显示失效。

解决方案：重启系统，重新拷贝文件或更换硬盘。

43. 故障 43 错误代码 -5100

错误性质：错误提示（Error）。

Reply Keys 状态：OK。

故障分析：#1 错误；#2 传感器单元：检测错误；#3 传感器电源部件或线缆的连接错误。

故障原因：图像电源设置为 OFF，或线缆接触不良或故障。

操作 Reply Key：系统要求系统设置，点击 OK，有问题传感器单元失效。

解决方案：专业人员检查，重启系统，重新拷贝文件或更换相关部件。

44. 故障 44 错误代码 -5101

错误性质：错误提示（Error）。

Reply Keys 状态：OK。

故障分析：#1 错误；#2 传感器单元：检测错误；#3 检查传感器单元连接错误。

故障原因：当传感器通过设置检测时线缆断开状态。

操作 Reply Key：系统要求系统设置，点击 OK，有问题传感器单元失效。

解决方案：专业人员检查，重启系统，重新拷贝文件或更换相关部件。

45. 故障 45 错误代码 -5102

错误性质：错误提示（Error）。

Reply Keys 状态：OK。

故障分析：#1 错误；#2 滤线栅错误；#3 曝

光时滤线栅被移开。

故障原因：当曝光时滤线栅没有被检测到或滤线栅没有正常工作。

操作 Reply Key：检查后，点击 OK。

解决方案：专业人员检查滤线栅，更换相关部件或重启系统。

46. 故障 46 错误代码 -150

错误性质：警告提示（Warning）。

Reply Keys 状态：OK。

故障分析：#1 警告；#2 传感器单元：自检错误；#3 探测器错误；#4：ER（n）（×××）；#5："Firm PLD err（n）（eff 1 or eff 2）；0xeff 1：探测器接收存放在 Firm /PLD/DP 文件中十六进制文件失败；0xeff 2：探测器接收存放在 Firm /PLD 文件中十六进制文件失败；n：传感器序列（1 ~4）；xxxx：错误代码。

故障原因：传感器 A/D 板有未知原因的错误。

操作 Reply Key：无变化。

解决方案：专业人员检测探测器及相关部件，必要时更换相关部件或重装系统。

47. 故障 47 错误代码 -151

错误性质：警告提示（Warning）。

Reply Keys 状态：OK，0xeffe，0xeffd，0xeffc。

故障分析：#1 警告；#2 传感器单元：闪存（Flash ROM）错误；#3 探测器闪存（Flash ROM）错误。

故障原因：为传感器 A/D 板上存取异常发出的警告性错误。

操作 Reply Key：选择 OK 屏幕返回正常状态，点击曝光键（Exposure）重新获取图像，无图像则出现故障代码，其格式为 0xeffe "F - ROM ID err（n） （effe）"；0xeffd："F - ROM write err（n）（effd）"（写错误）；0xeffc："F - ROM erase err（n）（effc）（擦除错误）；n：传感器序列号（1 ~4）。

解决方案：专业人员重启或重装系统，检测探测器及相关部件，必要时更换相关部件。

48. 故障 48 错误代码 -153

错误性质：警告提示（Warning）。

Reply Keys 状态：OK，0xeffe，0xeffd，0xeffc。

故障分析：#1 警告；#2 传感器单元：温度警告；#3 当探测器内温度接近临界温度时警告；#4：显示格式 TEMP OVER（n）（eff 9）n：传感器序列号（1 ~4）。

故障原因：传感器内部温度接近图像设置上限值时出现的警告性提示。

操作 Reply Key：设备不工作时，传感器可自动进入休眠状态，当设备启动而传感器未准备好时（READY），会出现该警告提示，在这种情况下，选择［OK］则系统关闭，内部温度降低到设置值以下时，系统会重新启动，以缩短准备启动时间（READY STATE TIME）。

解决方案：专业人员重启或重装系统，检测探测器及相关部件，必要时更换相关部件。

49. 故障 49 错误代码 -502

错误性质：警告提示（Warning）。

Reply Keys 状态：RETRY CANCEL。

故障分析：#1 警告；#2 DICOM 连接错误；#3 不能连接目标文件。

故障原因：网络不能正确连接和传输。

操作 Reply Key：选择 RETRY 图像重新传送；选择 CANCEL 确认传输的信息被取消，选择 Re - transfer 将传送过的图像重新传送。

解决方案：专业人员重启或重装系统，检测网络或相关设置，检测或更换相关部件。

50. 故障 50 错误代码 -503

错误性质：警告提示（Warning）。

Reply Keys 状态：RETRY CANCEL。

故障分析：#1 警告；#2 DICOM 传输错误；#3 传输过程中出现错误。

故障原因：信息传输时网络中断。

操作 Reply Key：选择 RETRY 图像重新传送；选择 CANCEL 确认传输的信息被取消，选择 Re - transfer 将传送过的图像重新传送。

解决方案：专业人员重启或重装系统，检测网络或相关设置，检测或更换相关部件。

51. 故障 51 错误代码 -504

错误性质：警告提示（Warning）。

Reply Keys 状态：RETRY CANCEL。

故障分析：#1 警告；#2 DICOM 参数错误；#3 DICOM 传输参数错误。

故障原因：DICOM 传输参数不正确。

操作 Reply Key：选择 RETRY 图像重新传送；选择 CANCEL 确认传输的信息被取消。

解决方案：专业人员重启或重装系统，检测网络或相关设置，检测或更换相关部件；重新设置 DICOM 参数和图像相关设置值。

52. 故障52 错误代码 -505

错误性质：警告提示（Warning）。

Reply Keys 状态：RETRY CANCEL。

故障分析：#1 警告；#2 DICOM 响应错误；#3 DICOM 响应时接收装置错误。

故障原因：DICOM 响应传输参数不正确。

操作 Reply Key：选择 RETRY 图像重新传送；选择 CANCEL 确认传输的信息被取消。

解决方案：专业人员重启或重装系统，检测接收相关设置，必要时更换相关部件；重新设置 DICOM 参数和图像相关设置值。

53. 故障53 错误代码 -507

错误性质：警告提示（Warning）。

Reply Keys 状态：RETRY CANCEL。

故障分析：#1 警告；#2 DICOM 打印状态错误；#3 DICOM 传输打印失败。

故障原因：DICOM 传输参数正确但打印状态异常，因此传送的图像被取消。

操作 Reply Key：选择 RETRY 图像重新传送；选择 CANCEL 确认传输的信息被取消。

解决方案：专业人员重启或重装系统，检测接收相关设置，必要时更换相关部件；重新设置 DICOM 打印参数和图像相关设置值。

54. 故障54 错误代码 -509

错误性质：警告提示（Warning）。

Reply Keys 状态：RETRY CANCEL。

故障分析：#1 警告；#2 外部存储错误；#3 读取时选择路径或盘不存在或没有设置。

故障原因：外部存储器处于只读状态。

操作 Reply Key：选择 RETRY 图像将被存储；选择 CANCEL 存储到外部存储器的图像信息将被取消。

解决方案：专业人员重启或重装系统，检测接收相关设置，必要时更换相关部件。

55. 故障55 错误代码 -510

错误性质：警告提示（Warning）。

Reply Keys 状态：RETRY CANCEL。

故障分析：#1 警告；#2 外部存储错误；#3 读取时选择路径或盘错误。

故障原因：目的单元中没有外部存储器盘符或相关路径，记录不能完成使系统相关功能失效。

操作 Reply Key：选择 RETRY 图像将被存储；选择 CANCEL 存储到外部存储器的图像信息将被取消。

解决方案：专业人员重启或重装系统，检测并设置存储器的相关参数，必要时更换存储器。

56. 故障56 错误代码 -512

错误性质：警告提示（Warning）。

Reply Keys 状态：RETRY CANCEL。

故障分析：#1 警告；#2 外部存储错误；#3 不认可移动存储盘。

故障原因：移动硬盘没安装或驱动未装。

操作 Reply Key：选择 RETRY 图像将被存储；选择 CANCEL 存储到外部存储器的图像信息将被取消。

解决方案：专业人员重启或重装系统，检测并安装存储器驱动，必要时更换存储器。

57. 故障57 错误代码 -514

错误性质：警告提示（Warning）。

Reply Keys 状态：RETRY CANCEL。

故障分析：#1 警告；#2 外部存储错误；#3 曝光获取图像不能正常存取。

故障原因：图像数据大于硬盘分区。

操作 Reply Key：选择 RETRY 图像将被存储；选择 CANCEL 存储到外部存储器的图像信息将被取消。

解决方案：重启或重装系统，检测存储器，必要时更换存储器；将硬盘按照图像大小重新分区。

58. 故障58 错误代码 -515

错误性质：警告提示（Warning）。

Reply Keys 状态：RETRY CANCEL。

故障分析：#1 警告；#2 内存错误；#3 读取时选择路径错误。

故障原因：存储器设置成为了只读方式，执行写程序导致。

操作 Reply Key：选择 RETRY 图像将被存储；选择 CANCEL 存储到存储器的图像信息将

被取消。

解决方案：专业人员重启或重装系统，检测存储器，必要时更换存储器。

59. 故障 59 错误代码 －516

错误性质：警告提示（Warning）。

Reply Keys 状态：RETRY CANCEL。

故障分析：#1 警告；#2 内存错误；#3 读取时选择路径不存在，或归类不正确。

故障原因：文件路径设置错误或不存在，系统执行错误。

操作 Reply Key：选择 RETRY 图像将被存储；选择 CANCEL 存储到存储器的图像信息将被取消。

解决方案：专业人员重启或重装系统，检测内存，必要时更换内存。

60. 故障 60 错误代码 －517

错误性质：警告提示（Warning）。

Reply Keys 状态：RETRY。

故障分析：#1 警告；#2 内存错误；#3 处理图像不能正常存取。

故障原因：内存容量不足；磁盘容量太小。

操作 Reply Key：QA 处理重新执行。

解决方案：重启或重装系统，检测内存，必要时更换内存。

61. 故障 61 错误代码 －518

错误性质：警告提示（Warning）。

Reply Keys 状态：RETRY CANCEL。

故障分析：#1 警告；#2 内存错误；#3DICOM 图像不能正常存储。

故障原因：没有足够存储容量存取 DICOM 图像。

操作 Reply Key：选择 RETRY 图像将被存储；选择 CANCEL 存储到外部存储器的图像信息将被取消。

解决方案：重启或重装系统，检测内存，必要时更换存储器。

62. 故障 62 错误代码 －519

错误性质：警告提示（Warning）。

Reply Keys 状态：RETRY CANCEL。

故障分析：#1 警告；#2 存储器错误；#3 存储器不能正常存取图像。

故障原因：没有足够存储容量存取图像。

操作 Reply Key：选择 RETRY 图像将被存储；选择 CANCEL 存储到外部存储器的图像信息将被取消。

解决方案：重启或重装系统，删除不用的数据增加存储容量，必要时更换存储器。

63. 故障 63 错误代码 －520

错误性质：警告提示（Warning）。

Reply Keys 状态：RETRY CANCEL。

故障分析：#1 警告；#2 内存错误；#3 曝光获取图像不能正常存储。

故障原因：内存容量不足。

操作 Reply Key：选择 RETRY 图像将被存储；选择 CANCEL 存储到外部存储器的图像信息将被取消。

解决方案：重启或重装系统，必要时更换或增加内存。

64. 故障 64 错误代码 －6000

错误性质：警告提示（Warning）。

Reply Keys 状态：OK。

故障分析：#1 警告；#2 校准错误；#3 校准格式 STAND（SENSOR－ID：XXX）最后校准时间。

故障原因：没有校准设置时间内校准。

操作 Reply Key：屏幕出现提示校准信息。

解决方案：运行校准程序，重启系统。

65. 故障 65 错误代码 －506

错误性质：注意提示（Attention）。

Reply Keys 状态：OK。

故障分析：#1 注意；#2 DICOM 响应注意；#3 虽然完成数据交换但接收时发出 DICOM 响应提示。

故障原因：DICOM 响应正确但要发出响应信号注意。

操作 Reply Key：系统显示正确信息。

解决方案：检测接收装置，检测网络及设置，重启系统。

66. 故障 66 错误代码 －508

错误性质：注意提示（Attention）。

Reply Keys 状态：OK。

故障分析：#1 注意；#2 DICOM 打印状态注意；#3 虽然数据传输正确，DICOM 仍发出打印状态注意提示。

故障原因：DICOM 打印状态正确，但要发出注意信号。

操作 Reply Key：系统显示正确信息。

解决方案：检测接收装置，检测网络及设置，重启系统。

67. 故障 67　错误代码 －511

错误性质：注意提示（Attention）。

Reply Keys 状态：OK。

故障分析：#1 注意；#2 存储器注意信息；#3 存储器空间信息显示其格式×××%。

故障原因：（可用空间 1～100）/总空间容量则为存储器可用比例×××%。

操作 Reply Key：系统显示正确信息。

参考文献

[1] 田捷．医学影像处理与分析［M］．北京：电子工业出版社，2003.

[2] 贾克斌．数字医学图像处理、存档及传输技术［M］．北京：科学出版社，2006.

[3] 马延洪．X线物理与防护［M］．北京：人民卫生出版社，1997.

[4] 王瑞玉，刘爱武．医用数字胃肠X射线机原理构造和维修［M］．北京：中国医药科技出版社，2005.

[5] 王瑞玉，张连强，王丹．医用数字乳腺X射线机原理构造和维修［M］．北京：中国医药科技出版社，2007.

[6] 国家标准局．电气制图及图形符号国家标准汇编［M］．北京：中国标准出版社，1993.

[7] 王学民，沈克涵．医学成像系统［M］．北京：清华大学出版社，2006.

[8] 王荣福．符合线路探测正电子成像与临床［M］．北京：北京大学医学出版社，2004.

[9] 张里仁．医学影像设备学［M］．北京：人民卫生出版社，2000.

[10] 缪家鼎，徐文娟，牟同升．光电技术［M］．浙江：浙江大学出版社，1995.

[11] 王溶泉．医用大型X射线机系统［M］．北京：人民军医出版社，1995.

附录　电路原理图